Python 数据分析与应用

第 3 版 | 微课版

Data Analysis and Application with Python

曾文权 张良均 ◉ 主编
齐虎春 赵静 宿宏毅 ◉ 副主编

人 民 邮 电 出 版 社
北 京

图书在版编目（CIP）数据

Python 数据分析与应用 ： 微课版 / 曾文权，张良均主编. -- 3 版. -- 北京 ： 人民邮电出版社，2025.
(人工智能与大数据技术精品系列教材). -- ISBN 978-7-115-67323-7

Ⅰ. TP312.8

中国国家版本馆 CIP 数据核字第 2025CK1961 号

内 容 提 要

本书以项目为导向，全面地介绍数据分析的流程和 Python 数据分析库的应用，详细讲解利用 Python 解决企业实际问题的方法。全书共 9 个项目，项目 1 介绍数据分析的概念等相关知识；项目 2～5、项目 7 介绍 Python 数据分析的常用库及其应用，涵盖 NumPy 数组计算基础，pandas 统计分析基础，使用 pandas 进行数据预处理，Matplotlib、seaborn、pyecharts 数据可视化基础，以及使用 scikit-learn 构建模型，较为全面地阐述 Python 数据分析方法；项目 6、项目 8 结合已介绍的数据分析技术进行企业综合案例的数据分析；项目 9 基于去编程化的 TipDM 大数据挖掘建模平台实现客户流失预测。本书大部分项目都包含项目实训与课后习题，读者可以进行练习和操作实践，巩固所学的内容。

本书可以作为职业院校大数据技术相关专业的教材和大数据技术爱好者的自学参考书。

◆ 主　　编　曾文权　张良均
　副 主 编　齐虎春　赵　静　宿宏毅
　责任编辑　初美呈
　责任印制　王　郁　焦志炜

◆ 人民邮电出版社出版发行　　北京市丰台区成寿寺路 11 号
　邮编　100164　　电子邮件　315@ptpress.com.cn
　网址　https://www.ptpress.com.cn
　三河市君旺印务有限公司印刷

◆ 开本：787×1092　1/16
　印张：19.25　　　　2025 年 7 月第 3 版
　字数：453 千字　　　2025 年 7 月河北第 1 次印刷

定价：59.80 元

读者服务热线：(010)81055256　印装质量热线：(010)81055316
反盗版热线：(010)81055315

人工智能与大数据技术精品系列教材

专家委员会

肖　刚（韩山师范学院）　吴阔华（江西理工大学）
邱炳城（广东理工职业学院）　何小苑（广东水利电力职业技术学院）
余爱民（广东科学技术职业学院）　沈　洋（大连职业技术学院）
沈凤池（浙江商业职业技术学院）　宋眉眉（天津理工大学）
张　敏（广东泰迪智能科技股份有限公司）
张兴发（广州大学）
张尚佳（广东泰迪智能科技股份有限公司）
张治斌（北京信息职业技术学院）　张积林（福建理工大学）
张雅珍（陕西工商职业学院）　陈　永（江苏海事职业技术学院）
武春岭（重庆电子科技职业大学）　周胜安（广东行政职业学院）
赵　强（山东师范大学）　赵　静（广东机电职业技术学院）
胡支军（贵州大学）　胡国胜（上海电子信息职业技术学院）
施　兴（广东泰迪智能科技股份有限公司）
韩宝国（广东轻工职业技术大学）　曾文权（广东科学技术职业学院）
蒙　飚（柳州职业技术大学）　谭　旭（深圳信息职业技术大学）
谭　忠（厦门大学）　薛　云（华南师范大学）
薛　毅（北京工业大学）

序

随着移动互联网和智能手机迅速普及，大数据时代的到来，多种形态的移动互联网应用蓬勃发展，电子商务、云计算、互联网金融、物联网、虚拟现实、智能机器人等不断渗透并重塑传统产业。而与此同时，大数据当之无愧地成为新的产业革命核心。

2019 年 8 月，联合国教科文组织以联合国 6 种官方语言正式发布《北京共识——人工智能与教育》，其中提出“通过人工智能与教育的系统融合，全面创新教育、教学和学习方式，并利用人工智能加快建设开放灵活的教育体系，确保全民享有公平、适合每个人且优质的终身学习机会”。这表明基于大数据的人工智能和教育均进入了新的阶段。

高等教育是教育系统的重要组成部分，高等院校作为人才培养的重要平台，肩负着为社会培育人才的重要使命。2018 年 6 月 21 日召开的新时代全国高等学校本科教育工作会议首次提出“金课”的概念，“金专”“金课”“金师”等迅速成为新时代高等教育的热词。建设具有中国特色的大数据相关专业，以及打造世界水平的“金专”“金课”“金师”“金教材”是当代教育教学改革的热点和难点。

实践教学是指在一定的理论指导下，通过实践引导，使学生获得实践知识、掌握实践技能、锻炼实践能力、提高综合素质的教学活动。实践教学在高校人才培养中处于重要地位，是巩固理论知识和加深理论理解的有效途径。目前，高校大数据相关专业的教学体系设置过多地偏向理论教学，课程设置冗余或缺漏，知识体系不健全，且与企业实际应用契合度不高，学生很难将理论知识转化为实践应用技能。为了有效解决该问题，“泰迪杯”数据挖掘挑战赛组织委员会与人民邮电出版社共同策划了“人工智能与大数据技术精品系列教材”，这恰好与 2019 年 10 月 24 日教育部发布的《教育部关于一流本科课程建设的实施意见》（教高〔2019〕8 号）中提出的“坚持分类建设”“坚持扶强扶特”“提升高阶性”“突出创新性”“增加挑战度”基本原则契合。

“泰迪杯”数据挖掘挑战赛自 2013 年创办以来，一直致力于推广高校数据挖掘实践教学，培养学生对数据挖掘的应用和创新能力。挑战赛的赛题均为经过适当简化和加工的实际问题，来源于各企业、管理机构和科研院所等，非常贴近现实的热点需求。赛题中的数据只做必要的脱敏处理，力求保持原始状态。“泰迪杯”数据挖掘挑战赛围绕数据挖掘的整个流程，从数据采集、数据迁移、数据存储、数据分析与挖掘到数据可视化，涵盖企业应用中的各个环节，着力于提升学生的实践能力，这与目前大数据专业人才培养目标高度一致。“泰迪杯”数据挖掘挑战赛不依赖数学建模，甚至不依赖传统模型的竞赛形式，这使得“泰迪杯”数据挖掘挑战赛在全国各大高校反响热烈，且得到了全国各界专家学者的认可与支持。2018 年，“泰迪杯”增加了子赛项——数据分析技能赛，为应用型本科、高职和中职技能型人才培养提供理论、技术和资源方面的支持。截至 2024 年，全国共有超 1000 所高校，约 3 万名研究生、10 万名本科生、3 万名高职生参加了“泰迪杯”数据挖掘挑战赛和数据分析技能赛。

本系列教材的第一大特点是注重学生的实践能力培养，针对高校实践教学中的痛点，首次提出“鱼骨教学法”的概念。本系列教材以企业真实需求为导向，让学生在学习技能时紧紧围绕企业数字化与智能化转型需求，将相关理论知识通过企业案例的形式进行衔接，达到知行合一、以用促学的目的。第二大特点是以应用为核心，紧紧围绕数字化与智能化应用开发流程进行教学。本系列教材涵盖企业人工智能与大数据应用开发中的各个环节，符合企业数字化与智能化发展趋势，使学生能从宏观上理解人工智能与大数据技术在企业中的具体应用场景及应用方法。

在教育部全面实施“六卓越一拔尖”计划 2.0 的背景下，对促进我国高等教育人才培养体制机制的综合改革，以及全面提升我国高等教育质量，本系列教材将起到抛砖引玉的作用，从而加快推进以新工科、新医科、新农科、新文科为代表的一流本科课程的“双万计划”建设；落实“让学生忙起来、管理严起来和教学活起来”措施，让大数据相关专业的人才培养有质的提升；借助数据科学的引导，在文、理、农、工、医等方面全方位发力，培养各个行业的卓越人才及未来的领军人才。同时本系列教材将根据读者的反馈意见和建议及时改进、完善，努力成为大数据时代的新型“编写、使用、反馈”螺旋式上升的系列教材建设样板。

汕头大学校长
教育部高等学校大学数学课程教学指导委员会副主任委员
“泰迪杯”数据挖掘挑战赛组织委员会主任
“泰迪杯”数据分析技能赛组织委员会主任

郝志峰

2024 年 7 月于粤港澳大湾区

前　言

随着数字经济时代的到来，数据分析技术将帮助企业用户在合理时间内获取、管理、处理以及整理海量数据，为企业经营决策提供积极的帮助。数据分析作为一门前沿技术，广泛应用于物联网、云计算、移动互联网等战略性新兴产业。大数据技术的商业价值已经凸显，有实践经验的数据分析人才更是各企业争夺的热门资源。为了满足日益增长的数据分析人才需求，很多职业院校开始尝试开设不同难度的数据分析课程。数据分析作为大数据时代的核心技术，有望成为职业院校大数据相关专业的重要课程之一。

本书以社会主义核心价值观为引领，全面贯彻党的二十大精神，通过设置“环境保护”“粮食产量”“工业生产”等相关系列案例，体现时代性，把握规律性，富于创造性，既有深度又有温度，为建成教育强国、科技强国、人才强国、文化强国添砖加瓦。

第 3 版与第 2 版的区别

结合近几年 Python 的发展情况和广大读者的反馈意见，本书在保留第 2 版特色的基础上进行了全面的升级。第 3 版修订的主要内容如下。

- 体裁由章节任务式结构调整为项目任务式结构。
- 将 Python 由 Python 3.8.5 升级为 Python 3.11.7，将 Anaconda 由 Anaconda3 2020.11 升级为 Anaconda3 2024.02-1。
- 全书补充素养目标。
- 项目 5 中删除对分类散点图、线性回归拟合图绘制方法的介绍。
- 新增项目 6“线上书籍网站数据可视化分析”。
- 将第 2 版的第 6 章调整为项目 7。
- 删除第 2 版中的第 7 章“竞赛网站用户行为分析”、第 8 章“企业所得税预测分析”。
- 将第 2 版的第 9 章调整为项目 8，并增加案例的难度，添加聚类分析的内容。
- 将第 2 版的第 10 章调整为项目 9。
- 项目 3、项目 5 更换部分【知识准备】的示例及数据。
- 项目 2、项目 3、项目 4、项目 5、项目 7 新增贯穿性知识点以突出项目导向。
- 项目 2、项目 3、项目 4、项目 5、项目 7 的课后习题中补充覆盖所学知识点的实践题。

本书特色

本书结合大量数据分析工程案例及教学经验，以 Python 数据分析常用技术和真实案例相结合的方式，深入浅出地介绍如何使用 Python 进行数据分析及应用。全书以应用为导向，让读者明确如何利用所学知识来解决问题，通过项目实训和课后习题帮助读者巩固所学知识，真正理解和应用所学知识，并掌握 Python 数据分析与应用技术。

本书适用对象

- 开设数据分析相关课程的职业院校的教师和学生。
- 需求分析及系统设计人员。
- 数据分析应用的开发人员。
- 进行数据分析应用研究的科研人员。

资源下载及意见反馈

为了帮助读者更好地使用本书，本书配有原始数据文件、Python 程序代码，以及 PPT 课件、教学大纲、教学进度表和教案等教学资源，读者可以从泰迪云教材网站下载，也可以登录人邮教育社区（www.ryjiaoyu.com）下载。同时欢迎教师加入 QQ 交流群“人邮社数据科学教师服务群”（517556747）进行交流探讨。

由于编者水平有限，书中难免会出现疏漏和不足之处。如果读者有宝贵意见，欢迎在泰迪学社微信公众号（TipDataMining）回复“图书反馈”进行反馈。更多本系列教材的信息可以在泰迪云教材网站查阅。

编　者

2025 年 5 月

泰迪云教材

目　录

项目 1 Python 数据分析概述

当今社会，数据分析技术已覆盖教育、医疗、物流、金融、农牧等行业，应用于人们日常生活的方方面面。作为数字化转型的重要工具，数据分析技术在数字中国建设中展现出巨大的发展潜力，其产生的数据量也呈现指数型增长的态势。现有数据的量级目前已经远远超越了人力所能处理的范畴，如何管理和使用这些数据逐渐成为数据科学领域中一个全新的研究课题。由于 Python 发展迅猛，数据科学领域的大量从业者（如数据分析师）选择使用 Python 完成与数据科学相关的工作。本项目将介绍数据分析的概念、流程、应用场景和常用工具，使用 Python 进行数据分析的优势和常用库，还将介绍 Anaconda 的安装步骤以及 Jupyter Notebook 的常用功能。

学习目标

（1）掌握数据分析的概念与流程。
（2）了解数据分析的应用场景。
（3）了解数据分析常用工具。
（4）了解 Python 在数据分析领域的优势。
（5）了解 Python 数据分析常用库。
（6）掌握在 Windows 系统中安装 Anaconda 的方法。
（7）掌握 Jupyter Notebook 的常用功能。

素养目标

（1）通过学习数据分析在网络安全中的应用，了解网络安全的重要性，增强法律意识和网络安全意识。

（2）通过安装 Anaconda，提高动手操作能力，培养耐心和细致的工作习惯。

思维导图

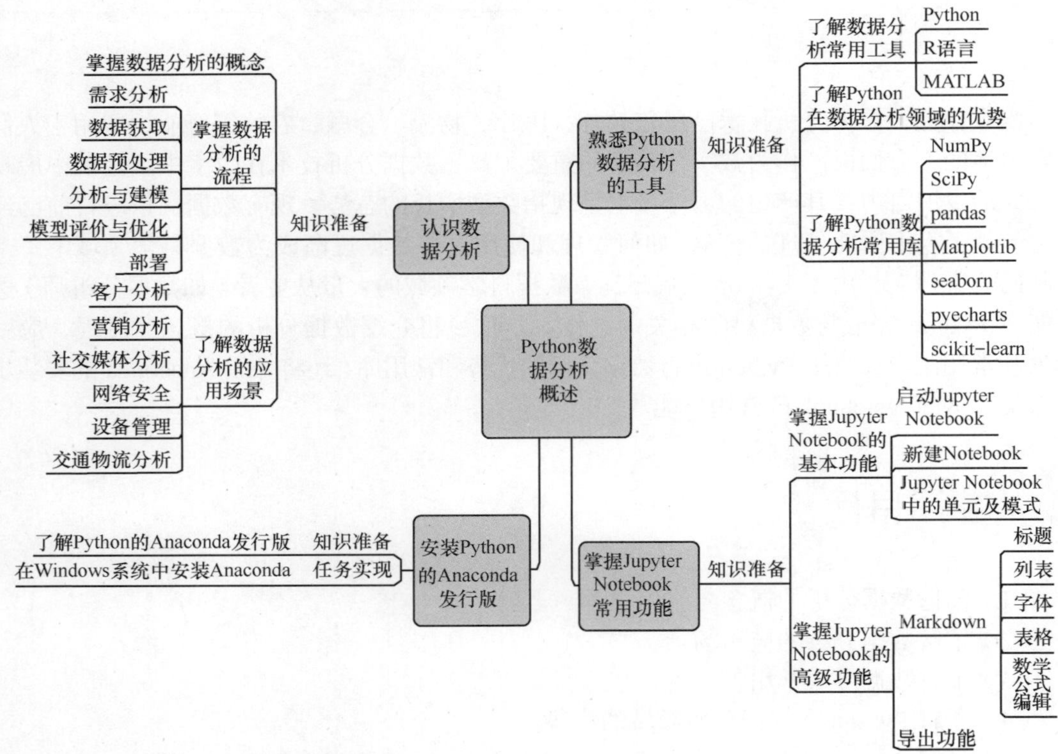

任务 1.1　认识数据分析

认识数据分析

【知识准备】

1.1.1　掌握数据分析的概念

数据分析通常是指运用适当的分析方法对收集来的大量数据进行分析，提取有价值的信息，形成结论，并对数据加以深入研究和总结的过程。随着计算机技术的全面发展，企业生产、收集、存储和处理数据的能力大大提高，数据量与日俱增。实际运用中，必须通过统计分析对这些繁多、复杂的数据进行提炼，研究出数据的发展规律，进而帮助企业管理层做出决策。

广义数据分析是指依据一定的目标，通过统计分析、聚类、分类等方法发现大量数据中的隐含信息的过程。广义数据分析包括狭义数据分析和数据挖掘。狭义数据分析是指根据分析目的，采用对比分析、分组分析、交叉分析和回归分析等分析方法对收集的数据进行处理与分析，提取有价值的信息，发挥数据的作用，得到特征统计量的过程。数据挖掘则是指从大量的、不完全的、有噪声的、模糊的、随机的实际应用数据中，通过智能推荐、关联规则、分类模型和聚类模型等技术挖掘信息潜在价值的过程。广义数据分析的概念如图 1-1 所示。

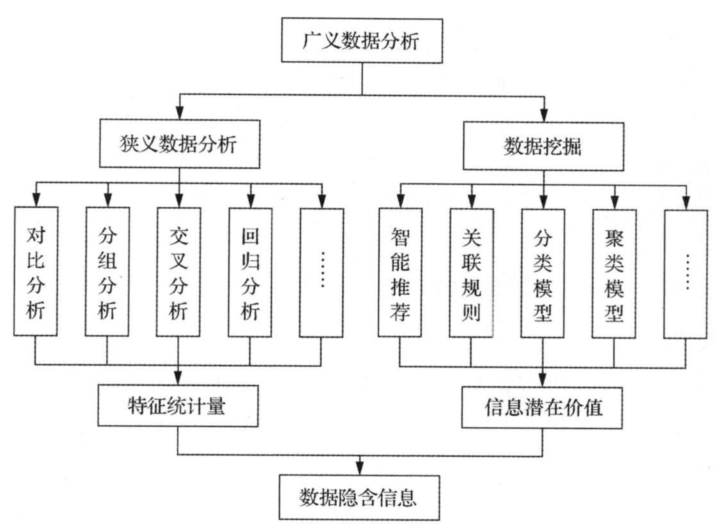

图 1-1　广义数据分析的概念

1.1.2　掌握数据分析的流程

数据分析已经逐渐演化为一种解决问题的过程，甚至是一种方法论。虽然每个公司都会根据自身需求和目标创建最合适的数据分析流程，但是数据分析的核心步骤是一致的。图 1-2 展示了一个典型的数据分析流程。

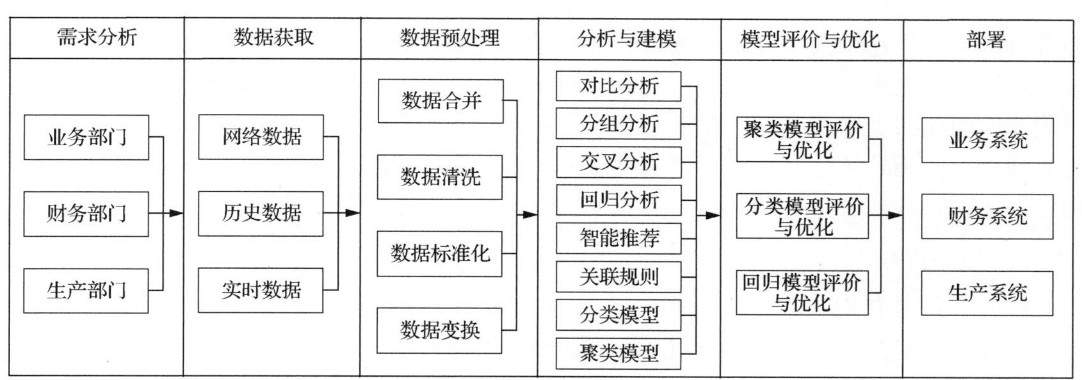

图 1-2　典型的数据分析流程

1. 需求分析

需求分析一词来源于产品设计，主要是指从用户提出的需求出发，挖掘用户内心的真实意图，并转化为产品需求的过程。需求分析是产品设计的第一步，也是非常关键的一步，因为需求分析决定了产品方向。错误的需求分析可能导致产品在实现过程中偏离正确的方向，甚至对企业造成损失。

需求分析是数据分析的第一步，也是非常重要的一步，决定了后续的分析方向和方法。需求分析的主要内容是根据业务、财务和生产等部门的需要，结合现有的数据情况，提出数据分析的整体方向、内容，最终和需求方达成一致。

2. 数据获取

数据获取是数据分析工作的基础，是指根据需求分析的结果提取、收集数据。获取的数据主要有两种：网络数据与本地数据。网络数据是指存储在互联网中的各类视频、图片、语音和文字等信息，本地数据则是指存储在本地数据库中的生产、营销和财务等系统的数据。本地数据按照数据产生的时间又可以划分为两部分，分别是历史数据与实时数据。历史数据是指系统在运行过程中遗存下来的数据，其数据量随系统运行时间的增加而增大；实时数据是指最近一个时间周期（如月、周、日、小时等）内产生的数据。

在数据分析过程中，具体使用哪种数据需要依据需求分析的结果而定。

3. 数据预处理

数据预处理是指对数据进行数据合并、数据清洗、数据标准化和数据变换等操作，并将数据用于分析与建模的过程。其中，数据合并可以将多张互相关联的表合并为一张；数据清洗可以处理重复、缺失、异常、不一致的数据；数据标准化可以去除特征间的量纲差异；数据变换则可以通过离散化、哑变量处理等技术使数据满足后期分析与建模的要求。在数据分析的过程中，数据预处理的各个过程互相交叉，并没有明确的先后顺序。

4. 分析与建模

分析与建模是指通过对比分析、分组分析、交叉分析、回归分析等分析方法，以及智能推荐、关联规则、分类模型、聚类模型等模型与算法，发现数据中有价值的信息并得出结论的过程。

分析与建模的方法按照目标不同可以分为几大类。如果分析目标是描述客户行为模式，那么可以采用描述型数据分析方法，还可以考虑关联规则、序列规则和聚类模型等。如果分析目标是量化未来一段时间内某个事件的发生概率，那么可以使用两大预测模型，即分类预测模型和回归预测模型。在常见的分类预测模型中，目标特征通常为二元数据，代表流失与否、信用好坏等。在回归预测模型中，目标特征通常为连续型数据，常见的有股票价格等。

5. 模型评价与优化

模型评价是指对于已经建立的一个或多个模型，根据模型的类别，使用不同的指标评价模型性能优劣的过程。常用的聚类模型评价指标有调整兰德系数（ARI）、调整互信息（AMI）、V-measure、FMI 和轮廓系数等。常用的分类模型评价指标有准确率（Accuracy）、精确率（Precision）、召回率（Recall）、F1 值（F1 Score）、接受者操作特性（Receiver Operating Characteristic，ROC）曲线和 ROC 曲线下面积（Area Under Curve，AUC）等。常用的回归模型评价指标有平均绝对误差、均方误差、中值绝对误差和可解释方差等。

模型优化则是指模型性能在经过模型评价后已经达到了要求，但在实际生产环境应用过程中发现模型的性能并不理想，继而对模型进行重构与优化的过程。在多数情况下，模型优化的过程和分析与建模的过程基本一致。

6. 部署

部署是指将数据分析结果与结论应用至实际生产系统的过程。根据需求的不同，部署阶段可以提供包含具体整改措施的数据分析报告，也可以提供将模型部署在整个生产系统上的解决方案。在多数项目中，数据分析师仅提供数据分析报告或解决方案，实际执行部署的是需求方。

1.1.3　了解数据分析的应用场景

企业使用数据分析解决不同的问题，数据分析的实际应用场景主要分为客户分析、营销分析、社交媒体分析、网络安全、设备管理、交通物流分析等。

1. 客户分析

客户分析（Customer Analytics）主要是指根据客户的基本信息进行商业行为分析。首先界定目标客户，根据目标客户的需求、性质、所处行业的特征、经济状况等基本信息，使用统计分析方法和预测验证法分析目标客户，提高销售效率。其次了解客户的采购过程，根据客户采购类型、采购性质进行分类分析，制定不同的营销策略。最后可以根据已有的客户特征进行客户特征分析、客户忠诚度分析、客户注意力分析、客户营销分析和客户收益分析。通过有效的客户分析能够掌握客户的具体行为特征，将客户细分，使得运营策略达到最优，提升企业整体效益。

2. 营销分析

营销分析（Marketing Analytics）囊括产品分析、价格分析、渠道分析、广告与促销分析这 4 类分析。产品分析主要是通过对竞争产品进行分析制定自身产品策略。价格分析可以分为成本分析和售价分析，成本分析的目的是降低成本，售价分析的目的是制定符合市场需求的价格。渠道分析是指对产品的销售渠道进行分析，确定最优的渠道配比。广告与促销分析则能够结合客户分析实现销量的提升、利润的增加。

3. 社交媒体分析

社交媒体分析（Social Media Analytics）是指以不同的社交媒体渠道生成的内容为基础，实现不同社交媒体的用户分析、访问分析和互动分析等。用户分析主要是指根据用户注册信息、用户登录平台的时间点和用户平时发表的内容等用户数据分析用户个人画像和行为特征；访问分析则是指通过用户平时访问的内容分析用户的兴趣爱好，进而分析潜在的商业价值；互动分析是指根据用户之间的关注、互动等行为预测这些用户未来的某些行为特征。同时，社交媒体分析还能为情感和舆情监督提供丰富的资料。

4. 网络安全

大规模网络安全（Massive Cybersecurity）事件的发生[如 2024 年 4 月 Snowflake（雪花）公司遭遇黑客攻击导致 165 家企业数据被泄露]让企业愈发意识到预先识别网络攻击的重要性。传统的网络安全防护主要依靠静态防御，主要流程是发现威胁、分析威胁和处理威胁，往往在威胁发生以后系统才能做出反应。新型的病毒防御系统可使用数据分析技术建立潜在攻击识别分析模型，监测大量网络活动数据和相应的访问行为，识别可疑行为，做到未雨绸缪。2016 年 11 月 7 日，第十二届全国人民代表大会常务委员会第二十四次会议通过《中华人民共和国网络安全法》，为网络安全工作提供全面的法律保障。同时个人也需学会识别和防范网络风险，增强自身的网络安全意识。

5. 设备管理

设备管理（Facility Management）同样是企业关注的重点。设备维修一般采用标准修理法和检查后修理法。在这两种方法中，标准修理法可能导致设备的过度维修，进而产生较高的修理费用；而检查后修理法虽然解决了高成本的问题，但需要烦琐的准备工作，导致设备停机时间延长。目前企业能够通过物联网技术收集和分析设备上的数据流，包括连续用电情况、零部件温度、环境湿度和污染物颗粒大小等多种潜在特征，建立设备管理模型，从而预测设备故障，合理安排预防性的维护，以确保设备正常工作，降低因设备故障产生的安全风险。

6. 交通物流分析

物流是物品从供应地到接收地的实体流动过程，是将运输、储存、装卸、包装、加工、配送和信息处理等功能有机结合起来从而满足用户需求的过程。对于交通物流分析（Transport and Logistics Analytics），用户可以使用通过业务系统和定位系统获得的数据构建交通状况预测模型，有效预测实时路况、物流状况、车流量、客流量和货物吞吐量等，进而提前补货，制定库存管理策略。

熟悉 Python 数据分析的工具

任务 1.2 熟悉 Python 数据分析的工具

【知识准备】

1.2.1 了解数据分析常用工具

目前常用的数据分析工具主要有 Python、R 语言、MATLAB 等。其中，Python 拥有丰富且强大的库，又被称为胶水语言，能够将使用其他语言（尤其是 C 语言、C++）制作的各种模块轻松地连接在一起，是一门较易学的程序设计语言。R 语言通常用于统计分析、绘图。R 是属于 GNU 系统的一个自由、源代码开放的软件。MATLAB 主要用于进行矩阵运算、绘制函数与数据图形、实现算法、创建用户界面和连接其他编程语言的程序等，广泛应用于工程计算、控制设计、信号处理与通信、图像处理、信号检测、金融建模设计与分析等领域。

Python、R 语言、MATLAB 这 3 种工具均可以进行数据分析。表 1-1 从学习难易程度、使用场景、第三方支持、流行领域和软件成本这 5 个方面对 Python、R 语言、MATLAB 进行了对比。

表 1-1 Python、R 语言、MATLAB 这 3 种数据分析工具对比

比较项目	Python	R 语言	MATLAB
学习难易程度	接口统一，学习曲线平缓	接口众多，学习曲线陡峭	自由度大，学习曲线较为平缓
使用场景	数据分析、机器学习、矩阵运算、科学数据可视化、数字图像处理、Web 应用、网络爬虫、系统运维等	统计分析、机器学习、科学数据可视化等	矩阵运算、数值分析、科学数据可视化、机器学习、符号计算、数字图像处理、数字信号处理、仿真模拟等

续表

比较项目	Python	R 语言	MATLAB
第三方支持	拥有大量的第三方库，能够简便地调用 C 语言、C++、Fortran、Java 等其他语言的程序	拥有大量的包，能够调用 C 语言、C++、Fortran、Java 等其他语言的程序	拥有大量专业的工具箱，在新版本中加入了对 C 语言、C++、Java 的支持
流行领域	工业界	工业界与学术界	学术界
软件成本	免费	免费	收费

1.2.2　了解 Python 在数据分析领域的优势

由 1.2.1 小节不同数据分析工具的对比可以发现，Python 是一门应用十分广泛的计算机语言，在数据科学领域具有天然的优势。Python 是数据科学领域的主流语言。Python 在数据分析领域的优势主要体现在以下 5 个方面。

（1）语法简单精炼。对初学者来说，Python 比其他编程语言更容易上手。

（2）拥有大量功能强大的库。结合 Python 编程方面的强大实力，用户可以只使用 Python 这一门语言去构建以数据为中心的应用程序。

（3）功能强大。从特性角度来看，Python 是一个混合体。丰富的工具集使 Python 介于传统的脚本语言和编译语言之间。Python 不仅具备脚本语言简单和易用的特点，而且提供编译语言所具有的高级软件工程工具。

（4）Python 不仅适用于研究和原型构建，而且适用于构建生产系统。研究人员和工程技术人员使用同一种编程工具会给企业带来非常显著的组织效益，并降低企业的运营成本。

（5）Python 是一门胶水语言。Python 程序能够以多种方式轻易地与其他语言的组件“粘连”在一起。例如，Python 的 C 语言应用程序接口（Application Program Interface，API）可以帮助 Python 程序灵活地调用 C 语言程序，这意味着用户可以根据需要给 Python 程序添加功能，或在其他环境中使用 Python。

1.2.3　了解 Python 数据分析常用库

使用 Python 进行数据分析时常用的库主要有 NumPy、SciPy、pandas、Matplotlib、seaborn、pyecharts、scikit-learn 等。

1. NumPy

NumPy 是 Python 的一个科学计算基础库。NumPy 主要提供以下内容。

（1）快速高效的多维数组对象 ndarray。

（2）对数组进行元素级计算和直接对数组进行数学运算的函数。

（3）读/写硬盘上基于数组的数据集的工具。

（4）线性代数运算、傅里叶变换和随机数生成等功能。

（5）将 C 语言、C++、Fortran 代码集成到 Python 项目的工具。

除了为 Python 提供快速高效的数组处理能力，NumPy 在数据分析方面还有一个主要作用，即提供在算法之间传递数据的容器。对于数值型数据，使用 NumPy 数组存储和处理数据要比使用内置的 Python 数据结构高效得多。此外，由较低级语言（如 C 语言和 Fortran）编写的库可以直接操作 NumPy 数组中的数据，无须进行任何数据复制工作。

2. SciPy

SciPy 是基于 Python 的开源库，是一组专门解决科学计算中各种标准问题的模块的集合，常与 NumPy、Matplotlib 和 pandas 这些核心库一起使用。SciPy 包含多个模块，不同的模块有不同的应用场景，如用于插值、积分、优化、图像处理和特殊函数等。SciPy 的模块及其简介如表 1-2 所示。

表 1-2　SciPy 的模块及其简介

模块名称	简介
scipy.integrate	数值积分和微分方程求解器
scipy.linalg	扩展了由 numpy.linalg 提供的线性代数求解和矩阵分解功能
scipy.optimize	函数优化器（最小化器）以及根查找算法
scipy.signal	信号处理工具
scipy.sparse	稀疏矩阵和稀疏线性系统求解器
scipy.special	SPECFUN［这是一个实现了许多常用数学函数（如伽马函数）的 Fortran 库］的包装器
scipy.stats	包含检验连续和离散概率分布的函数与方法（如密度函数、采样器、连续分布函数等）、各种统计检验的函数与方法，以及各类描述性统计的函数与方法

3. pandas

pandas 是 Python 的数据分析核心库，最初作为金融数据分析工具被开发出来。pandas 为时间序列分析提供了很好的支持，它提供了一系列能够快速、便捷地处理结构化数据的数据结构和函数。Python 能成为强大而高效的数据分析工具，与它息息相关。

pandas 兼具 NumPy 高性能的数组计算功能以及电子表格和关系数据库（如 MySQL）灵活的数据处理功能。它提供了复杂、精细的索引功能，以便完成重塑、切片与切块、聚合和选取数据子集等操作。pandas 是本书中使用的主要工具之一。

4. Matplotlib

Matplotlib 是较为流行的用于绘制数据图表的 Python 库，主要用于绘制二维图形。Matplotlib 最初由约翰・亨特（John Hunter）创建，目前由一个庞大的开发团队维护。Matplotlib 的操作比较容易，用户编写几行代码即可生成直方图、功率谱图、柱形图和散点图等图表。Matplotlib 提供了 pylab 模块，其中包括 NumPy 和 pyplot 中许多常用的函数，方便用户快速进行计算和绘图。Matplotlib 与 IPython 的结合提供了一种非常好用的交互式数据绘图环境，在这个环境中，绘制的图表也是交互式的，用户可以利用绘图窗口中工具栏里的相应工具放大图表中的某个区域，或对整个图表进行平移浏览。

5. seaborn

seaborn 是基于 Matplotlib 的数据可视化 Python 库，它提供了一种高度交互的界面，便于用户制作出各种有吸引力的统计图表。

seaborn 在 Matplotlib 的基础上进行了更高级的 API 封装，使得作图更加容易。seaborn 使用户不需要了解大量的底层代码即可制作出精致的图形。在大多数情况下，使用 seaborn 能制作出具有吸引力的图，而使用 Matplotlib 能制作具有更多特色的图。因此，可将 seaborn 视为 Matplotlib 的补充，而不是替代品。同时，seaborn 能高度兼容 NumPy 与 pandas 的数据结构以及 SciPy 与 statsmodels 等的统计模式，可以在很大程度上帮助用户实现数据可视化。

6. pyecharts

ECharts 是一个由百度开源的数据可视化工具，凭借着良好的交互性、精巧的图表设计得到了众多开发者的认可。而 Python 是一门富有表达力的语言，很适合进行数据处理。pyecharts 是 Python 与 ECharts 的结合。

pyecharts 可以展示动态交互图，当鼠标指针悬停在图上时，即可显示数值、标签等。pyecharts 支持主流 Notebook 环境，如 Jupyter Notebook、JupyterLab 等；可轻松集成至 Flask、Django 等主流 Web 框架；具有高度灵活的配置项，可轻松搭配出精美的图表；囊括 30 多种常见图表，如 Bar（柱形图/条形图）、Boxplot（箱形图）、Funnel（漏斗图）、Gauge（仪表盘）、Graph（关系图）、HeatMap（热力图）、Radar（雷达图）、Sankey（桑基图）、Scatter（散点图）、WordCloud（词云图）等。

7. scikit-learn

scikit-learn 是一个简单有效的数据挖掘和数据分析工具，可以供用户在各种环境下重复使用，而且它建立在 NumPy、SciPy 和 Matplotlib 的基础之上，对一些常用的算法进行了封装。目前，scikit-learn 的基本模块主要涉及数据预处理、模型选择、分类、聚类、数据降维和回归 6 个方面。在数据量不大的情况下，scikit-learn 可以解决大部分问题。用户在执行建模任务时，并不需要自行编写所有的算法，只需要简单地调用 scikit-learn 库里的模块。

任务 1.3　安装 Python 的 Anaconda 发行版

【任务描述】

Python 拥有 NumPy、SciPy、pandas、Matplotlib、seaborn、pyecharts 和 scikit-learn 等功能齐全、接口统一的库，能为数据分析工作提供极大的便利。不过库的管理和版本问题使得数据分析人员并不能专注于数据分析，而要将大量的时间花费在环境配置上。基于这个情况，Anaconda 发行版应运而生。

【任务分析】

在 Windows 系统中安装 Anaconda 发行版。

【知识准备】

了解 Python 的 Anaconda 发行版

Python 的 Anaconda 发行版预装了 150 个以上的常用 Python 库，囊括数据分析常用的

NumPy、SciPy、pandas、Matplotlib、seaborn、pyecharts、scikit-learn 等库，使得数据分析人员能够更加顺畅、专注地使用 Python 解决数据分析相关问题。

Python 的 Anaconda 发行版主要有以下几个特点。

（1）包含众多流行的，用于科学、数学、工程和数据分析的 Python 库。

（2）完全开源。

（3）使用免费，但额外的加速和优化是收费的。对于学术用途，可以申请免费的许可证（License）。

（4）支持 Linux、Windows、macOS；支持 Python 的 2.7、3.5、3.6、3.7、3.8、3.9、3.10、3.11 等版本，可自由切换。

因此，推荐数据分析初学者（尤其是 Windows 系统用户）安装 Anaconda 发行版。读者可以访问 Anaconda 官方网站，根据自身需求下载合适的安装包。

在 Windows 系统中安装 Anaconda

【任务实现】

在 Windows 系统中安装 Anaconda

进入 Anaconda 官方网站，下载与 Windows 系统匹配的 Anaconda 安装包（本书使用 Anaconda3 2024.02-1）。安装 Anaconda 的具体步骤如下。

（1）双击下载好的 Anaconda 安装包，单击图 1-3 所示的“Next”（下一步）按钮。

（2）单击图 1-4 所示的“I Agree”（我同意）按钮，同意相关协议。

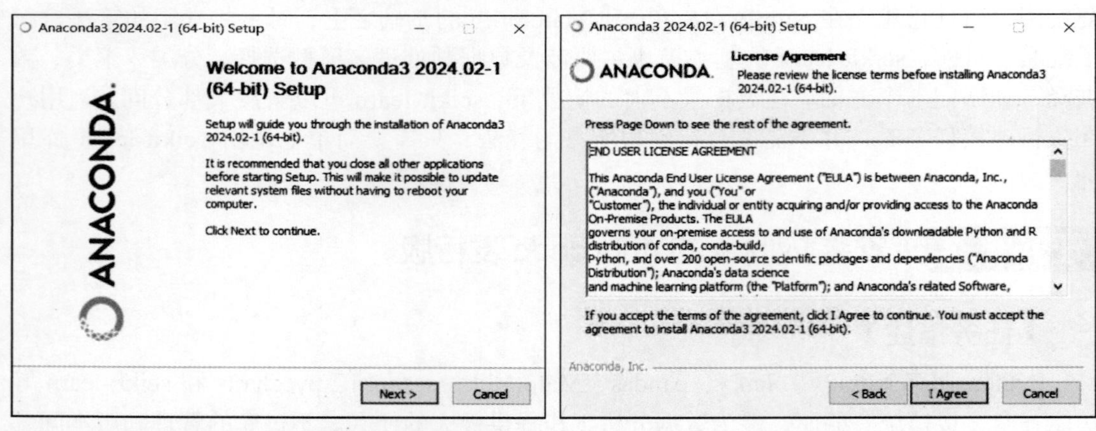

图 1-3　在 Windows 系统中安装 Anaconda 步骤 1　图 1-4　在 Windows 系统中安装 Anaconda 步骤 2

（3）选择图 1-5 所示的“All Users(requires admin privileges)”〔所有用户（需要管理员权限）〕单选按钮，单击“Next”按钮。

（4）单击“Browse”（浏览）按钮，选择合适的路径安装 Anaconda，如图 1-6 所示，选择完成后单击“Next”按钮。

（5）图 1-7 所示的 3 个复选框分别代表创建“开始”菜单快捷方式、将 Anaconda3 注册为系统 Python 3.11（将 Anaconda 安装的 Python 3.11 设置为系统默认的 Python）、清除包缓存。全部勾选后，单击“Install”（安装）按钮开始安装。

（6）单击“Next”按钮，如图 1-8 所示。

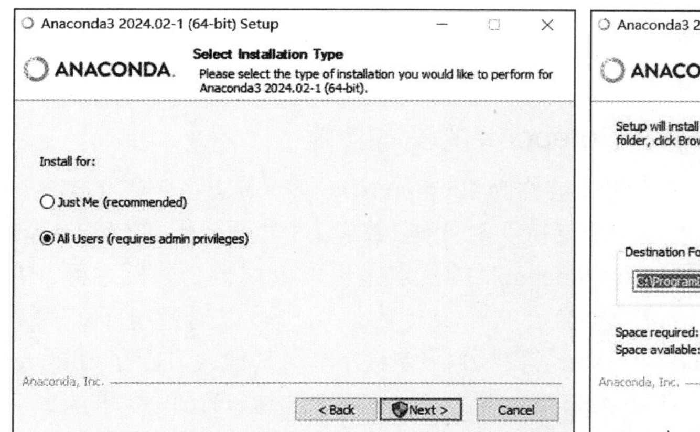

图 1-5　在 Windows 系统中安装 Anaconda 步骤 3

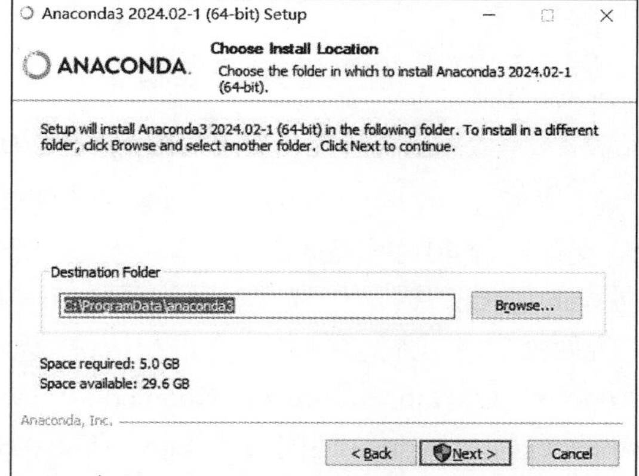

图 1-6　在 Windows 系统中安装 Anaconda 步骤 4

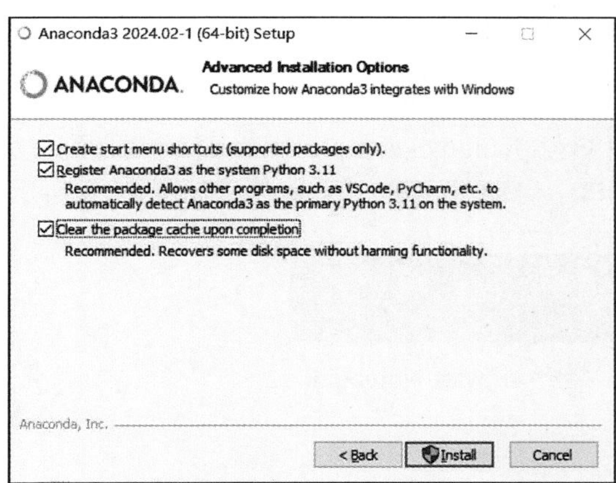

图 1-7　在 Windows 系统中安装 Anaconda 步骤 5

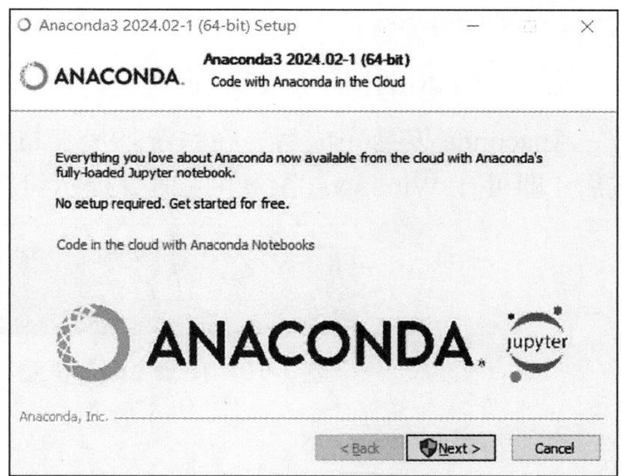

图 1-8　在 Windows 系统中安装 Anaconda 步骤 6

（7）单击“Finish”（完成）按钮，如图 1-9 所示，即可完成安装。

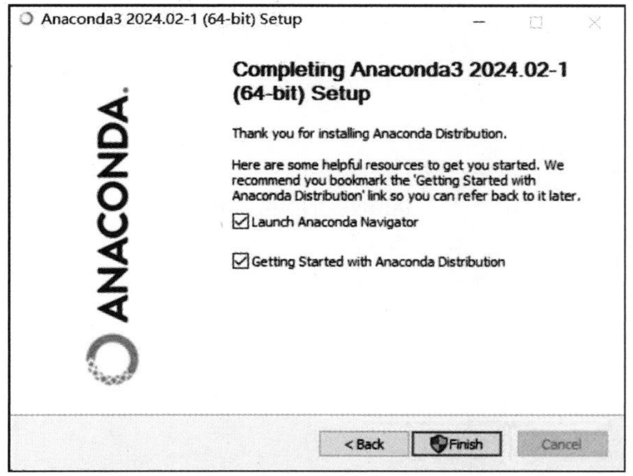

图 1-9　在 Windows 系统中安装 Anaconda 步骤 7

Jupyter Notebook 常用功能

任务 1.4 掌握 Jupyter Notebook 常用功能

【知识准备】

1.4.1 掌握 Jupyter Notebook 的基本功能

Jupyter Notebook（此前被称为 IPython Notebook）是一个交互式笔记本，支持运行 40 多种编程语言，本质上是一个支持实时代码、数学方程、可视化和 Markdown 的 Web 应用程序。对于数据分析，Jupyter Notebook 的优点是可以重现整个分析过程，并将说明文字、代码、图表、公式和结论都整合在一个文档中。用户可以通过电子邮件、Dropbox、GitHub 和 Jupyter Notebook Viewer 等将分析结果分享给其他人。除了 Jupyter Notebook，Anaconda 还内置了 JupyterLab、Spyder 等工具，读者可根据自己的需求选择合适的工具，本书主要介绍 Jupyter Notebook 的使用。

使用 Jupyter Notebook 进行编程前需要启动 Jupyter Notebook 并创建一个新 Notebook，同时，要对 Jupyter Notebook 的界面和构成有基本的认识。

1. 启动 Jupyter Notebook

Anaconda 安装完成后，在系统环境变量中配置 python.exe 和 Scripts。环境变量配置完成后，即可在 Windows 系统下的命令提示符窗口中启动 Jupyter Notebook，如图 1-10 所示。

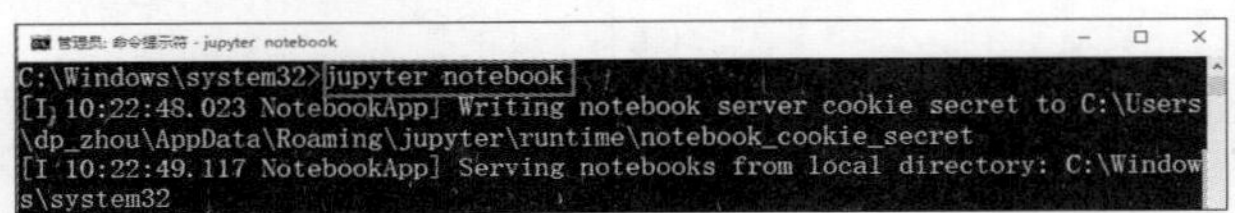

图 1-10 在命令提示符窗口中启动 Jupyter Notebook

2. 新建 Notebook

Jupyter Notebook 启动后，系统默认的浏览器中会出现图 1-11 所示的主界面。单击右上方的“New”下拉按钮，打开“New”下拉列表，如图 1-12 所示。

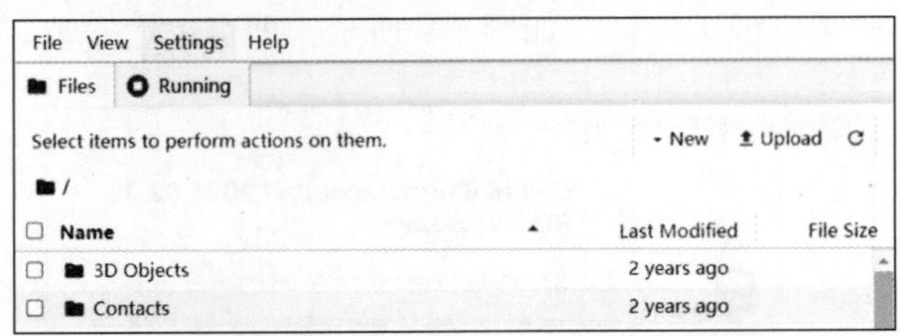

图 1-11 Jupyter Notebook 主界面

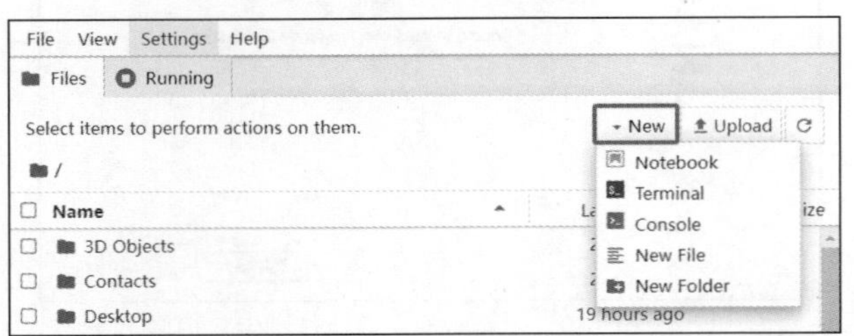

图 1-12 “New”下拉列表

在“New”下拉列表中选择需要创建的 Notebook 类型。其中，“Notebook”表示新建 Notebook 类型文件，“Terminal”表示打开终端，“Console”表示打开控制台，“New File”表示新建纯文本文件，“New Folder”表示新建文件夹。选择“Notebook”选项，进入 Python 脚本编辑界面，如图 1-13 所示。

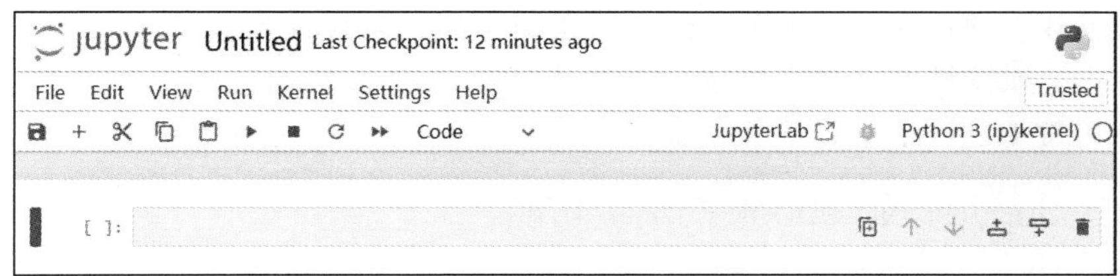

图 1-13　Jupyter Notebook 的 Python 脚本编辑界面

3. Jupyter Notebook 中的单元及模式

Jupyter Notebook 中的 Notebook 由一系列单元（Cell）构成，这些单元主要有两种形式，如图 1-14 所示。

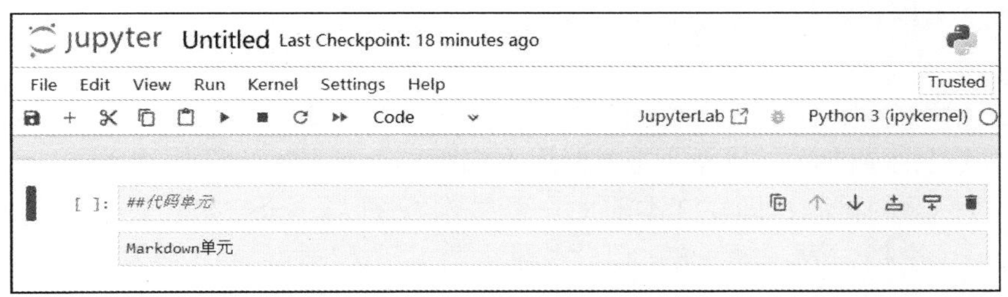

图 1-14　Jupyter Notebook 中 Notebook 的两种单元

（1）代码单元。代码单元是用户编写代码的地方，可按 Shift+Enter 组合键运行代码单元，结果显示在代码单元下方。代码单元左边有编号，可方便用户查看代码的执行次序。

（2）Markdown 单元。Markdown 单元是用户编辑文本的地方，采用 Markdown 的语法规范，可以设置文本格式，插入链接、图片甚至数学公式。同样，按 Shift+Enter 组合键可运行 Markdown 单元，显示格式化的文本。

与 Linux 的 Vim 编辑器类似，Jupyter Notebook 中也有两种工作模式，即编辑模式和命令模式，具体说明如下。

（1）编辑模式。编辑模式用于编辑文本和代码。选中单元并按 Enter 键即可进入编辑模式，此时单元显示蓝色边框，如图 1-15 所示。

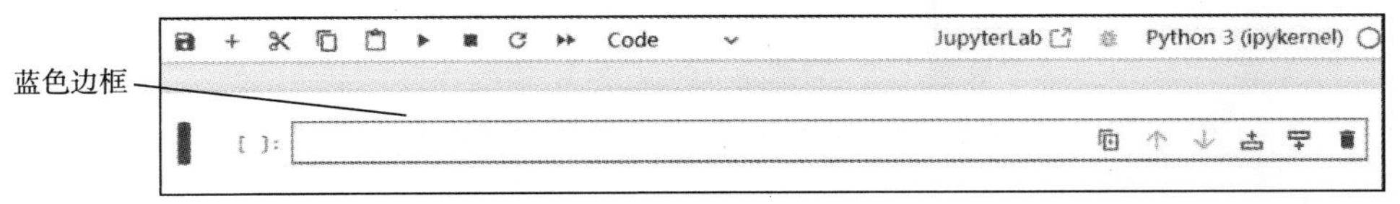

图 1-15　编辑模式

（2）命令模式。命令模式用于执行键盘输入的快捷命令。选中单元并按 Esc 键即可进入命令模式，此时单元显示灰色边框，如图 1-16 所示。

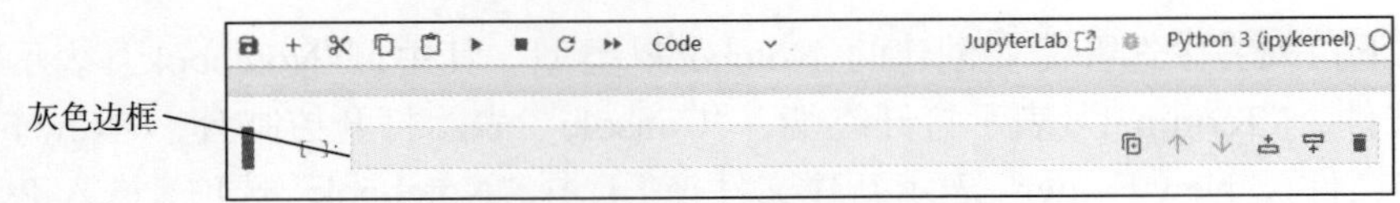

图 1-16　命令模式

如果要使用快捷命令，可先按 Esc 键进入命令模式，然后按相应的键实现对文档的操作。例如，切换到代码单元可按 Y 键，切换到 Markdown 单元可按 M 键，在当前单元的下方增加单元可按 B 键，查看所有快捷命令可按 Ctrl+Shift+H 组合键。

1.4.2　掌握 Jupyter Notebook 的高级功能

在 Jupyter Notebook 中，可以使用 Markdown 进行文本标记，以便用户查看。Jupyter Notebook 还可以将 Notebook 导出为 HTML、PDF 等多种格式的文件。

1．Markdown

Markdown 是一门可以使用普通文本编辑器编写的标记语言，简单的标记语法可以赋予普通文本内容一定的格式。Jupyter Notebook 中的 Markdown 单元功能较多，下面将从标题、列表、字体、表格和数学公式编辑 5 个方面进行介绍。

（1）标题

标题是标明文章、作品等内容的词组、短语或短句。在写报告或论文时，标题是不可或缺的，尤其是论文的章、节等，需要使用不同级别的标题。一般使用 Markdown 中的类 Atx 形式进行标题的排版，即在文本前加一个“#”字符与一个空格代表一级标题，加两个“#”字符与一个空格代表二级标题，以此类推。图 1-17 和图 1-18 分别为 Markdown 的标题代码和标题展示效果。

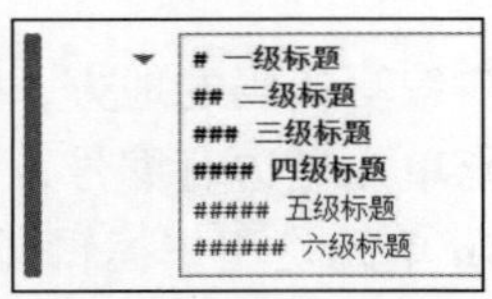

图 1-17　Jupyter Notebook 中 Markdown 的标题代码

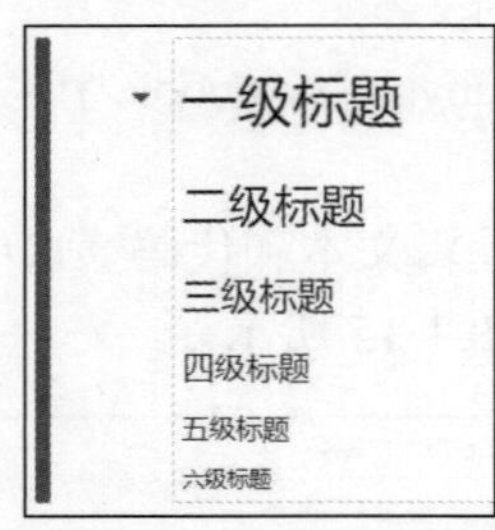

图 1-18　Jupyter Notebook 中 Markdown 的标题展示效果

（2）列表

列表是一种由数据项构成的有限序列，即按照一定的线性顺序排列而成的数据项的集合。列表通常分为无序列表和有序列表两种类型。无序列表使用粗体圆点进行标记，没有序号，也没有特定的排列顺序；而有序列表使用数字进行标记，有明确的排列顺序。在

Markdown 中，无序列表可以通过星号、加号或减号来表示，有序列表可以使用数字、“.”和一个空格表示。图 1-19 和图 1-20 分别为 Markdown 的列表代码和列表展示效果。

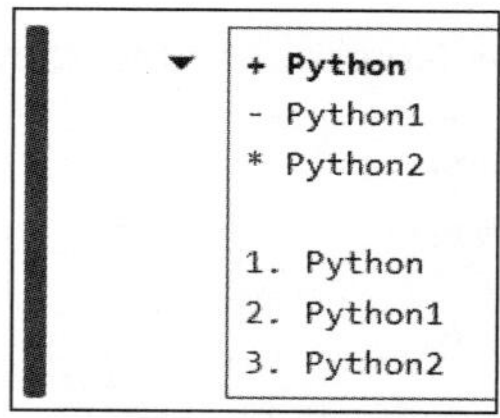

图 1-19　Jupyter Notebook 中 Markdown 的列表代码

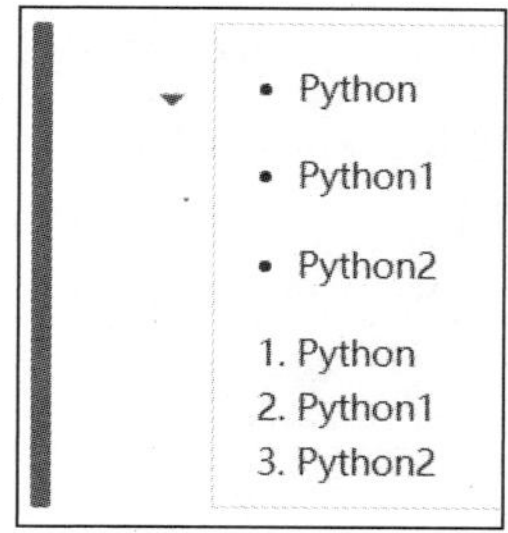

图 1-20　Jupyter Notebook 中 Markdown 的列表展示效果

（3）字体

为了凸显文档中的部分内容，一般赋予文字加粗或斜体格式。在 Markdown 中，通常使用星号或下划线“_”标记要凸显的字词。文本前后有 1 个星号或下划线表示斜体，有 2 个星号或下划线表示加粗，有 3 个星号或下划线表示加粗+斜体。图 1-21 为 Markdown 的加粗、斜体格式代码，图 1-22 为 Markdown 的加粗、斜体格式展示效果。

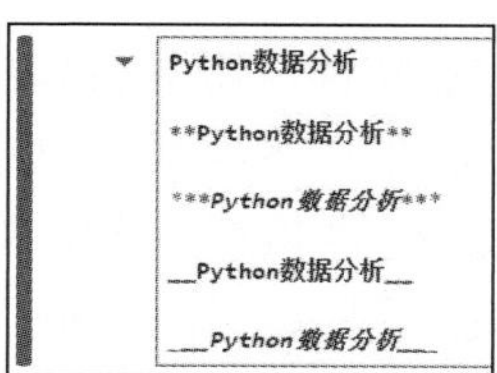

图 1-21　Jupyter Notebook 中 Markdown 的加粗、斜体格式代码

图 1-22　Jupyter Notebook 中 Markdown 的加粗、斜体格式展示效果

（4）表格

Markdown 还可以绘制表格。代码的第一行表示表头，第二行分隔表头和主体部分，从第三行开始，每一行代表一个表格行。列与列之间用符号“|”隔开，表格每一行的末尾也要有符号“|”。图 1-23 和图 1-24 分别为 Markdown 的表格代码和表格展示效果。

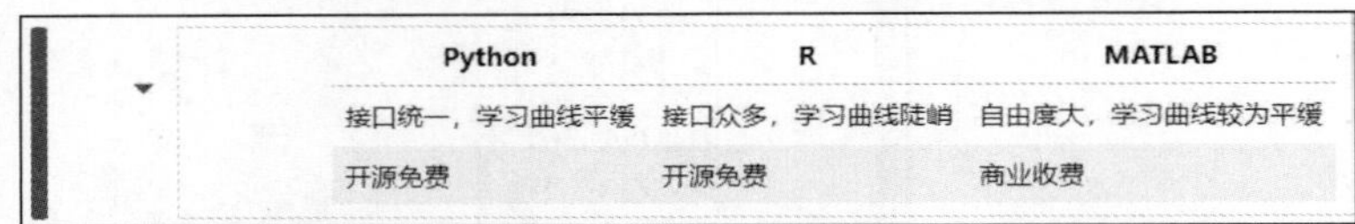

```
Python | R | MATLAB |
--------|----|-----|
接口统一，学习曲线平缓 | 接口众多，学习曲线陡峭 | 自由度大，学习曲线较为平缓 |
开源免费 | 开源免费 | 商业收费 |
```

图 1-23　Jupyter Notebook 中 Markdown 的表格代码

Python	R	MATLAB
接口统一，学习曲线平缓	接口众多，学习曲线陡峭	自由度大，学习曲线较为平缓
开源免费	开源免费	商业收费

图 1-24　Jupyter Notebook 中 Markdown 的表格展示效果

（5）数学公式编辑

LaTeX 是写科研论文的必备工具之一，不但能实现严格的文档排版，而且能编辑复杂的数学公式。在 Jupyter Notebook 的 Markdown 单元中可以使用 LaTeX 来插入数学公式。在文本行中插入数学公式时，应使用两个“$”符号进行包裹，如表示质能方程的 LaTeX 表达式为“$E = mc^2$”。如果要插入数学区块，那么使用两个“$$”符号进行包裹，如使用 LaTeX 表达式“$$ z = \frac{x}{y} $$”表示式（1-1）。

$$z = \frac{x}{y} \tag{1-1}$$

在输入上述 LaTeX 表达式后，运行结果如图 1-25 所示。

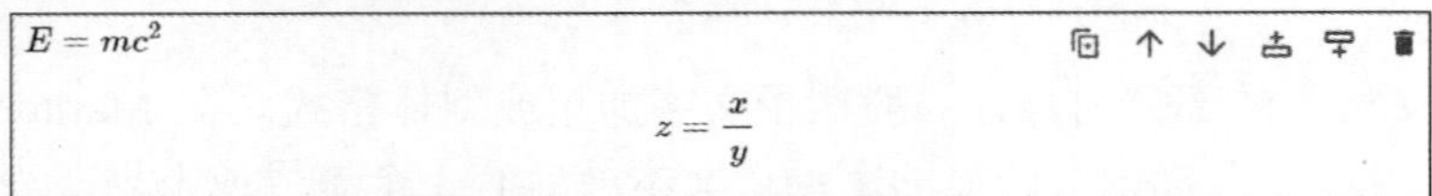

图 1-25　Jupyter Notebook 中 Markdown 的 LaTeX 表达式展示效果

2. 导出功能

Jupyter Notebook 还有一个强大的特性，即具备导出功能，可以将 Notebook 导出为多种格式（如 HTML、Markdown、PDF 等）的文件。其中，导出为 PDF 格式文件的功能让用户不用写 LaTeX 表达式即可创建漂亮的 PDF 文档。用户还可以将 Notebook 作为网页发布在自己的网站上。要使用导出功能，可以选择“File”→“Save and Export Notebook As”菜单中的命令，如图 1-26 所示。

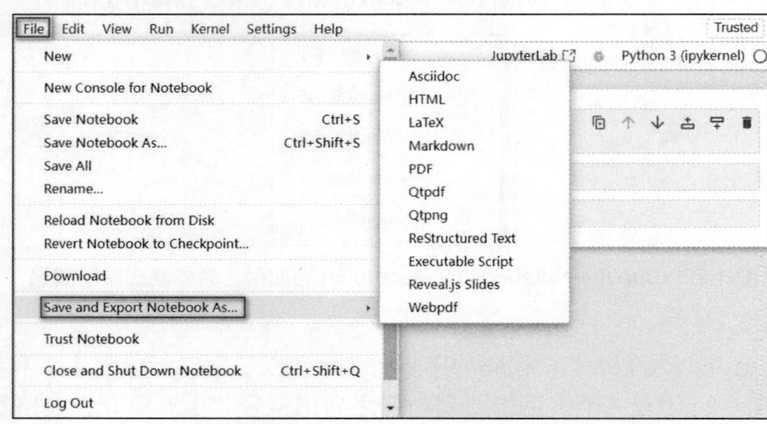

图 1-26　导出功能的菜单

项目小结

本项目首先介绍了数据分析的概念、流程、应用场景和常用工具，阐述了使用 Python 进行数据分析的优势，列举了 Python 数据分析常用库并对其功能进行了说明；然后阐述了 Anaconda 发行版的特点，实现了在 Windows 系统中安装 Anaconda；最后介绍了 Python 数据分析工具 Jupyter Notebook 的常用功能。

课后习题

1. 选择题

（1）下列关于数据分析的描述，说法错误的是（　　）。

A. 模型优化步骤可以和分析与建模步骤同步进行

B. 数据分析过程中最核心的步骤是分析与建模

C. 数据分析时只能使用数值型数据

D. 广义数据分析包括狭义数据分析和数据挖掘

（2）下列关于 NumPy 的说法错误的是（　　）。

A. NumPy 可快速高效地处理多维数组

B. NumPy 可提供在算法之间传递数据的容器

C. NumPy 可实现线性代数运算、傅里叶变换和随机数生成

D. NumPy 不具备将 C++代码引入 Python 的功能

（3）下列关于 pandas 说法错误的是（　　）。

A. pandas 是 Python 的数据分析核心库

B. pandas 能够快捷地处理结构化数据

C. pandas 不具备 NumPy 的高性能数组计算功能

D. pandas 提供复杂、精细的索引功能

（4）下列不属于数据分析的应用场景的是（　　）。

A. 一周天气预测　　B. 合理预测航班座位需求数量

C. 为用户提供个性化服务　　D. 某人一生的命运预测

（5）下列不属于 Python 优势的是（　　）。

A. 语法简洁，程序开发速度快

B. 入门简单，功能强大

C. 程序的运行速度在所有计算机语言的程序中最快

D. 开源，可以自由阅读源代码并对其进行改动

（6）下列关于 Jupyter Notebook 的说法错误的是（　　）。

A. Jupyter Notebook 中的 Notebook 主要由两种形式的单元构成

B. Jupyter Notebook 中的代码单元是用户编写代码的地方

C. Jupyter Notebook 有两种编辑模式

D. Jupyter Notebook 可以将文件分享给他人

（7）下列关于 Python 数据分析常用库的描述错误的是（　　）。

A. Matplotlib 可以展示动态交互图

B. SciPy 主要用于解决科学计算中的各种标准问题

C. pandas 能够完成整理数据的工作

D. scikit-learn 是复杂有效的数据分析工具

（8）下列关于 Anaconda 的描述错误的是（　　）。

A. Anaconda 支持 Linux、Windows 系统

B. Anaconda 支持并集成了 800 多个第三方库

C. Anaconda 不是一个集成开发环境

D. Anaconda 使用免费，适合数据分析相关工作人员安装使用

2. 操作题

（1）在自用计算机上完成 Anaconda 的安装。

（2）使用 Jupyter Notebook 创建名为“Welcome to Python”的 Notebook，并将其导出为.py 文件。

项目 2 粮食产量分析——NumPy 数组计算基础

NumPy 是用于数据科学计算的基础模块，不但能够完成科学计算的任务，而且提供了快速高效的多维数据容器，可用于存储和处理大型矩阵。NumPy 本身并没有提供很多高级的数据分析功能，理解 NumPy 数组及数组计算有助于更加高效地使用 pandas 等数据处理工具。本项目将介绍 NumPy 数组对象 ndarray 的创建、随机数的生成和数组的访问与形状变换；此外，还将介绍 NumPy 矩阵的创建和 ufunc，以及如何利用 NumPy 读/写文件并使用函数进行简单的统计分析。

学习目标

（1）掌握 NumPy 创建多维数组与生成随机数的方法。
（2）掌握数组的索引与形状变换方法。
（3）掌握 NumPy 矩阵的创建和运算方法以及 ufunc 的基本使用方法。
（4）掌握 NumPy 读/写文件的方法和常用于统计分析的函数。

素养目标

（1）通过学习自行查看 array 函数的完整参数及其说明的方法，学会自行查看学习资料，提升学习的主动性。

（2）通过学习 ufunc，提高编写代码效率，减少资源的消耗，贯彻节约优先、保护优先的可持续发展理念。

思维导图

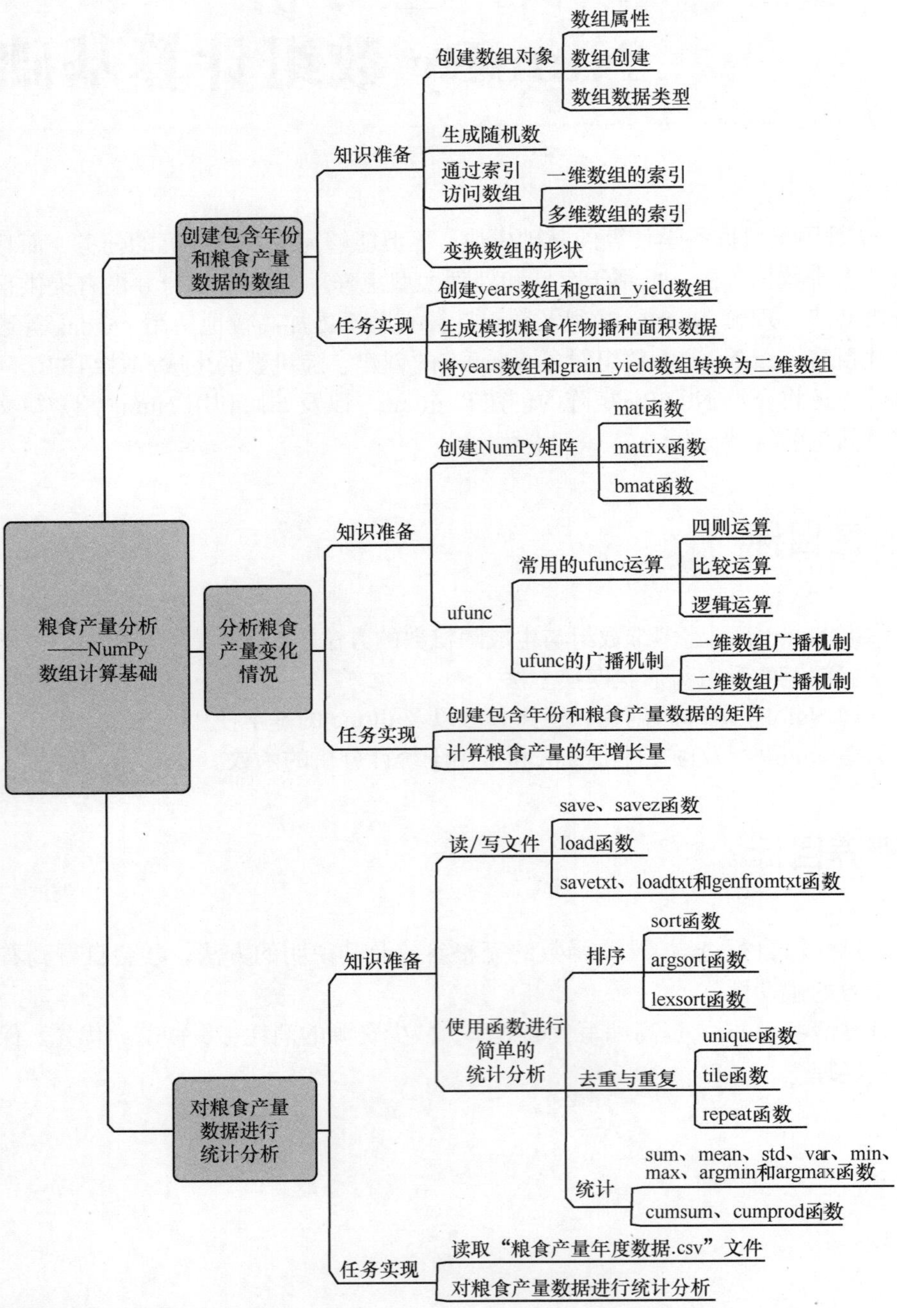

- 粮食产量分析——NumPy数组计算基础
  - 创建包含年份和粮食产量数据的数组
    - 知识准备
      - 创建数组对象
        - 数组属性
        - 数组创建
        - 数组数据类型
      - 生成随机数
      - 通过索引访问数组
        - 一维数组的索引
        - 多维数组的索引
      - 变换数组的形状
    - 任务实现
      - 创建years数组和grain_yield数组
      - 生成模拟粮食作物播种面积数据
      - 将years数组和grain_yield数组转换为二维数组
  - 分析粮食产量变化情况
    - 知识准备
      - 创建NumPy矩阵
        - mat函数
        - matrix函数
        - bmat函数
      - ufunc
        - 常用的ufunc运算
          - 四则运算
          - 比较运算
          - 逻辑运算
        - ufunc的广播机制
          - 一维数组广播机制
          - 二维数组广播机制
    - 任务实现
      - 创建包含年份和粮食产量数据的矩阵
      - 计算粮食产量的年增长量
  - 对粮食产量数据进行统计分析
    - 知识准备
      - 读/写文件
        - save、savez函数
        - load函数
        - savetxt、loadtxt和genfromtxt函数
      - 使用函数进行简单的统计分析
        - 排序
          - sort函数
          - argsort函数
          - lexsort函数
        - 去重与重复
          - unique函数
          - tile函数
          - repeat函数
        - 统计
          - sum、mean、std、var、min、max、argmin和argmax函数
          - cumsum、cumprod函数
    - 任务实现
      - 读取“粮食产量年度数据.csv”文件
      - 对粮食产量数据进行统计分析

NumPy 数组对象

任务 2.1　创建包含年份和粮食产量数据的数组

【任务描述】

粮食产量是农业生产中的重要指标，对政府部门、农业企业以及相关研

究机构来说，了解粮食的产量变化趋势和分布情况对于制定农业政策、调整种植结构、优化资源配置等决策以满足人们对高质量粮食的需求、加快建设农业强国具有重要意义。本任务将创建包含年份和粮食产量数据的数组，分析粮食产量的基本情况，对粮食产量进行一定的了解。

2014 年—2023 年的粮食产量数据如表 2-1 所示（源自国家统计局，不含香港、澳门、台湾数据）。

表 2-1　2014 年—2023 年的粮食产量数据

年份	粮食产量/万吨
2023 年	69540.99
2022 年	68652.77
2021 年	68284.75
2020 年	66949.15
2019 年	66384.34
2018 年	65789.22
2017 年	66160.73
2016 年	66043.51
2015 年	66060.27
2014 年	63964.83

【任务分析】

（1）使用 NumPy 创建两个一维数组，分别用于存储年份数据和粮食产量数据。

（2）创建与粮食产量数据数组长度相同的数组，生成模拟粮食作物播种面积数据。

（3）将两个一维数组转换为二维数组，以便进行更灵活的操作。

【知识准备】

2.1.1　创建数组对象

NumPy 提供了两种基本的对象：ndarray（N-dimensional Array）和 ufunc（Universal Function）。ndarray 是存储单一数据类型的多维数组，而 ufunc 则是能够对数组进行处理的通用函数。在 NumPy 中，维度被称为轴。本小节将重点介绍数组对象，ufunc 将在 2.2.2 小节进行介绍。

1．数组属性

为了更好地理解和使用数组，在创建数组之前了解数组的基本属性是十分必要的。数组的属性及其说明如表 2-2 所示。

表 2-2　数组的属性及其说明

属性名称	属性说明
ndim	返回 int。表示数组的维数
shape	返回 tuple。表示数组形状，*n* 行 *m* 列的数组形状为(*n*,*m*)
size	返回 int。表示数组的元素总数，等于数组形状中各元素的积
dtype	返回数据类型。表示数组中元素的数据类型

续表

属性名称	属性说明
itemsize	返回 int。表示数组的每个元素占用的存储空间[以字节（Byte，B）为单位]。例如，一个元素数据类型为 float64 的数组的 itemsize 属性值为 8（float64 占用 64bit，1B 为 8bit，所以 float64 占用 8B），一个元素数据类型为 complex32 的数组的 itemsize 属性值为 4

2. 数组创建

NumPy 提供的 array 函数可以用于创建一维或多维数组，其基本使用格式如下。

```
numpy.array(object, dtype=None, *, copy=True, order='K', subok=False, ndmin=0, like=None)
```

array 函数的主要参数及其说明如表 2-3 所示。

表 2-3 array 函数的主要参数及其说明

参数名称	参数说明
object	接收 array_like。表示需要创建的数组对象。无默认值
dtype	接收数据类型。表示数组元素的数据类型，如果未给定，那么选择保存对象所需的最小的数据类型。默认为 None
ndmin	接收 int。用于指定生成数组应该具有的最小维数。默认为 0

知识拓展

表 2-3 仅介绍了 array 函数的主要参数，如果读者想要了解 array 函数的所有参数，可以通过以下方式自行查看。

（1）使用 help 函数查看

在 Python 中，可以通过 help 函数查看函数/方法、模块用途的详细说明，help 函数基本使用格式如下。

```
help([object])
```

object 表示需要查看的对象，如“help('numpy.array')”。

（2）通过官方网站查看

Python 中常用的数据分析库（如 NumPy、pandas、Matplotlib、seaborn、pyecharts、scikit-learn 等）大多都有官方网站，读者可以在相应的官方网站中查看库的作用，以及库中相关函数、方法、模块的详细说明等。

创建一维数组与多维数组并查看数组属性，如代码 2-1 所示。

代码 2-1 创建数组并查看数组属性

```
In[1]:  import numpy as np  # 导入NumPy库
        arr1 = np.array([1, 2, 3, 4])  # 创建一维数组
        print('创建的数组为：', arr1)
Out[1]: 创建的数组为： [1 2 3 4]
In[2]:  # 创建二维数组
        arr2 = np.array([[1, 2, 3, 4], [4, 5, 6, 7], [7, 8, 9, 10]])
        print('创建的数组为：\n', arr2)
```

```
Out[2]:  创建的数组为:
          [[ 1  2  3  4]
          [ 4  5  6  7]
          [ 7  8  9 10]]
In[3]:   print('数组形状为: ', arr2.shape)  # 查看数组形状
Out[3]:  数组形状为: (3, 4)
In[4]:   print('数组元素数据类型为: ', arr2.dtype)  # 查看数组元素数据类型
Out[4]:  数组元素数据类型为:  int32
In[5]:   print('数组元素个数为: ', arr2.size)  # 查看数组元素个数
Out[5]:  数组元素个数为:  12
In[6]:   print('数组每个元素存储空间为: ', arr2.itemsize)  # 查看数组每个元素存储空间
Out[6]:  数组每个元素存储空间为: 4
```

在代码 2-1 中，数组 arr1 只有一行元素，因此它是一维数组。而数组 arr2 有 3 行 4 列元素，因此它是二维数组，第 0 轴的长度为 3（即行数），第 1 轴的长度为 4（即列数）。其中，第 0 轴也称横轴，第 1 轴也称纵轴。还可以通过修改数组的 shape 属性，在保持数组元素个数不变的情况下改变数组每个轴的长度。代码 2-2 将数组 arr2 的形状改为(4, 3)。注意，从(3, 4)改为(4, 3)并不是对数组进行转置，而是改变每个轴的长度，数组元素的顺序并没有改变。

代码 2-2　重新设置数组的 shape 属性

```
In[7]:    arr2.shape = 4, 3  # 重新设置 shape
          print('重新设置 shape 后的 arr2 为: \n', arr2)
Out[7]:   重新设置 shape 后的 arr2 为:
           [[ 1  2  3]
           [ 4  4  5]
           [ 6  7  7]
           [ 8  9 10]]
```

代码 2-1 中先创建了一个 Python 序列，然后通过 array 函数将其转换为数组，通过此方法创建数组显然效率不高。因此 NumPy 提供了很多专门用于创建数组的函数。

arange 函数类似于 Python 自带的 range 函数，通过指定开始值、终值和步长来创建一维数组，创建的数组不含终值。arange 函数的基本使用格式如下。

```
numpy.arange(start, stop, step, dtype=None, *, device=None, like=None)
```

arange 函数的常用参数及其说明如表 2-4 所示。

表 2-4　arange 函数的常用参数及其说明

参数名称	参数说明
start	接收 int 或实数。表示数组的开始值，生成的数组包括该值。默认为 0
stop	接收 int 或实数。表示数组的终值，生成的数组不包括该值。无默认值
step	接收 int 或实数。表示数组的步长。默认为 1
dtype	接收数据类型。表示输出数组中元素的数据类型。默认为 None

使用 arange 函数创建数组，如代码 2-3 所示。

代码 2-3　使用 arange 函数创建数组

```
In[8]:   print('使用 arange 函数创建的数组为：\n', np.arange(0, 1, 0.1))
Out[8]:  使用 arange 函数创建的数组为：
         [ 0.   0.1  0.2  0.3  0.4  0.5  0.6  0.7  0.8  0.9]
```

linspace 函数通过指定开始值、终值和元素个数来创建一维数组，创建的数组默认含终值，这一点需要和 arange 函数相区分。linspace 函数的基本使用格式如下。

```
numpy.linspace(start, stop, num=50, endpoint=True, retstep=False, dtype=None, axis=0)
```

linspace 函数的常用参数及其说明如表 2-5 所示。

表 2-5　linspace 函数的常用参数及其说明

参数名称	参数说明
start	接收 array_like。表示起始值。无默认值
stop	接收 array_like。表示终值。无默认值
num	接收 int。表示生成的样本数。默认为 50
dtype	接收数据类型。表示输出数组中元素的数据类型。默认为 None

使用 linspace 函数创建数组，如代码 2-4 所示。

代码 2-4　使用 linspace 函数创建数组

```
In[9]:   print('使用 linspace 函数创建的数组为：\n', np.linspace(0, 1, 12))
Out[9]:  使用 linspace 函数创建的数组为：
          [0.         0.09090909 0.18181818 0.27272727 0.36363636 0.45454545
          0.54545455 0.63636364 0.72727273 0.81818182 0.90909091 1.        ]
```

logspace 函数和 linspace 函数类似，但它创建的数组是等比数列。logspace 函数的基本使用格式如下。

```
numpy.logspace(start, stop, num=50, endpoint=True, base=10.0, dtype=None, axis=0)
```

在 logspace 函数的参数中，只有 base 参数和 linspace 函数的 retstep 参数不同，其余参数均相同。base 参数可用于设置对数空间的底数，在不设置的情况下，默认以 10 为底。

使用 logspace 函数生成 1（10^0）～100（10^2）的 20 个元素的等比数列，如代码 2-5 所示。

代码 2-5　使用 logspace 函数创建等比数列

```
In[10]:  print('使用 logspace 函数创建的等比数列为：\n', np.logspace(0, 2, 20))
Out[10]: 使用 logspace 函数创建的等比数列为：
         [     1.            1.27427499      1.62377674 ...     61.58482111
         78.47599704    100.        ]
```

注：此处部分结果已省略。

NumPy 还提供了其他用于创建特殊数组的函数，如 zeros 函数、eye 函数、diag 函数和 ones 函数等。

其中，zeros 函数用于创建元素全部为 0 的数组，即将创建的数组的元素全部填充为 0，如代码 2-6 所示。

代码 2-6　使用 zeros 函数创建数组

```
In[11]:   print('使用 zeros 函数创建的数组为：\n', np.zeros((2, 3)))
Out[11]:  使用 zeros 函数创建的数组为：
           [[ 0.  0.  0.]
           [ 0.  0.  0.]]
```

eye 函数用于生成对角线上的元素为 1、其他元素为 0 的二维数组，类似于单位矩阵，如代码 2-7 所示。

代码 2-7　使用 eye 函数创建数组

```
In[12]:   print('使用 eye 函数创建的数组为：\n', np.eye(3))
Out[12]:  使用 eye 函数创建的数组为：
          [[1. 0. 0.]
           [0. 1. 0.]
           [0. 0. 1.]]
```

diag 函数用于创建与对角矩阵类似的数组，即除对角线上的元素以外，其他元素都为 0，对角线上的元素可以是 0 或其他值，如代码 2-8 所示。

代码 2-8　使用 diag 函数创建数组

```
In[13]:   print('使用 diag 函数创建的数组为：\n', np.diag([1, 2, 3, 4]))
Out[13]:  使用 diag 函数创建的数组为：
          [[1 0 0 0]
           [0 2 0 0]
           [0 0 3 0]
           [0 0 0 4]]
```

ones 函数用于创建元素全部为 1 的数组，即将创建的数组的元素全部填充为 1，如代码 2-9 所示。

代码 2-9　使用 ones 函数创建数组

```
In[14]:   print('使用 ones 函数创建的数组为：\n', np.ones((5, 3)))
Out[14]:  使用 ones 函数创建的数组为：
          [[1. 1. 1.]
           [1. 1. 1.]
           [1. 1. 1.]
           [1. 1. 1.]
           [1. 1. 1.]]
```

3. 数组数据类型

在实际的业务数据处理中，为了更准确地计算结果，提高分析质量，推动高质量发展，需要使用不同精度的数据类型。NumPy 极大程度地扩充了原生 Python 的数据类型，但需要强调一点，在 NumPy 中，数组的数据类型是同质的，即数组中所有元素的数据类型必须是一致的。元素数据类型保持一致可以更容易确定数组所需要的存储空间。NumPy 的基本数据类型及其说明如表 2-6 所示。

表 2-6　NumPy 的基本数据类型及其说明

数据类型	说明
bool_	用 1 位存储的布尔值（值为 True 或 False）
int_	表示由所在平台决定其精度的整数（一般为 int32 或 int64）
int8	表示整数，范围为-128～127
int16	表示整数，范围为-32768～32767
int32	表示整数，范围为-2^{31}～$2^{31}-1$
int64	表示整数，范围为-2^{63}～$2^{63}-1$
uint8	表示无符号整数，范围为 0～255
uint16	表示无符号整数，范围为 0～65535
uint32	表示无符号整数，范围为 0～$2^{32}-1$
uint64	表示无符号整数，范围为 0～$2^{64}-1$
float16	表示半精度浮点数（16 位），其中用 1 位表示正负，用 5 位表示整数，用 10 位表示尾数
float32	表示单精度浮点数（32 位），其中用 1 位表示正负，用 8 位表示整数，用 23 位表示尾数
float64 或 float_	表示双精度浮点数（64 位），其中用 1 位表示正负，用 11 位表示整数，用 52 位表示尾数
complex64	表示复数，分别用两个 32 位浮点数表示实部和虚部
complex128 或 complex_	表示复数，分别用两个 64 位浮点数表示实部和虚部

NumPy 中的每一种数据类型均有与其对应的转换函数，如代码 2-10 所示。

代码 2-10　NumPy 的数据类型转换

```
In[15]:  print('转换结果为：', np.float64(42))  # 整数转换为浮点数
Out[15]: 转换结果为： 42.0
In[16]:  print('转换结果为：', np.int8(42.0))  # 浮点数转换为整数
Out[16]: 转换结果为： 42
In[17]:  print('转换结果为：', np.bool_(42))  # 整数转换为布尔值
Out[17]: 转换结果为： True
In[18]:  print('转换结果为：', np.bool_(0))  # 整数转换为布尔值
Out[18]: 转换结果为： False
In[19]:  print('转换结果为：', np.float_(True))  # 布尔值转换为浮点数
Out[19]: 转换结果为： 1.0
In[20]:  print('转换结果为：', np.float_(False))  # 布尔值转换为浮点数
Out[20]: 转换结果为： 0.0
```

为了更好地帮助读者理解数据类型，下面将创建一个用于存储餐饮企业库存信息的数据类型。其中，用一个能存储 40 个字符的字符串来记录商品的名称，用一个 64 位的整数来记录商品的库存数量，用一个 64 位的双精度浮点数来记录商品的价格，具体步骤如下。

（1）创建数据类型，如代码 2-11 所示。

代码 2-11　创建数据类型

```
In[21]:  df = np.dtype([('name', np.str_, 40), ('numitems', np.int64),
                ('price', np.float64)])
         print('数据类型为：', df)

Out[21]: 数据类型为： [('name', '<U40'), ('numitems', '<i8'), ('price', '<f8')]
```

（2）查看数据类型。可以直接查看数据类型或使用 NumPy 中的 dtype 属性查看数据类型，如代码 2-12 所示。

代码 2-12　查看数据类型

```
In[22]:  print('数据类型为：', df['name'])

Out[22]: 数据类型为： <U40

In[23]:  print('数据类型为：', np.dtype(df['name']))

Out[23]: 数据类型为： <U40
```

（3）在使用 array 函数创建数组时，数组元素的数据类型默认是浮点型。若需要自定义数组数据，则可以预先指定数据类型，如代码 2-13 所示。

代码 2-13　自定义数组数据

```
In[24]:  itemz = np.array([('tomatoes', 42, 4.14), ('cabbages', 13, 1.72)],
                  dtype=df)
         print('自定义数据为：', itemz)

Out[24]: 自定义数据为： [('tomatoes', 42,  4.14) ('cabbages', 13,  1.72)]
```

2.1.2　生成随机数

NumPy 提供了强大的生成随机数的功能。然而，真正的随机数很难获得，在实际应用中使用的都是伪随机数。在大部分情况下，伪随机数就能满足使用需求，当然，某些特殊情况除外，如进行高精度的模拟实验。对于 NumPy，与随机数相关的函数都在 random 模块中，其中包括可以生成服从多种概率分布的随机数的函数。下面介绍一些常用的生成随机数的方法。

使用 random 函数是非常常见的生成随机数的方法，random 函数的基本使用格式如下。

```
numpy.random.random(size=None)
```

参数 size 接收 int，表示返回的随机数个数，默认为 None。

使用 random 函数生成随机数，如代码 2-14 所示。

代码 2-14　使用 random 函数生成随机数

```
In[25]:  print('生成的随机数为：\n', np.random.random(100))
```

```
Out[25]:  生成的随机数为：
          [ 0.15343184  0.51581585
          0.07228451   0.24418316
          ...
          0.92510545  0.57507965]
```

注：每次运行代码后生成的随机数都不一样，此处部分结果已经省略。

rand 函数可以生成服从均匀分布的随机数，其基本使用格式如下。

```
numpy.random.rand(d0, d1, ..., dn)
```

参数 d0, d1, ..., dn 接收 int，表示返回数组的维数，必须是非负数。如果没有给出参数，那么返回单个 Python 浮点数，无默认值。

使用 rand 函数生成服从均匀分布的随机数，如代码 2-15 所示。

代码 2-15　使用 rand 函数生成服从均匀分布的随机数

```
In[26]:   print('生成的随机数为：\n', np.random.rand(10, 5))
Out[26]:  生成的随机数为：
           [[ 0.39830491  0.94011394  0.59974923  0.44453894  0.65451838]
           [ 0.72715001  0.07239451  0.03326018  0.13753806  0.44939676]
            ...
           [ 0.75647074  0.03379595  0.39187843  0.58779075  0.91797808]
           [ 0.1468544   0.82972989  0.58011115  0.45157667  0.32422895]]
```

注：每次运行代码后生成的随机数都不一样，此处部分结果已经省略。

randn 函数可以生成服从正态（高斯）分布的随机数，其基本使用格式和参数与 rand 函数类似。使用 randn 函数生成服从正态分布的随机数，如代码 2-16 所示。

代码 2-16　使用 randn 函数生成服从正态分布的随机数

```
In[27]:   print('生成的随机数为：\n', np.random.randn(10, 5))
Out[27]:  生成的随机数为：
           [[-0.60571968  0.39034908 -1.63315513  0.02783885 -1.84139301]
           [-0.38700901  0.10433949 -2.62719644 -0.97863269 -1.18774802]
            ...
           [-1.88050937 -0.97885403 -0.51844771 -0.79439271 -0.83690031]
           [-0.27500487  1.41711262  0.6635967   0.35486644 -0.26700703]]
```

注：每次运行代码后生成的随机数都不一样，此处部分结果已经省略。

randint 函数可以生成给定范围的随机数，其基本使用格式如下。

```
numpy.random.randint(low, high=None, size=None, dtype=int)
```

randint 函数的常用参数及其说明如表 2-7 所示。

表 2-7　randint 函数的常用参数及其说明

参数名称	参数说明
low	接收 int 或类似于数组的整数序列。表示数组最小值。无默认值
high	接收 int 或类似于数组的整数序列。表示数组最大值。默认为 Ncne
size	接收 int 或 int 型 tuple。表示输出数组的形状。默认为 None
dtype	接收数据类型。表示输出数组中元素的数据类型。默认为 int

使用 randint 函数生成给定范围的随机数，如代码 2-17 所示。

代码 2-17　使用 randint 函数生成给定范围的随机数

```
In[28]:  print('生成的随机数为：\n', np.random.randint(2, 10, size=[2, 5]))
Out[28]: 生成的随机数为：
         [[2 4 6 4 6]
          [4 2 7 5 8]]
```

在代码 2-17 中，返回值为最小值不低于 2、最大值不高于 10 的 2 行 5 列数组。

在 random 模块中，其他常用随机数生成函数如表 2-8 所示。

表 2-8　random 模块中其他常用随机数生成函数

函数名称	说明
seed	确定随机数生成器的种子
permutation	返回一个 sequence 的随机排列或返回一个随机排列的范围
shuffle	对一个 sequence 进行随机排序
binomial	产生服从二项分布的随机数
normal	产生服从正态分布的随机数
beta	产生服从 beta 分布的随机数
chisquare	产生服从卡方分布的随机数
gamma	产生服从 gamma 分布的随机数
uniform	产生在[0.0, 1.0)中均匀分布的随机数

2.1.3　通过索引访问数组

NumPy 以提供高效率的数组著称，这主要归功于索引的易用性。

1. 一维数组的索引

一维数组的索引方法很简单，与 Python 中 list 的索引方法一致，如代码 2-18 所示。

代码 2-18　使用索引访问一维数组

```
In[29]:  arr = np.arange(10)
         print('索引结果为：', arr[5])  # 用整数作为索引可以获取数组中的某个元素
Out[29]: 索引结果为： 5

In[30]:  # 用范围作为索引获取数组的一个切片，包括 arr[3]，不包括 arr[5]
         print('索引结果为：', arr[3:5])
Out[30]: 索引结果为： [3 4]

In[31]:  print('索引结果为：', arr[:5])  # 省略开始索引，表示从 arr[0]开始，不包括 arr[5]
Out[31]: 索引结果为： [0 1 2 3 4]

In[32]:  # 索引可以使用负数，-1 表示从数组最后往前数的第 1 个元素
         print('索引结果为：', arr[-1])
Out[32]: 索引结果为：9
```

```
In[33]:  arr[2:4] = 100, 101
         print('索引结果为：', arr)  # 索引还可以用于修改元素的值

Out[33]: 索引结果为： [  0   1 100 101   4   5   6   7   8   9]

In[34]:  # 范围中的第 3 个参数表示步长，“2”表示隔一个元素取一个元素
         print('索引结果为：', arr[1:-1:2])

Out[34]: 索引结果为： [  1 101   5   7]

In[35]:  # 步长为负数时，开始索引必须大于结束索引
         print('索引结果为：', arr[5:1:-2])

Out[35]: 索引结果为： [  5 101]
```

2. 多维数组的索引

多维数组的每一个轴都有一个索引，各个轴的索引之间用逗号隔开，如代码 2-19 所示。

代码 2-19　使用索引访问多维数组

```
In[36]:  arr = np.array([[1, 2, 3, 4, 5], [4, 5, 6, 7, 8], [7, 8, 9, 10, 11]])
         print('创建的二维数组为：\n', arr)

Out[36]: 创建的二维数组为：
         [[ 1  2  3  4  5]
          [ 4  5  6  7  8]
          [ 7  8  9 10 11]]

In[37]:  print('索引结果为：', arr[0, 3:5])  # 索引第 0 行中第 3、4 列的元素

Out[37]: 索引结果为： [4 5]

In[38]:  # 索引第 1、2 行中第 2～4 列的元素
         print('索引结果为：\n', arr[1:, 2:])

Out[38]: 索引结果为：
         [[ 6  7  8]
          [ 9 10 11]]

In[39]:  print('索引结果为：', arr[:, 2])  # 索引第 2 列的元素

Out[39]: 索引结果为： [3 6 9]
```

多维数组也可以使用整数序列索引和布尔值索引进行访问，如代码 2-20 所示。

代码 2-20　使用整数序列索引和布尔值索引访问多维数组

```
In[40]:  # 从两个序列的对应位置取出两个整数来组成索引：arr[0,1], arr[1, 2], arr[2, 3]
         print('索引结果为：', arr[(0, 1, 2), (1, 2, 3)])

Out[40]: 索引结果为： [ 2  6 10]

In[41]:  # 索引第 1、2 行中第 0、2、3 列的元素
         print('索引结果为：', arr[1:, (0, 2, 3)])

Out[41]: 索引结果为：
         [[ 4  6  7]
          [ 7  9 10]]
```

```
In[42]:  mask = np.array([1, 0, 1], dtype=np.bool_)
         # mask 是一个布尔值数组，用它索引第 0、2 行中第 2 列的元素
         print('索引结果为：', arr[mask, 2])
Out[42]: 索引结果为： [3 9]
```

2.1.4　变换数组的形状

在对数组进行操作时，经常需要改变数组的形状。在 NumPy 中，常用 reshape 函数改变数组的形状，在改变数组形状的过程中，数组的维数也将改变。reshape 函数的基本使用格式如下。

```
numpy.reshape(a, newshape, order='C')
```

reshape 函数的常用参数及其说明如表 2-9 所示。

表 2-9　reshape 函数的常用参数及其说明

参数名称	参数说明
a	接收 array_like。表示需要变换形状的数组。无默认值
newshape	接收 int 或 int 型 tuple。表示变化后的形状。无默认值

reshape 函数在改变原始数据形状的同时不改变原始数据的值。如果指定的形状和数组的元素数目不匹配，那么函数将抛出异常。改变数组形状，如代码 2-21 所示。

代码 2-21　改变数组形状

```
In[43]:  arr = np.arange(12)  # 创建一维数组
         print('创建的一维数组为：', arr)
Out[43]: 创建的一维数组为： [ 0  1  2  3  4  5  6  7  8  9 10 11]

In[44]:  print('新的数组形状为：\n', arr.reshape(3, 4))  # 设置数组的形状
Out[44]: 新的数组形状为：
         [[ 0  1  2  3]
          [ 4  5  6  7]
          [ 8  9 10 11]]

In[45]:  print('数组维数为：', arr.reshape(3, 4).ndim)  # 查看数组的维数
Out[45]: 数组维数为： 2
```

在 NumPy 中，可以使用 ravel 函数完成数组展平工作，如代码 2-22 所示。

代码 2-22　使用 ravel 函数展平数组

```
In[46]:  arr = np.arange(12).reshape(3, 4)
         print('创建的二维数组为：\n', arr)
Out[46]: 创建的二维数组为：
         [[ 0  1  2  3]
          [ 4  5  6  7]
          [ 8  9 10 11]]

In[47]:  print('数组展平为：', arr.ravel())
Out[47]: 数组展平为： [ 0  1  2  3  4  5  6  7  8  9 10 11]
```

flatten 函数也可以完成数组展平工作。与 ravel 函数的区别在于，flatten 函数可以选择横向或纵向展平，如代码 2-23 所示。

代码 2-23　使用 flatten 函数展平数组

```
In[48]:  print('数组展平为：', arr.flatten())  # 横向展平
Out[48]: 数组展平为： [ 0  1  2  3  4  5  6  7  8  9 10 11]
In[49]:  print('数组展平为：', arr.flatten('F'))  # 纵向展平
Out[49]: 数组展平为： [ 0  4  8  1  5  9  2  6 10  3  7 11]
```

除了可以改变数组形状，NumPy 还可以对数组进行组合。组合主要有横向组合与纵向组合。接下来使用 hstack 函数、vstack 函数和 concatenate 函数完成数组的组合。

横向组合是将由 ndarray 对象构成的元组作为参数传给 hstack 函数，如代码 2-24 所示。

代码 2-24　使用 hstack 函数实现数组横向组合

```
In[50]:  arr1 = np.arange(12).reshape(3, 4)
         print('创建的数组 arr1 为：\n', arr1)
Out[50]: 创建的数组 arr1 为：
         [[ 0  1  2  3]
          [ 4  5  6  7]
          [ 8  9 10 11]]
In[51]:  arr2 = arr1 * 3
         print('创建的数组 arr2 为：\n', arr2)
Out[51]: 创建的数组 arr2 为：
         [[ 0  3  6  9]
          [12 15 18 21]
          [24 27 30 33]]
In[52]:  # 使用 hstack 函数横向组合数组
         print('横向组合后的数组为：\n', np.hstack((arr1, arr2)))
Out[52]: 横向组合后的数组为：
         [[ 0  1  2  3  0  3  6  9]
          [ 4  5  6  7 12 15 18 21]
          [ 8  9 10 11 24 27 30 33]]
```

纵向组合是将由 ndarray 对象构成的元组作为参数传给 vstack 函数，如代码 2-25 所示。

代码 2-25　使用 vstack 函数实现数组纵向组合

```
In[53]:  # 使用 vstack 函数纵向组合数组
         print('纵向组合后的数组为：\n', np.vstack((arr1, arr2)))
Out[53]: 纵向组合后的数组为：
         [[ 0  1  2  3]
          [ 4  5  6  7]
          [ 8  9 10 11]
          [ 0  3  6  9]
          [12 15 18 21]
          [24 27 30 33]]
```

concatenate 函数可以实现数组的横向组合和纵向组合，当参数 axis=1 时，横向组合数组；当参数 axis=0 时，纵向组合数组，如代码 2-26 所示。

代码 2-26　使用 concatenate 函数组合数组

```
In[54]:  # 使用 concatenate 函数横向组合数组
         print('横向组合后的数组为：\n', np.concatenate((arr1, arr2), axis=1))
Out[54]: 横向组合后的数组为：
         [[ 0  1  2  3  0  3  6  9]
          [ 4  5  6 7 12 15 18 21]
          [ 8  9 10 11 24 27 30 33]]
In[55]:  # 使用 concatenate 函数纵向组合数组
         print('纵向组合后的数组为：\n', np.concatenate((arr1, arr2), axis=0))
Out[55]: 纵向组合后的数组为：
         [[ 0  1  2  3]
          [ 4  5  6  7]
          [ 8  9 10 11]
          [ 0  3  6  9]
          [12 15 18 21]
          [24 27 30 33]]
```

除了对数组进行横向和纵向的组合，还可以对数组进行分割。NumPy 提供了 hsplit 函数、vsplit 函数、split 函数，这些函数可以将数组分割成相同大小的子数组，可以指定原数组进行分割的位置。

使用 hsplit 函数可以对数组进行横向分割，以由 ndarray 对象构成的元组作为参数，如代码 2-27 所示。

代码 2-27　使用 hsplit 函数实现数组横向分割

```
In[56]:  arr = np.arange(16).reshape(4, 4)
         print('创建的二维数组为：\n', arr)
Out[56]: 创建的二维数组为：
         [[ 0  1  2  3]
          [ 4  5  6  7]
          [ 8  9 10 11]
          [12 13 14 15]]
In[57]:  # 使用 hsplit 函数横向分割数组
         print('横向分割后的数组为：\n', np.hsplit(arr, 2))
Out[57]: 横向分割后的数组为：
         [array([[ 0,  1],
                [ 4,  5],
                [ 8,  9],
                [12, 13]]), array([[ 2,  3],
                [ 6,  7],
                [10, 11],
                [14, 15]])]
```

使用 vsplit 函数可以对数组进行纵向分割，以由 ndarray 对象构成的元组作为参数，如代码 2-28 所示。

代码 2-28 使用 vsplit 函数实现数组纵向分割

```
In[58]:  # 使用 vsplit 函数纵向分割数组
         print('纵向分割后的数组为：\n', np.vsplit(arr, 2))
Out[58]: 纵向分割后的数组为：
         [array([[0, 1, 2, 3],
                [4, 5, 6, 7]]), array([[ 8,  9, 10, 11],
                [12, 13, 14, 15]])]
```

split 函数同样可以实现数组分割，当参数 axis=1 时，可以对数组进行横向分割；当参数 axis=0 时，可以对数组进行纵向分割，如代码 2-29 所示。

代码 2-29 使用 split 函数分割数组

```
In[59]:  # 使用 split 函数横向分割数组
         print('横向分割后的数组为：\n', np.split(arr, 2, axis=1))
Out[59]: 横向分割后的数组为：
         [array([[ 0,  1],
                [ 4,  5],
                [ 8,  9],
                [12, 13]]), array([[ 2,  3],
                [ 6,  7],
                [10, 11],
                [14, 15]])]
In[60]:  # 使用 split 函数纵向分割数组
         print('纵向分割后的数组为：\n', np.split(arr, 2, axis=0))
Out[60]: 纵向分割后的数组为：
         [array([[0, 1, 2, 3],
                [4, 5, 6, 7]]), array([[ 8,  9, 10, 11],
                [12, 13, 14, 15]])]
```

【任务实现】

1. 创建 years 数组和 grain_yield 数组

使用 NumPy 创建数组可以方便地存储和管理粮食产量数据，并且可以利用 NumPy 提供的丰富函数对数据进行操作和分析，进而更好地理解数据。创建 years 数组和 grain_yield 数组，如任务实现 2-1 所示。

任务实现 2-1 创建 years 数组和 grain_yield 数组

```
In[1]:   import numpy as np
         # 年份和粮食产量数据
         years = np.array([2023,2022,2021,2020,2019,2018,
                          2017,2016,2015,2014])
         grain_yield = np.array([69540.99,68652.77,68284.75,66949.15,
                                66384.34,65789.22,66160.73,
                                66043.51,66060.27,63964.83])
         print("年份数据:", years)
         print("粮食产量数据:", grain_yield)
Out[1]:  年份数据: [2023 2022 2021 2020 2019 2018 2017 2016 2015 2014]
```

```
粮食产量数据: [69540.99  68652.77 68284.75 66949.15 66384.34
65789.22 66160.73 66043.51 66060.27 63964.83]
```

任务实现 2-1 创建了两个 NumPy 数组对象，years 数组存储了年份数据，grain_yield 数组存储了对应年份的粮食产量数据（数据类型为浮点型）。

2．生成模拟粮食作物播种面积数据

生成模拟粮食作物播种面积数据的作用是模拟真实情况下粮食作物的播种面积。播种面积是粮食产量的重要影响因素之一，通常情况下，播种面积越大，粮食产量越高（前提是其他因素不变）。因此，通过生成模拟粮食作物播种面积数据，可以更好地了解粮食产量的变化趋势。使用 NumPy 生成模拟粮食作物播种面积数据，如任务实现 2-2 所示。

任务实现 2-2　生成模拟粮食作物播种面积数据

In[2]:

```
# 设置随机种子，以确保每次运行生成相同的随机数
np.random.seed(42)

# 生成模拟粮食作物播种面积数据，范围为 110000～120000，并且只保留两位小数
crop_area = np.round(np.random.uniform(110000, 120000, size=10),
2)

print("模拟粮食作物播种面积数据:", crop_area)
```

Out[2]:

```
模拟粮食作物播种面积数据: [113745.4  119507.14 117319.94 115986.58
111560.19 111559.95 110580.84 118661.76 116011.15 117080.73]
```

任务实现 2-2 生成了一个包含 10 个元素的 NumPy 数组，表示 10 个地区的模拟粮食作物播种面积数据。这些模拟数据的范围为 110000～120000，并且保留了两位小数。

3．将 years 数组和 grain_yield 数组转换为二维数组

2014 年—2023 年的粮食产量数据包含年份和粮食产量两个维度的数据，分别存放于 years 数组和 grain_yield 数组中，将数据转换为二维数组可以更清晰地表示数据的结构和关系，使得数据分析更加方便和高效。将 years 数组和 grain_yield 数组转换为二维数组，如任务实现 2-3 所示。

任务实现 2-3　将 years 数组和 grain_yield 数组转换为二维数组

In[3]:

```
# 将年份和粮食产量数据转换为二维数组
data_2d = np.vstack((years, grain_yield)).T
print("转换后的二维数组:\n", data_2d)
```

Out[3]:

```
转换后的二维数组:
[[ 2023.   69540.99]
 [ 2022.   68652.77]
 [ 2021.   68284.75]
 [ 2020.   66949.15]
 [ 2019.   66384.34]
 [ 2018.   65789.22]
 [ 2017.   66160.73]
 [ 2016.   66043.51]
 [ 2015.   66060.27]
 [ 2014.   63964.83]]
```

任务实现 2-3 将年份和粮食产量数据转换为了一个二维数组。数组的每一行代表一个数据点，第一列代表年份，第二列代表对应的粮食产量。这样的二维数组结构清晰，可方便后续进行数据操作和分析。

掌握 NumPy 矩阵与通用函数

任务 2.2 分析粮食产量变化情况

【任务描述】

粮食产量的变化情况可以反映农业生产的发展水平和经济的稳定性，通过了解粮食产量的增长情况，可以为粮食产业的发展和粮食供应链的管理提供重要支持和指导。本任务将基于表 2-1 的粮食产量数据计算粮食产量的年增长量，分析粮食产量变化情况。

【任务分析】

（1）使用 NumPy 创建包含年份和粮食产量数据的矩阵。

（2）使用 ufunc 对矩阵进行操作，计算每年粮食产量的增长量。

【知识准备】

2.2.1 创建 NumPy 矩阵

在 NumPy 中，矩阵（matrix）是 ndarray 的子类，且数组和矩阵有着重要的区别。NumPy 提供了两个基本的对象，分别是多维数组对象和通用函数对象，其他对象都是在它们的基础上继承而来的。与数学概念中的矩阵一样，NumPy 中的矩阵也是二维的，继承自 NumPy 数组对象的二维数组对象，可使用 mat 函数、matrix 函数和 bmat 函数来创建。

当使用 mat 函数创建矩阵时，如果输入 matrix 对象或 ndarray 对象，不会创建相应的副本。因此，调用 mat 函数和调用 matrix 函数等价，如代码 2-30 所示。

代码 2-30 使用 mat 函数与 matrix 函数创建矩阵

```
In[1]:  import numpy as np  # 导入 NumPy 库
        matr1 = np.mat('1 2 3; 4 5 6; 7 8 9')  # 使用分号隔开数据
        print('创建的矩阵为：\n', matr1)
Out[1]: 创建的矩阵为：
        [[1 2 3]
         [4 5 6]
         [7 8 9]]
In[2]:  matr2 = np.matrix([[1, 2, 3], [4, 5, 6], [7, 8, 9]])
        print('创建的矩阵为：\n', matr2)
Out[2]: 创建的矩阵为：
        [[1 2 3]
         [4 5 6]
         [7 8 9]]
```

在大多数情况下，用户会根据小的矩阵来创建大的矩阵，即将小矩阵组合成大矩阵。在 NumPy 中，可以使用分块矩阵（Block Matrix）函数即 bmat 函数实现，如代码 2-31 所示。

代码 2-31　使用 bmat 函数创建矩阵

```
In[3]:  arr1 = np.eye(3)
        print('创建的数组 arr1 为：\n', arr1)
Out[3]: 创建的数组 arr1 为：
        [[ 1.  0.  0.]
         [ 0.  1.  0.]
         [ 0.  0.  1.]]
In[4]:  arr2 = 3 * arr1
        print('创建的数组 arr2 为：\n', arr2)
Out[4]: 创建的数组 arr2 为：
        [[ 3.  0.  0.]
         [ 0.  3.  0.]
         [ 0.  0.  3.]]
In[5]:  print('创建的矩阵为：\n', np.bmat('arr1 arr2; arr1 arr2'))
Out[5]: 创建的矩阵为：
        [[ 1.  0.  0.  3.  0.  0.]
         [ 0.  1.  0.  0.  3.  0.]
         [ 0.  0.  1.  0.  0.  3.]
         [ 1.  0.  0.  3.  0.  0.]
         [ 0.  1.  0.  0.  3.  0.]
         [ 0.  0.  1.  0.  0.  3.]]
```

在 NumPy 中，矩阵运算是针对整个矩阵中的每个元素进行的。与使用 for 循环相比，其在运算速度上更快，如代码 2-32 所示。

代码 2-32　矩阵运算

```
In[6]:  matr1 = np.mat('1 2 3; 4 5 6; 7 8 9')  # 创建矩阵
        print('创建的矩阵为：\n', matr1)
Out[6]: 创建的矩阵为：
        [[1 2 3]
         [4 5 6]
         [7 8 9]]
In[7]:  matr2 = matr1 * 3  # 矩阵与数相乘
        print('矩阵与数相乘结果为：\n', matr2)
Out[7]: 矩阵与数相乘结果为：
        [[ 3  6  9]
         [12 15 18]
         [21 24 27]]
In[8]:  print('矩阵相加结果为：\n', matr1 + matr2)  # 矩阵相加
Out[8]: 矩阵相加结果为：
        [[ 4  8 12]
         [16 20 24]
         [28 32 36]]
In[9]:  print('矩阵相减结果为：\n', matr1 - matr2)  # 矩阵相减
Out[9]: 矩阵相减结果为：
        [[ -2  -4  -6]
         [ -8 -10 -12]
```

```
         [-14 -16 -18]]
In[10]:  print('矩阵相乘结果为：\n', matr1 * matr2)  # 矩阵相乘
Out[10]: 矩阵相乘结果为：
         [[ 90 108 126]
          [198 243 288]
          [306 378 450]]
```

除了能够实现各类运算，矩阵还有其特有的属性，如表 2-10 所示。

表 2-10　矩阵特有属性及其说明

属性名称	说明
T	返回自身的转置矩阵
H	返回自身的共轭转置矩阵
I	返回自身的逆矩阵
A	返回自身数据的二维数组

矩阵属性的具体查看方法如代码 2-33 所示。

代码 2-33　查看矩阵属性

```
In[11]:  matr3 = np.mat([[6, 2, 1], [1, 5, 2], [3, 4, 8]])
         print('矩阵转置结果为：\n', matr3.T)  # 转置矩阵
Out[11]: 矩阵转置结果为：
         [[6 1 3]
          [2 5 4]
          [1 2 8]]
In[12]:  # 共轭转置矩阵（实数矩阵的共轭转置矩阵就是其转置矩阵）
         print('矩阵共轭转置结果为：\n', matr3.H)
Out[12]: 矩阵共轭转置结果为：
         [[6 1 3]
          [2 5 4]
          [1 2 8]]
In[13]:  print('矩阵的逆矩阵结果为：\n', matr3.I)  # 逆矩阵
Out[13]: 矩阵的逆矩阵结果为：
         [[ 0.18079096 -0.06779661 -0.00564972]
          [-0.01129944  0.25423729 -0.06214689]
          [-0.06214689 -0.10169492  0.15819209]]
In[14]:  print('矩阵的二维数组结果为：\n', matr3.A)  # 返回二维数组的视图
Out[14]: 矩阵的二维数组结果为：
         [[6 2 1]
          [1 5 2]
          [3 4 8]]
```

2.2.2　ufunc

ufunc 是一种能够对数组中的所有元素进行操作的函数。ufunc 是针对数组进行操作的，并且以 NumPy 数组作为输出。当对一个数组进行重复运算时，使用 ufunc 比使用 math

库中函数要高效很多，能有效地减少资源的消耗，贯彻节约优先、保护优先的可持续发展理念。

1. 常用的 ufunc 运算

常用的 ufunc 运算有四则运算、比较运算和逻辑运算等。

ufunc 支持四则运算，并且保留运算符。ufunc 运算和数值运算的使用方式一样，但是需要注意的是，ufunc 操作的对象是数组。数组间的四则运算表示对数组中的每个元素分别进行四则运算，因此进行四则运算的两个数组的形状必须相同，如代码 2-34 所示。

代码 2-34　数组的四则运算

```
In[15]:  x = np.array([1, 2, 3])
         y = np.array([4, 5, 6])
         print('数组相加结果为：', x + y)  # 数组相加

Out[15]: 数组相加结果为： [5 7 9]

In[16]:  print('数组相减结果为：', x - y)  # 数组相减

Out[16]: 数组相减结果为： [-3 -3 -3]

In[17]:  print('数组相乘结果为：', x * y)  # 数组相乘

Out[17]: 数组相乘结果为： [ 4 10 18]

In[18]:  print('数组相除结果为：', x / y)  # 数组相除

Out[18]: 数组相除结果为： [ 0.25  0.4   0.5 ]

In[19]:  print('数组幂运算结果为：', x ** y)  # 数组幂运算

Out[19]: 数组幂运算结果为： [  1  32 729]
```

ufunc 也支持完整的比较运算：>、<、==、>=、<=、!=。比较运算返回的结果是布尔值数组，其中每个元素为数组对应元素的比较结果，如代码 2-35 所示。

代码 2-35　数组的比较运算

```
In[20]:  x = np.array([1, 3, 5])
         y = np.array([2, 3, 4])
         print('数组比较结果为：', x < y)

Out[20]: 数组比较结果为： [ True False False]

In[21]:  print('数组比较结果为：', x > y)

Out[21]: 数组比较结果为： [False False True]

In[22]:  print('数组比较结果为：', x == y)

Out[22]: 数组比较结果为： [False True False]

In[23]:  print('数组比较结果为：', x >= y)
```

```
Out[23]: 数组比较结果为： [False True True]
In[24]: print('数组比较结果为：', x <= y)
Out[24]: 数组比较结果为： [ True True False]
In[25]: print('数组比较结果为：', x != y)
Out[25]: 数组比较结果为： [ True False True]
```

在 NumPy 逻辑运算中，numpy.all 函数用于判断是否所有数组元素的计算结果均为 True，numpy.any 函数用于判断是否存在数组元素的计算结果为 True，如代码 2-36 所示。

代码 2-36 数组的逻辑运算

```
In[26]: print('数组逻辑运算结果为：', np.all(x == y))
Out[26]: 数组逻辑运算结果为： False
In[27]: print('数组逻辑运算结果为：', np.any(x == y))
Out[27]: 数组逻辑运算结果为： True
```

2. ufunc 的广播机制

广播（Broadcast）机制是指不同形状的数组之间执行算术运算的方式。当使用 ufunc 进行数组运算时，ufunc 会对两个数组的对应元素进行运算，进行这种运算的前提是两个数组的形状一致。如果两个数组的形状不一致，那么 NumPy 会使用广播机制。NumPy 中的广播机制并不容易理解，特别是在进行高维数组运算的时候。为了更好地使用广播机制，需要遵循以下 4 个原则。

（1）让所有的输入数组都向其中 shape 最长的数组看齐，如果数组 shape 不足，通过在前面加 1 补齐。

（2）输出数组的 shape 是输入数组 shape 在各个轴上的最大值的组合。

（3）如果输入数组的某个轴的长度和输出数组的对应轴的长度相同，或输入数组的某个轴的长度为 1，那么这个数组能够参与运算，否则 NumPy 会抛出错误。

（4）当输入数组的某个轴的长度为 1 时，将使用此轴上的第一组值进行运算。

以一维数组和二维数组为例说明广播机制的运算方法。一维数组的广播机制如代码 2-37 所示。

代码 2-37 一维数组的广播机制

```
In[28]: arr1 = np.array([[0, 0, 0], [1, 1, 1], [2, 2, 2], [3, 3, 3]])
        print('创建的数组 arr1 为：\n', arr1)
Out[28]: 创建的数组 arr1 为：
        [[0 0 0]
         [1 1 1]
         [2 2 2]
         [3 3 3]]
In[29]: print('数组 arr1 的形状为：', arr1.shape)
Out[29]: 数组 arr1 的形状为：(4, 3)
```

```
In[30]:   arr2 = np.array([1, 2, 3])
          print('创建的数组 arr2 为：', arr2)

Out[30]:  创建的数组 arr2 为： [1 2 3]

In[31]:   print('数组 arr2 的形状为：', arr2.shape)

Out[31]:  数组 arr2 的形状为：(3,)

In[32]:   print('数组相加结果为：\n', arr1 + arr2)

Out[32]:  数组相加结果为：
          [[1 2 3]
           [2 3 4]
           [3 4 5]
           [4 5 6]]
```

为了更好地说明代码 2-37 中的原理，将计算两个数组的和的过程用图表示，如图 2-1 所示。

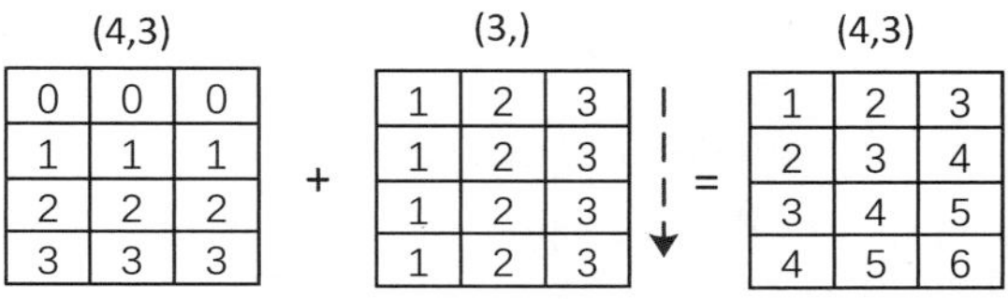

图 2-1　一维数组的广播机制原理

二维数组的广播机制如代码 2-38 所示。

代码 2-38　二维数组的广播机制

```
In[33]:   arr1 = np.array([[0, 0, 0], [1, 1, 1], [2, 2, 2], [3, 3, 3]])
          print('创建的数组 arr1 为：\n', arr1)

Out[33]:  创建的数组 arr1 为：
          [[0 0 0]
           [1 1 1]
           [2 2 2]
           [3 3 3]]

In[34]:   print('数组 arr1 的形状为：', arr1.shape)

Out[34]:  数组 arr1 的形状为：(4, 3)

In[35]:   arr2 = np.array([1, 2, 3, 4]).reshape((4, 1))
          print('创建的数组 arr2 为：\n', arr2)

Out[35]:  创建的数组 arr2 为：
          [[1]
           [2]
           [3]
           [4]]

In[36]:   print('数组 arr2 的形状为：', arr2.shape)

Out[36]:  数组 arr2 的形状为：(4, 1)

In[37]:   print('数组相加结果为：\n', arr1 + arr2)
```

```
Out[37]: 数组相加结果为:
         [[1 1 1]
          [3 3 3]
          [5 5 5]
          [7 7 7]]
```

二维数组的广播机制原理如图 2-2 所示。

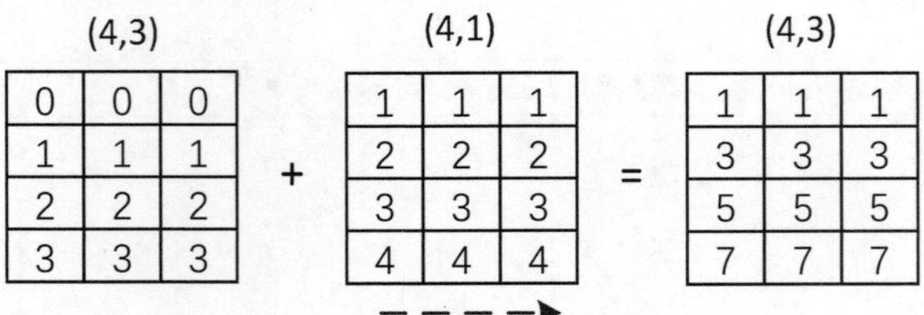

图 2-2　二维数组的广播机制原理

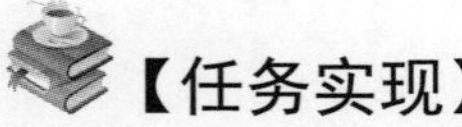

【任务实现】

1. 创建包含年份和粮食产量数据的矩阵

通过创建矩阵，可以将年份和粮食产量数据整合到一个数据结构中，为后续的分析提供基础数据支持。使用 NumPy 创建矩阵，将年份和粮食产量数据进行组织和存储，可使数据的结构更加清晰，代码如任务实现 2-4 所示。

任务实现 2-4　创建包含年份和粮食产量数据的矩阵

```
In[4]:  # 年份和粮食产量数据
        data = [
            [2023, 69540.99],
            [2022, 68652.77],
            [2021, 68284.75],
            [2020, 66949.15],
            [2019, 66384.34],
            [2018, 65789.22],
            [2017, 66160.73],
            [2016, 66043.51],
            [2015, 66060.27],
            [2014, 63964.83]
        ]

        # 使用 mat 函数创建矩阵
        mat_data = np.mat(data)
        print("使用 mat 函数创建的矩阵:\n", mat_data)
```

```
Out[4]: 使用 mat 函数创建的矩阵:
        [[ 2023.   69540.99]
         [ 2022.   68652.77]
         [ 2021.   68284.75]
         [ 2020.   66949.15]
         [ 2019.   66384.34]
         [ 2018.   65789.22]
         [ 2017.   66160.73]
         [ 2016.   66043.51]
         [ 2015.   66060.27]
         [ 2014.   63964.83]]
```

任务实现 2-4 创建了一个 NumPy 矩阵，用于存储 2014 年—2023 年的粮食产量数据。矩阵有两列，第一列存储年份，第二列存储对应年份的粮食产量。

2. 计算粮食产量的年增长量

通过计算粮食产量的年增长量，可以了解粮食产量连续几年内的变化情况，从而分析粮食产量的变化趋势和规律。使用 ufunc 计算粮食产量的年增长量，如任务实现 2-5 所示。

任务实现 2-5　计算粮食产量的年增长量

```
In[5]:    # 粮食产量的年增长量 = 当年产量 - 上一年产量
          yield_growth = mat_data[:-1, 1] - mat_data[1:, 1]
          print("粮食产量的年增长量:\n", yield_growth)

Out[5]:   粮食产量的年增长量:
          [[ 888.22]
           [ 368.02]
           [1335.6 ]
           [ 564.81]
           [ 595.12]
           [-371.51]
           [ 117.22]
           [ -16.76]
           [2095.44]]
```

任务实现 2-5 计算了粮食产量的年增长量。其中，2015 年粮食产量的增长量最大，2019 年—2023 年粮食产量呈增长趋势，2018 年和 2016 年粮食产量相对上一年有一定的下降。

任务 2.3　对粮食产量数据进行统计分析

利用 NumPy 进行统计分析

【任务描述】

每年的粮食产量一直是农业领域关注的重要指标之一，它反映了粮食生产的发展历程以及农业生产的变化和趋势。本任务将对粮食产量年度数据进行统计分析，更好地把握粮食生产的现状和未来发展趋势，为农业生产的可持续发展提供科学依据。部分粮食产量年度数据如表 2-11 所示。

表 2-11　部分粮食产量年度数据

年份	粮食产量/万吨	谷物产量/万吨	稻谷产量/万吨	……
2023 年	69540.99	64143.01	20660.32	……
2022 年	68652.77	63324.34	20849.48	……
2021 年	68284.75	63275.69	21284.24	……
2020 年	66949.15	61674.28	21185.96	……
2019 年	66384.34	61369.73	20961.40	……
2018 年	65789.22	61003.58	21212.90	……

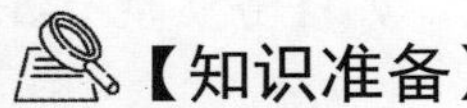

【任务分析】

（1）使用 NumPy 读取“粮食产量年度数据.csv”文件。

（2）计算 2014 年—2023 年粮食产量的标准差，并统计产量超过均值的年份数量，找出产量最高和最低的年份。

【知识准备】

2.3.1 读/写文件

NumPy 的文件读/写主要有二进制文件读/写和文本文件读/写两种形式。学会读/写文件是利用 NumPy 进行数据处理的基础。NumPy 提供了若干函数，可以将数据保存到二进制文件或文本文件中。除此之外，NumPy 还提供了许多从文件读取数据并将其转换为数组的方法。

save 函数用于以二进制的格式保存数据，load 函数用于从二进制文件中读取数据。save 函数的基本使用格式如下。

```
numpy.save(file, arr, allow_pickle=True, fix_imports=True)
```

参数 file 接收 str，表示数组要保存到的文件的名称；参数 arr 接收 array_like，表示需要保存的数组。简而言之，该函数就是将数组 arr 保存至名称为“file”的文件中，文件的扩展名.npy 是系统自动添加的。将二进制数据存储到文件中，如代码 2-39 所示。

代码 2-39　二进制数据存储

```
In[1]:
import numpy as np  # 导入 NumPy 库
arr = np.arange(100).reshape(10, 10)  # 创建一个数组
np.save('../tmp/save_arr', arr)  # 保存数组
print('保存的数组为：\n', arr)
```

```
Out[1]:
保存的数组为：
 [[ 0  1  2 ...  7  8  9]
 [10 11 12 ... 17 18 19]
 ...
 [80 81 82 ... 87 88 89]
 [90 91 92 ... 97 98 99]]
```

注：此处部分结果已省略。

如果要将多个数组保存到同一个文件中，可以使用 savez 函数，文件的扩展名为.npz，如代码 2-40 所示。

代码 2-40　多个数组存储

```
In[2]:
arr1 = np.array([[1, 2, 3], [4, 5, 6]])
arr2 = np.arange(0, 1.0, 0.1)
np.savez('../tmp/savez_arr', arr1, arr2)
print('保存的数组 arr1 为：\n', arr1)
```

```
Out[2]:
保存的数组 arr1 为：
 [[1 2 3]
 [4 5 6]]
```

```
In[3]:
print('保存的数组 arr2 为：', arr2)
```

```
Out[3]:   保存的数组 arr2 为： [ 0.   0.1  0.2  0.3  0.4  0.5  0.6  0.7  0.8  0.9]
```

当需要读取二进制文件时，可以使用 load 函数，用文件名作为参数，如代码 2-41 所示。

代码 2-41　二进制文件读取

```
In[4]:    # 读取含有单个数组的文件
          loaded_data = np.load('../tmp/save_arr.npy')
          print('读取的数组为：\n', loaded_data)
Out[4]:   读取的数组为：
           [[ 0  1  2 ...  7  8  9]
           [10 11 12 ... 17 18 19]
           ...
           [80 81 82 ... 87 88 89]
           [90 91 92 ... 97 98 99]]
In[5]:    # 读取含有多个数组的文件
          loaded_data1 = np.load('../tmp/savez_arr.npz')
          print('读取的数组 arr1 为：\n', loaded_data1['arr_0'])
Out[5]:   读取的数组 arr1 为：
          [[1 2 3]
           [4 5 6]]
In[6]:    print('读取的数组 arr2 为：', loaded_data1['arr_1'])
Out[6]:   读取的数组 arr2 为： [ 0.   0.1  0.2  0.3  0.4  0.5  0.6  0.7  0.8  0.9]
```

注：此处部分结果已省略。

需要注意的是，存储数据时可以省略文件扩展名，但读取数据时不能省略文件扩展名。

在实际的数据分析任务中，更多会使用文本格式（如 TXT 格式、CSV 格式）的数据，因此通常会使用 savetxt 函数、loadtxt 函数和 genfromtxt 函数执行对文本格式数据的读取任务。

savetxt 函数可将数组保存到以某种分隔符隔开的文本文件中，其基本使用格式如下。

```
numpy.savetxt(fname, X, fmt='%.18e', delimiter=' ', newline='\n', header='',
footer='', comments='# ', encoding=None)
```

参数 fname 接收 str，表示文件名；参数 X 接收 array_like，表示数组数据；参数 delimiter 接收 str，表示数据分隔符。

loadtxt 函数执行的是相反的操作，即将文件中的数据加载到一个二维数组中，其基本使用格式如下。

```
numpy.loadtxt(fname, dtype=<class 'float'>, comments='#', delimiter=None, converters=
None, skiprows=0, usecols=None, unpack=False, ndmin=0, encoding=None, max_rows=
None, *, quotechar=None, like=None)
```

loadtxt 函数的常用参数有两个，分别是 fname 和 delimiter。参数 fname 接收 str，表示需要读取的文件或生成器；参数 delimiter 接收 str，表示用于分隔数值的分隔符。

对文本文件进行存储与读取，如代码 2-42 所示。

代码 2-42　文本文件存储与读取

```
In[7]:    arr = np.arange(0, 12, 0.5).reshape(4, -1)
          print('创建的数组为：\n', arr)
```

```
Out[7]:  创建的数组为：
         [[ 0.    0.5   1.    1.5   2.    2.5]
          [ 3.    3.5   4.    4.5   5.    5.5]
          [ 6.    6.5   7.    7.5   8.    8.5]
          [ 9.    9.5  10.   10.5  11.   11.5]]
```

```
In[8]:   # fmt='%d'表示保存为整数
         np.savetxt('../tmp/arr.txt', arr, fmt='%d', delimiter=',')
         # 读取的时候也需要指定逗号分隔
         loaded_data = np.loadtxt('../tmp/arr.txt', delimiter=',')
         print('读取的数组为：\n', loaded_data)
```

```
Out[8]:  读取的数组为：
         [[ 0.   0.   1.   1.   2.   2.]
          [ 3.   3.   4.   4.   5.   5.]
          [ 6.   6.   7.   7.   8.   8.]
          [ 9.   9.  10.  10.  11.  11.]]
```

genfromtxt 函数和 loadtxt 函数相似，只不过 genfromtxt 函数面向的是结构化数组和缺失数据。genfromtxt 函数的常用参数有 3 个，即用于存放数据的文件参数 fname、用于分隔数据的字符参数 delimiter 和指定是否含有列名的参数 names。使用 genfromtxt 函数读取数组，如代码 2-43 所示。

代码 2-43　使用 genfromtxt 函数读取数组

```
In[9]:   loaded_data = np.genfromtxt('../tmp/arr.txt', delimiter=',')
         print('读取的数组为：\n', loaded_data)
```

```
Out[9]:  读取的数组为：
         [[ 0.   0.   1.   1.   2.   2.]
          [ 3.   3.   4.   4.   5.   5.]
          [ 6.   6.   7.   7.   8.   8.]
          [ 9.   9.  10.  10.  11.  11.]]
```

在代码 2-43 中，输出结果是一组结构化的数据（结构化数组可以用 dtype 参数指定一系列用逗号隔开的说明符，指明构成结构体的元素以及它们的数据类型和顺序）。因为 names 参数默认第一行为数据的列名，所以数据从第二行开始。

2.3.2　使用函数进行简单的统计分析

在 NumPy 中，除了可以使用 ufunc 对数组进行比较运算、逻辑运算等运算，还可以使用函数对数组进行排序、去重与重复、求最大值和最小值，以及求均值等统计分析。

1．排序

NumPy 的排序方式主要可以概括为直接排序和间接排序两种。直接排序是指对数值直接进行排序，间接排序是指根据一个或多个键对数据集进行排序。在 NumPy 中，直接排序通常使用 sort 函数实现，间接排序通常使用 argsort 函数和 lexsort 函数实现。

sort 函数是较为常用的排序方式，无返回值。如果目标数据是视图，那么原始数据将会被修改。当使用 sort 函数排序时，用户可以指定 axis 参数，使 sort 函数沿着指定轴对数据集进行排序，如代码 2-44 所示。

代码 2-44　使用 sort 函数进行排序

```
In[10]:  np.random.seed(42)  # 设置随机种子
         arr = np.random.randint(1, 10, size=10)  # 生成随机数数组
         print('创建的数组为：', arr)

Out[10]: 创建的数组为： [7 4 8 5 7 3 7 8 5 4]

In[11]:  arr.sort()  # 直接排序
         print('排序后数组为：', arr)

Out[11]: 排序后数组为： [3 4 4 5 5 7 7 7 8 8]

In[12]:  np.random.seed(42)  # 设置随机种子
         arr = np.random.randint(1, 10, size=(3, 3))  # 生成3行3列的随机数数组
         print('创建的数组为：\n', arr)

Out[12]: 创建的数组为：
         [[7 4 8]
          [5 7 3]
          [7 8 5]]

In[13]:  arr.sort(axis=1)  # 沿着横轴排序
         print('排序后数组为：\n', arr)

Out[13]: 排序后数组为：
         [[4 7 8]
          [3 5 7]
          [5 7 8]]

In[14]:  arr.sort(axis=0)  # 沿着纵轴排序
         print('排序后数组为：\n', arr)

Out[14]: 排序后数组为：
         [[3 5 7]
          [4 7 8]
          [5 7 8]]
```

注：每次运行代码后生成的随机数数组都不一样，此处以数组[7 4 8 5 7 3 7 8 5 4]为例。

如果使用 argsort 函数和 lexsort 函数，可以在给定一个或多个键时得到一个由整数构成的索引数组，索引表示数据在新的序列中的位置。

使用 argsort 函数对数组进行排序，如代码 2-45 所示。

代码 2-45　使用 argsort 函数进行排序

```
In[15]:  arr = np.array([2, 3, 6, 8, 0, 7])
         print('创建的数组为：', arr)

Out[15]: 创建的数组为： [2 3 6 8 0 7]

In[16]:  print('排序后索引数组为：', arr.argsort())  # 返回值为排序后元素的索引数组

Out[16]: 排序后索引数组为： [4 0 1 2 5 3]
```

lexsort 函数可以一次性对满足多个键的数组执行间接排序。使用 lexsort 函数对数组进行排序，如代码 2-46 所示。

代码 2-46　使用 lexsort 函数进行排序

```
In[17]:  a = np.array([3, 2, 6, 4, 5])
         b = np.array([50, 30, 40, 20, 10])
         c = np.array([400, 300, 600, 100, 200])
         d = np.lexsort((a, b, c))  # lexsort 函数只接收一个参数，即(a, b, c)
         # 存在多个键时，首先按照最后一个传入的键排序
         print('排序后数组为：\n', list(zip(a[d], b[d], c[d])))
Out[17]: 排序后数组为：
         [(4, 20, 100), (5, 10, 200), (2, 30, 300), (3, 50, 400), (6, 40, 600)]
```

2．去重与重复

在统计分析的工作中，难免会遇到“脏”数据，重复数据就是“脏”数据之一。如果一个一个地手动删除重复数据，不仅耗时费力，而且效率低。在 NumPy 中，可以通过 unique 函数查找数组中的唯一值并返回已排序的结果，如代码 2-47 所示。

代码 2-47　数组内数据去重

```
In[18]:  names = np.array(['小明', '小黄', '小花', '小明', '小花', '小兰', '小白'])
         print('创建的数组为：', names)
Out[18]: 创建的数组为： ['小明' '小黄' '小花' '小明' '小花' '小兰' '小白']
In[19]:  print('去重后的数组为：', np.unique(names))
Out[19]: 去重后的数组为： ['小兰' '小明' '小白' '小花' '小黄']
In[20]:  # 与 np.unique 函数等价的 Python 代码实现过程
         print('去重后的数组为：', sorted(set(names)))
Out[20]: 去重后的数组为： ['小兰', '小明', '小白', '小花', '小黄']
In[21]:  # 创建数值型数组
         ints = np.array([1, 2, 3, 4, 4, 5, 6, 6, 7, 8, 8, 9, 10])
         print('创建的数组为：', ints)
Out[21]: 创建的数组为： [ 1  2  3  4  4  5  6  6  7  8  8  9 10]
In[22]:  print('去重后的数组为：', np.unique(ints))
Out[22]: 去重后的数组为： [ 1  2  3  4  5  6  7  8  9 10]
```

在统计分析的工作中，也经常遇到需要将一个数据重复若干次的情况。在 NumPy 中，主要使用 tile 函数和 repeat 函数实现数据重复。

tile 函数的基本使用格式如下。

```
numpy.tile(A, reps)
```

tile 函数主要有两个参数，参数 A 接收 array_like，表示输入的数组；参数 reps 接收 array_like，表示数组的重复次数。使用 tile 函数实现数据重复，如代码 2-48 所示。

代码 2-48　使用 tile 函数实现数据重复

```
In[23]:  arr = np.arange(5)
         print('创建的数组为：', arr)
Out[23]: 创建的数组为： [0 1 2 3 4]
```

```
In[24]:  print('重复后数组为：', np.tile(arr, 3))  # 对数组进行重复
Out[24]: 重复后数组为： [0 1 2 3 4 0 1 2 3 4 0 1 2 3 4]
```

repeat 函数的基本使用格式如下。

```
numpy.repeat(a, repeats, axis=None)
```

repeat 函数主要有 3 个参数，参数 a 接收 array_like，表示输入的数组；参数 repeats 接收 int 或 int 型数组，表示每个元素的重复次数；参数 axis 接收 int，用于指定沿着哪个轴进行重复。使用 repeat 函数实现数据重复，如代码 2-49 所示。

代码 2-49　使用 repeat 函数实现数据重复

```
In[25]:  np.random.seed(42)  # 设置随机种子
         arr = np.random.randint(0, 10, size=(3, 3))
         print('创建的数组为：\n', arr)
Out[25]: 创建的数组为：
          [[6 3 7]
           [4 6 9]
           [2 6 7]]
In[26]:  print('重复后数组为：\n', arr.repeat(2, axis=0))  # 按纵轴进行元素重复
Out[26]: 重复后数组为：
          [[6 3 7]
           [6 3 7]
           [4 6 9]
           [4 6 9]
           [2 6 7]
           [2 6 7]]
In[27]:  print('重复后数组为：\n', arr.repeat(2, axis=1))  # 按横轴进行元素重复
Out[27]: 重复后数组为：
          [[6 6 3 3 7 7]
          [4 4 6 6 9 9]
          [2 2 6 6 7 7]]
```

tile 函数和 repeat 函数的主要区别在于，tile 函数对数组进行重复操作，repeat 函数对数组中的每个元素进行重复操作。

3．统计

在 NumPy 中，常见的统计函数有 sum、mean、std、var、min、max、argmin 和 argmax 等。几乎所有的统计函数在针对二维数组进行计算的时候都需要注意轴的概念。当 axis 参数为 0 时，表示沿着纵轴进行计算；当 axis 参数为 1 时，表示沿着横轴进行计算。但在默认情况下，函数并不按照任意一个轴进行计算，而是计算总值。NumPy 中常用统计函数的使用如代码 2-50 所示。

代码 2-50　NumPy 中常用统计函数的使用

```
In[28]:  arr = np.arange(20).reshape(4, 5)
         print('创建的数组为：\n', arr)
Out[28]: 创建的数组为：
          [[ 0  1  2  3  4]
```

```
           [ 5  6  7  8  9]
           [10 11 12 13 14]
           [15 16 17 18 19]]
In[29]:   print('数组的和为：', np.sum(arr))  # 计算数组的和
Out[29]:  数组的和为： 190
In[30]:   print('数组沿纵轴计算的和为：', arr.sum(axis=0))  # 沿着纵轴求和
Out[30]:  数组沿纵轴计算的和为： [30 34 38 42 46]
In[31]:   print('数组沿横轴计算的和为：', arr.sum(axis=1))  # 沿着横轴求和
Out[31]:  数组沿横轴计算的和为： [10 35 60 85]
In[32]:   print('数组的均值为：', np.mean(arr))  # 计算数组均值
Out[32]:  数组的均值为： 9.5
In[33]:   print('数组沿纵轴计算的均值为：', arr.mean(axis=0))  # 沿着纵轴计算数组均值
Out[33]:  数组沿纵轴计算的均值为： [ 7.5  8.5  9.5 10.5 11.5]
In[34]:   print('数组沿横轴计算的均值为：', arr.mean(axis=1))  # 沿着横轴计算数组均值
Out[34]:  数组沿横轴计算的均值为： [ 2.  7. 12. 17.]
In[35]:   print('数组的标准差为：', np.std(arr))  # 计算数组标准差
Out[35]:  数组的标准差为： 5.766281297335398
In[36]:   print('数组的方差为：', np.var(arr))  # 计算数组方差
Out[36]:  数组的方差为： 33.25
In[37]:   print('数组的最小值为：', np.min(arr))  # 计算数组最小值
Out[37]:  数组的最小值为： 0
In[38]:   print('数组的最大值为：', np.max(arr))  # 计算数组最大值
Out[38]:  数组的最大值为： 19
In[39]:   print('数组最小元素的索引为：', np.argmin(arr))  # 返回数组最小元素的索引
Out[39]:  数组最小元素的索引为： 0
In[40]:   print('数组最大元素的索引为：', np.argmax(arr))  # 返回数组最大元素的索引
Out[40]:  数组最大元素的索引为： 19
```

代码 2-50 中所使用的函数执行的是聚合计算，直接显示计算的最终结果。在 NumPy 中，cumsum 函数和 cumprod 函数执行非聚合计算，产生一个由中间结果组成的数组，如代码 2-51 所示。

代码 2-51　cumsum 函数和 cumprod 函数的使用

```
In[41]:   arr = np.arange(2, 10)
          print('创建的数组为：', arr)
```

```
Out[41]:  创建的数组为： [2 3 4 5 6 7 8 9]
In[42]:   print('数组元素的累计和为：', np.cumsum(arr))  # 计算所有元素的累计和
Out[42]:  数组元素的累计和为： [ 2  5  9 14 20 27 35 44]
In[43]:   print('数组元素的累计积为：\n', np.cumprod(arr))  # 计算所有元素的累计积
Out[43]:  数组元素的累计积为：
          [     2      6     24    120    720   5040  40320 362880]
```

【任务实现】

1. 读取“粮食产量年度数据.csv”文件

文件通常是存储数据的主要媒介。文件读取操作可以将外部数据加载到内存中，便于后续的分析和应用。将粮食产量年度数据加载到 NumPy 数组中，使得数据在 Python 环境中易于处理和分析，如任务实现 2-6 所示。

任务实现 2-6　读取“粮食产量年度数据.csv”文件

```
In[6]:
# 读取 CSV 文件的前两列
data = np.loadtxt(' ../data/粮食产量年度数据.csv',
                  delimiter=',',
                  skiprows=1,
                  usecols=(0, 1),
                  dtype=str,
                 encoding='utf-8')

# 选取 2014 年—2023 年的数据，输出读取的数据
data_10 = data[:10]
print(data_10)

Out[6]:
[['2023年' '69540.99']
 ['2022年' '68652.77']
 ['2021年' '68284.75']
 ['2020年' '66949.15']
 ['2019年' '66384.34']
 ['2018年' '65789.22']
 ['2017年' '66160.73']
 ['2016年' '66043.51']
 ['2015年' '66060.27']
 ['2014年' '63964.83']]
```

任务实现 2-6 加载了 CSV 文件的前两列数据，第一列是年份数据，第二列是粮食产量数据，并选取了 2014 年—2023 年的粮食产量数据用于后续分析。

2. 对粮食产量数据进行统计分析

对粮食产量数据的标准差、均值、最大值和最小值等进行统计分析，可以在一定程度上了解粮食产量的基本情况。其中产量的标准差可以帮助农业生产者或政策制定者评估产量数据的稳定性和可靠性；统计产量超过均值的年份数量可以帮助评估各年份产量的整体

水平，了解产量高于平均水平的年份比例；找出产量最高和最低的年份有助于发现产量的异常波动。对粮食产量数据进行统计分析，如任务实现 2-7 所示。

任务实现 2-7　对粮食产量数据进行统计分析

In[7]:
```
# 提取年份并转换为整数
# 去掉年份中的“年”字符，并转换为整数
years = [int(row[0][:-1]) for row in data_10]
# 第二列为产量数据，转换为浮点数
crop_yield = data_10[:, 1].astype(float)
# 计算产量的标准差
yield_std = np.std(crop_yield)
print("产量的标准差:", yield_std)
```

Out[7]:
```
产量的标准差: 1546.946096198573
```

In[8]:
```
# 合并年份和产量数据
processed_data = np.column_stack((years, crop_yield))
# 计算产量的均值
average_yield = np.mean(crop_yield)
print("产量的均值:", average_yield)
```

Out[8]:
```
产量的均值: 66783.056
```

In[9]:
```
# 统计产量超过均值的年份
above_average_years = processed_data[processed_data[:,1]>average_yield]
print("产量超过均值的年份:", above_average_years)
```

Out[9]:
```
产量超过均值的年份: [[ 2023.   69540.99]
 [ 2022.   68652.77]
 [ 2021.   68284.75]
 [ 2020.   66949.15]]
```

In[10]:
```
# 找出产量最高的年份
max_yield_index = np.argmax(crop_yield)
max_yield_year = processed_data[max_yield_index, 0]
max_yield = crop_yield[max_yield_index]
print("产量最高的年份:", max_yield_year, ", 产量:", max_yield)
```

Out[10]:
```
产量最高的年份: 2023.0 , 产量: 69540.99
```

In[11]:
```
# 找出产量最低的年份
min_yield_index = np.argmin(crop_yield)
min_yield_year = processed_data[min_yield_index, 0]
min_yield = crop_yield[min_yield_index]
print("产量最低的年份:", min_yield_year, ", 产量:", min_yield)
```

Out[11]:
```
产量最低的年份: 2014.0 , 产量: 63964.83
```

任务实现 2-7 计算了 2014 年—2023 年的粮食产量标准差、粮食产量均值、粮食产量超过均值的年份、粮食产量最高的年份、粮食产量最低的年份。标准差约为 1546.95，这说明 2014 年—2023 年的粮食产量波动性较小。均值约为 66783 万吨，超过均值的年份是 2023 年、2022 年、2021 年、2020 年。2023 年的粮食产量最高，为 69540.99 万吨；2014 年的粮食产量最低，为 63964.83 万吨，这说明 2014 年—2023 年的粮食产量呈现稳定增长的趋势。

项目小结

本项目主要介绍了 NumPy 数组对象 ndarray 的创建、随机数的生成、数组的访问和数组形状的变换，还介绍了矩阵的创建方法、ufunc 的使用方法，最后介绍了利用 NumPy 读/写文件以及进行统计分析的常用函数，帮助读者真正进入数据分析课程内容的学习，并且为读者学习其他数据分析库（如 pandas）打下坚实的基础。

项目实训

实训 1　使用数组比较运算对比超市牛奶价格

1. 训练要点

（1）掌握 NumPy 数组的创建方法。

（2）掌握数组的比较运算方法。

2. 需求说明

A、B 两个超市均销售 5 种牛奶，为了对比两个超市中 5 种牛奶的价格，创建 milk_a 和 milk_b 两个一维数组，分别存放两个超市的牛奶价格，对两个数组进行比较运算。

3. 实现思路及步骤

（1）创建 A 超市的牛奶价格数组 milk_a 为[19.9,25,29.9,45,39.9]。

（2）创建 B 超市的牛奶价格数组 milk_b 为[18.9,25,24.9,49,35.9]。

（3）使用大于（>）符号对 milk_a 和 milk_b 进行比较运算。

实训 2　创建 6×6 的简单数独游戏矩阵

1. 训练要点

（1）掌握矩阵的创建方法。

（2）掌握数组索引的使用方法。

2. 需求说明

数独是玩法简单、数字排列方式多种多样的一种锻炼大脑的数学智力填空游戏。为了帮助学生了解数独游戏的玩法，创建一个 6×6 的数独游戏矩阵，矩阵每一行的数字为 1～6 且不能重复，每一列的数字同样为 1～6 且不能重复，如图 2-3 所示。

1	2	3	4	5	6
2	3	4	5	6	1
3	4	5	6	1	2
4	5	6	1	2	3
5	6	1	2	3	4
6	1	2	3	4	5

图 2-3　数独游戏矩阵

3．实现思路及步骤

（1）创建一个 6×6 的矩阵。

（2）矩阵第 1 行数据为[1,2,3,4,5,6]，第 2 行数据为[2,3,4,5,6,1]，以此类推，第 6 行数据为[6,1,2,3,4,5]。最终得到每行数据不同、每列数据也不同的矩阵。

课后习题

1．选择题

（1）下列对 Python 中 NumPy 的描述不正确的是（　　）。

A．NumPy 是用于数据科学计算的基础模块

B．NumPy 的数据容器能够保存任意类型的数据

C．NumPy 提供了 ndarray 和 array 两种基本的对象

D．NumPy 能够对多维数组进行数值运算

（2）下列选项中表示数组维数的是（　　）。

A．ndim　　B．shape　　C．size　　D．dtype

（3）代码“np.arange(0,1,0.2)”的运行结果为（　　）。

A．[0. , 0.2, 0.4, 0.6, 0.8]　　B．[0. , 0.2, 0.4, 0.6, 0.8, 1.0]

C．[0.2, 0.4, 0.6, 0.8]　　D．[0.2, 0.4, 0.6, 0.8, 1.0]

（4）代码“np.linspace(0,10,5)”的运行结果为（　　）。

A．[0, 2.5, 5, 7.5]　　B．[0, 2.5, 5, 7.5, 10]

C．[0., 2.5, 5., 7.5]　　D．[0., 2.5, 5., 7.5, 10.]

（5）下列函数中用于横向组合数组的是（　　）。

A．hstack　　B．hsplit　　C．vstack　　D．vsplit

2．操作题

（1）创建 4 个相同的 3×3 对角矩阵，对角线上的元素均为[1,2,3]，再使用 bmat 函数合并 4 个对角矩阵为 1 个 6×6 的新矩阵。

（2）返回操作题（1）中 6×6 矩阵的转置矩阵。

3．实践题

随着全球环境保护意识的增强，新能源汽车迎来了快速发展期。各大汽车制造商纷纷投入巨资研发新能源汽车，希望通过技术创新占领市场高地。在此背景下，某机构收集了国内主要城市近年来新能源汽车的销售数据，包括成交商品件数、成交金额等，数据保存在“新能源汽车销售数据.csv”文件中，其中部分数据如表 2-12 所示。

表 2-12　部分新能源汽车销售数据

商品 ID	成交客户数/人	成交商品件数/件	成交金额/万元	访客数/人	加购商品件数/件	下单客户数/人	最近上架时间
10067932290122	507	534	3097.20	2272	1600	596	2023/2/13 10:21
10070160665567	429	453	3198.18	3084	1800	503	2023/3/5 17:19

续表

商品 ID	成交客户数/人	成交商品件数/件	成交金额/万元	访客数/人	加购商品件数/件	下单客户数/人	最近上架时间
10023968092031	218	243	2673	1532	900	262	2021/9/14 12:35
10037438068759	190	194	4298.23	4594	439	223	2023/3/7 16:10
55554746726	160	268	6595.18	4405	1210	176	2022/8/30 19:50

使用 NumPy 对新能源汽车销售数据进行初步的统计分析，了解新能源汽车销售的基本情况，具体操作步骤如下。

（1）读取“新能源汽车销售数据.csv”文件。

（2）计算成交商品件数和成交金额的均值、标准差、最小值和最大值。

（3）基于成交金额和成交商品件数，计算每件商品的平均成交金额。

项目 3 工业产品产量统计分析——pandas统计分析基础

统计分析是数据分析的重要组成部分，几乎贯穿了整个数据分析。运用统计方法，将定量问题与定性问题结合进行的研究活动叫作统计分析。统计分析除了包含单一数值型特征的数据集中趋势、离散趋势和峰度与偏度等统计知识，还包含多个特征间的比较计算等知识。本项目将介绍使用 pandas 库进行统计分析所需要掌握的基本知识。

学习目标

（1）掌握常见的数据读/写方法。
（2）掌握 DataFrame 的基本属性与常用操作。
（3）掌握时间数据的转换与处理方法。
（4）掌握数据分组聚合的方法。

素养目标

（1）通过读取与分析工业制品销售数据表，了解各工业制品的销售情况，提高个人的数据分析能力。

（2）通过了解连接 MySQL 数据库时的注意事项，确保操作的准确性和可靠性，培养严谨的工作态度。

项目 3　工业产品产量统计分析——pandas 统计分析基础

思维导图

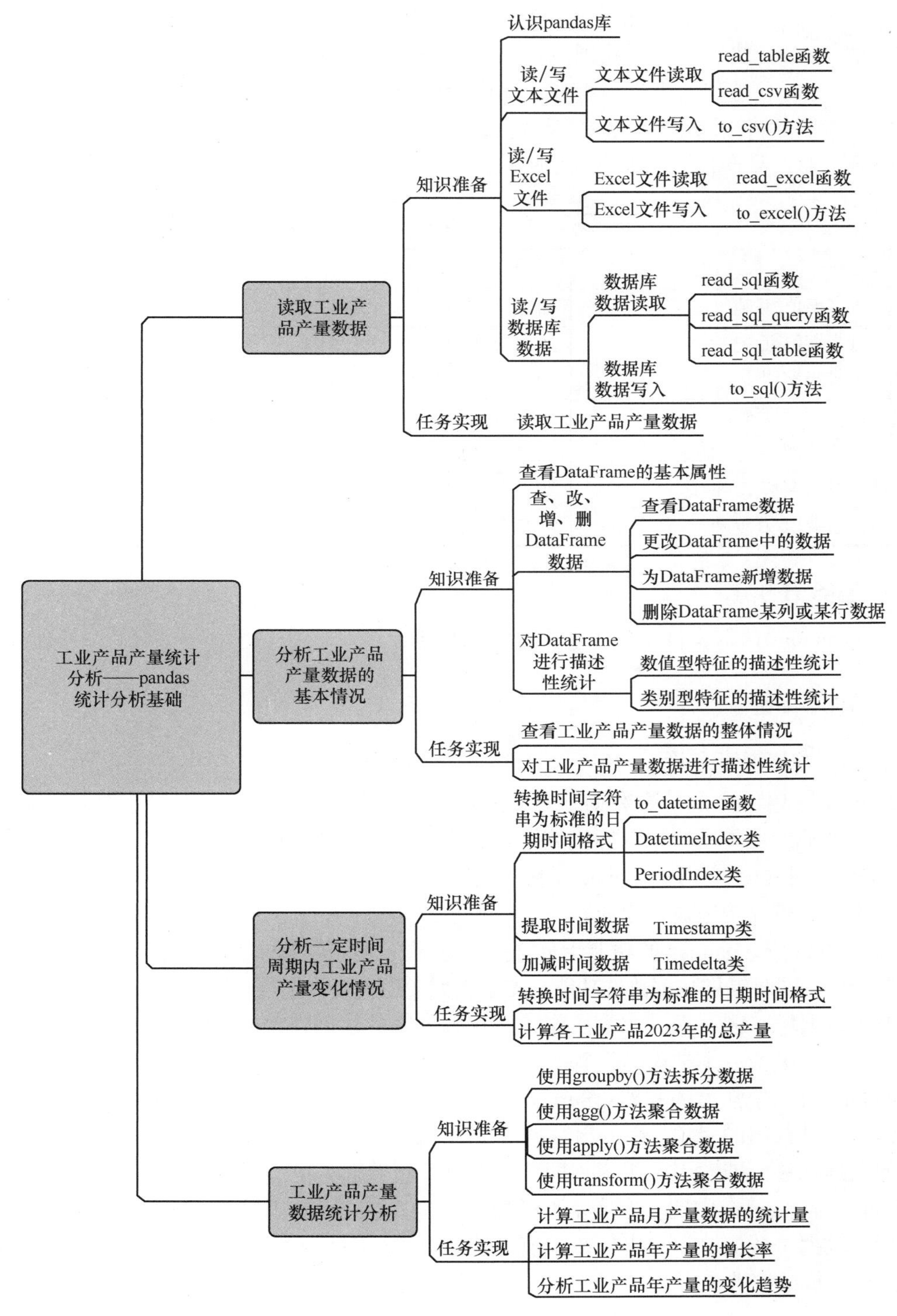

利用 pandas 读/写数据

任务 3.1 读取工业产品产量数据

【任务描述】

2008 年—2023 年，我国工业产品产量持续增长，制造强国的建设加快，反映了我国工业的发展与变革。随着我国经济的快速发展和工业化进程的推进，工业产品产量成为评估和监测我国工业经济状况的重要指标之一。本任务将读取工业产品产量数据，以便后续进行进一步的分析。

部分工业产品产量数据如表 3-1 所示。

表 3-1 部分工业产品产量数据

工业产品产量指标	时间	产量
原煤产量当期值/万吨	2023 年 12 月	41430.7
原油产量当期值/万吨	2023 年 12 月	1764.7
天然气产量当期值/亿立方米	2023 年 12 月	208.6
原盐产量当期值/万吨	2023 年 12 月	401.7
精制食用植物油产量当期值/万吨	2023 年 12 月	497.3
成品糖产量当期值/万吨	2023 年 12 月	270.8
啤酒产量当期值/万千升	2023 年 12 月	214.8

【任务分析】

使用 pandas 读取文件中的工业产品产量数据。

【知识准备】

3.1.1 认识 pandas 库

pandas 是 Python 的核心数据分析支持库，提供了快速、灵活、明确的数据结构，旨在简单、直观地处理关系数据、标记数据。因为 pandas 建立在 NumPy 的基础之上，所以在以 NumPy 为中心的应用中，pandas 易于使用，而 pandas 在与其他第三方科学计算支持库结合时也能够较完美地进行集成。

在 Python 中，pandas 的功能十分强大，它可提供高性能的矩阵运算；可用于数据挖掘和数据分析，同时提供数据清洗功能；支持类似于结构查询语言（Structure Query Language，SQL）的数据增、删、查、改等操作，并且有丰富的数据处理函数；支持时间序列数据分析功能；支持灵活处理缺失数据等。

pandas 有两个强大的利器：Series（一维数据）与 DataFrame（二维数据）。Series 是一种类似于一维数组的对象，由一组数据（使用 NumPy 支持的各种数据类型）以及一组与之相关的数据标签（即索引）组成，即使仅提供一组数据，也可以创建简单的 Series 对象。DataFrame 是 pandas 中的一个表格型的数据结构，包含一组有序的列，这些列可以使用不同类型的数据（数值、字符串、布尔值等），DataFrame 既有行索引也有列索引，可以看作由 Series 组成的字典。

Series 和 DataFrame 是 pandas 中常用的数据结构，运用这两种数据结构便足以处理金融、统计、社会科学、工程等领域里的大多数典型问题。

3.1.2　读/写文本文件

文本文件是一种由若干行字符构成的计算机文件，是一种典型的顺序文件。CSV 是一种内容用分隔符分隔的文件格式，因为其分隔符不一定是逗号，所以又被称为字符分隔文件格式。文本文件以纯文本形式存储表格数据（数字和文本），它是一种通用、相对简单的文件格式，较广泛地应用于在不同程序之间转移表格数据。许多程序使用各自独特的格式（往往是私有的、无通用规范的格式），而纯文本格式可以在这些不兼容的程序之间提供数据交换的途径。因为大量程序都支持 CSV 格式或其变体，所以 CSV 格式或其变体可以作为大多数程序的输入和输出格式。

1. 文本文件读取

CSV 文件也是一种文本文件，可以使用文本文件的读取函数对 CSV 文件进行读取。同样，如果文本文件是字符分隔文件，则可以使用读取 CSV 文件的函数对其进行读取。pandas 提供了 read_table 函数来读取文本文件，提供了 read_csv 函数来读取 CSV 文件。

read_table 函数和 read_csv 函数的基本使用格式如下。

```
pandas.read_table(filepath_or_buffer, *, sep=<no_default>, header='infer',
names=<no_default>, index_col=None, dtype=None, engine=None, skiprows=None,
nrows=None,...)

pandas.read_csv(filepath_or_buffer, *, sep=<no_default>, header='infer',
names=<no_default>, index_col=None, dtype=None, engine=None, skiprows=None,
nrows=None,...)
```

read_table 函数和 read_csv 函数的多数参数相同，它们的常用参数及其说明如表 3-2 所示。

表 3-2　read_table 函数和 read_csv 函数的常用参数及其说明

参数名称	参数说明
filepath_or_buffer	接收 str。表示文件路径。无默认值
sep	接收 str。表示分隔符。read_csv 函数默认为“,”，read_table 函数默认为制表符
header	接收 int 或 int 型 list。表示将某行数据作为列名。默认为 infer
names	接收 array。表示列名。无默认值
index_col	接收 int、sequence 或 False。表示索引列的位置，接收 sequence 时表示多重索引。默认为 None
dtype	接收字典形式的列名或类型名称。表示写入的数据类型（列名为键，数据类型为值）。默认为 None
engine	接收 C 语言代码或 Python 代码。表示要使用的数据解析引擎。默认为 None
nrows	接收 int。表示要读取的文件行数。默认为 None
skiprows	接收 list、int 或 callable。表示读取数据时开头跳过的行数。默认为 None

党的二十大报告指出“坚持把发展经济的着力点放在实体经济上，推进新型工业化，加快建设制造强国”。为此，某公司收集了工业制品销售数据，部分数据如表 3-3 所示。

表 3-3　部分工业制品销售数据

商品 ID	商品类别	订单时间	销售量/个	销售价格/元
10004328	类别 A	2023/3/11 4:51	3	147
10000346	类别 A	2023/3/9 4:16	8	239
10001192	类别 A	2023/3/8 22:21	4	53
10003708	类别 A	2023/2/25 1:22	3	43

分别使用 read_table 函数和 read_csv 函数读取工业制品销售数据表，如代码 3-1 所示。

代码 3-1　分别使用 read_table 函数和 read_csv 函数读取工业制品销售数据表

```
In[1]:    import pandas as pd
          # 使用 read_table 函数读取工业制品销售数据表
          salesdata = pd.read_table('../data/salesdata.csv', sep=',',
                                    encoding='utf-8')
          print('使用 read_table 函数读取工业制品销售数据表，表的长度为：',
                len(salesdata))
Out[1]:   使用 read_table 函数读取工业制品销售数据表，表的长度为： 1351
In[2]:    # 使用 read_csv 函数读取工业制品销售数据表
          salesdata1 = pd.read_csv('../data/salesdata.csv', encoding='UTF-8')
          print('使用 read_csv 函数读取工业制品销售数据表，表的长度为：',
                len(salesdata1))
Out[2]:   使用 read_csv 函数读取工业制品销售数据表，表的长度为： 1351
```

read_table 函数和 read_csv 函数中的 sep 参数用于指定文本的分隔符，如果分隔符指定错误，那么在读取数据的时候，每一行数据将连成一片。header 参数用于指定列名，如果 header 参数值是 None，那么将会添加一个默认的列名。encoding 代表文件的编码格式，常用的编码格式有 UTF-8、UTF-16、GBK 等。如果编码格式指定错误，那么数据将无法读取。更改参数并读取工业制品销售数据表，如代码 3-2 所示。

代码 3-2　更改参数并读取工业制品销售数据表

```
In[3]:    # 使用 read_table 函数读取工业制品销售数据表，sep=';'
          salesdata2 = pd.read_table('../data/salesdata.csv', sep=';',
                                     encoding='utf-8')
          print('当分隔符为;时，工业制品销售数据表为：\n', salesdata2)
Out[3]:   当分隔符为;时，工业制品销售数据表为：
                           商品 ID,商品类别,订单时间,销售量/个,销售价格/元
          0       10004328,类别 A,2023/3/11 4:51,3,147
          1        10000346,类别 A,2023/3/9 4:16,8,239
          2        10001192,类别 A,2023/3/8 22:21,4,53
          3        10003708,类别 A,2023/2/25 1:22,3,43
          4       10002570,类别 A,2023/2/21 18:47,1,13
          ...                                  ...
          1346    10004017,类别 B,2023/12/8 3:10,11,359
          1347     10003760,类别 B,2023/11/21 1:50,3,96
          1348  10004368,类别 B,2023/10/12 16:06,3,109
          1349    10004116,类别 B,2023/10/9 17:27,3,116
          1350    10000836,类别 B,2023/9/24 15:31,3,108
```

```
        [1351 rows x 1 columns]
In[4]:  # 使用 read_csv 函数读取工业制品销售数据表，header=None
        salesdata3 = pd.read_csv('../data/salesdata.csv', sep=',',
                                 header=None, encoding='utf-8')
        print('当 header 为 None 时，工业制品销售数据表为：\n', salesdata3)
Out[4]: 当 header 为 None 时，工业制品销售数据表为：
                0          1          2                   3         4
        0       商品 ID    商品类别   订单时间            销售量/个  销售价格/元
        1       10004328   类别 A     2023/3/11  4:51     3         147
        2       10000346   类别 A     2023/3/9  4:16      8         239
        3       10001192   类别 A     2023/3/8  22:21     4         53
        4       10003708   类别 A     2023/2/25  1:22     3         43
        ...     ...        ...        ...                 ...       ...
        1347    10004017   类别 B     2023/12/8  3:10     11        359
        1348    10003760   类别 B     2023/11/21  1:50    3         96
        1349    10004368   类别 B     2023/10/12  16:06   3         109
        1350    10004116   类别 B     2023/10/9  17:27    3         116
        1351    10000836   类别 B     2023/9/24  15:31    3         108

        [1352 rows x 5 columns]
In[5]:  # 使用 GBK 编码格式读取工业制品销售数据表
        salesdata4 = pd.read_csv('../data/salesdata.csv', sep=',',
                                 encoding='gbk')
        print('encoding 为"gbk"时，工业制品销售数据表为：\n', salesdata4)
Out[5]: UnicodeDecodeError: 'gbk' codec can't decode byte 0x81 in position 8:
        illegal multibyte sequence
```

注：此处部分结果已省略。

知识拓展

当代码运行出现错误时，在通过调试代码、检查语法错误、检查逻辑错误、查询文档等方式解决问题之前，需要理解错误信息，错误信息通常会告知发生了什么类型的错误以及错误发生的具体位置。除了通过自身的知识储备或使用搜索引擎辅助理解错误信息，还可以使用人工智能生成内容（AIGC）工具根据错误信息生成详细的解读以及初步的处理方案。

使用某 AIGC 工具基于代码 3-2 中的错误信息生成详细的解读以及初步的处理方案，如图 3-1 所示。

这个错误通常发生在尝试使用不正确的编码方式（如 `gbk`）来解码字节序列时。在 Python 中，当尝试读取文件或处理字节数据时，如果指定了一个错误的编码，可能会遇到 `UnicodeDecodeError` 异常。

这个错误的具体信息是：

- `'gbk' codec can't decode byte 0x81 in position 8: illegal multibyte sequence`

这意味着在文件的第 8 个字节处，`gbk` 编码尝试解码一个不合法的多字节序列。`gbk` 编码通常用于简体中文，但在某些情况下，文件可能使用其他编码，如 `utf-8`。

要解决这个问题，请尝试以下步骤：

1. **检查文件编码**：确保文件的实际编码与您尝试解码时指定的编码相匹配。您可以使用文本编辑器或命令行工具（如 `file` 命令）来检查文件的编码。
2. **指定正确的编码**：如果文件是以 `utf-8` 编码的，请使用 `utf-8` 作为解码器。
3. **使用文件头检测**：Python 的 `chardet` 库可以用来检测文件的编码。在尝试读取文件之前，您可以使用 `chardet` 来确定文件的编码。

图 3-1　使用某 AIGC 工具辅助理解错误信息

2. 文本文件写入

文本文件的写入和读取类似，对于结构化数据，可以通过 pandas 中的 to_csv()方法实现以 CSV 格式写入。to_csv()方法的基本使用格式如下。

```
DataFrame.to_csv(path_or_buf=None, *, sep=',', na_rep='', float_format=None,
columns=None, header=True, index=True, index_label=None, mode='w', encoding=None,
compression='infer', quoting=None, quotechar='"', lineterminator=None,
chunksize=None, date_format=None, doublequote=True, escapechar=None, decimal='.',
errors='strict', storage_options=None)
```

to_csv()方法的常用参数及其说明如表 3-4 所示。

表 3-4　to_csv()方法的常用参数及其说明

参数名称	参数说明
path_or_buf	接收 str。表示文件路径。默认为 None
sep	接收 str。表示分隔符。默认为“,”
na_rep	接收 str。表示缺失值。默认为“ ”
columns	接收 list。表示要写入的列的名称。默认为 None
header	接收 bool 或 str 型 list。表示是否将列名写入。默认为 True
index	接收 bool。表示是否将行名（索引）写入。默认为 True
index_label	接收 sequence、str 或 False。表示索引。默认为 None
mode	接收特定 str。表示数据写入模式。默认为“w”
encoding	接收特定 str。表示写入文件的编码格式。默认为 None

使用 to_csv()方法将工业制品销售数据表写入 CSV 文件，如代码 3-3 所示。

代码 3-3　使用 to_csv()方法将工业制品销售数据表写入 CSV 文件

```
In[6]:   import os
         print('将工业制品销售数据表写入 CSV 文件前，目录内文件列表为：\n',
               os.listdir('../tmp'))
         # 将 salesdata 以 CSV 格式写入文件
         salesdata.to_csv('../tmp/salesdataInfo.csv', sep=';', index=False)
         print('将工业制品销售数据表写入 CSV 文件后，目录内文件列表为：\n',
               os.listdir('../tmp'))
Out[6]:  将工业制品销售数据表写入 CSV 文件前，目录内文件列表为：
          []
         将工业制品销售数据表写入 CSV 文件后，目录内文件列表为：
          ['salesdataInfo.csv']
```

3.1.3　读/写 Excel 文件

Excel 是微软公司的办公软件 Microsoft Office 的组件之一，它可以对数据进行处理、统计分析等操作，广泛地应用于管理、财经和金融等众多领域，其文件扩展名依照程序版本的不同分为以下两种。

（1）Microsoft Office Excel 2007 之前的版本（不包括 2007）默认保存的文件扩展名为.xls。

（2）Microsoft Office Excel 2007 及之后的版本默认保存的文件扩展名为.xlsx。

1. Excel 文件读取

pandas 提供了 read_excel 函数来读取.xls 文件和.xlsx 文件两种 Excel 文件，其基本使用格式如下。

```
pandas.read_excel(io, sheet_name=0, *, header=0, names=None, index_col=None,
usecols=None, dtype=None, engine=None, converters=None, true_values=None,
false_values=None, skiprows=None, nrows=None, na_values=None, keep_default_na=True,
na_filter=True, verbose=False, parse_dates=False, date_parser=<no_default>,
date_format=None, thousands=None, decimal='.', comment=None, skipfooter=0,
storage_options=None, dtype_backend=<no_default>, engine_kwargs=None)
```

read_excel 函数的常用参数及其说明如表 3-5 所示。

表 3-5　read_excel 函数的常用参数及其说明

参数名称	参数说明
io	接收 str。表示文件路径。无默认值
sheet_name	接收 str、int、list 或 None。表示 Excel 文件内数据的工作簿位置。默认为 0
header	接收 int 或 int 型 list。表示将某行数据作为列名。如果传递 int 型 list，那么行位置将合并为多重索引。如果没有列名，使用 None。默认为 0
names	接收 array。表示要使用的列名列表。默认为 None
index_col	接收 int 或 int 型 list。表示将列索引用作 DataFrame 的行索引。默认为 None
dtype	接收 dict。表示写入的数据类型（列名为键，数据类型为值）。默认为 None
skiprows	接收 list、int 或 callable。表示读取数据时开头跳过的行数。默认为 None

当工业制品销售数据表存储为.xlsx 文件时，使用 read_excel 函数读取，如代码 3-4 所示。

代码 3-4　使用 read_excel 函数读取工业制品销售数据表

```
In[7]:   # 读取 salesdata.xlsx 文件
         salesdata = pd.read_excel('../data/salesdata.xlsx')
         print('工业制品销售数据表长度为：', len(salesdata))

Out[7]:  工业制品销售数据表长度为： 1351
```

2. Excel 文件写入

要将数据写入 Excel 文件，可以使用 to_excel()方法，其基本使用格式如下。

```
DataFrame.to_excel(excel_writer, *, sheet_name='Sheet1', na_rep='', float_format=
None, columns=None, header=True, index=True, index_label=None, startrow=0,
startcol=0, engine=None, merge_cells=True, inf_rep='inf', freeze_panes=None,
storage_options=None, engine_kwargs=None)
```

to_excel()方法的常用参数及其说明如表 3-6 所示。

表 3-6　to_excel()方法的常用参数及其说明

参数名称	参数说明
excel_writer	接收 str。表示文件路径。无默认值
sheet_name	接收 str。表示 Excel 文件中工作簿的名称。默认为 Sheet1
na_rep	接收 str。表示缺失值。默认为“ ”

续表

参数名称	参数说明
columns	接收 str 或 sequence 型 list。表示要写入的列的名称。默认为 None
header	接收 bool 或 str 型 list。表示是否将列名写入。默认为 True
index	接收 bool。表示是否将行名（索引）写入。默认为 True
index_label	接收 sequence 或 str。表示索引。默认为 None

使用 to_excel()方法将工业制品销售数据表写入 Excel 文件，如代码 3-5 所示。

代码 3-5　使用 to_excel()方法将工业制品销售数据表写入 Excel 文件

```
In[8]:  print('将工业制品销售数据表写入 Excel 文件前，目录内文件列表为：\n',
              os.listdir('../tmp'))
        salesdata.to_excel('../tmp/salesdata.xlsx')
        print('将工业制品销售数据表写入 Excel 文件后，目录内文件列表为：\n',
              os.listdir('../tmp'))
Out[8]: 将工业制品销售数据表写入 Excel 文件前，目录内文件列表为：
         ['salesdataInfo.csv']
        将工业制品销售数据表写入 Excel 文件后，目录内文件列表为：
         ['salesdata.xlsx', 'salesdataInfo.csv']
```

3.1.4　读/写数据库数据

在生产环境中，绝大多数的数据都存储在数据库中。pandas 提供了读/写关系数据库中数据的函数与方法。除了使用 pandas，还需要使用 SQLAlchemy 库建立对应的数据库连接。SQLAlchemy 是配合相应数据库的 Python 连接工具（如使用 MySQL 数据库时需要安装 mysqlclient 库或 pymysql 库，使用 Oracle 数据库时需要安装 cx_Oracle 库），使用 create_engine 函数建立数据库连接。pandas 支持 MySQL、PostgreSQL、Oracle、SQL Server 和 SQLite 等主流数据库。下面将以 MySQL 数据库为例，介绍 pandas 对数据库数据的读/写。

1．数据库数据读取

pandas 可实现对数据库数据的读取，但前提是进行读取操作前已安装数据库，并且数据库可以正常打开及使用。读取数据库数据的 3 种函数分别是 read_sql_query 函数、read_sql_table 函数和 read_sql 函数。read_sql_query 函数只能实现查询操作，不能直接读取数据库中的某张表。read_sql_table 函数只能读取数据库的某张表，不能实现查询操作。read_sql 函数是前两者的综合，既能读取数据库中的某张表，也能实现查询操作。3 个函数的基本使用格式如下。

```
pandas.read_sql_query(sql, con, index_col=None, coerce_float=True, params=None, parse_dates=None, chunksize=None, dtype=None, dtype_backend=<no_default>)
pandas.read_sql_table(table_name, con, schema=None, index_col=None, coerce_float=True, parse_dates=None, columns=None, chunksize=None, dtype_backend=<no_default>)
pandas.read_sql( sql, con, index_col=None, coerce_float=True, params=None, parse_dates=None, columns=None, chunksize=None, dtype_backend=<no_default>, dtype=None)
```

pandas 的 3 个数据库数据读取函数的参数几乎完全一致，主要区别在于传入的是语句还是表名。3 个函数的常用参数及其说明如表 3-7 所示。

表 3-7　read_sql_query 函数、read_sql_table 函数、read_sql 函数常用参数及其说明

参数名称	参数说明
sql，table_name	接收 str。表示读取的数据的表名或 SQL 语句。无默认值
con	接收数据库连接或 str。表示数据库连接信息。无默认值
index_col	接收 str 或 str 型 list。表示将列设置为索引。默认为 None
coerce_float	接收 bool。表示尝试将非字符串、非数字对象（如十进制数）的值转换为浮点数。默认为 True
columns	接收 list。表示要从 SQL 表中选择的列名列表。默认为 None

注：参数 columns 只存在于 read_sql_table 函数与 read_sql 函数中。

在读取数据库数据前，需要创建数据库连接。Python 的 SQLAlchemy 提供了 create_engine 函数，用于创建数据库连接，该函数接收一个连接字符串。在使用 Python 的 SQLAlchemy 时，MySQL 数据库和 Oracle 数据库连接字符串的格式如下。

```
数据库产品名+连接工具名://用户名:密码@数据库 IP 地址:数据库端口号/数据库名称?charset=数据库数据编码格式
```

SQLAlchemy 连接 MySQL 数据库，如代码 3-6 所示。

代码 3-6　SQLAlchemy 连接 MySQL 数据库

```
In[9]:   from sqlalchemy import create_engine
         # 创建一个 MySQL 连接，用户名为 root，密码为 123456
         # 数据库 IP 地址为 127.0.0.1，名称为 testdb，数据编码格式为 UTF-8
         engine = create_engine('mysql+pymysql://root:123456@127.0.0.1:3306/
         testdb?charset=utf8')
         print(engine)
Out[9]:  Engine(mysql+pymysql://root:***@127.0.0.1:3306/testdb?charset=utf8)
```

注：操作时用户名、密码、数据库 IP 地址、数据库名称、数据库数据编码格式需要以实际的为准，保持严谨的工作态度，以确保操作的准确性和可靠性。

数据库连接创建完成后，可通过 read_sql_query 函数、read_sql_table 函数、read_sql 函数读取数据库中的数据，如代码 3-7 所示。

代码 3-7　使用 read_sql_query 函数、read_sql_table 函数、read_sql 函数读取数据库中的数据

```
In[10]:  # 使用 read_sql_query 函数查看 testdb 中的数据表清单
         salesdatalist = pd.read_sql_query('show tables', con=engine)
         print('testdb 数据库数据表清单为：\n', salesdatalist)
Out[10]: testdb 数据库数据表清单为：
           Tables_in_testdb
         0       salesdata
In[11]:  # 使用 read_sql_table 函数读取工业制品销售数据表
         salesdata_df = pd.read_sql_query("SELECT * FROM salesdata;",
                                          con=engine)
         print('使用 read_sql_table 函数读取工业制品销售数据表，表的长度为:\n',
               len(salesdata_df))
```

```
Out[11]:  使用 read_sql_table 函数读取工业制品销售数据表，表的长度为：
           1351
In[12]:   # 使用 read_sql 函数读取工业制品销售数据表
          salesdata = pd.read_sql("SELECT * FROM salesdata;", con=engine)
          print('使用 read_sql 函数读取工业制品销售数据表，表的长度为:\n',
                len(salesdata))
Out[12]:  使用 read_sql 函数读取工业制品销售数据表，表的长度为：
           1351
```

2. 数据库数据写入

将 DataFrame 写入数据库时，同样要依赖 SQLAlchemy 库的 create_engine 函数创建数据库连接。数据库数据读取有 3 个函数，但数据写入只有一个 to_sql()方法。to_sql()方法的基本使用格式如下。

```
DataFrame.to_sql(name, con, *, schema=None, if_exists='fail', index=True, index_label=
None, chunksize=None, dtype=None, method=None)
```

to_sql()方法的常用参数及其说明如表 3-8 所示。

表 3-8　to_sql()方法的常用参数及其说明

参数名称	参数说明
name	接收 str。表示数据库表名。无默认值
con	接收数据库连接。表示数据库连接信息。无默认值
if_exists	接收 str。表示对表进行操作的方式，可选 fail、replace、append。fail 表示如果表名存在，那么不执行写入操作；replace 表示如果表名存在，那么将原数据库表删除，再重新创建；append 表示在原数据库表的基础上追加数据。默认为 fail
index	接收 bool。表示是否将 DataFrame 索引写入列并使用 index_label 作为表中的列名。默认为 True
index_label	接收 str 或 sequence。表示索引列的列标签。如果没有给定（默认）且 index 参数值为 True，那么使用索引。如果 DataFrame 使用多重索引，那么应该给出 sequence。默认为 None
dtype	接收 dict 或 scalar（标量）。表示指定列的数据类型。默认为 None

使用 to_sql()方法写入数据，如代码 3-8 所示。

代码 3-8　使用 to_sql()方法写入数据

```
In[13]:   # 使用 to_sql()方法写入 salesdata 数据
          salesdata.to_sql('test1', con=engine, index=False,
                           if_exists='replace')
          # 使用 read_sql_query 函数读取 testdb 数据库数据
          formlist1 = pd.read_sql_query('show tables', con=engine)
          print('新增一张表后，testdb 数据库数据表清单为：\n', formlist1)
Out[13]:  新增一张表后，testdb 数据库数据表清单为：
            Tables_in_testdb
          0        salesdata
          1            test1
```

【任务实现】

读取工业产品产量数据

通过读取 2008 年—2023 年我国工业产品的产量数据，可以深入了解我国工业经济的发展轨迹和特点，为后续的分析提供基础支持。使用 pandas 提供的 read_csv 函数读取工业产品产量数据，如任务实现 3-1 所示。

任务实现 3-1　读取工业产品产量数据

```
In[1]:    import pandas as pd
          # 读取 CSV 文件数据
          data = pd.read_csv("../data/工业产品产量数据.csv")
          # 查看读取的数据
          print(data)
Out[1]:           工业产品产量指标                    时间           产量
          0       原煤产量当期值/万吨                 2023年12月     41430.7
          1       原油产量当期值/万吨                 2023年12月     1764.7
          2       天然气产量当期值/亿立方米           2023年12月     208.6
          3       原盐产量当期值/万吨                 2023年12月     401.7
          4       精制食用植物油产量当期值/万吨       2023年12月     497.3
          ...     ...                                 ...            ...
          11515   彩色电视机产量当期值/万台           2008年1月      NaN
          11516   复印和胶版印制设备产量当期值/万台   2008年1月      NaN
          11517   发电量当期值/亿千瓦时               2008年1月      NaN
          11518   火力发电量当期值/亿千瓦时           2008年1月      NaN
          11519   水力发电量当期值/亿千瓦时           2008年1月      NaN

          [11520 rows x 3 columns]
```

任务实现 3-1 使用 read_csv 函数读取工业产品产量数据，并将结果存储在名为 data 的 DataFrame 中，数据总量为 11520 行、3 列。

任务 3.2　分析工业产品产量数据的基本情况

DataFrame 常用操作

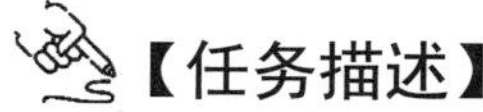【任务描述】

在工业生产中，对产品产量数据进行描述性统计是一项重要的任务。通过查看数据的结构和组成，可以全面了解数据的基本情况。通过对工业产品产量数据进行统计和分析，可以深入了解生产情况、发现数据特征、识别异常情况，并为后续的决策和优化提供数据支持。本任务将对工业产品产量数据进行描述性统计。

【任务分析】

（1）通过 size 属性、ndim 属性和 shape 属性查看工业产品产量数据的整体情况。

（2）对工业产品产量数据进行描述性统计。

【知识准备】

3.2.1 查看 DataFrame 的基本属性

DataFrame 的基本属性有 values、index、columns 和 dtypes，可以分别获取元素、索引、列名和数据类型。分别查看工业制品销售数据表的 4 个基本属性，如代码 3-9 所示。

代码 3-9 查看工业制品销售数据表的 4 个基本属性

```
In[1]:    import pandas as pd
          salesdata = pd.read_csv('../data/salesdata.csv', sep=',',
                                  encoding='utf-8')
          print('工业制品销售数据表的索引为：', salesdata.index)
Out[1]:   工业制品销售数据表的索引为： RangeIndex(start=0, stop=1351, step=1)
In[2]:    print('工业制品销售数据表的所有值为：\n', salesdata.values)
Out[2]:   工业制品销售数据表的所有值为：
           [[10004328 '类别A' '2023/3/11 4:51' 3 147]
           [10000346 '类别A' '2023/3/9 4:16' 8 239]
           [10001192 '类别A' '2023/3/8 22:21' 4 53]
           ...
           [10004368 '类别B' '2023/10/12 16:06' 3 109]
           [10004116 '类别B' '2023/10/9 17:27' 3 116]
           [10000836 '类别B' '2023/9/24 15:31' 3 108]]
In[3]:    print('工业制品销售数据表的列名为：\n', salesdata.columns)
Out[3]:   工业制品销售数据表的列名为：
           Index(['商品 ID', '商品类别', '订单时间', '销售量/个', '销售价格/元'],
          dtype='object')
In[4]:    print('工业制品销售数据表的数据类型为：\n', salesdata.dtypes)
Out[4]:   工业制品销售数据表的数据类型为：
          商品 ID        int64
          商品类别       object
          订单时间       object
          销售量/个      int64
          销售价格/元    int64
          dtype: object
```

除了上述 4 个基本属性，还可以通过 size 属性、ndim 属性和 shape 属性获取 DataFrame 的元素个数、维数和形状，如代码 3-10 所示。

代码 3-10 size 属性、ndim 属性和 shape 属性的使用

```
In[5]:    # 查看 DataFrame 的元素个数、维数、形状
          print('工业制品销售数据表的元素个数为：', salesdata.size)
          print('工业制品销售数据表的维数为：', salesdata.ndim)
          print('工业制品销售数据表的形状为：', salesdata.shape)
Out[5]:   工业制品销售数据表的元素个数为： 6755
          工业制品销售数据表的维数为： 2
          工业制品销售数据表的形状为： (1351, 5)
```

另外，T 属性能够实现 DataFrame 的转置（行、列转换）。在某些特殊场景下，某些函数或方法只能作用于列或行，此时可试着用转置来解决这一问题。使用 T 属性进行转置，如代码 3-11 所示。

代码 3-11 使用 T 属性进行转置

```
In[6]:   print('工业制品销售数据表转置前形状为：', salesdata.shape)
         print('工业制品销售数据表转置后形状为：', salesdata.T.shape)
Out[6]:  工业制品销售数据表转置前形状为： (1351, 5)
         工业制品销售数据表转置后形状为： (5, 1351)
```

3.2.2 查、改、增、删 DataFrame 数据

学习过数据库相关知识的读者都知道，在数据库中较常使用的操作为查、改、增、删。DataFrame 作为二维数据结构，能够像数据表一样实现查、改、增、删操作，如添加一行、删除一行、添加一列、删除一列、修改某一个值、对某个区间的值进行替换等。

1. 查看 DataFrame 数据

除了可以使用基本查看方式查看 DataFrame 数据，还可以通过 loc()方法和 iloc()方法对 DataFrame 数据进行访问。

（1）DataFrame 数据的基本查看方式

DataFrame 的单列数据为一个 Series。由 DataFrame 的定义可知，DataFrame 是一个带有标签的二维数组，每个标签相当于对应列的列名，可以使用字典访问内部数据的方式访问 DataFrame 单列数据，如代码 3-12 所示。

代码 3-12 使用字典访问内部数据的方式访问 DataFrame 单列数据

```
In[7]:   # 使用字典访问内部数据的方式取出 salesdata 中的某一列
         quantity = salesdata['销售量/个']
         print('工业制品销售数据表中的“销售量/个”列的形状为：', quantity.shape)
Out[7]:  工业制品销售数据表中的“销售量/个”列的形状为： (1351,)
```

当访问 DataFrame 中某一列的某几行数据时，可以将该列视为一个 Series，而访问 Series 的方法和访问一维 ndarray 的方法基本相同，如代码 3-13 所示。

代码 3-13 访问 DataFrame 单列的多行数据

```
In[8]:   salesdata5 = salesdata['销售价格/元'][:5]
         print('工业制品销售数据表中的“销售价格/元”列的前 5 个元素为：\n',
               salesdata5)
Out[8]:  工业制品销售数据表中的“销售价格/元”列的前 5 个元素为：
         0    147
         1    239
         2    53
         3    43
         4    13
         Name: 销售价格/元, dtype: int64
```

访问 DataFrame 多列数据时可以将多个列名放入同一个列表，同时，访问 DataFrame

多列数据中的多行数据和访问单列数据中的多行数据的方法基本相同。访问工业制品销售数据表中“销售量/个”列和“销售价格/元”列的前 5 个元素，如代码 3-14 所示。

代码 3-14　访问 DataFrame 多列的多行数据

```
In[9]:  quantity_sales = salesdata[['销售量/个', '销售价格/元']][:5]
        print('工业制品销售数据表中的“销售量/个”列和“销售价格/元”列的前 5 个元素为：
        \n', quantity_sales)

Out[9]: 工业制品销售数据表中的“销售量/个”列和“销售价格/元”列的前 5 个元素为：
           销售量/个     销售价格/元
        0  3           147
        1  8           239
        2  4           53
        3  3           43
        4  1           13
```

访问 DataFrame 多行数据的方法和访问多列的多行数据的方法相似，选择所有列，使用“:”即可，如代码 3-15 所示。

代码 3-15　访问 DataFrame 多行数据

```
In[10]:  salesdata5 = salesdata[:][1:6]
         print('工业制品销售数据表的 1～5 行元素为：\n', salesdata5)

Out[10]: 工业制品销售数据表的 1～5 行元素为：
            商品 ID      商品类别  订单时间            销售量/个   销售价格/元
         1  10000346    类别 A   2023/3/9 4:16      8          239
         2  10001192    类别 A   2023/3/8 22:21     4          53
         3  10003708    类别 A   2023/2/25 1:22     3          43
         4  10002570    类别 A   2023/2/21 18:47    1          13
         5  10002738    类别 A   2023/2/18 19:48    2          16
```

除了使用上述方法得到多行数据，还可以通过 DataFrame 提供的 head()方法和 tail()方法得到多行数据，但是用这两种方法得到的数据都是从开始或末尾获取的连续数据，如代码 3-16 所示。

代码 3-16　使用 DataFrame 的 head()方法和 tail()方法获取多行数据

```
In[11]:  print('工业制品销售数据表中前 5 行数据为：\n', salesdata.head())

Out[11]: 工业制品销售数据表中前 5 行数据为：
            商品 ID      商品类别  订单时间            销售量/个   销售价格/元
         0  10004328    类别 A   2023/3/11 4:51     3          147
         1  10000346    类别 A   2023/3/9 4:16      8          239
         2  10001192    类别 A   2023/3/8 22:21     4          53
         3  10003708    类别 A   2023/2/25 1:22     3          43
         4  10002570    类别 A   2023/2/21 18:47    1          13

In[12]:  print('工业制品销售数据表中后 5 行元素为：\n', salesdata.tail())

Out[12]: 工业制品销售数据表中后 5 行元素为：
               商品 ID      商品类别  订单时间             销售量/个   销售价格/元
         1346  10004017    类别 B   2023/12/8 3:10      11         359
         1347  10003760    类别 B   2023/11/21 1:50     3          96
```

```
        1348    10004368    类别B    2023/10/12 16:06 3           109
        1349    10004116    类别B    2023/10/9 17:27  3           116
        1350    10000836    类别B    2023/9/24 15:31  3           108
```

在代码 3-16 中，因为 head()方法和 tail()方法使用的都是默认参数，所以访问的分别是数据表前 5 行、后 5 行。只要在方法名称后的“()”中输入访问行数，即可实现对目标行数据的查看。

（2）DataFrame 数据的灵活访问方式

DataFrame 数据的基本查看方式虽然能够基本满足数据查看要求，但是终究不够灵活。pandas 提供了两种更加灵活的方法 loc()和 iloc()来进行数据访问。

loc()方法是针对 DataFrame 索引名称的切片方法，如果传入的不是索引名称，那么切片操作将无法执行。利用 loc()方法，能够实现对所有单层索引的切片操作。loc()方法的基本使用格式如下。

```
DataFrame.loc[行名或表达式, 列名]
```

iloc()方法和 loc()方法的区别是，iloc()方法接收行索引和列索引的位置。iloc()方法的基本使用格式如下。

```
DataFrame.iloc[行索引位置, 列索引位置]
```

使用 loc()方法和 iloc()方法实现单列切片，如代码 3-17 所示。

代码 3-17　使用 loc()方法和 iloc()方法实现单列切片

```
In[13]:   sales1 = salesdata.loc[:, '销售价格/元']
          print('使用 loc()方法提取的“销售价格/元”列的 size 属性值为：', sales1.size)

Out[13]:  使用 loc()方法提取的“销售价格/元”列的 size 属性值为： 1351

In[14]:   sales2 = salesdata.iloc[:, 3]
          print('使用 iloc()方法提取的第 4 列的 size 属性值为：', sales2.size)

Out[14]:  使用 iloc()方法提取的第 4 列的 size 属性值为： 1351
```

使用 loc()方法和 iloc()方法实现多列切片，其原理是将多列的列名或位置作为列表数据传入，如代码 3-18 所示。

代码 3-18　使用 loc()方法和 iloc()方法实现多列切片

```
In[15]:   quantity_sales1 = salesdata.loc[:, ['销售量/个', '销售价格/元']]
          print('使用 loc()方法提取的“销售量/个”列和“销售价格/元”列的 size 属性值为：',
          quantity_sales1. size)

Out[15]:  使用 loc()方法提取的“销售量/个”列和“销售价格/元”列的 size 属性值为： 2702

In[16]:   quantity_sales2 = salesdata.iloc[:, [1, 3]]
          print('使用 iloc()方法提取的第 2 列和第 4 列的 size 属性值为：',
                quantity_sales2.size)

Out[16]:  使用 iloc()方法提取的第 2 列和第 4 列的 size 属性值为： 2702
```

还可以使用 loc()方法、iloc()方法取出 DataFrame 中的任意数据，如代码 3-19 所示。

代码 3-19　使用 loc()方法、iloc()方法实现任意切片

```
In[17]:  print('列名为“销售量/个”或“销售价格/元”且行名为 3 的数据为：\n',
               salesdata.loc[3, ['销售量/个', '销售价格/元']])
Out[17]: 列名为“销售量/个”或“销售价格/元”且行名为 3 的数据为：
         销售量/个       3
         销售价格/元    43
         Name: 3, dtype: object
In[18]:  print('列名为“销售量/个”或“销售价格/元”且行名为 2、3、4、5、6 的数据为：
         \n',salesdata.loc[2: 6, ['销售量/个', '销售价格/元']])
Out[18]: 列名为“销售量/个”或“销售价格/元”且行名为 2、3、4、5、6 的数据为：
              销售量/个  销售价格/元
         2      4       53
         3      3       43
         4      1       13
         5      2       16
         6      2       14
In[19]:  print('列索引位置为 1 和 3，行索引位置为 3 的数据为：\n',
               salesdata.iloc[3, [1, 3]])
Out[19]: 列索引位置为 1 和 3，行索引位置为 3 的数据为：
          商品类别       类别 A
         销售量/个          3
         Name: 3, dtype: object
In[20]   print('列索引位置为 1 和 3，行索引位置为 2、3、4、5、6 的数据为：\n',
               salesdata.iloc[2: 7, [1, 3]])
Out[20]  列索引位置为 1 和 3，行索引位置为 2、3、4、5、6 的数据为：
            商品类别  销售量/个
         2  类别 A      4
         3  类别 A      3
         4  类别 A      1
         5  类别 A      2
         6  类别 A      2
```

从代码 3-19 可以看出，当使用 loc()方法时，如果内部传入的行索引位置或列索引位置为区间，那么该区间为闭区间；当使用 iloc()方法时，如果内部传入的行索引位置或列索引位置为区间，那么该区间前闭后开。

loc()方法的内部还可以传入表达式，最终返回满足表达式的所有值，如代码 3-20 所示。

代码 3-20　使用 loc()方法和 iloc()方法实现条件切片

```
In[21]:  # 传入表达式
         print('salesdata 中“商品 ID”列值为“10000019”的“销售量/个”列和“销售价格
         /元”列数据为：\n',
               salesdata.loc[salesdata['商品 ID'] == 10000019,
              ['销售量/个', '销售价格/元']])
Out[21]: salesdata 中“商品 ID”列值为“10000019”的“销售量/个”列和“销售价格/元”列
         数据为：
                 销售量/个  销售价格/元
```

```
          815      2      25
          997      3      38
In[22]:   print('salesdata 中“商品 ID”列值为“10000019”的第 4、5 列数据为：\n',
              salesdata.iloc[salesdata['商品 ID'] == '10000019', [3, 4]])
Out[22]:  NotImplementedError: iLocation based bool indexing on an integer type
          is not available
```

在代码 3-20 中，iloc()方法不能直接接收表达式，原因在于，此处条件表达式返回的是布尔值型 Series，而 iloc()方法可以接收的数据类型并不包括 Series。根据 Series 的构成，只需要取出该 Series 的 values 即可，如代码 3-21 所示。

代码 3-21　使用 iloc()方法实现条件切片

```
In[23]:   print('salesdata 中“商品 ID”列值为“10000019”的第 4、5 列数据为：\n',
              salesdata.iloc[(salesdata['商品 ID'] == 10000019).values,
               [3, 4]])
Out[23]:  salesdata 中“商品 ID”列值为“10000019”的第 4、5 列数据为：
                 销售量/个  销售价格/元
          815      2      25
          997      3      38
```

总体来说，loc()方法更加灵活多变，代码的可读性更高；iloc()方法代码简洁，但可读性不高。在数据分析工作中具体使用哪一种方法应根据情况而定，大多数时候建议使用 loc()方法。

2. 更改 DataFrame 中的数据

更改 DataFrame 中的数据的原理是将其中部分数据提取出来重新赋值，如代码 3-22 所示。

代码 3-22　更改 DataFrame 中的数据

```
In[24]:   # 将“商品类别”列值为“类别 B”的数据更改为“类别 C”
          print('更改前 salesdata 中“商品类别”列值为“类别 B”的数据为：\n',
               salesdata.loc[salesdata['商品类别'] == '类别 B', '商品类别'])
          salesdata.loc[salesdata['商品类别'] == '类别 B', '商品类别']='类别 C'
          print('更改后 salesdata 中“商品类别”列值为“类别 C”的数据为：\n',
              salesdata.loc[salesdata['商品类别'] == '类别 C', '商品类别'])
Out[24]:  更改前 salesdata 中“商品类别”列值为“类别 B”的数据为：
          627       类别 B
          628       类别 B
                    ...
          1349      类别 B
          1350      类别 B
          Name: 商品类别, Length: 724, dtype: object
          更改后 salesdata 中“商品类别”列值为“类别 C”的数据为：
          627       类别 C
          628       类别 C
                    ...
          1349      类别 C
          1350      类别 C
          Name: 商品类别, Length: 724, dtype: object
```

注：此处部分结果已省略。

需要注意的是，数据更改是直接对 DataFrame 原数据进行更改，该操作无法撤销。如果不希望直接对原数据做出更改，那么需要对更改条件进行确认或对数据进行备份。

3. 为 DataFrame 新增数据

为 DataFrame 新增一列数据的方法非常简单，只需要新建一个列索引，并对该索引下的数据进行赋值操作，如代码 3-23 所示。

代码 3-23 为 DataFrame 新增一列非定值

```
In[25]:  # 转换为时间序列数据
         dates = pd.to_datetime(salesdata['订单时间'])
         # 建立“月份”列
         salesdata['月份'] = dates.map(lambda x: x.month)
         # 查看新增列的前 5 行
         print('salesdata 新增“月份”列的前 5 行为：\n', salesdata['月份'].head())
Out[25]: salesdata 新增“月份”列的前 5 行为：
         0    3
         1    3
         2    3
         3    2
         4    2
         Name: 月份, dtype: int64
```

如果新增的一列值是相同的，那么直接为其赋一个常量即可，如代码 3-24 所示。

代码 3-24 为 DataFrame 新增一列定值

```
In[26]:  salesdata['日'] = 15
         print('salesdata 新增“日”列的前 5 行为：\n', salesdata['日'].head())
Out[26]: salesdata 新增“日”列的前 5 行为：
         0    15
         1    15
         2    15
         3    15
         4    15
         Name: 日, dtype: int64
```

4. 删除 DataFrame 某列或某行数据

删除 DataFrame 某列或某行数据需要用到 pandas 提供的 drop()方法。drop()方法的基本使用格式如下。

```
DataFrame.drop(labels=None, *, axis=0, index=None, columns=None, level=None,
inplace=False, errors='raise')
```

drop()方法的常用参数及其说明如表 3-9 所示。

表 3-9 drop()方法的常用参数及其说明

参数名称	参数说明
labels	接收单一标签。表示要删除的列或行的索引。默认为 None
axis	接收 0 或 1。表示操作的轴。默认为 0
inplace	接收 bool。表示操作是否对原数据生效。默认为 False

使用 drop()方法删除工业制品销售数据表中的某列数据，如代码 3-25 所示。

代码 3-25　删除 DataFrame 某列数据

```
In[27]:  print('删除“日”列前 salesdata 的列索引为：\n', salesdata.columns)
         salesdata.drop(labels='日', axis=1, inplace=True)
         print('删除“日”列后 salesdata 的列索引为：\n', salesdata.columns)
Out[27]: 删除“日”列前 salesdata 的列索引为：
          Index(['商品 ID', '商品类别', '订单时间', '销售量/个', '销售价格/元', '月份', '日'], dtype='object')
         删除“日”列后 salesdata 的列索引为：
          Index(['商品 ID', '商品类别', '订单时间', '销售量/个', '销售价格/元', '月份'], dtype='object')
```

要删除某几行数据，只需要将 drop()方法的 labels 参数值换成对应的行索引，将 axis 参数值设置为 0，如代码 3-26 所示。

代码 3-26　删除 DataFrame 某几行数据

```
In[28]:  print('删除 1～3 行前 salesdata 的长度为：', len(salesdata))
         salesdata.drop(labels=range(1, 4), axis=0, inplace=True)
         print('删除 1～3 行后 salesdata 的长度为：', len(salesdata))
Out[28]: 删除 1～3 行前 salesdata 的长度为： 1351
         删除 1～3 行后 salesdata 的长度为： 1348
```

3.2.3　对 DataFrame 进行描述性统计

描述性统计是用于概括、表述事物整体状况，以及事物间关联、类属关系的统计方法，通过几个统计值可简洁地表示一组数据的集中趋势和离散程度等。

1．数值型特征的描述性统计

数值型特征的描述性统计主要包括计算数值型数据的最小值、均值、中位数、最大值、四分位数、极差、标准差、方差、协方差和变异系数等。

NumPy 已经提供了为数不少的描述性统计函数，为方便读者查看，将 NumPy 简写为 np，部分描述性统计函数如表 3-10 所示。

表 3-10　NumPy 中的部分描述性统计函数

函数名称	函数说明	函数名称	函数说明
np.min	最小值	np.max	最大值
np.mean	均值	np.ptp	极差
np.median	中位数	np.std	标准差
np.var	方差	np.cov	协方差

pandas 是基于 NumPy 的，自然也可以使用表 3-10 中的描述性统计函数对数据进行描述性统计。例如，代码 3-27 便通过 np.mean 函数求出了销售价格均值。

代码 3-27　使用 np.mean 函数计算均值

```
In[29]:   import numpy as np
          print('工业制品销售数据表中“销售价格/元”的均值为：',
               np.mean(salesdata['销售价格/元']))
Out[29]:  工业制品销售数据表中“销售价格/元”的均值为： 82.16765578635015
```

pandas 提供了更加便利的方法来进行数值型特征的描述性统计。计算销售价格的均值也可以通过 pandas 实现，如代码 3-28 所示。

代码 3-28　通过 pandas 实现销售价格均值计算

```
In[30]:   print('工业制品销售数据表中“销售价格/元”的均值为：',
               salesdata['销售价格/元'].mean())
Out[30]:  工业制品销售数据表中“销售价格/元”的均值为： 82.16765578635015
```

同时，作为专门为数据分析而生的 Python 库，pandas 还提供了 describe()方法，能够一次性得出 DataFrame 中所有数值型特征的非空值数量、均值、标准差、最小值、分位数和最大值等。具体实现代码和结果如代码 3-29 所示。

代码 3-29　使用 describe()方法实现数值型特征的描述性统计

```
In[31]:   print('工业制品销售数据表中“销售价格/元”的描述性统计为：\n',
              salesdata['销售价格/元'].describe())
Out[31]:  工业制品销售数据表中“销售价格/元”的描述性统计为：
          count    1348.000000
          mean       82.167656
          std        89.525633
          min         4.000000
          25%        26.000000
          50%        51.000000
          75%       104.000000
          max       846.000000
          Name: 销售价格/元, dtype: float64
```

在代码 3-29 中，count 为非空值数量、mean 为均值、std 为标准差、min 为最小值、25%为 25%分位数、50%为 50%分位数、75%为 75%分位数、max 为最大值。其中，“销售价格/元”列的非空值数量为 1348、均值约为 82.17、标准差约为 89.53、最小值为 4、25%分位数为 26、50%分位数为 51、75%分位数为 104、最大值为 846。

通过 describe()方法对 DataFrame 进行描述性统计比用 NumPy 中的描述性统计函数对每一个统计量分别进行计算要更方便、更实用。另外，pandas 还提供了与描述性统计相关的函数，如表 3-11 所示，这些函数能够胜任绝大多数数据分析所需完成的数值型特征的描述性统计工作；提供了 info()方法，可以获取数据的基本信息。

表 3-11　pandas 描述性统计函数

函数名称	函数说明	函数名称	函数说明
min	最小值	max	最大值
mean	均值	ptp	极差

续表

函数名称	函数说明	函数名称	函数说明
median	中位数	std	标准差
var	方差	cov	协方差
sem	标准误差	mode	众数
skew	样本偏度	kurt	样本峰度
quantile	分位数	count	非空值数目
describe	描述统计	mad	平均绝对离差

2. 类别型特征的描述性统计

要描述类别型特征的分布状况，可以使用频数统计。在 pandas 中实现频数统计的方法为 value_counts()。对商品类别进行频数统计，如代码 3-30 所示。

代码 3-30　对商品类别进行频数统计

```
In[32]:  print('对工业制品销售数据表“商品类别”列进行统计的结果为：\n',
               salesdata['商品类别'].value_counts())

Out[32]: 对工业制品销售数据表“商品类别”列进行统计的结果为：
          商品类别
         类别C    724
         类别A    624
         Name: count, dtype: int64
```

除了提供 value_counts()方法以统计频数，pandas 还提供了 category 类型，可以使用 astype()方法将目标特征的数据类型转换为 category 类型，如代码 3-31 所示。

代码 3-31　将数据类型转换为 category 类型

```
In[33]:  salesdata['商品类别'] = salesdata['商品类别'].astype('category')
         print('工业制品销售数据表“商品类别”列转变数据类型后的数据类型为：',
             salesdata['商品类别'].dtypes)

Out[33]: 工业制品销售数据表“商品类别”列转变数据类型后的数据类型为： category
```

describe()方法除了支持对传统数值型数据进行描述性统计，还支持对 category 类型的数据进行描述性统计，得到的 4 个统计量分别为列非空值数量、类别的数量、数量最多的类别和数量最多类别的数量，如代码 3-32 所示。

代码 3-32　对 category 类型特征的描述性统计

```
In[34]:  print('工业制品销售数据表“商品类别”列的描述性统计结果为：\n',
              salesdata['商品类别'].describe())

Out[34]: 工业制品销售数据表“商品类别”列的描述性统计结果为：
         count          1348
         unique         2
         top            类别C
         freq           724
         Name: 商品类别, dtype: object
```

在代码 3-32 中，count 为非空值数量、unique 为类别的数量、top 为数量最多的类别、freq 为数量最多类别的数量。其中，“商品类别”列的非空值数量为 1348、类别数量为 2、数量最多的类别为类别 C、类别 C 的数量为 724。

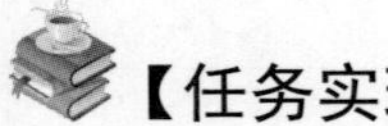

【任务实现】

1. 查看工业产品产量数据的整体情况

查看 DataFrame 的 size 属性可以了解 DataFrame 的数据量大小，查看 ndim 属性可以了解 DataFrame 的维数，查看 shape 属性可以了解 DataFrame 的形状。通过查看工业产品产量数据的基本属性，可以了解数据的整体情况，为工业产品产量数据的深入分析和挖掘提供指导。通过 size 属性、ndim 属性和 shape 属性查看工业产品产量数据的整体情况，如任务实现 3-2 所示。

任务实现 3-2 查看工业产品产量数据的整体情况

```
In[2]:   # 查看 DataFrame 的 size 属性：返回 DataFrame 中的元素总数
         print("DataFrame 的 size 属性：", data.size)
Out[2]:  DataFrame 的 size 属性： 34560
In[3]:   # 查看 DataFrame 的 ndim 属性：返回 DataFrame 的维数
         print("DataFrame 的 ndim 属性：", data.ndim)
Out[3]:  DataFrame 的 ndim 属性： 2
In[4]:   # 查看 DataFrame 的 shape 属性：返回 DataFrame 的形状，即(行数,列数)
         print("DataFrame 的 shape 属性：",data.shape)
Out[4]:  DataFrame 的 shape 属性： (11520, 3)
```

由任务实现 3-2 可知，工业产品产量数据的元素总数为 34560，是一个二维数据结构，具有行和列两个维度，行数为 11520，列数为 3。

2. 对工业产品产量数据进行描述性统计

为了解工业产品产量数据的集中趋势和分散程度，需要进行基本的统计，计算工业产品产量数据的均值、中位数、最大值、最小值等统计指标。对工业产品产量数据进行描述性统计的目的在于全面了解数据特征、发现数据规律、识别异常情况，并为企业的生产管理和决策提供数据支持。对工业产品产量数据进行描述性统计，如任务实现 3-3 所示。

任务实现 3-3 对工业产品产量数据进行描述性统计

```
In[5]:   # 查看数据的基本信息
         print("数据的基本信息：")
         print( data.info())
Out[5]:  数据的基本信息：
         <class 'pandas.core.frame.DataFrame'>
         RangeIndex: 11520 entries, 0 to 11519
         Data columns (total 3 columns):
          #   Column  Non-Null Count  Dtype
         ---  ------  --------------  -----
          0   工业产品产量指标  11520 non-null  object
```

```
  1  时间      11520 non-null  object
  2  产量       9941 non-null  float64
dtypes: float64(1), object(2)
memory usage: 270.1+ KB
None
```

In[6]:
```
# 描述性统计
print("数据的描述性统计：\n", data.describe(include='all'))
```

Out[6]:
```
数据的描述性统计：
                 工业产品产量指标         时间            产量
count            11520          11520     9941.000000
unique              60            192            NaN
top      原煤产量当期值/万吨     2023年12月           NaN
freq               192             60            NaN
mean               NaN            NaN     3040.500644
std                NaN            NaN     6579.423370
min                NaN            NaN        0.000000
25%                NaN            NaN      149.800000
50%                NaN            NaN      613.100000
75%                NaN            NaN     2093.600000
max                NaN            NaN    79283.000000
```

任务实现 3-3 输出了数据的基本信息，包括列名、非空值数量和数据类型等。接着进行描述性统计，得到了“工业产品产量指标”特征中非空值数量为 11520，数据集中有 60 种不同的工业产品，出现频率最高的工业产品产量指标为“原煤产量当期值/万吨”，“原煤产量当期值/万吨”这个工业产品产量指标在数据集中出现了 192 次；“时间”特征中非空值数量为 11520，有 192 个不同的时间点，出现频率最高的时间点为“2023 年 12 月”，“2023 年 12 月”这个时间点在数据集中出现了 60 次；“产量”特征中非空值数量为 9941、均值约为 3040.50、标准差约为 6579.42、最小值为 0、25%分位数为 149.8、50%分位数为 613.1、75%分位数为 2093.6、最大值为 79283，从而全面了解了工业产品产量数据的基本情况和统计特征。

任务 3.3 分析一定时间周期内工业产品产量变化情况

处理时间数据

【任务描述】

对工业产品产量变化情况的深入分析对于企业的生产管理和决策制定至关重要。工业产品产量数据包含工业产品产量指标、时间和产量等关键信息，涵盖一定时间周期内不同工业产品的生产情况。本任务将通过转换时间字符串为标准的日期时间格式、提取时间数据等操作，全面了解工业产品产量的变化趋势。

【任务分析】

（1）使用 to_datetime 函数将“时间”特征从字符串格式转换为标准的日期时间格式。

（2）提取年份信息和 2023 年的产量数据，并计算 2023 年各工业产品的总产量。

【知识准备】

3.3.1 转换时间字符串为标准的日期时间格式

在多数情况下，对时间类型数据进行分析的前提是将原本为字符串的时间转换为标准的日期时间格式。pandas 继承了 NumPy 和 datetime 库与时间相关的模块，提供了 6 种与时间相关的类，如表 3-12 所示。

表 3-12　pandas 中与时间相关的类

类名称	说明
Timestamp	基础的时间类。表示某个时间点。绝大多数场景中的时间数据都是 Timestamp 类型
Period	表示某个时间段，如某一天、某一小时等
Timedelta	表示不同单位的时间，如 1d、1.5h、3min、4s 等，而非具体的某个时间段
DatetimeIndex	一组 Timestamp 对象构成的索引，可以作为 Series 或 DataFrame 的索引
PeriodtimeIndex	一组 Period 对象构成的索引，可以作为 Series 或 DataFrame 的索引
TimedeltaIndex	一组 Timedelta 对象构成的索引，可以作为 Series 或 DataFrame 的索引

其中，Timestamp 是时间类中较为基础的，也是较为常用的。在多数情况下，会将与时间相关的字符串转换为 Timestamp 形式，pandas 提供的 to_datetime 函数能够实现这一目标。to_datetime 函数的基本使用格式如下。

```
pandas.to_datetime(arg, errors='raise', dayfirst=False, yearfirst=False, utc=False,
format=None, exact=<no_default>, unit=None, infer_datetime_format=<no_default>,
origin='unix', cache=True)
```

to_datetime 函数的常用参数及其说明如表 3-13 所示。

表 3-13　to_datetime 函数的常用参数及其说明

参数名称	参数说明
arg	接收 str、int、float、list、tuple、datetime 或 array。表示需要转换的时间对象。无默认值
errors	接收 ignore、raise、coerce。表示无效解析。默认为“raise”
dayfirst，yearfirst	接收 bool。表示指定日期的解析顺序。默认为 False

将工业制品销售数据表中的时间字符串转换为标准的日期时间格式，如代码 3-33 所示。

代码 3-33　转换时间字符串为标准的日期时间格式

```
In[1]:  import pandas as pd
        salesdata = pd.read_excel('../data/salesdata.xlsx')
        # 使用 to_datetime 函数将“订单时间”列的数据类型转换成标准的日期时间类型
        salesdata['订单时间'] = pd.to_datetime(salesdata['订单时间'])
        print('进行转换后“订单时间”列的类型为：', salesdata['订单时间'].dtypes)
Out[1]: 进行转换后“订单时间”列的类型为： datetime64[ns]
```

值得注意的是，Timestamp 类型能表示的时间是有限的，在笔者的计算机中，Timestamp 类型能够表示的最早时间为 1677 年 9 月 21 日，最晚时间为 2262 年 4 月 11 日，如代码 3-34 所示。

代码 3-34　Timestamp 类能表示的最早时间和最晚时间

```
In[2]:   print('最早时间为：', pd.Timestamp.min)  # 查询计算机中最早时间的信息
Out[2]:  最早时间为： 1677-09-21 00:12:43.145224193
In[3]:   print('最晚时间为：', pd.Timestamp.max)  # 查询计算机中最晚时间的信息
Out[3]:  最晚时间为： 2262-04-11 23:47:16.854775807
```

除了将数据从原始的 DataFrame 直接转换为 Timestamp 类型，还可以将数据单独提取出来，将其转换为 DatetimeIndex 类型或 PeriodIndex 类型。但 DatetimeIndex 和 PeriodIndex 在日常使用的过程中并无太大区别。其中，DatetimeIndex 是用于指代一系列时间点的一种数据结构，而 PeriodIndex 则是用于指代一系列时间段的一种数据结构。DatetimeIndex 类与 PeriodIndex 类的基本使用格式如下。

```
class pandas.DatetimeIndex(data=None, freq=<no_default>, tz=<no_default>, normalize=<no_default>, closed=<no_default>, ambiguous='raise', dayfirst=False, yearfirst=False, dtype=None, copy=False, name=None)
class pandas.PeriodIndex(data=None, ordinal=None, freq=None, dtype=None, copy=False, name=None, **fields)
```

DatetimeIndex 与 PeriodIndex 这两个类可以用于转换数据，还可以用于创建时间序列数据，它们的常用参数及其说明如表 3-14、表 3-15 所示。

表 3-14　DatetimeIndex 类的常用参数及其说明

参数名称	参数说明
data	接收 array_like。表示用可选的、类似时间的数据来构造索引。默认为 None
freq	接收 str。表示 pandas 周期字符串或相应的周期对象
tz	接收时区对象或 str。表示数据的时区
dtype	接收 numpy.dtype、DatetimeTZDtype 或 str。表示数据类型。默认为 None

表 3-15　PeriodIndex 类的常用参数及其说明

参数名称	参数说明
data	接收 array_like。表示用可选的、类似周期的数据来构造索引。默认为 None
freq	接收 str。表示 pandas 周期字符串或相应的周期对象。默认为 None
dtype	接收 str 或 PeriodDtype。表示数据类型。默认为 None

当将数据格式转换为 PeriodIndex 类型时，需要通过 freq 参数指定时间间隔，常用的时间间隔参数值有 Y（年）、M（月）、D（日）、H（小时）、T（分钟）、S（秒）。

将时间字符串转换为 DatetimeIndex 类型和 PeriodIndex 类型，如代码 3-35 所示。

代码 3-35　将时间字符串转换为 DatetimeIndex 类型和 PeriodIndex 类型

```
In[4]:   # 将“订单时间”列数据类型转换成 DatetimeIndex 类型
         dateIndex = pd.DatetimeIndex(salesdata['订单时间'])
         print('转换为 DatetimeIndex 类型后，数据的类型为：\n', type(dateIndex))
```

```
Out[4]:   转换为 DatetimeIndex 类型后，数据的类型为：
           <class 'pandas.core.indexes.datetimes.DatetimeIndex'>
In[5]:    # 将“订单时间”列数据类型转换成 PeriodIndex 类型
          periodIndex = pd.PeriodIndex(salesdata['订单时间'], freq='S')
          print('转换为 PeriodIndex 类型后，数据的类型为：\n', type(periodIndex))
Out[5]:   转换为 PeriodIndex 类型后，数据的类型为：
           <class 'pandas.core.indexes.period.PeriodIndex'>
```

3.3.2 提取时间数据

在多数与时间相关的数据处理、统计分析的过程中，都需要提取时间中的年份、月份等数据，使用对应的 Timestamp 类属性就能够达到这一目的。Timestamp 类常用属性及其说明如表 3-16 所示。

表 3-16 Timestamp 类常用属性及其说明

属性名称	属性说明	属性名称	属性说明
year	年	week	周数
month	月	quarter	季节
day	日	weekofyear	周数
hour	小时	dayofyear	一年中的第几天
minute	分钟	dayofweek	星期几
second	秒	weekday	星期几（dayofweek 的别名）
date	日期	is_leap_year	是否为闰年
time	时间		

结合 Python 列表推导式（能够快速生成一个满足指定需求的列表，其语法格式：[表达式 for 迭代变量 in 可迭代对象[if 条件表达式]]），可以实现对 DataFrame 某一列时间数据的提取。工业制品销售数据表中时间的年份、月份、日期的提取如代码 3-36 所示。

代码 3-36 提取数据中的年份、月份、日期

```
In[6]:    # 结合列表推导式，提取“订单时间”列中的年份数据
          year1 = [i.year for i in salesdata['订单时间']]
          print('“订单时间”列中的年份数据前 5 个为：', year1[:5])
          # 结合列表推导式，提取“订单时间”列中的月份数据
          month1 = [i.month for i in salesdata['订单时间']]
          print('“订单时间”列中的月份数据前 5 个为：', month1[:5])
          # 结合列表推导式，提取“订单时间”列中的日期数据
          day1 = [i.day for i in salesdata['订单时间']]
          print('“订单时间”列中的日期数据前 5 个为：', day1[:5])
Out[6]:   “订单时间”列中的年份数据前 5 个为： [2023, 2023, 2023, 2023, 2023]
          “订单时间”列中的月份数据前 5 个为： [3, 3, 3, 2, 2]
          “订单时间”列中的日期数据前 5 个为： [11, 9, 8, 25, 21]
```

在 DatetimeIndex 和 PeriodIndex 中提取对应数据的方法更加简单，访问类属性即可，如代码 3-37 所示。

代码 3-37 提取 DatetimeIndex 和 PeriodIndex 中的数据

```
In[7]:
# 提取 DatetimeIndex 中的前 5 个星期数据
print('DatetimeIndex 中的前 5 个星期数据为: \n', dateIndex.weekday[:5])
# 提取 PeriodIndex 中的前 5 个星期数据
print('PeriodIndex 中的前 5 个星期数据为: \n', periodIndex.weekday[:5])

Out[7]:
DatetimeIndex 中的前 5 个星期数据为:
 Index([5, 3, 2, 5, 1], dtype='int32', name='订单时间')
PeriodIndex 中的前 5 个星期数据为:
 Index([5, 3, 2, 5, 1], dtype='int64', name='订单时间')
```

3.3.3 加减时间数据

时间数据的算术运算在现实中随处可见，例如，2020 年 1 月 1 日减一天就是 2019 年 12 月 31 日。pandas 的时间数据和现实生活中的时间数据一样可以做运算，运算涉及 pandas 的 Timedelta 类。

Timedelta 是时间相关类中的一个“异类”，不仅能够使用正数，还能够使用负数表示时间差值，如 1s、2min、3h 等。Timedelta 配合常规的时间相关类使用能够轻松实现时间数据的算术运算。目前，在 Timedelta 类的时间周期中没有年和月，所有周期名称、对应单位及其说明如表 3-17 所示（注：表中单位采用程序定义的符号，与标准单位符号可能不一致）。

表 3-17 Timedelta 类的周期名称、对应单位及其说明

周期名称	单位	说明	周期名称	单位	说明
weeks	无	星期	seconds	s	秒
days	D	天	milliseconds	ms	毫秒
hours	h	小时	microseconds	μs	微秒
minutes	m	分	nanoseconds	ns	纳秒

使用 Timedelta 类，可以很轻松地实现在某个时间上加减一段时间，实现时间数据的加运算，如代码 3-38 所示。

代码 3-38 使用 Timedelta 类实现时间数据的加运算

```
In[8]:
# 将“订单时间”数据向后“平移”一天
time1 = salesdata['订单时间'] + pd.Timedelta(days=1)
print('“订单时间”加上一天前，前 5 行数据为: \n', salesdata['订单时间'][:5])
print('“订单时间”加上一天后，前 5 行数据为: \n', time1[:5])

Out[8]:
“订单时间”加上一天前，前 5 行数据为:
 0    2023-03-11 04:51:00
1    2023-03-09 04:16:00
2    2023-03-08 22:21:00
3    2023-02-25 01:22:00
4    2023-02-21 18:47:00
Name: 订单时间, dtype: datetime64[ns]
“订单时间”加上一天后，前 5 行数据为:
 0    2023-03-12 04:51:00
1    2023-03-10 04:16:00
2    2023-03-09 22:21:00
3    2023-02-26 01:22:00
4    2023-02-22 18:47:00
Name: 订单时间, dtype: datetime64[ns]
```

注：由于代码运行结果篇幅较大，此处分两栏进行展示。

将时间数据相减，从而得到一个 Timedelta 对象，如代码 3-39 所示。

代码 3-39　实现时间数据的减运算

```
In[9]:   # 将"订单时间"数据与指定的时间数据相减
         timeDelta = salesdata['订单时间'] - pd.to_datetime('2020-1-1')
         print('"订单时间"减去 2020 年 1 月 1 日 0 点 0 时 0 分后的数据为：\n',
               timeDelta[:5])
         print('"订单时间"减去 2020 年 1 月 1 日 0 点 0 时 0 分后的数据类型为：',
               timeDelta.dtypes)
Out[9]:  "订单时间"减去 2020 年 1 月 1 日 0 点 0 时 0 分后的数据为：
         0   1165 days 04:51:00
         1   1163 days 04:16:00
         2   1162 days 22:21:00
         3   1151 days 01:22:00
         4   1147 days 18:47:00
         Name: 订单时间, dtype: timedelta64[ns]
         "订单时间"减去 2020 年 1 月 1 日 0 点 0 时 0 分后的数据类型为： timedelta64[ns]
```

【任务实现】

1．转换时间字符串为标准的日期时间格式

将原始数据中的时间数据从字符串格式转换为标准的日期时间格式，以方便后续进行与时间相关的分析。转换时间字符串为标准的日期时间格式，如任务实现 3-4 所示。

任务实现 3-4　转换时间字符串为标准的日期时间格式

```
In[7]:   # 将"时间"列数据转换为标准的日期时间格式
         data['时间'] = pd.to_datetime(data['时间'])
         # 输出转换后的 DataFrame
         print(data)
Out[7]:          工业产品产量指标                      时间           产量
         0       原煤产量当期值/万吨                   2023-12-01     41430.7
         1       原油产量当期值/万吨                   2023-12-01     1764.7
         2       天然气产量当期值/亿立方米             2023-12-01     208.6
         3       原盐产量当期值/万吨                   2023-12-01     401.7
         4       精制食用植物油产量当期值/万吨         2023-12-01     497.3
         ...     ...                                   ...            ...
         11515   彩色电视机产量当期值/万台             2008-01-01     NaN
         11516   复印和胶版印制设备产量当期值/万台     2008-01-01     NaN
         11517   发电量当期值/亿千瓦时                 2008-01-01     NaN
         11518   火力发电量当期值/亿千瓦时             2008-01-01     NaN
         11519   水力发电量当期值/亿千瓦时             2008-01-01     NaN

         [11520 rows x 3 columns]
```

任务实现 3-4 将 DataFrame 中的"时间"列数据转换为标准的日期时间格式，并将结果覆盖原始数据。这样可以方便地对时间数据进行操作和分析，如计算时间间隔、提取年

份、提取月份等。

2. 计算各工业产品2023年的总产量

总产量可以作为评估生产效率的重要指标，有助于人们深入了解生产情况。分析各工业产品的总产量，可以发现生产过程中可能存在的问题和瓶颈，为产品质量管理和生产流程优化提供参考。计算各工业产品2023年的总产量，如任务实现3-5所示。

任务实现3-5 计算各工业产品2023年的总产量

```
In[8]:  # 提取年份数据
        data['年份'] = data['时间'].dt.year
        # 提取指定年份的产量数据
        yearly_production_2023 = data[data['年份'] == 2023]
        # 计算各工业产品的总产量
        production_by_product = {}
        for product in yearly_production_2023['工业产品产量名称'].unique():
            total_production = yearly_production_2023[yearly_production_
        2023['工业产品产量名称'] == product]['产量'].sum()
            # 总产量保留两位小数
            total_production = round(total_production, 2)
            production_by_product[product] = total_production
        # 输出2023年各工业产品的总产量
        print("2023年各工业产品的总产量：\n" , production_by_product)
Out[8]: 2023年各工业产品的总产量：
        {'原煤产量当期值/万吨': 394397.9, '原油产量当期值/万吨': 17488.8, '天然气产
        量当期值/亿立方米': 1908.8, '原盐产量当期值/万吨': 4714.7, '精制食用植物油产
        量当期值/万吨': 4264.7, '成品糖产量当期值/万吨': 764.6,…}
```

注：此处部分结果已省略。

任务实现3-5计算了2023年各工业产品的总产量，反映了2023年我国工业产品的生产情况。观察数据可知，不同工业产品的产量差异较大。

任务3.4 工业产品产量数据统计分析

分组聚合

【任务描述】

统计分析可以帮助人们深入了解数据的分布、趋势、变化等特征，更好地理解数据的含义和背后的规律。本任务将对工业产品产量数据进行统计分析，了解各工业产品的生产情况，帮助企业评估生产效率和制定生产计划，并更好地把握数据的长期趋势和周期性变化，从而提高生产效率和经济效益。

【任务分析】

（1）计算各工业产品月产量数据的统计量，包括总产量、平均产量、最高产量、最低产量等。

（2）计算各工业产品年产量的增长率。

（3）分析各工业产品年产量的变化趋势。

【知识准备】

3.4.1 使用 groupby()方法拆分数据

依据某个或某几个特征对数据集进行分组，并对各组数据进行聚合或转换，是数据分析的常用操作。pandas 提供了灵活高效的 groupby()方法，可以配合 agg()方法或 apply()方法实现分组聚合的操作。分组聚合操作的原理如图 3-2 所示。

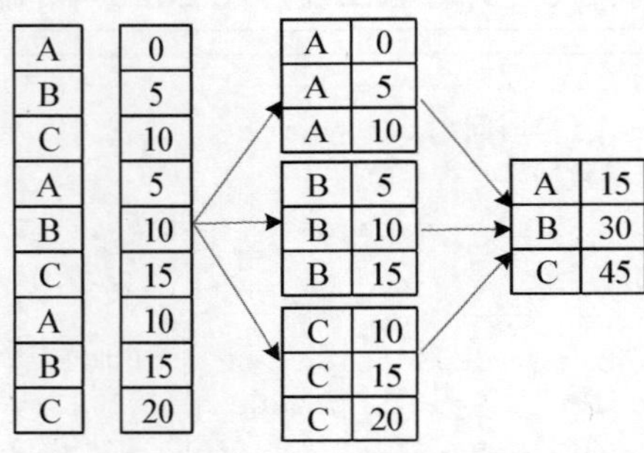

图 3-2 分组聚合操作的原理

groupby()方法能够根据索引或特征对数据进行分组，其基本使用格式如下。

```
DataFrame.groupby(by=None, axis=<no_default>, level=None, as_index=True, sort=True,
group_keys=True, observed=<no_default>, dropna=True)
```

groupby()方法的常用参数及其说明如表 3-18 所示。

表 3-18 groupby()方法的常用参数及其说明

参数名称	参数说明
by	接收 list、str、mapping、function 或 generator。表示分组的依据。若传入的是 function，则对索引进行计算并分组；若传入的是 dict 或 Series，则将 dict 或 Series 的值作为分组依据；若传入 NumPy 数组，则以其元素作为分组依据；若传入的是 str 或 str 型 list，则使用其所代表的特征作为分组依据。默认为 None
axis	接收 0 或 1。表示操作的轴
level	接收 int 或索引名。表示标签所在级别。默认为 None
as_index	接收 bool。表示聚合后的聚合标签是否以 DataFrame 形式输出。默认为 True
sort	接收 bool。表示是否对分组依据、分组标签进行排序。默认为 True
group_keys	接收 bool。表示是否显示分组标签的名称。默认为 True

以工业制品销售数据表为例，依据商品类别对数据进行分组，如代码 3-40 所示。

代码 3-40 依据商品类别对数据进行分组

```
In[1]:    import pandas as pd
          salesdata = pd.read_csv('../data/salesdata.csv', sep=',',
                                  encoding='UTF-8')
          salesdataGroup = salesdata[['商品类别', '销售量/个',
                                      '销售价格/元']]. groupby(by='商品类别')
          print('分组后的工业制品销售数据表为:', salesdataGroup)
```

```
Out[1]:  分组后的工业制品销售数据表为：<pandas.core.groupby.generic.DataFrameGroupBy
         object at 0x000001E4E90478D0>
```

由代码 3-40 可知，分组后的结果存放在内存中，并不能直接查看，输出的是内存地址。实际上，分组后的数据对象 DataFrameGroupBy（以下简称 GroupBy）类似于 Series 与 DataFrame，也是 pandas 提供的一种对象。GroupBy 对象常用的描述性统计方法及其说明如表 3-19 所示。

表 3-19　GroupBy 常用描述性统计方法及其说明

方法名称	方法说明	方法名称	方法说明
count()	返回各组的计数值，不包括缺失值	cumcount()	对每组的组员进行标记，0～n-1
head()	返回每组的前 n 个值	size()	返回每组的大小
max()	返回每组的最大值	min()	返回每组的最小值
mean()	返回每组的均值	std()	返回每组的标准差
median()	返回每组的中位数	sum()	返回每组的和

表 3-19 中的方法为查看每组数据的整体情况、分布状态提供了良好的支持。对工业制品销售数据表进行分组操作后求出均值、标准差、分组大小，如代码 3-41 所示。

代码 3-41　使用 GroupBy 对象的方法求均值、标准差、分组大小

```
In[2]:   print('对工业制品销售数据表进行分组后每组的均值为：\n',
               salesdataGroup.mean())
Out[2]:  对工业制品销售数据表进行分组后每组的均值为：
                   销售量/个      销售价格/元
         商品类别
         类别 A    3.547049   64.830941
         类别 B    3.214088   97.303867

In[3]:   print('对工业制品销售数据表进行分组后每组的标准差为：\n',
               salesdataGroup.std())
Out[3]:  对工业制品销售数据表进行分组后每组的标准差为：
                   销售量/个      销售价格/元
         商品类别
         类别 A    2.180132   73.348593
         类别 B    2.375479   99.102160

In[4]:   print('对工业制品销售数据表进行分组后每组的大小为：\n',
               salesdataGroup.size())
Out[4]:  对工业制品销售数据表进行分组后每组的大小为：
         商品类别
         类别 A     627
         类别 B     724
         dtype: int64
```

3.4.2 使用 agg()方法聚合数据

agg()方法和 aggregate()方法都支持对每个分组应用某些函数，包括 Python 内置函数和自定义函数。同时，这两个方法也能够直接对 DataFrame 进行函数应用操作。agg()方法与 aggregate()方法的基本使用格式如下。

```
DataFrame.agg(func=None, axis=0, *args, **kwargs)
DataFrame.aggregate(func=None, axis=0, *args, **kwargs)
```

agg()方法和 aggregate()方法的常用参数及其说明如表 3-20 所示。

表 3-20 agg()方法和 aggregate()方法的常用参数及其说明

参数名称	参数说明
func	接收 list、dict、function 或 str。表示用于聚合数据的函数。默认为 None
axis	接收 0 或 1。代表操作的轴。默认为 0

在正常使用过程中，agg()方法和 aggregate()方法对 DataFrame 对象进行操作时的功能几乎完全相同，因此掌握其中一个方法即可。以工业制品销售数据表为例，可以使用 agg()方法一次性求出所有商品的销售量、销售价格的总和与均值，如代码 3-42 所示。

代码 3-42 使用 agg()方法求出销售量、销售价格的总和与均值

```
In[5]:   import numpy as np
         print('工业制品销售量和销售价格的总和与均值为：\n',
               salesdata[[ '销售量/个', '销售价格/元']].agg([np.sum, np.mean]))

Out[5]:  工业制品销售量和销售价格的总和与均值为：
                  销售量/个          销售价格/元
         sum      4551.000000      111097.000000
         mean     3.368616         82.233161
```

代码 3-42 使用求和与求均值的函数求出“销售量/个”和“销售价格/元”两个特征的总和与均值。但在某些时候，需要对某个特征进行求均值的操作，而对另一个特征进行求和的操作。此时需要使用字典，将两个特征名分别作为键，然后将 NumPy 的求和与求均值的函数分别作为值，如代码 3-43 所示。

代码 3-43 使用 agg()方法分别求特征的不同统计量

```
In[6]:   print('工业制品销售数据表中各类别商品销售量的总和与销售价格的均值为：\n',
               salesdata.agg({'销售量/个': np.sum, '销售价格/元': np.mean}))

Out[6]:  工业制品销售数据表中各类别商品销售量的总和与销售价格的均值为：
         销售量/个       4551.000000
         销售价格/元     82.233161
         dtype: float64
```

有时需要求出一些特征的多个统计量和另一些特征的单个统计量，此时只需要将字典对应键的值转换为列表，将列表元素设置为多个特征的统计量，如代码 3-44 所示。

代码 3-44 使用 agg()方法求不同特征的不同数量的统计量

```
In[7]:   print('工业制品销售数据表中各类别商品销售量的总和与销售价格的均值及总和为：\n',
               salesdata.agg({'销售量/个': np.sum,
                              '销售价格/元': [np.mean, np.sum]}))
```

```
Out[7]:   工业制品销售数据表中各类别商品销售量的总和与销售价格的均值及总和为：
                   销售量/个      销售价格/元
          sum      4551.0       111097.000000
          mean     NaN          82.233161
```

不论是代码 3-42、代码 3-43，还是代码 3-44，使用的都是 NumPy 的统计函数。在 agg()方法中还可以使用自定义函数，如代码 3-45 所示。

代码 3-45　在 agg()方法中使用自定义函数

```
In[8]:    # 自定义函数对数据求和后乘以 2
          def DoubleSum(data):
                 s = data.sum() * 2
                 return s
          print('对工业制品销售数据表的销售价格求和后乘以 2 为：\n',
                 salesdata.agg({'销售价格/元': DoubleSum}, axis=0))
Out[8]:   对工业制品销售数据表的销售价格求和后乘以 2 为：
          销售价格/元    222194
          dtype: int64
```

需要注意的是，NumPy 中的函数 np.mean、np.median、np.prod、np.sum、np.std 和 np.var 能够在 agg()方法中直接使用，但是在自定义函数中使用这些函数时，如果在计算的时候使用的是单列数据，可能无法得出预期的结果；如果是多列数据同时计算，就能避免出现这样的问题，如代码 3-46 所示。

代码 3-46　在 agg()方法中使用的自定义函数含 NumPy 中的函数

```
In[9]:    # 自定义函数对数据求和后乘以 2
          def DoubleSum1(data):
              s = np.sum(data) * 2
              return s
          print('对工业制品销售数据表的销售量求和后乘以 2 为：\n',
                 salesdata.agg({'销售量/个': DoubleSum1}, axis=0).head())
Out[9]:   对工业制品销售数据表的销售量求和后乘以 2 为：
              销售量/个
          0      6
          1     16
          2      8
          3      6
          4      2
In[10]:   print('分别对工业制品销售数据表的销售量与销售价格求和后乘以 2 为：\n',
                 salesdata[['销售量/个', '销售价格/元']].agg(DoubleSum1))
Out[10]:  分别对工业制品销售数据表的销售量与销售价格求和后乘以 2 为：
          销售量/个      9102
          销售价格/元    222194
          dtype: int64
```

较简单的对所有特征进行相同的描述性统计的方法在表 3-19 中已经一一列出。使用 agg()方法也能够实现对每一个特征的每一组使用相同的函数，如代码 3-47 所示。

代码 3-47　使用 agg()方法进行简单的聚合

```
In[11]:   print('对工业制品销售数据表进行分组后，每组的均值为：\n',
                salesdataGroup.agg(np.mean))
Out[11]:  对工业制品销售数据表进行分组后，每组的均值为：
                  销售量/个      销售价格/元
          商品类别
          类别A    3.547049      64.830941
          类别B    3.214088      97.303867
In[12]:   print('对工业制品销售数据表进行分组后，每组的标准差为：\n',
                salesdataGroup.agg(np.std))
Out[12]:  对工业制品销售数据表进行分组后，每组的标准差为：
                  销售量/个      销售价格/元
          商品类别
          类别A    2.180132      73.348593
          类别B    2.375479      99.102160
```

对不同的特征应用不同的函数的操作与在 DataFrame 中使用 agg()方法的操作相同。使用 agg()方法对分组后的数据求各类别的计数和销售价格的均值，如代码 3-48 所示。

代码 3-48　使用 agg()方法对分组后的数据使用不同的聚合函数

```
In[13]:   print('对工业制品销售数据表进行分组后，各类别的计数和销售价格的均值为：\n',
             salesdataGroup.agg({'商品类别':'count','销售价格/元':'mean'}))
Out[13]:  对工业制品销售数据表进行分组后，各类别的计数和销售价格的均值为：
                  商品类别       销售价格/元
          商品类别
          类别A    627           64.830941
          类别B    724           97.303867
```

3.4.3　使用 apply()方法聚合数据

apply()方法类似于 agg()方法，能够将函数应用于每一列。不同之处在于，apply()方法传入的函数只能作用于整个 DataFrame 或 Series，而无法像 agg()方法一样能够对不同特征应用不同函数来获取不同结果。apply()方法的基本使用格式如下。

```
DataFrame.apply(func, axis=0, raw=False, result_type=None, args=(), by_row=
'compat', engine='python', engine_kwargs=None, **kwargs)
```

apply()方法的常用参数及其说明如表 3-21 所示。

表 3-21　apply()方法的常用参数及其说明

参数名称	参数说明
func	接收 function。表示应用于每行或每列的函数。无默认值
axis	接收 0 或 1。表示操作的轴。默认为 0
raw	接收 bool。表示是否直接将 ndarray 对象传递给函数。默认为 False

apply()方法的使用方式和 agg()方法相同，使用 apply()方法对销售量和销售价格求均值，如代码 3-49 所示。

代码 3-49　使用 apply()方法对销售量和销售价格求均值

```
In[14]:  print('工业制品销售数据表的销售量和销售价格的均值为：\n',
                salesdata[['销售量/个', '销售价格/元']].apply(np.mean))
Out[14]: 工业制品销售数据表的销售量和销售价格的均值为：
         销售量/个       3.368616
         销售价格/元    82.233161
         dtype: float64
```

使用 apply()方法对 GroupBy 对象进行聚合操作的方法也和 agg()方法相同，只是使用 agg()方法能够实现对不同的特征应用不同的函数，而使用 apply()方法则不行，如代码 3-50 所示。

代码 3-50　使用 apply()方法进行聚合操作

```
In[15]:  print('对工业制品销售数据表进行分组后，每组的均值为：','\n',
                 salesdataGroup.apply(np.mean))
Out[15]: 对工业制品销售数据表进行分组后，每组的均值为：
         商品类别
         类别 A     34.188995
         类别 B     50.258978
         dtype: float64
In[16]:  print('对工业制品销售数据表进行分组后，每组的标准差为：','\n',
               salesdataGroup.apply(np.std))
Out[16]: 对工业制品销售数据表进行分组后，每组的标准差为：
                  销售量/个       销售价格/元
         商品类别
         类别 A    2.178393      73.290078
         类别 B    2.373838      99.033696
```

3.4.4　使用 transform()方法聚合数据

transform()方法能够对整个 DataFrame 的所有元素进行操作，其基本使用格式如下。

```
DataFrame.transform(func, axis=0, *args, **kwargs)
```

transform()方法的常用参数及其说明如表 3-22 所示。

表 3-22　transform()方法的常用参数及其说明

参数名称	参数说明
func	接收 function、str、list_like 或 dict_like。表示用于转换的函数。无默认值
axis	接收 0 或 index、1 或 columns。代表操作的轴。默认为 0

使用 transform()方法将工业制品销售数据表中的销售量和销售价格翻倍，如代码 3-51 所示。

代码 3-51　使用 transform()方法将销售量和销售价格翻倍

```
In[17]:  print('工业制品销售数据表中销售量和销售价格的两倍为：\n',
               salesdata[['销售量/个', '销售价格/元']].transform(
                    lambda x: x * 2).head(5))
```

```
Out[17]:  工业制品销售数据表中销售量和销售价格的两倍为:
             销售量/个      销售价格/元
          0  6              294
          1  16             478
          2  8              106
          3  6              86
          4  2              26
```

transform()方法还能对 DataFrame 分组后的 GroupBy 对象进行操作，实现组内离差标准化，如代码 3-52 所示。

代码 3-52　使用 transform()方法实现组内离差标准化

```
In[18]:   print('对工业制品销售数据表进行分组并实现组内离差标准化后，前 5 行为：\n',
               salesdataGroup.transform(lambda x: (x.mean()
                    - x.min()) / (x.max() - x.min())).head())
Out[18]:  对工业制品销售数据表进行分组并实现组内离差标准化后，前 5 行为:
             销售量/个      销售价格/元
          0  0.195927      0.150572
          1  0.195927      0.150572
          2  0.195927      0.150572
          3  0.195927      0.150572
          4  0.195927      0.150572
```

【任务实现】

1. 计算工业产品月产量数据的统计量

总产量和平均产量可用于评估生产效率，帮助企业了解生产水平和产能利用率。最高产量和最低产量可以帮助企业确定生产峰谷期，制定合理的生产计划，以满足市场需求。计算 2013 年至 2023 年各工业产品月产量数据的统计量，如任务实现 3-6 所示。

任务实现 3-6　计算 2013 年至 2023 年各工业产品月产量数据的统计量

```
In[9]:    # 提取 2013 年至 2023 年的数据
          recent_data = data[data['时间']>='2013']
          # 使用 groupby()方法根据工业产品产量指标拆分数据
          grouped_data = recent_data.groupby('工业产品产量指标')
          # 对每个产品的月产量数据进行统计
          summary_stats  =  grouped_data['产量'].agg(['sum',  'mean',  'max',
          'min'])
          print(summary_stats)
Out[9]:                               sum          mean          max       min
          工业产品产量指标
          中厚宽钢带产量当期值/万吨     142566.3     1284.381081   1825.0    911.6
          中型拖拉机产量当期值/台       3729750.0    33601.351351  79283.0   12381.0
          中成药产量当期值/万吨         2738.7       24.672973     36.4      14.4
          乙烯产量当期值/万吨           19844.1      178.775676    282.2     123.0
          传真机产量当期值/万部         1018.1       12.569136     27.6      2.2
          …
```

注：此处部分结果已省略。

任务实现 3-6 计算了各工业产品 2013 年至 2023 年月产量数据的统计量，包括总产量、平均产量、最高产量、最低产量等。这些统计量可以帮助企业了解各工业产品的生产情况，为生产计划和资源调配提供参考。

2. 计算工业产品年产量的增长率

产量的增长率是衡量生产效率和生产能力的重要指标之一。通过计算产品产量的增长率，可以帮助企业了解不同产品生产水平、生产能力的提升情况。计算各工业产品年产量的增长率，如任务实现 3-7 所示。

任务实现 3-7　计算各工业产品年产量的增长率

In[10]:
```
# 按照工业产品产量指标和年份进行分组
year_grouped_data = data.groupby(['工业产品产量指标', '年份']).agg({
    '产量': 'sum'}).reset_index()
# 自定义函数计算年产量的增长率
def calculate_yearly_growth_rate(group):
    # 计算年产量的增长率，结果保留 3 位小数
    group['年产量的增长率'] = group['产量'].pct_change().round(3)
    # 年份从大到小排序
    group = group.sort_values(by=['年份'],ascending=False)
    return group[['年份','产量','年产量的增长率']]
# 应用自定义函数到各工业产品每年的产量数据上
result = year_grouped_data.groupby('工业产品产量指标').apply(
    calculate_yearly_growth_rate).reset_index()
# 删除不需要的列
result.drop(columns='level_1',inplace=True)
print(result)
```

Out[10]:
```
          工业产品产量指标    年份       产量   年产量的增长率
0     中厚宽钢带产量当期值/万吨  2023  17297.5  0.083
1     中厚宽钢带产量当期值/万吨  2022  15974.9  0.077
2     中厚宽钢带产量当期值/万吨  2021  14829.3  0.022
3     中厚宽钢带产量当期值/万吨  2020  14512.9  0.116
4     中厚宽钢带产量当期值/万吨  2019  13007.5  0.004
...
955    集成电路产量当期值/亿块  2012    931.0  0.294
956    集成电路产量当期值/亿块  2011    719.2  0.184
957    集成电路产量当期值/亿块  2010    607.2  0.267
958    集成电路产量当期值/亿块  2009    479.2  0.218
959    集成电路产量当期值/亿块  2008    393.5    NaN

[960 rows x 4 columns]
```

注：此处部分结果已省略。

任务实现 3-7 对各工业产品每年的产量数据进行了处理和计算，得到了各工业产品每年的产量和产量的增长率。对于每种产品，数据按照年份从大到小排序，以便更直观地观察产品每年的产量和产量的增长率的变化趋势。年产量的增长率反映了对应产品在不同年份之间产量的变化情况。若年产量的增长率为正数，则表示产量在增长；若年产量的增长率为负数，则表示产量在减少。

3. 分析工业产品年产量的变化趋势

通过比较不同年份产量的增长量，可以评估工业产品产量的整体变化趋势是增加、减少还是保持稳定，帮助企业了解生产状况和发展方向。分析不同年份产量的增长量能够发现产量变化的趋势和周期，了解产量波动的原因，从而调整生产计划和策略。计算与 2008 年相比 2023 年各工业产品年产量的增长量，如任务实现 3-8 所示，分析各工业产品年产量的变化趋势。

任务实现 3-8　计算各工业产品年产量的增长量

In[11]:

```
# 按照工业产品产量指标和年份分组，计算每年的产量
data['年产量'] = data.groupby(['工业产品产量指标', '年份'])
['产量'].transform('sum')
# 提取 2023 年和 2008 年的数据
data_08_23 = data[(data['年份'] == 2023)|(data['年份'] ==
2008)].drop(
    columns=['时间','产量']).drop_duplicates()
data_08_23 = data_08_23.sort_values(by=['工业产品产量指标',
'年份'],ignore_index=True)
# 计算和 2008 年相比，2023 年各工业产品年产量的增长量，结果保留 3 位小数
data_08_23['年产量的增长量'] = data_08_23.groupby(
    ['工业产品产量指标'])['年产量'].transform(lambda x: x.diff()).
round(3)
# 计算年产量的增长量
data_08_23['年产量的增长量'] = data_08_23.groupby(
    ['工业产品产量指标'])['年产量'].transform(lambda x: x.diff()/x.
shift()).round(3)
# 输出结果
print("2023 年产量相比 2008 年产量的变化：\n", data_08_23[data_08_23
['年份']==2023])
```

Out[11]:

```
2023 年产量相比 2008 年产量的变化：
          工业产品产量指标           年份      年产量         年产量的增长量
1         中厚宽钢带产量当期值/万吨    2023      17297.5        1.345
3         中型拖拉机产量当期值/台      2023      214568.0       inf
5         中成药产量当期值/万吨        2023      182.1          0.425
7         乙烯产量当期值/万吨          2023      2627.8         1.793
9         传真机产量当期值/万部        2023      0.0            -1.000
…
```

注：此处部分结果已省略。

由任务实现 3-8 可知，相比 2008 年，2023 年各工业产品年产量的增长量各不相同。集成电路、发动机、发电机组（发电设备）、电力、家用电器等的产量显著增长，显示出电子信息技术领域的飞速发展、能源生产与机械设备制造的强劲势头，以及消费品市场的繁荣和居民生活水平的提升；移动通信手持机（手机）产量增长，彰显了信息技术的普及和科技进步；粗钢、钢材、初级形态塑料、化学纤维等基础材料和化工产品的产量稳定增长，说明这些传统工业领域仍在稳步发展；汽车产量的增长反映了汽车产业的持续发展，尽管其增长量相较于其他产品较低；传真机产量的显著下降凸显了技术淘汰和

市场需求变化的影响；啤酒、布、原盐等消费品产量的小幅下降，可能与消费者偏好变化、健康意识提升等因素有关；中型拖拉机、复印和胶版印制设备产量从 2008 年的 0 台至 2023 年的大量产出，增长量标记为无穷大（inf），实际上代表了这些产品在此期间从无到有的显著发展。

项目小结

本项目主要介绍了 CSV 文件数据、Excel 文件数据和数据库数据这 3 种常用数据的读取与写入方式；阐述了 DataFrame 的基本属性，查、改、增、删 DataFrame 数据的方法与描述性统计的相关内容；介绍了时间字符串的格式转换、时间数据的提取与算术运算；还介绍了分组方法 groupby()、3 种聚合方法。

项目实训

实训 1　读取并查看某地区房屋销售数据的基本信息

1. 训练要点

（1）掌握 CSV 文件数据的读取方法。
（2）掌握 DataFrame 的基本属性和方法。
（3）掌握 DataFrame 的索引和切片操作。

2. 需求说明

“居”是民生的重要组成部分，也是人民幸福生活的重要保障。为了增进民生福祉、提高人民生活品质、对房地产市场进行精准调控，现需分析和统计某地区房屋销售数据。该地区房屋销售数据主要包括“房屋售出时间”“地区邮编”“房屋价格/元”“房屋类型”“配套房间数/间”5 个特征，部分数据如表 3-23 所示，其中房屋类型有普通住宅（house）和单身公寓（unit）两种。探索数据的基本信息，通过索引操作查询房屋类型为单身公寓的数据，同时观察数据的整体分布并发现数据间的关联。注意，“地区邮编”特征已完成脱敏处理，因此只有 4 位数。

表 3-23　某地区部分房屋销售数据

房屋售出时间	地区邮编	房屋价格/元	房屋类型	配套房间数/间
2023/07/25	2603	380000	unit	1
2023/07/25	2612	475000	unit	2
2023/07/25	2900	500000	unit	3
2023/07/26	2912	464950	unit	2

3. 实现思路及步骤

（1）使用 read_csv 函数读取“某地区房屋销售数据.csv”文件。

（2）分别使用 ndim 属性、shape 属性、columns 属性查看数据的维数、形状以及所有特征名称。

（3）使用 iloc()方法、loc()方法对房屋类型为单身公寓的数据进行索引操作。

实训 2　提取房屋售出时间信息并描述房屋价格信息

1．训练要点

（1）掌握将时间字符串转换为标准的日期时间格式的方法。

（2）掌握 pandas 描述性统计方法。

2．需求说明

基于实训 1 的数据，将“房屋售出时间”特征中的时间字符串转换为标准的日期时间格式，提升数据的质量。此外，通过描述性统计分析该地区房屋的平均价格、价格区间、价格众数等，以便进一步获取该地区房屋价格信息。

3．实现思路及步骤

（1）使用 to_datetime 函数将“房屋售出时间”特征从字符串格式转换为标准的日期时间格式。

（2）分别使用 mean 函数、max 函数、min 函数、mode 函数计算该地区房屋价格的均值、最大值、最小值和众数，使用 quantile 函数计算该地区房屋价格的分位数。

（3）使用 describe()方法计算该地区房屋价格数据的非空值数量、均值等统计量。

实训 3　使用分组聚合方法分析房屋销售情况

1．训练要点

（1）掌握分组聚合的步骤。

（2）掌握 groupby()方法。

（3）掌握 transform()方法、agg()方法、apply()方法。

2．需求说明

为了解买房者对房屋类型的偏好，需要根据房屋所在的地理位置进行分组聚合，然后进行组内和组间分析，从而为买房者提供更好的服务。基于实训 1 的数据，提取“地区邮编”特征中数据的前两位（如提取“2603”中的“26”），并生成 new_postcode 特征以存储提取的内容，以便统计不同地区房屋价格以及房屋性价比。最后根据 new_postcode 特征对数据进行分组操作，从而获取不同地区的房屋价格信息并进行比较。

3．实现思路及步骤

（1）使用 apply()方法生成 new_postcode 特征。

（2）使用 agg()方法和 count 函数计算出每个地区的房屋售出总数。

（3）使用 groupby()方法对房屋类型进行分组，并对新地区邮编 new_postcode 进行分组后赋给新的 DataFrame 对象 housesale1。

（4）使用 transform()方法和 mean 函数计算 housesale1 中房屋价格的均值。

课后习题

1. 选择题

（1）下列关于 pandas 支持的数据结构的说法错误的是（　　）。

A. pandas 只支持 Series
B. pandas 支持 Series 和 DataFrame
C. DataFrame 可与带有标记轴（行和列）的二维数组一起使用
D. Series 被定义为能够存储各种类型数据的一维数组

（2）下列关于 pandas 数据读/写的说法正确的是（　　）。

A. read_csv 函数无法读取文本文件的数据
B. read_sql 函数能够读取所有数据库的数据
C. to_csv()方法能够将结构化数据写入 CSV 文件
D. to_csv()方法能够将结构化数据写入 Excel 文件

（3）下列对 DataFrame 的基本属性的说法错误的是（　　）。

A. values 可以获取元素
B. index 可查看索引情况
C. column 可查看 DataFrame 的列名
D. dtypes 可查看各列的数据类型

（4）下列关于 pandas 基本操作的说法错误的是（　　）。

A. drop()方法可以删除某列的数据
B. 使用 describe()方法可以对 DataFrame 中的类别型特征进行描述性统计
C. 在创建 DataFrame 的过程中可同时设置索引
D. 在创建 DataFrame 后可设置索引

（5）以下不属于 GroupBy 对象常用的描述性统计方法的是（　　）。

A. cumcount()　　B. crosstab()　　C. median()　　D. sum()

（6）下列关于 apply()方法的说法正确的是（　　）。

A. apply()方法无法应用于分组操作
B. apply()方法作用范围：pandas 中的 Series 和 DataFrame
C. apply()方法中不能使用自定义函数
D. apply()方法只能对行、列进行操作

（7）下列关于分组聚合的说法错误的是（　　）。

A. 使用 pandas 的 groupby()方法进行分组时，只能根据索引对数据进行分组
B. pandas 分组聚合操作能够实现组内标准化
C. pandas 分组聚合操作能够使用 agg()方法、apply()方法、transform()方法
D. groupby()方法是 pandas 中的分组方法

2. 操作题

随着我国经济的不断发展，许多年轻人前往一线城市谋求发展。“中国省份人口数据.csv”文件记录了我国部分省份人口的相关信息，主要包括省份、2022 年人口和 2021 年人口，其中部分数据如表 3-24 所示。

表 3-24　我国省份人口部分数据

省份	2022 年人口/万人	2021 年人口/万人
河北省	7420	7448
山西省	3481	3480
辽宁省	4197	4229
吉林省	2348	2375

查询我国省份人口信息，对人口数据进行简单的描述性统计，并统计所有省份的总人口数，具体操作步骤如下。

（1）读取“中国省份人口数据.csv”文件。

（2）查看“中国省份人口数据.csv”文件的维数、大小等信息。

（3）使用 describe()方法对文件中的人口特征进行描述性统计。

（4）使用 sum 函数对文件中的人口特征求和并计算总人口增长量。

3．实践题

基于项目 2 实践题中提到的“新能源汽车销售数据.csv”文件，使用 pandas 计算加购率、下单率和成交率，对销售数据进行进一步的描述性统计分析和分组分析，具体操作步骤如下。

（1）使用 pandas 读取“新能源汽车销售数据.csv”文件。

（2）根据访客数、加购商品件数、下单客户数和成交客户数计算加购率、下单率和成交率。

（3）使用 describe()方法对加购率、下单率和成交率进行描述性统计。

（4）将最近上架时间转换为 Datetime 类型，并提取该时间的月份为新的特征“上架月份”。

（5）按照上架月份对数据进行分组，并计算每个月份加购率、下单率和成交率的均值。

（6）保存修改后的数据为“新能源汽车销售数据_经过项目 3 处理.csv”。

项目 4 电商产品销售数据预处理——使用 pandas 进行数据预处理

在现实生活中收集到的数据往往存在不完整（有缺失值）、不一致、异常等情况，如果用这种异常数据进行建模分析，可能会影响模型的执行效率，甚至造成分析结果出现偏差。如何对数据进行预处理，提高数据质量，确保模型的准确性和可靠性，是数据分析工作中常见的问题。本项目将介绍数据合并、数据清洗、数据标准化和数据变换这 4 种数据预处理操作。

学习目标

（1）掌握数据合并的原理与方法。
（2）掌握数据清洗的基本方法。
（3）掌握数据标准化的方法。
（4）掌握常用的数据变换方法。

素养目标

（1）通过将不同来源的数据合并在一起，更全面、系统地观察与分析数据，培养全局观念和整体性思维。

（2）通过细致地检测数据，查询是否存在重复值、缺失值和异常值，并对数据进行适当的处理，确保数据的质量，培养严谨的工作态度和工匠精神。

思维导图

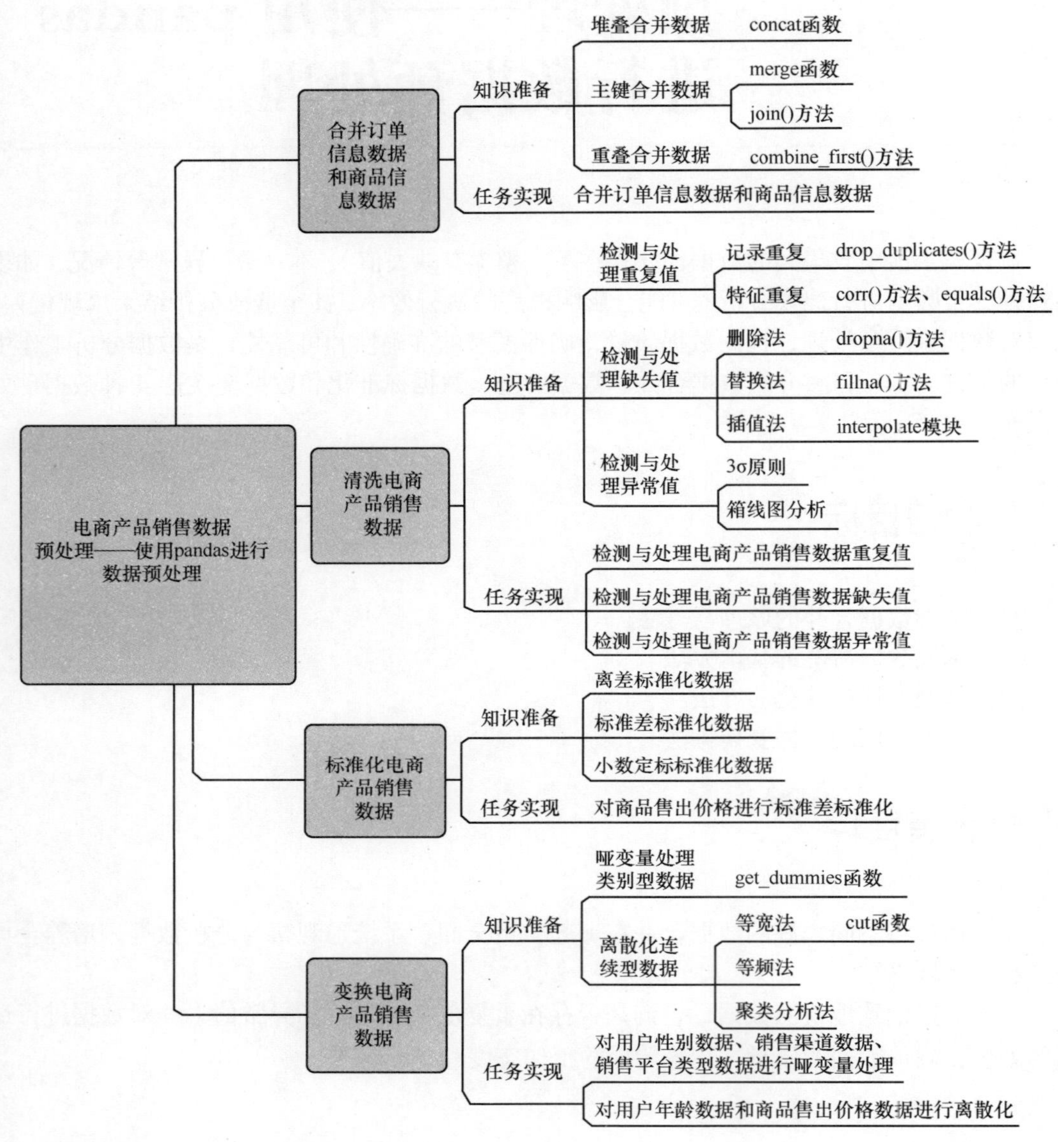

合并数据

任务 4.1 合并订单信息数据和商品信息数据

【任务描述】

随着网络技术的迅猛发展，电子商务成为我国的经济增长和就业创造的新引擎，并且推动了我国信息技术领域的发展。加强网络强国、科技强国建设，增强网络信息安全意识，是推动电子商务和互联网行业发展的重要保障，也是我国实现经济现代化和信息化的必然要求。某电商产品销售数据分别存储在订单信息数据和商品信息数据两个数据表中。其中，订单信息数据包含订单的具体信息，商品信息数据包含商品的详细信息，部分订单信息数据和商品信息数据如表4-1、表4-2所示。本任务将合并订单信息数据和商品信息数据，丰富数据维度，以便后续更全面、系统地观察和分析数据，发现更多有价值的信息。

表4-1　部分订单信息数据

订单发生时间	订单编号	商品编号	用户编号	订单是否退款	销售渠道	销售平台类型
2023/4/24 11:50	sys_1000000	pr1000541	user_102124	否	渠道12	应用程序
2023/4/24 14:37	sys_1000001	pr1016251	user_109188	否	渠道8	应用程序
2023/4/29 10:46	sys_1000020	pr1016251	user_109188	否	渠道8	应用程序
2023/4/29 10:46	sys_1000020	pr1000060	user_109188	否	渠道8	应用程序
2023/10/21 19:40	sys_1281426	pr1011688	user_109188	否	渠道8	应用程序

表4-2　部分商品信息数据

订单编号	商品编号	商品类别编号	商品类别代码	商品品牌名称	商品售出价格/美元	用户编号	用户年龄/岁	用户性别	用户地区
sys_1000000	pr1000541	c1309	电脑-平板电脑	品牌1	162.01	user_102124	24	女	地区A
sys_1000001	pr1016251	c1341	电子产品-音频设备-耳机	品牌2	77.52	user_109188	38	女	地区B
sys_1000020	pr1016251	c1341	电子产品-音频设备-耳机	品牌2	77.52	user_109188	38	女	地区B
sys_1000020	pr1000060	c1341	电子产品-音频设备-耳机	品牌3	203.68	user_109188	38	女	地区B

【任务分析】

利用merge函数，以订单编号、商品编号、用户编号为主键，通过内连接的方式合并订单信息数据和商品信息数据。

【知识准备】

4.1.1　堆叠合并数据

堆叠就是指简单地将两张表拼在一起，也称作轴向连接、绑定或连接。依照轴的方向，数据堆叠可分为横向堆叠和纵向堆叠。

1．横向堆叠

横向堆叠即将两张表按 x 轴方向拼接在一起，可以使用concat函数完成。concat函数的基本使用格式如下。

```
pandas.concat(objs, *, axis=0, join='outer', ignore_index=False, keys=None,
levels=None, names=None, verify_integrity=False, sort=False, copy=None)
```

concat 函数的常用参数及其说明如表 4-3 所示。

表 4-3　concat 函数的常用参数及其说明

参数名称	参数说明
objs	接收多个 Series、DataFrame、Panel 的组合。表示参与连接的 pandas 对象的列表的组合。无默认值
axis	接收 int。表示连接轴。可选 0 或 1，默认为 0
join	接收 str。表示其他轴上的索引是按交集（inner，内连接）还是并集（outer，外连接）进行合并。默认为“outer”
ignore_index	接收 bool。表示是否使用连接轴上的索引值。默认为 False
keys	接收 sequence。表示与连接对象有关的值，用于形成轴方向上的层次化索引。默认为 None
levels	接收包含多个 sequence 的 list。表示在指定 keys 参数后，指定用作层次化索引的各级别上的索引。默认为 None
names	接收 list。表示在设置了 keys 参数和 levels 参数后，用于创建分层级别的名称。默认为 None
verify_integrity	接收 bool。表示检查新的连接轴是否包含重复项，如果发现重复项，就抛出异常。默认为 False
sort	接收 bool。表示是否对非连接轴上的数据进行排序。默认为 False
copy	接受 bool。表示是否有必要复制数据。默认为 None

当参数 axis=1 时，concat 函数可执行行对齐操作，将列名称不同的两张或多张表合并为一张表。当两张表索引不完全一样时，可以通过设置 join 参数来决定采用内连接还是外连接。在内连接的情况下，仅返回索引重叠部分数据；在外连接的情况下，显示索引的并集部分数据，对缺失值则使用空值填补，横向堆叠外连接示例如图 4-1 所示。

表1

	A	B	C	D
1	A1	B1	C1	D1
2	A2	B2	C2	D2
3	A3	B3	C3	D3
4	A4	B4	C4	D4

表2

	B	D	F
2	B2	D2	F2
4	B4	D4	F4
6	B6	D6	F6
8	B8	D8	F8

合并后的表

	A	B	C	D	B	D	F
1	A1	B1	C1	D1	NaN	NaN	NaN
2	A2	B2	C2	D2	B2	D2	F2
3	A3	B3	C3	D3	NaN	NaN	NaN
4	A4	B4	C4	D4	B4	D4	F4
6	NaN	NaN	NaN	NaN	B6	D6	F6
8	NaN	NaN	NaN	NaN	B8	D8	F8

图 4-1　横向堆叠外连接示例

必须坚持守正创新，创新才能把握时代、引领时代。某软件公司为进一步创新、提升 App 质量，收集了用户的基本信息以及下载 App 的意愿等信息，存储在用户信息表（user_all_info.csv）中，其中数据特征包括“用户编号”“年龄/岁”“性别”“居住类型”“编号”“每月支出/元”“是否愿意下载”等，部分数据如表 4-4 所示。

表 4-4　用户信息表部分数据

用户编号	年龄/岁	性别	居住类型	编号	每月支出/元	是否愿意下载
0		男	城市	0	6807.50	Yes
1	30	男	城市	1	4780.45	Yes
3	-3.2	男	农村	3	5011.06	Yes
5	-1	男	农村	5	4899.04	No
10	23	男	城市	10	6816.02	No
11	-2.4	男	城市	11	7746.90	Yes
16	21	男	城市	16	6614.63	No
17	45	男	城市	17	1367.59	No
18	32	男		18	4669.89	Yes
19	29	男	城市	19	4167.54	Yes

当两张表的行索引完全一样时，无论 join 参数的值是 inner 还是 outer，结果都是将两张表完全按照 x 轴方向拼接起来。基于用户信息表数据进行横向堆叠，具体实现如代码 4-1 所示。

代码 4-1　行索引完全相同时的横向堆叠

```
In[1]:  import pandas as pd
        user_all_info = pd.read_csv('../data/user_all_info.csv')
        # 取出 user_all_info 的前 3 列数据
        df1 = user_all_info.iloc[:, :3]
        # 取出 user_all_info 的第 4 列到最后 1 列数据
        df2 = user_all_info.iloc[:, 3:]
        print('df1 的大小为%s, df2 的大小为%s' % (df1.shape, df2.shape))
        print('外连接合并后的 DataFrame 大小为: ', pd.concat([df1, df2], axis=1,
                                              join='outer').shape)
        print('内连接合并后的 DataFrame 大小为: ', pd.concat([df1, df2], axis=1,
                                              join='inner').shape)
Out[1]: df1 的大小为(2235, 3), df2 的大小为(2235, 4)
        外连接合并后的 DataFrame 大小为:  (2235, 7)
        内连接合并后的 DataFrame 大小为:  (2235, 7)
```

2. 纵向堆叠

纵向堆叠是指将两张表在 y 轴方向上进行拼接，concat 函数也可以实现纵向堆叠。

当使用 concat 函数时，在默认情况下，即 axis=0，concat 函数执行列对齐操作，将行索引不同的两张或多张表纵向合并。在两张表的列名不完全相同的情况下，可以使用 join 参数。当 join 参数的值为 inner 时，返回的是列名的交集所代表的列；当 join 参数的值为 outer 时，返回的是列名的并集所代表的列。纵向堆叠外连接示例如图 4-2 所示。

当两张表的列名完全相同时，不论 join 参数的值是 inner 还是 outer，结果都是将两张表完全按照 y 轴方向拼接起来，如代码 4-2 所示。

表1

	A	B	C	D
1	A1	B1	C1	D1
2	A2	B2	C2	D2
3	A3	B3	C3	D3
4	A4	B4	C4	D4

表2

	B	D	F
2	B2	D2	F2
4	B4	D4	F4
6	B6	D6	F6
8	B8	D8	F8

合并后的表

	A	B	C	D	F
1	A1	B1	C1	D1	NaN
2	A2	B2	C2	D2	NaN
3	A3	B3	C3	D3	NaN
4	A4	B4	C4	D4	NaN
2	NaN	B2	NaN	D2	F2
4	NaN	B4	NaN	D4	F4
6	NaN	B6	NaN	D6	F6
8	NaN	B8	NaN	D8	F8

图 4-2　纵向堆叠外连接示例

代码 4-2　列名完全相同时的纵向堆叠

```
In[2]:    # 取出 user_all_info 的前 500 行数据
          df3 = user_all_info.iloc[:500, :]
          # 取出 user_all_info 的 500 行以后的数据
          df4 = user_all_info.iloc[500:, :]
          print('df3 的大小为%s，df4 的大小为%s' % (df3.shape, df4.shape))
          print('内连接纵向合并后的 DataFrame 大小为：', pd.concat([df3, df4],
                axis=0, join='inner').shape)
          print('外连接纵向合并后的 DataFrame 大小为：', pd.concat([df3, df4],
                axis=0, join='outer').shape)
Out[2]:   df3 的大小为(500, 7)，df4 的大小为(1735, 7)
          内连接纵向合并后的 DataFrame 大小为： (2235, 7)
          外连接纵向合并后的 DataFrame 大小为： (2235, 7)
```

4.1.2　主键合并数据

主键合并即通过一个或多个键将两个数据集的行连接起来，类似于数据库中的 JOIN 操作。针对两张包含不同特征的表，主键合并会根据某几个特征将两张表的行一一对应并拼接起来，合并后的表的列数为两张原表的列数之和减去主键的数量，如图 4-3 所示。

表1

	A	B	Key
1	A1	B1	k1
2	A2	B2	k2
3	A3	B3	k3
4	A4	B4	k4

表2

	C	D	Key
1	C1	D1	k1
2	C2	D2	k2
3	C3	D3	k3
4	C4	D4	k4

合并后的表

	A	B	Key	C	D
1	A1	B1	k1	C1	D1
2	A2	B2	k2	C2	D2
3	A3	B3	k3	C3	D3
4	A4	B4	k4	C4	D4

图 4-3　主键合并示例

pandas 中的 merge 函数可以实现主键合并，merge 函数的基本使用格式如下。

```
pandas.merge(left, right, how='inner', on=None, left_on=None, right_on=None,
left_index=False, right_index=False, sort=False, suffixes=('_x', '_y'), copy=None,
indicator=False, validate=None)
```

和数据库中的 JOIN 操作一样，merge 函数也支持左连接（left）、右连接（right）、内连接（inner）和外连接（outer）。但比起数据库中的 JOIN 操作，merge 函数有其独到之处，如可以在合并过程中对数据集中的数据进行排序等。根据 merge 函数中的参数说明，并按照需求修改相关参数，即可以多种方法实现主键合并。merge 函数的常用参数及其说明如表 4-5 所示。

表 4-5　merge 函数的常用参数及其说明

参数名称	参数说明
left	接收 DataFrame 或 Series。表示参与合并的数据集 1。无默认值
right	接收 DataFrame 或 Series。表示参与合并的数据集 2。无默认值
how	接收 inner、outer、left、right 其中之一。表示数据集的连接方式。默认为“inner”
on	接收 str 或 sequence。表示两个数据集合并的主键（必须一致）。默认为 None
left_on	接收 str 或 sequence。表示数据集 1 用于合并的主键。默认为 None
right_on	接收 str 或 sequence。表示数据集 2 用于合并的主键。默认为 None
left_index	接收 bool。表示是否将数据集 1 的 index 作为连接主键。默认为 False
right_index	接收 bool。表示是否将数据集 2 的 index 作为连接主键。默认为 False
sort	接收 bool。表示是否根据主键对合并后的数据进行排序。默认为 False
suffixes	接收 tuple。表示两个数据集存在相同列名时，相同列名的后缀

为了方便读者操作，将用户信息表中的“用户编号”“是否愿意下载”特征提取出来并放至用户下载意愿表（user_download.csv）中，同时将“编号”“每月支出/元”特征提取出来放至用户每月支出信息表（user_pay_info.csv）中。使用 merge 函数合并用户下载意愿表和用户每月支出信息表，如代码 4-3 所示。

代码 4-3　使用 merge 函数合并数据表

```
In[3]:   pay_info = pd.read_csv('../data/user_pay_info.csv')
         download_info = pd.read_csv('../data/user_download.csv',
                                     encoding= 'gbk')
         download_and_pay = pd.merge(download_info, pay_info,
                                     left_on='用户编号', right_on='编号')
         print('用户每月支出信息表的原始形状为：', pay_info.shape)
         print('用户下载意愿表的原始形状为：', download_info.shape)
         print('用户下载意愿表和用户每月支出信息表主键合并后的形状为：',
               download_and_pay.shape)
Out[3]:  用户每月支出信息表的原始形状为： (2175, 2)
         用户下载意愿表的原始形状为： (2175, 2)
         用户下载意愿表和用户每月支出信息表主键合并后的形状为： (2187, 4)
```

主键合并后得到的数据形状为(2187,4)，这是因为两张表中出现个别用户编号或编号重复的现象。因此在使用 merge 函数进行连接时，若重复特征匹配成功，则对应的信息内容可进行自由组合。

除了使用 merge 函数，还可以使用 join()方法进行部分主键合并的操作，但是使用 join()方法时，两个主键的名称必须相同。join()方法的基本使用格式如下。

```
DataFrame.join(other, on=None, how='left', lsuffix=' ', rsuffix=' ',
sort=False, validate=None)
```

join()方法的常用参数及其说明如表 4-6 所示。

表 4-6　join()方法的常用参数及其说明

参数名称	参数说明
other	接收 DataFrame、Series 或包含多个 DataFrame 的 list。表示参与连接的其他 DataFrame。无默认值
on	接收列名、包含列名的 list 或 tuple。表示用于连接的列名。默认为 None
how	接收特定 str。表示连接方式。当值为 inner 时，代表内连接；当值为 outer 时，代表外连接；当值为 left 时，代表左连接；当值为 right 时，代表右连接。默认为“left”
lsuffix	接收 str。表示追加到左侧重叠列名的后缀。默认为“”
rsuffix	接收 str。表示追加到右侧重叠列名的后缀。默认为“”
sort	接收 bool。表示是否根据主键对合并后的数据进行排序。默认为 False

使用 join()方法实现主键合并，如代码 4-4 所示。

代码 4-4　使用 join()方法实现主键合并

```
In[4]:  pay_info.rename({'编号': '用户编号'}, inplace=True)
        download_and_pay1 = download_info.join(pay_info, on='用户编号',
                                               rsuffix='1')
        print('用户下载意愿表和用户每月支出信息表主键合并后的形状为：',
              download_and_pay1.shape)
Out[4]: 用户下载意愿表和用户每月支出信息表主键合并后的形状为： (2175, 4)
```

4.1.3　重叠合并数据

在数据分析和数据处理过程中偶尔会出现两份数据的内容几乎一致的情况，但是某些特征在其中一张表上是完整的，而在另外一张表上则是缺失的。这时除了将数据一一对比后进行填充，还可以进行重叠合并。重叠合并在其他工具或语言中并不常见，但是 pandas 的开发者希望 pandas 能够解决几乎所有的数据分析问题，因此提供了 combine_first()方法来进行数据重叠合并，其示例如图 4-4 所示。

表1

	0	1	2
0	NaN	3	5
1	NaN	4	NaN
2	NaN	7	NaN

表2

	0	1	2
1	42	NaN	8
2	10	7	4

合并后的表

	0	1	2
0	NaN	3	5
1	42	4	8
2	10	7	4

图 4-4　重叠合并示例

combine_first()方法的基本使用格式如下。

```
DataFrame.combine_first(other)
```

combine_first()方法的常用参数及其说明如表 4-7 所示。

表 4-7　combine_first()方法的常用参数及其说明

参数名称	参数说明
other	接收 DataFrame。表示参与重叠合并的另一个 DataFrame。无默认值

使用 combine_first()方法进行重叠合并，如代码 4-5 所示。

代码 4-5　使用 combine_first()方法进行重叠合并

```
In[5]:  import numpy as np
        # 建立两个字典，除了 ID，其余特征互补
        dict1 = {'ID': [1, 2, 3, 4, 5, 6, 7, 8, 9],
                     'System': ['win11', 'win11', np.nan, 'win11',
                              np.nan, np.nan, 'win10', 'win10', 'win8'],
                  'cpu': ['i9', 'i7', np.nan, 'i9', np.nan, np.nan,
                            'i7', 'i7', 'i5']}
        dict2 = {'ID': [1, 2, 3, 4, 5, 6, 7, 8, 9],
                     'System': [np.nan, np.nan, 'win10', np.nan,
                              'win7', 'win10', np.nan, np.nan, np.nan],
                    'cpu': [np.nan, np.nan, 'i5', np.nan, 'i9',
                              'i7', np.nan, np.nan, np.nan]}
        # 变换两个字典为 DataFrame
        df1 = pd.DataFrame(dict1)
        df2 = pd.DataFrame(dict2)
        print('经过重叠合并后的数据为：\n', df1.combine_first(df2))
Out[5]: 经过重叠合并后的数据为：
           ID System cpu
        0   1  win11  i9
        1   2  win11  i7
        2   3  win10  i5
        3   4  win11  i9
        4   5   win7  i9
        5   6  win10  i7
        6   7  win10  i7
        7   8  win10  i7
        8   9   win8  i5
```

【任务实现】

合并订单信息数据和商品信息数据

主键合并是一种常见的数据合并方式，通过指定一个或多个共同的主键将两个数据集连接起来。将订单信息数据和商品信息数据这两个相关联的数据集合并成一个数据集，如任务实现 4-1 所示。

任务实现 4-1　合并订单信息数据和商品信息数据

```
In[1]:  import pandas as pd
        # 读取数据
        order_data = pd.read_csv('../data/订单信息数据.csv')
        product_data = pd.read_csv('../data/商品信息数据.csv')
        # 合并订单信息数据和商品信息数据
        merged_data = pd.merge(order_data, product_data,
```

```
                    on=['订单编号','商品编号','用户编号'],how='inner')

# 显示合并后的数据
print(merged_data.head(5))
```

```
Out[1]:   订单发生时间          订单编号        商品编号        用户编号  订单是否退款  销售
渠道 销售平台类型  \
0  2023/4/24 11:50  sys_1000000  pr1000541  user_102124      否   渠道 12
应用程序
1   2023/4/24 14:37  sys_1000001  pr1016251  user_109188      否   渠道 8
应用程序
2   2023/4/29 10:46  sys_1000020  pr1016251  user_109188      否   渠道 8
应用程序
3   2023/4/29 10:46  sys_1000020  pr1000060  user_109188      否   渠道 8
应用程序
4  2023/10/21 19:40  sys_1281426  pr1011688  user_109188      否   渠道 8
应用程序

  商品类别编号          商品类别代码 商品品牌名称  商品售出价格/美元  用户年龄/岁
用户性别 用户地区
0  c1309  电脑-平板电脑           品牌 1  162.01        24    女  地区 A
1  c1341  电子产品-音频设备-耳机  品牌 2  77.52         38    女  地区 B
2  c1341  电子产品-音频设备-耳机  品牌 2  77.52         38    女  地区 B
3  c1341  电子产品-音频设备-耳机  品牌 3  203.68        38    女  地区 B
4  c1147  电脑-笔记本             品牌 3  2342.57       38    女  地区 B
```

```
In[2]:  print('合并数据后电商产品销售数据的形状为:', merged_data.shape)
```

```
Out[2]:  合并数据后电商产品销售数据的形状为: (364472, 14)
```

任务实现 4-1 按照订单编号、商品编号和用户编号将订单信息数据和商品信息数据中的相关行连接在一起，生成一个合并后的电商产品销售数据集 merged_data，其中包含了订单的详细情况、相关用户和商品的特征。合并数据后的电商产品销售数据的形状为 364472 行、14 列。

任务 4.2 清洗电商产品销售数据

【任务描述】

由于数据来源的多样性和数据采集的复杂性，数据可能存在一些质量问题，如有重复值、缺失值和异常值等。为了确保数据的质量和准确性，以及后续数据分析和决策的可靠性，需要对数据进行清洗。本任务将通过清洗电商产品销售数据，确保数据的准确性和一致性，为后续的数据分析、市场营销和决策制定提供可靠的基础。

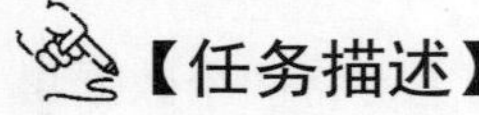

【任务分析】

（1）检测电商产品销售数据中的重复值，并对重复值进行处理。

（2）检测电商产品销售数据中的缺失值，并对缺失值进行处理。

（3）检测电商产品销售数据中的异常值，并对异常值进行处理。

【知识准备】

4.2.1　检测与处理重复值

检测与处理重复值

数据重复是数据分析过程中经常遇到的问题。对重复数据进行处理前，需要分析重复数据产生的原因以及去除这部分数据后可能造成的不良影响。常见的数据重复分为两种：一种为记录重复，即一个或多个特征的某几条记录的值完全相同；另一种为特征重复，即存在一个或多个特征名称不同，但数据完全相同的情况。

1. 记录重复

用户下载意愿表中的“是否愿意下载”特征存放了用户对 App 的下载意愿。要查看下载意愿的选项数量，较简单的方法就是利用去重操作实现。可以利用列表（list）去重（方法一），如代码 4-6 所示。

代码 4-6　利用 list 去重

```
In[1]:  import pandas as pd
        download = pd.read_csv('../data/user_download.csv',
                               index_col=0, encoding='gbk')
        # 方法一
        # 定义去重函数
        def del_rep(list1):
            list2 = []
            for i in list1:
                if i not in list2:
                    list2.append(i)
            return list2
        # 去重
        # 将下载意愿从 DataFrame 中提取出来
        download = list(download['是否愿意下载'])
        print('去重前下载意愿选项总数为：', len(download))
        download_rep = del_rep(download)  # 使用自定义的去重函数去重
        print('使用方法一去重后下载意愿选项总数为：', len(download_rep))
        print('用户选项为：', download_rep)
Out[1]: 去重前下载意愿选项总数为： 2175
        使用方法一去重后下载意愿选项总数为： 3
        用户选项为： ['Yes', 'No', nan]
```

除了使用代码 4-6 中的方法去重，还可以利用集合（set）元素唯一的特性去重（方法二），如代码 4-7 所示。

代码 4-7　利用 set 的特性去重

```
In[2]:  # 方法二
        print('去重前下载意愿选项总数为：', len(download))
        download_set = set(download)  # 利用 set 的特性去重
        print('使用方法二去重后下载意愿选项总数为：', len(download_set))
        print('用户选项为：', download_set)
Out[2]: 去重前下载意愿选项总数为： 2175
        使用方法二去重后下载意愿选项总数为： 3
        用户选项为： {'Yes', nan, 'No' }
```

比较上述两种方法可以发现，方法一的代码冗长，会影响数据分析的整体进度。方法二使用了集合元素唯一的特性，代码简洁了许多，但是这种方法会导致数据的排列发生改变。

鉴于以上方法的缺陷，pandas 提供了一个名为 drop_duplicates 的去重方法，使用该方法进行去重不会改变数据原始排列，并且兼具代码简洁和运行稳定的特点。drop_duplicates()方法的基本使用格式如下。

```
DataFrame.drop_duplicates(subset=None, *, keep='first', inplace=False,
ignore_index=False)
```

在使用 drop_duplicates()方法去重时，当且仅当 subset 参数中的特征重复时才会执行去重操作，在去重时可以选择保留哪一个特征，甚至可以不保留。drop_duplicates()方法的常用参数及其说明如表 4-8 所示。

表 4-8　drop_duplicates()方法的常用参数及其说明

参数名称	参数说明
subset	接收 str 或 sequence。表示进行去重的列。默认为 None
keep	接收特定 str。表示重复时保留第几个数据。first 表示保留第一个，last 表示保留最后一个，False 表示只要有重复就都不保留。默认为“first”
inplace	接收 bool。表示是否在原表上进行操作。默认为 False
ignore_index	接收 bool。表示是否忽略索引。默认为 False

使用 drop_duplicates()方法对用户下载意愿表中的“是否愿意下载”特征进行去重，如代码 4-8 所示。

代码 4-8　使用 drop_duplicates()方法对“是否愿意下载”特征进行去重

```
In[3]:  download = pd.read_csv('../data/user_download.csv',
                               encoding='gbk')
        download_select = download['是否愿意下载'].drop_duplicates()
        print('使用drop_duplicates()方法去重之后下载意愿选项总数为：',
              len(download_select))
Out[3]: 使用drop_duplicates()方法去重之后下载意愿选项总数为： 3
```

事实上，drop_duplicates()方法不仅支持单一特征的去重，还能够对 DataFrame 的多个特征进行去重，具体用法如代码 4-9 所示。

代码 4-9　使用 drop_duplicates()方法对多个特征进行去重

```
In[4]:  all_info = pd.read_csv('../data/user_all_info.csv')
        print('去重之前用户信息表的形状为：', all_info.shape)
        shape_det = all_info.drop_duplicates(subset = ['用户编号', '编号'])
        print('依照用户编号、编号去重之后用户信息表的形状为:', shape_det.shape)
Out[4]: 去重之前用户信息表的形状为： (2235, 7)
        依照用户编号、编号去重之后用户信息表的形状为: (2172, 7)
```

2. 特征重复

结合相关的数学和统计学知识，要对连续特征进行去重，可以计算特征间的相似度，如果两个特征的相似度为 1，则去除一个。在 pandas 中，相似度的计算方法为 corr()。使用该方法计算相似度时，默认为 Pearson 法，可以通过 method 参数进行调节，目前还支持 Spearman 法和 Kendall 法。使用 Kendall 法求出用户信息表中“年龄/岁”特征和“每月支出/元”特征的相似度矩阵，如代码 4-10 所示。

代码 4-10　求出“年龄/岁”特征和“每月支出/元”特征的相似度矩阵

```
In[5]:  # 求年龄和每月支出的相似度
        corr_det = all_info[['年龄/岁', '每月支出/元']].corr(method='kendall')
        print('年龄和每月支出的相似度矩阵为：\n', corr_det)
```

```
Out[5]: 年龄和每月支出的相似度矩阵为：
                    年龄/岁        每月支出/元
        年龄/岁      1.000000     0.011119
        每月支出/元  0.011119     1.000000
```

通过相似度矩阵去重的一个弊端是只能对数值型重复特征去重，类别型特征之间无法通过计算相似系数来衡量相似度，因此无法根据相似度矩阵对类别型特征进行去重处理。

除了使用相似度矩阵对特征进行去重，还可以通过 equals()方法对特征进行去重，equals()方法的基本使用格式如下。

```
DataFrame.equals(other)
```

equals()方法的常用参数及其说明如表 4-9 所示。

表 4-9　equals()方法的常用参数及其说明

参数名称	参数说明
other	接收 Series 或 DataFrame。表示要与第一个 Series 或 DataFrame 进行比较的另一个 Series 或 DataFrame。无默认值

使用 equals()方法去重，如代码 4-11 所示。

代码 4-11　使用 equals()方法去重

```
In[6]:  # 定义求特征相等矩阵的方法
        def feature_equals(df):
            df_equals = pd.DataFrame([])
            for i in df.columns:
                for j in df.columns:
                    df_equals.loc[i, j] = df.loc[:, i].equals(
                        df.loc[:, j])
            return df_equals
        # 应用上述方法
        app_desire = feature_equals(all_info)
        print('app_desire 的特征相等矩阵的前 7 行的前 7 列为：\n',
              app_desire.iloc[:7, :7])
```

```
Out[6]: app_desire 的特征相等矩阵的前 7 行的前 7 列为：
                 用户编号  年龄/岁  性别   居住类型  编号   每月支出/元  是否愿意下载
        用户编号  True     False   False  False    True   False       False
        年龄/岁   False    True    False  False    False  False       False
        性别      False    False   True   False    False  False       False
        居住类型  False    False   False  True     False  False       False
        编号      True     False   False  False    True   False       False
```

```
每月支出/元 False    False  False  False    False  True      False
是否愿意下载 False    False  False  False    False  False     True
```

再通过遍历的方式筛选出完全重复的特征，如代码 4-12 所示。

代码 4-12　通过遍历的方式进行数据筛选

```
In[7]:   # 遍历所有数据
         len_feature = app_desire.shape[0]
         dup_col = []
         for m in range(len_feature):
             for n in range(m + 1, len_feature):
                 if app_desire.iloc[m, n] & (app_desire.columns[n]
                                              not in dup_col):
                     dup_col.append(app_desire.columns[n])
         # 进行去重操作
         print('需要删除的列为：', dup_col)
         all_info.drop(dup_col, axis=1, inplace=True)
         print('删除多余列后 all_info 的特征数量为：', all_info.shape[1])
Out[7]:  需要删除的列为： ['编号']
         删除多余列后 all_info 的特征数量为： 6
```

检测与处理缺失值

4.2.2　检测与处理缺失值

有时数据中的某个或某些特征的值是不完整的，这些值称为缺失值。pandas 提供了识别缺失值的 isnull()方法和识别非缺失值的 notnull()方法，这两种方法在使用时返回的都是布尔值，即 True 和 False。结合 sum 函数、isnull()方法和 notnull()方法，可以检测数据中缺失值的分布以及数据中一共含有多少缺失值，具体用法如代码 4-13 所示。

代码 4-13　sum 函数、isnull()方法和 notnull()方法的用法

```
In[8]:   print('all_info 每个特征缺失值的数量为：\n', all_info.isnull().sum())
         print('all_info 每个特征非缺失值的数量为：\n', all_info.notnull().sum())
Out[8]:  all_info 每个特征缺失值的数量为：      all_info 每个特征非缺失值的数量为：
         用户编号        0                    用户编号        2235
         年龄/岁         6                    年龄/岁         2229
         性别            0                    性别            2235
         居住类型        22                   居住类型        2213
         每月支出/元     20                   每月支出/元     2215
         是否愿意下载    20                   是否愿意下载    2215
         dtype: int64                         dtype: int64
```

注：由于运行结果篇幅较大，此处分两栏展示。

isnull()方法和 notnull()方法的结果正好相反，因此使用其中任意一个都可以检测出数据是否存在缺失值。在检测出数据存在缺失值之后，可以通过删除法、替换法或插值法对缺失值进行处理。

1．删除法

删除法是指将含有缺失值的特征或记录删除。删除法分为删除记录和删除特征两种，它是通过减少样本量来提高信息完整度的一种较为简单的缺失值处理方法。pandas 提供了简便的删除缺失值的 dropna()方法，通过控制参数，既可以删除记录，又可以删除特征。dropna()方法的基本使用格式如下。

```
DataFrame.dropna(*, axis=0, how=<no_default>, thresh= <no_default>, subset=None,
inplace=False, ignore_index=False)
```

dropna()方法的常用参数及其说明如表 4-10 所示。

表 4-10　dropna()方法的常用参数及其说明

参数名称	参数说明
axis	接收 0 或 1。表示轴。0 表示删除记录（行），1 表示删除特征（列）。默认为 0
how	接收特定 str。表示删除的形式。当取值为 any 时，表示只要有缺失值存在就执行删除操作；当取值为 all 时，表示当且仅当整行/整列全部为缺失值时才执行删除操作
thresh	接收 int。表示保留至少含有 *n*（thresh 参数值）个非空数值的行
subset	接收 array。表示进行去重的列/行。默认为 None
inplace	接收 bool。表示是否在原表上进行操作。默认为 False

对用户信息表使用 dropna()方法删除缺失值，如代码 4-14 所示。

代码 4-14　使用 dropna()方法删除缺失值

```
In[9]:  print('删除含有缺失值的行前 all_info 的形状为：', all_info.shape)
        all_info1 = all_info.dropna(axis=0, how='any')
        print('删除含有缺失值的行后 all_info 的形状为：', all_info1.shape)
        all_info1.to_csv('../tmp/all_info_notnull.csv', index=False)
Out[9]: 删除含有缺失值的行前 all_info 的形状为： (2235, 6)
        删除含有缺失值的行后 all_info 的形状为： (2169, 6)
```

由代码 4-14 可知，当 how 参数取值为“any”时，删除了 66 行数据，说明这些行中存在缺失值。若 how 参数不取“any”这个默认值，而是取“all”，则表示整行全部为缺失值时才会执行删除操作。

2. 替换法

替换法是指用一个特定的值替换缺失值。特征可分为数值型特征和类别型特征，两者出现缺失值时的处理方法是不同的。当缺失值所在特征为数值型特征时，通常利用其均值、中位数或众数等描述其集中趋势的统计量来替换缺失值；当缺失值所在特征为类别型特征时，则使用其众数来替换缺失值。pandas 中提供了替换缺失值的 fillna()方法，fillna()方法的基本使用格式如下。

```
pandas.DataFrame.fillna(value=None, method=None, axis=None, inplace=False,
limit=None, downcast=<no_default>)
```

fillna()方法的常用参数及其说明如表 4-11 所示。

表 4-11　fillna()方法的常用参数及其说明

参数名称	参数说明
value	接收 scalar、dict、Series 或 DataFrame。表示用于替换缺失值的值。默认为 None
method	接收特定 str。表示填补缺失值的方式。当取值为 backfilll 或 bfill 时，表示使用下一个非缺失值来填补缺失值；当取值为 ffill 时，表示使用上一个非缺失值来填补缺失值。默认为 None

续表

参数名称	参数说明
axis	接收 0 或 1。表示轴。默认为 None
inplace	接收 bool。表示是否在原表上进行操作。默认为 False
limit	接收 int。表示填补缺失值的个数上限，超过则不进行填补。默认为 None
downcast	接收 dict。表示是否变换数据类型

使用 fillna()方法将“每月支出/元”特征的缺失值替换为特征均值，如代码 4-15 所示。替换之后，“每月支出/元”特征中的缺失值将不复存在。

代码 4-15　使用 fillna()方法替换缺失值

```
In[10]:  # 求每月支出均值
         mean_num = all_info['每月支出/元'].mean()
         # 缺失值替换为均值
         all_info['每月支出/元'] = all_info['每月支出/元'].fillna(mean_num)
         print('“每月支出/元”特征缺失值的数量为：\n',
               all_info['每月支出/元'].isnull().sum())
Out[10]: “每月支出/元”特征缺失值的数量为：
          0
```

3. 插值法

删除法简单易行，但是会引起数据结构变动，使样本减少；替换法使用难度较低，但是会影响数据的标准差，导致信息量变动。在面对数据缺失问题时，除了这两种方法，还有一种常用的方法——插值法。

常用的插值法有线性插值、多项式插值和样条插值等。线性插值是一种较为简单的插值方法，它针对已知的值求出线性方程，通过求解线性方程得到缺失值。多项式插值利用已知的值拟合一个多项式，使得现有的数据满足这个多项式，再利用这个多项式求解缺失值，常见的多项式插值有拉格朗日插值和牛顿插值等。样条插值是以可变样条来作出一条经过一系列点的光滑曲线的插值方法。插值样条由一些多项式组成，每一个多项式都由相邻两个数据点决定，这样可以保证两个相邻多项式及其导数在连接处连续。

pandas 提供了对应的名为 interpolate 的插值方法，能够进行线性插值等操作，但是 SciPy 库的 interpolate 模块更加全面，其具体用法如代码 4-16 所示。

代码 4-16　使用 SciPy 库的 interpolate 模块进行插值

```
In[11]:  # 线性插值
         import numpy as np
         from scipy.interpolate import interp1d
         # 创建自变量 x
         x = np.array([1, 2, 3, 4, 5, 8, 9, 10])
         # 创建因变量 y1
         y1 = np.array([2, 8, 18, 32, 50, 128, 162, 200])
         # 创建因变量 y2
         y2 = np.array([3, 5, 7, 9, 11, 17, 19, 21])
         # 线性插值拟合 x、y1
```

```
            linear_ins_value1 = interp1d(x, y1, kind='linear')
            # 线性插值拟合 x、y2
            linear_ins_value2 = interp1d(x, y2, kind='linear')
            print('当x为6、7时,使用线性插值,y1对应的两个值为:', linear_ins_value1([6, 7]))
            print('当x为6、7时,使用线性插值,y2对应的两个值为:', linear_ins_value2([6, 7]))
Out[11]:    当 x 为 6、7 时，使用线性插值，y1 对应的两个值为： [ 76. 102.]
            当 x 为 6、7 时，使用线性插值，y2 对应的两个值为： [13. 15.]
In[12]:     # 拉格朗日插值
            from scipy.interpolate import lagrange
            large_ins_value1 = lagrange(x, y1)  # 拉格朗日插值拟合 x、y1
            large_ins_value2 = lagrange(x, y2)  # 拉格朗日插值拟合 x、y2
            print('当 x 为 6、7 时，使用拉格朗日插值，y1 对应的两个值为：',
                  large_ins_value1([6, 7]))
            print('当 x 为 6、7 时，使用拉格朗日插值，y2 对应的两个值为：',
                  large_ins_value2([6, 7]))
Out[12]:    当 x 为 6、7 时，使用拉格朗日插值，y1 对应的两个值为： [72. 98.]
            当 x 为 6、7 时，使用拉格朗日插值，y2 对应的两个值为： [13. 15.]
In[13]:     # 样条插值
            # 样条插值拟合 x、y1
            y1_new = np.linspace(x.min(), x.max(), 10)
            f = interp1d(x, y1, kind='cubic')  # 编辑插值函数格式
            spline_ins_value1 = f(y1_new)  # 通过相应的插值函数求得新的函数点
            # 样条插值拟合 x、y2
            y2_new = np.linspace(x.min(), x.max(), 10)
            f = interp1d(x, y2, kind='cubic')  # 编辑插值函数格式
            spline_ins_value2 = f(y2_new)  # 通过相应的插值函数求得新的函数点
            print('使用样条插值，y1 为：', spline_ins_value1)
            print('使用样条插值，y2 为：', spline_ins_value2)
Out[13]:    使用样条插值，y1 为： [  2.   8.  18.  32.  50.  72.  98. 128. 162. 200.]
            使用样条插值，y2 为： [ 3.  5.  7.  9. 11. 13. 15. 17. 19. 21.]
```

代码 4-16 中的自变量 x 和因变量 y_1 的关系如式（4-1）所示。

$$y_1 = 2x^2 \tag{4-1}$$

自变量 x 和因变量 y_2 的关系如式（4-2）所示。

$$y_2 = 2x + 1 \tag{4-2}$$

从拟合结果可以看出，多项式插值和样条插值在两种情况下的拟合都非常出色，线性插值只在自变量和因变量为线性关系的情况下拟合才较为出色。而在实际分析过程中，由于自变量与因变量的关系是线性的情况非常少见，所以在大多数情况下，多项式插值和样条插值是较为合适的选择。

SciPy 库中的 interpolate 模块除了提供常规的插值法，还提供了在图形学领域具有重要作用的重心坐标（Barycentric Coordinate）插值等插值法。在实际应用中，需要根据不同的场景选择合适的插值方法。

检测与处理异常值

4.2.3　检测与处理异常值

异常值是指数据中个别数值明显偏离其余的数值，有时也称其为离

群点。检测异常值就是检验数据中是否有输入错误或不合理的数据。异常值的存在对数据分析十分不友好。如果计算分析过程的数据中有异常值，那么会对结果产生不良影响，从而导致分析结果产生偏差乃至错误。常用的异常值检测方法主要为 3σ 原则和箱线图分析。

1. 3σ 原则

3σ 原则又称拉依达准则，其原理就是先假设一组待检测数据只含有随机误差，对原始数据进行计算处理得到标准差，然后按一定的概率确定一个区间，认为数据超过这个区间就属于异常。但是，这种判别处理方法仅适用于对正态分布或近似正态分布的样本数据进行处理。正态分布数据的 3σ 原则如表 4-12 所示，其中 σ 代表标准差，μ 代表均值。

表 4-12　正态分布数据的 3σ 原则

数值分布	在数据中的占比
$(\mu-\sigma,\mu+\sigma)$	0.6827
$(\mu-2\sigma,\mu+2\sigma)$	0.9545
$(\mu-3\sigma,\mu+3\sigma)$	0.9973

通过表 4-12 可以看出，正态分布数据的数值几乎全部集中在区间 $(\mu-3\sigma, \mu+3\sigma)$ 内，超出这个范围的数据仅占不到 0.3%。故根据小概率原理，可以认为超出 3σ 的部分为异常数据。

自行构建 3σ 原则函数，进行异常值识别，如代码 4-17 所示。

代码 4-17　使用 3σ 原则识别异常值

```
In[14]:  all_info = pd.read_csv('../tmp/all_info_notnull.csv')
         # 定义 3σ 原则函数来识别异常值
         def out_range(ser1):
             bool_ind = (ser1.mean() - 3 * ser1.std() > ser1) | \
             (ser1.mean() + 3 * ser1.var() < ser1)
             index = np.arange(ser1.shape[0])[bool_ind]
             outrange = ser1.iloc[index]
             return outrange
         outlier = out_range(all_info['年龄/岁'])
         print('使用 3σ 原则判定异常值个数为：', outlier.shape[0])
         print('异常值的最大值为：', outlier.max())
         print('异常值的最小值为：', outlier.min())
Out[14]: 使用 3σ 原则判定异常值个数为： 7
         异常值的最大值为： -1.0
         异常值的最小值为： -5.0
```

3σ 原则具有一定的局限性，即此原则只对正态分布或近似正态分布的数据有效，而对其他分布类型的数据无效。

2. 箱线图分析

箱线图可提供识别异常值的标准，即异常值通常被定义为小于 QL−1.5IQR 或大于 QU+1.5IQR 的值。其中，QL 为下四分位数，表示全部数据中有四分之一的数据取值比它小；QU 为上四分位数，表示全部数据中有四分之一的数据取值比它大；IQR 为四分位数间距，是上四分位数 QU 与下四分位数 QL 之差，其涵盖的数据是全部数据的一半。

箱线图依据实际数据绘制，真实、直观地表现出了数据分布的本来面貌，且没有对数据做任何限制性要求（3σ 原则要求数据服从正态分布或近似服从正态分布），其判断异常值的标准以四分位数和四分位数间距为基础。四分位数给出了数据分布的中心、散布和形状的某种指示，具有一定的鲁棒性，即 25%的数据可以变得任意远，而不会很大地扰动四分位数，所以异常值通常不会对这个标准施加影响。鉴于此，箱线图识别异常值的结果比较客观，因此在识别异常值方面具有一定的优越性。使用箱线图分析方法来识别用户年龄数据中的异常值，如代码 4-18 所示。

代码 4-18　根据箱线图分析方法识别用户年龄数据的异常值

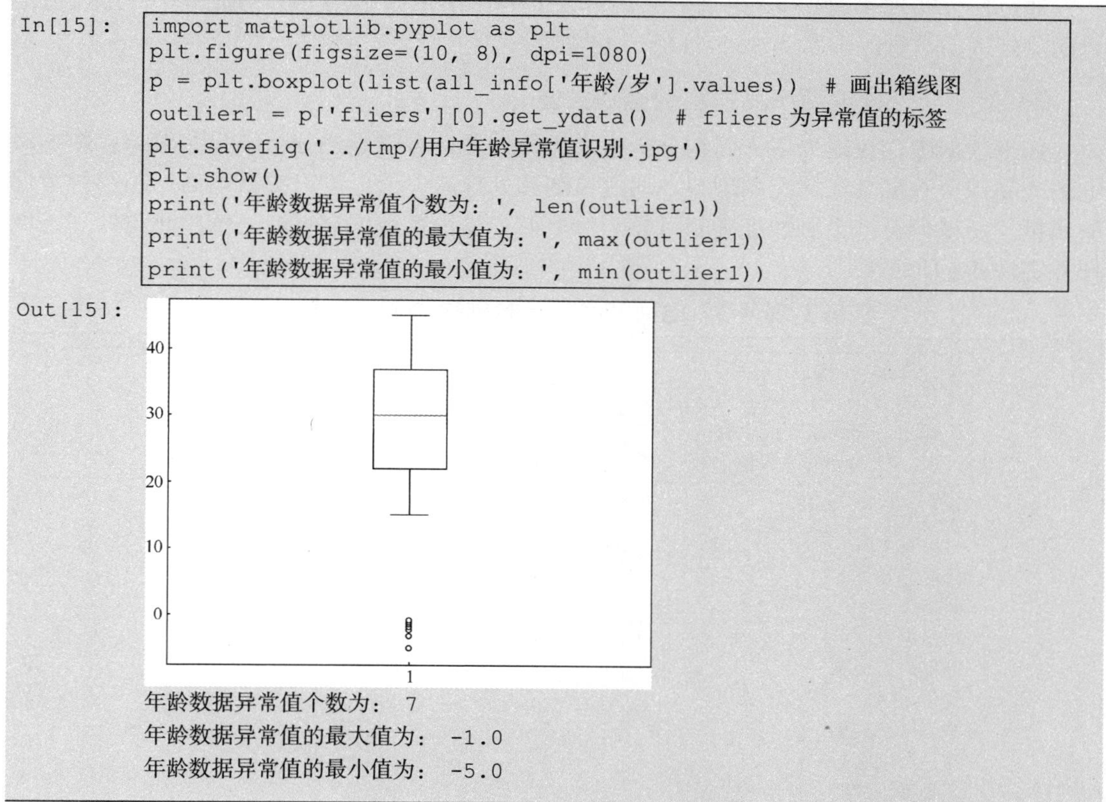

```
In[15]:  import matplotlib.pyplot as plt
         plt.figure(figsize=(10, 8), dpi=1080)
         p = plt.boxplot(list(all_info['年龄/岁'].values))  # 画出箱线图
         outlier1 = p['fliers'][0].get_ydata()  # fliers 为异常值的标签
         plt.savefig('../tmp/用户年龄异常值识别.jpg')
         plt.show()
         print('年龄数据异常值个数为：', len(outlier1))
         print('年龄数据异常值的最大值为：', max(outlier1))
         print('年龄数据异常值的最小值为：', min(outlier1))
Out[15]:
```



```
年龄数据异常值个数为： 7
年龄数据异常值的最大值为： -1.0
年龄数据异常值的最小值为： -5.0
```

从代码 4-18 的运行结果可知，用户信息表中的年龄数据存在 7 个异常值，最大的异常值为-1.0，最小的异常值为-5.0。

【任务实现】

1. 检测与处理电商产品销售数据重复值

重复值会使得某些数据在统计分析中被多次计算，从而影响数据的准确性。重复值还会增加数据处理和存储的负担，因为它们占用了额外的存储空间并且增加了处理时间。清洗掉重复值后，数据集更干净、更规范，有利于后续的数据分析工作。检测和处理电商产品销售数据中的重复值，如任务实现 4-2 所示。

任务实现 4-2　电商产品销售数据重复值检测和处理

```
In[3]:  duplicate_rows = merged_data[merged_data.duplicated()]
        print('电商产品销售数据中重复值的数量为:', len(duplicate_rows))

Out[3]: 电商产品销售数据中重复值的数量为: 21

In[4]:  # 删除数据中的重复值
        merged_data = merged_data.drop_duplicates()
        print('删除重复值后电商产品销售数据的形状为:',merged_data.shape)

Out[4]: 删除重复值后电商产品销售数据的形状为: (364451, 14)
```

通过任务实现 4-2 可知，电商产品销售数据中存在 21 个重复值，对数据中的重复值进行删除处理后数据的形状为 364451 行、14 列。

2．检测与处理电商产品销售数据缺失值

如果数据中存在缺失值，而在分析中未进行处理，可能导致分析结果的偏差，影响对电商产品销售数据真实情况的理解。通过检测和处理缺失值，可以提高电商产品销售数据的质量，使得分析结果更加准确和可靠。对电商产品销售数据进行缺失值检测与处理，如任务实现 4-3 所示。

任务实现 4-3　电商产品销售数据缺失值检测与处理

```
In[5]:  # 计算每列的缺失值个数
        missing_count_per_column = merged_data.isnull().sum()
        # 输出每列的缺失值个数
        print("每列的缺失值个数: \n", missing_count_per_column)

Out[5]: 每列的缺失值个数:
        订单发生时间          2287
        订单编号              2287
        商品编号              0
        用户编号              0
        订单是否退款          0
        销售渠道              0
        销售平台类型          0
        商品类别编号          0
        商品类别代码          101
        商品品牌名称          0
        商品售出价格/美元     0
        用户年龄/岁           0
        用户性别              0
        用户地区              0
        dtype: int64

In[6]:  # 删除缺失值
        merged_data = merged_data.dropna()
        # 输出处理后的数据
        print('删除缺失值后电商产品销售数据的形状为:',merged_data.shape)

Out[6]: 删除缺失值后电商产品销售数据的形状为: (362064, 14)
```

通过任务实现 4-3 可知，“订单发生时间”特征和“订单编号”特征中均存在 2287 个缺失值，“商品类别代码”特征中存在 101 个缺失值，删除缺失值后电商产品销售数据的形状为 362064 行、14 列。

3. 检测与处理电商产品销售数据异常值

异常的销售数据可能导致错误的库存管理或产品采购决策，从而影响企业的盈利能力。异常值检测和处理有助于确保企业基于数据做出的决策是准确和可靠的，从而提升企业的竞争力和长期发展能力。对电商产品销售数据进行异常值检测和处理，如任务实现 4-4 所示。

任务实现 4-4　电商产品销售数据异常值检测和处理

In[7]:

```
# 检测订单发生时间异常值
# 查看订单发生时间的年份
print("订单发生时间的年份：",
      merged_data['订单发生时间'].str[:4].unique())
# 检测是否有不合理的日期
invalid_dates = merged_data[merged_data['订单发生时间'].str.contains
('2023/2/29')]
print("时间不存在的日期：\n", invalid_dates.head(5))
```

Out[7]:

```
订单发生时间的年份： ['2023' '1970']
时间不存在的日期：
          订单发生时间          订单编号         商品编号           用户编号 订单是否退款
销售渠道  \
2201     2023/2/29 8:36  sys_1043423  pr1003030  user_102227      否    渠道6
6846     2023/2/29 8:23  sys_1043107  pr1002389  user_116927      否   渠道12
10841  2023/2/29 12:07  sys_1043080  pr1000958  user_104525      否   渠道12
11366  2023/2/29 13:28  sys_1043164  pr1013320  user_114062      否   渠道11
11367  2023/2/29 13:28  sys_1043164  pr1013090  user_114062      否   渠道11

          销售平台类型 商品类别编号              商品类别代码 商品品牌名称  商品售出价格/
美元  用户年龄/岁 用户性别 用户地区
2201      应用程序    c1784          电脑-游戏软件     品牌 54       30.07        16
女   地区B
6846     微信公众号    c1159    电脑-电脑配件-硬盘驱动       品牌 1         69.42
47     男   地区G
10841    电脑网页端    c1029   家用电器-环境电器-吸尘器      品牌 32       208.31
25     女   地区F
11366    微信公众号    c1023          家用电器-熨斗   品牌 194         6.92        22
女   地区B
11367    微信公众号    c1419      家用电器-厨房-水壶     品牌 32       81.00        22
女   地区B
```

In[8]:

```
# 检测商品售出价格异常值，商品售出价格不能为负值
negative_prices = merged_data[merged_data['商品售出价格/美元'] < 0]
print('销售价格数据异常值个数为：', len(negative_prices))
```

Out[8]:

```
销售价格数据异常值个数为： 0
```

In[9]:
```
# 检测用户年龄异常值
import matplotlib.pyplot as plt
plt.figure(figsize=(10, 8), dpi=1080)
p = plt.boxplot(list(merged_data['用户年龄/岁'].values))  # 画出箱线图
outlier1 = p['fliers'][0].get_ydata()  # fliers 为异常值的标签
plt.show()
```

Out[9]:

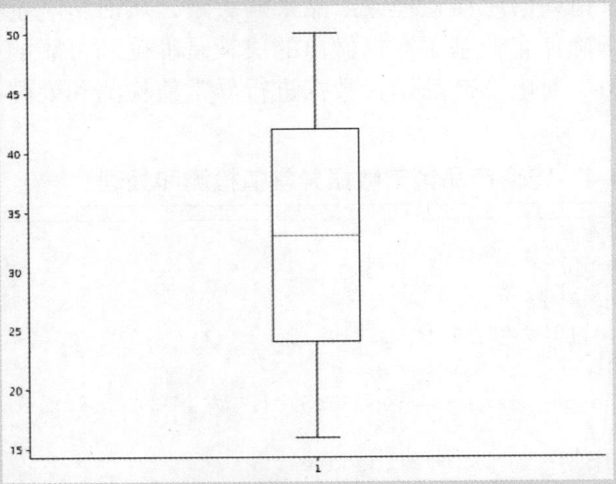

In[10]:
```
# 删除异常值
merged_data =  merged_data[~merged_data['订单发生时间'].str.contains
('2023/2/29')]
merged_data = merged_data[~merged_data['订单发生时间'].str.contains
('1970')]
print('删除异常值后电商产品销售数据的形状为:', merged_data.shape)
```

Out[10]: 删除异常值后电商产品销售数据的形状为: (360764, 14)

通过任务实现 4-4 可知，对“订单发生时间”“商品售出价格/美元”“用户年龄/岁”特征进行异常值检测，“订单发生时间”特征中存在一定的异常值，“商品售出价格/美元”“用户年龄/岁”特征中不存在异常值。其中，“订单发生时间”特征中出现了“2023/2/29”的日期，因为在公历中非闰年的 2 月份没有 29 日，所以这是一个异常日期。同时，“订单发生时间”特征中还有年份为“1970”的日期，虽然 1970 年本身是存在的，但本任务涉及的数据为电商产品销售数据，年份“1970”出现在此处是不合理的，因此将之作为异常值处理。异常值处理后的数据形状为 360764 行、14 列，表明原始数据集中包含了一些无效或异常的日期记录，但即便移除了这些记录，数据集依然保持了相对较大的规模，足以进行后续的分析或处理。

标准化数据

任务 4.3 标准化电商产品销售数据

【任务描述】

不同商品的售价可能因商品的特性和成本差异呈现极大的差异。标准化能够将数据转换到同一量级上，使得分析过程不会因为量纲或数量级的差异而产生偏误。本任务将对商品售出价格进行标准化，确保在综合分析中每个商品的价格特征具有同等的重要性。

【任务分析】

利用标准差标准化的计算方法，使用 mean()方法和 std()方法对商品售出价格进行标准差标准化。

【知识准备】

4.3.1 离差标准化数据

离差标准化是对原始数据的一种线性变换，结果是将原始数据的数值映射到[0,1]区间，其公式如式（4-3）所示。

$$X^* = \frac{X - \min}{\max - \min} \tag{4-3}$$

其中，X 表示原始数据值，max 为样本数据的最大值，min 为样本数据的最小值，max−min 为极差。离差标准化保留了原始数据之间的联系，是消除量纲和数据取值范围影响较为简单的方法。

对用户每月支出信息表中的每月支出数据进行离差标准化，如代码 4-19 所示。

代码 4-19 对每月支出数据进行离差标准化

```
In[1]:
import pandas as pd
pay = pd.read_csv('../data/user_pay_info.csv', index_col=0)
# 自定义离差标准化函数
def min_max_scale(data):
     data = (data - data.min()) / (data.max() - data.min())
     return data
# 对用户每月支出信息表中的每月支出数据进行离差标准化
pay_min_max = min_max_scale(pay['每月支出/元'])
print('离差标准化之前每月支出数据为: \n', pay['每月支出/元'].head())
print('离差标准化之后每月支出数据为: \n', pay_min_max.head())
```

```
Out[1]:
离差标准化之前每月支出数据为:
 编号
0     6807.50
1     4780.45
2     1959.00
3     5011.06
4     4557.21
Name: 每月支出/元, dtype: float64

离差标准化之后每月支出数据为:
 编号
0     0.615543
1     0.431867
2     0.176208
3     0.452763
4     0.411638
Name: 每月支出/元, dtype: float64
```

注：由于运行结果篇幅较大，此处分两栏展示。

通过比较代码 4-19 中离差标准化前后的数据可以发现，数据的整体分布情况并未发生改变，原先取值较大的数据，在做完离差标准化后的值依旧较大。并且每月支出数据在进行离差标准化后，数据之间的差值非常小，这是数据极差过大造成的。

同时，还可以看出离差标准化的缺点：若数据中存在极大值，则标准化后各值会接近于 0，并且它们相差不大。若将来出现新数据的值超过目前[min,max]取值范围的情况，会引起系统出错，这时便需要重新确定 min 和 max。

4.3.2 标准差标准化数据

标准差标准化也叫零均值标准化或 Z 分数标准化，是当前使用较为广泛的数据标准化方法，经过该方法处理的数据均值为 0、标准差为 1，其公式如式（4-4）所示。

$$X^* = \frac{X - \bar{X}}{\delta} \tag{4-4}$$

其中，X 表示原始数据值，$\bar{X}$ 为原始数据的均值，δ为原始数据的标准差。

对用户每月支出信息表中的每月支出数据进行标准差标准化，如代码 4-20 所示。

代码 4-20　对每月支出数据进行标准差标准化

In[2]:
```
# 自定义标准差标准化函数
def standard_scaler(data):
    data = (data - data.mean()) / data.std()
    return data
# 对用户每月支出信息表中的每月支出数据进行标准差标准化
pay_standard = standard_scaler(pay['每月支出/元'])
print('标准差标准化之前每月支出数据为：\n', pay['每月支出/元'].head())
print('标准差标准化之后每月支出数据为：\n', pay_standard.head())
```

Out[2]:
```
标准差标准化之前每月支出数据为：
 编号
0    6807.50
1    4780.45
2    1959.00
3    5011.06
4    4557.21
Name: 每月支出/元, dtype: float64
```
```
标准差标准化之后每月支出数据为：
 编号
0    1.004110
1    0.003042
2   -1.390344
3    0.116930
4   -0.107206
Name: 每月支出/元, dtype: float64
```

注：由于运行结果篇幅较大，此处分两栏展示。

通过比较代码 4-20 中标准差标准化前后的结果可知，标准差标准化后的值不局限于[0,1]，并且存在负值。同时不难发现，标准差标准化和离差标准化一样不会改变数据的分布情况。

4.3.3　小数定标标准化数据

通过移动数据的小数点，将数据映射到区间[-1,1]，小数点的位置取决于原始数据绝对值的最大值，其公式如式（4-5）所示。

$$X^* = \frac{X}{10^k} \tag{4-5}$$

其中，X 表示原始数据值。

对用户每月支出信息表中的每月支出数据进行小数定标标准化，如代码 4-21 所示。

代码 4-21　对每月支出数据进行小数定标标准化

In[3]:
```
# 自定义小数定标标准化函数
import numpy as np
def decimal_scaler(data):
    data = data / 10 ** np.ceil(np.log10(data.abs().max()))
    return data
# 对用户每月支出信息表中的每月支出数据进行小数定标标准化
pay_decimal = decimal_scaler(pay['每月支出/元'])
print('小数定标标准化之前的每月支出数据：\n', pay['每月支出/元'].head())
print('小数定标标准化之后的每月支出数据：\n', pay_decimal.head())
```

```
Out[3]:  小数定标标准化之前的每月支出数据：           小数定标标准化之后的每月支出数据：
          编号                                       编号
         0    6807.50                               0    0.068075
         1    4780.45                               1    0.047804
         2    1959.00                               2    0.019590
         3    5011.06                               3    0.050111
         4    4557.21                               4    0.045572
         Name: 每月支出/元, dtype: float64          Name: 每月支出/元, dtype: float64
```

注：由于运行结果篇幅较大，此处分两栏展示。

离差标准化、标准差标准化、小数定标标准化 3 种标准化方法各有优势。其中，离差标准化方法简单、便于理解，标准化后的数据限定在[0,1]区间内；标准差标准化受数据分布的影响较小；小数定标标准化方法的适用范围广，并且受数据分布的影响较小，与前两种方法相比，该方法适用程度适中。

【任务实现】

对商品售出价格进行标准差标准化

标准差标准化通过将每个原始数据的值减去其均值再除以其标准差完成数据标准化，经过标准差标准化后，数据会呈现出均值为 0、标准差为 1 的正态分布形态（如果原始数据接近正态分布）。对商品信息数据中的商品售出价格进行标准差标准化，如任务实现 4-5 所示。

任务实现 4-5　对商品售出价格进行标准差标准化

```
In[11]:  # 标准差标准化
         mean_price = merged_data['商品售出价格/美元'].mean()
         std_price = merged_data['商品售出价格/美元'].std()
         price_normalized_zscore = (merged_data['商品售出价格/美元'
                                     ] - mean_price) / std_price
         print('标准差标准化之前商品售出价格数据为：\n',
               merged_data['商品售出价格/美元'].head())
         print('标准差标准化之后商品售出价格数据为：\n',
               price_normalized_zscore.head())
Out[11]: 标准差标准化之前商品售出价格数据为：
         0    162.01
         1    77.52
         2    77.52
         3    203.68
         4    2342.57
         Name: 商品售出价格/美元, dtype: float64
         标准差标准化之后商品售出价格数据为：
         0    -0.271826
         1    -0.534630
         2    -0.534630
         3    -0.142212
         4    6.510763
         Name: 商品售出价格/美元, dtype: float64
```

通过任务实现 4-5 对商品售出价格数据进行标准差标准化后，每个价格值反映了其相对于整体价格分布的位置：正值表示高于均值，负值表示低于均值，且数值大小代表偏离均值的程度。

变换数据

任务 4.4 变换电商产品销售数据

【任务描述】

根据特性，数据通常可划分为类别型（离散型）数据和连续型（数值型）数据。通过变换数据（如哑变量处理类别型数据、离散化连续型数据等），可以使数据更适合特定的分析任务，提高模型的准确性和可靠性。本任务将对电商产品销售数据中的类别型数据和连续型数据分别进行哑变量处理和离散化。

【任务分析】

（1）使用 get_dummies 函数对用户性别数据、销售渠道数据、销售平台类型数据进行哑变量处理。

（2）使用 cut 函数对用户年龄数据、商品售出价格数据进行离散化。

【知识准备】

4.4.1 哑变量处理类别型数据

在数据分析模型中有相当一部分算法模型都要求输入的特征为数值型特征，但在实际数据中，特征不一定都是数值型，还可能存在类别型。类别型特征需要经过哑变量处理后才可以放入模型。哑变量处理示例如图 4-5 所示。

哑变量处理前

	城市
1	广州
2	上海
3	杭州
4	北京
5	深圳
6	北京
7	上海
8	杭州
9	广州
10	深圳

哑变量处理后

	城市_广州	城市_上海	城市_杭州	城市_北京	城市_深圳
1	1	0	0	0	0
2	0	1	0	0	0
3	0	0	1	0	0
4	0	0	0	1	0
5	0	0	0	0	1
6	0	0	0	1	0
7	0	1	0	0	0
8	0	0	1	0	0
9	1	0	0	0	0
10	0	0	0	0	1

图 4-5 哑变量处理示例

在 Python 中可以利用 pandas 中的 get_dummies 函数对类别型特征进行哑变量处理，get_dummies 函数的基本使用格式如下。

```
pandas.get_dummies(data, prefix=None, prefix_sep='_', dummy_na=False, columns=None,
sparse=False, drop_first=False, dtype=None)
```

get_dummies 函数的常用参数及其说明如表 4-13 所示。

表 4-13　get_dummies 函数的常用参数及其说明

参数名称	参数说明
data	接收 array、DataFrame 或 Series。表示需要哑变量处理的数据。无默认值
prefix	接收 str、str 型 list 或 str 型 dict。表示经过哑变量处理后列名的前缀。默认为 None
prefix_sep	接收 str。表示前缀的连接符。默认为"_"
dummy_na	接收 bool。表示是否为 NaN 值添加一列。默认为 False
columns	接收 list_like。表示 DataFrame 中需要编码的列名。默认为 None
sparse	接收 bool。表示虚拟列是否是稀疏的。默认为 False
drop_first	接收 bool。表示是否通过从 k 个分类级别中删除第一级来获得 k-1 个分类级别。默认为 False
dtype	接收数据类型。表示处理后新列的数据类型。默认为 None

用户信息表中的居住类型为类别型特征，利用 get_dummies 函数对其进行哑变量处理，如代码 4-22 所示。

代码 4-22　利用 get_dummies 函数进行哑变量处理

```
In[1]:
import pandas as pd
all_info = pd.read_csv('../data/user_all_info.csv')
live_type = all_info.loc[0: 5, '居住类型']  # 抽取部分数据做演示
print('哑变量处理前的数据为：\n', live_type)
print('哑变量处理后的数据为：\n', pd.get_dummies(live_type, dtype=int))
```

```
Out[1]:
哑变量处理前的数据为：
0    城市
1    城市
2    农村
3    农村
4    城市
5    城市
Name: 居住类型, dtype: object

哑变量处理后的数据为：
   农村  城市
0  0     1
1  0     1
2  1     0
3  1     0
4  0     1
5  0     1
```

注：由于运行结果篇幅较大，此处分两栏展示。

由代码 4-22 的运行结果可知，对于一个类别型特征，若其取值有 m 个，则经过哑变量处理后将变成 m 个特征，并且这些特征互斥，每次只有一个被激活，这使得数据变得稀疏。

对类别型特征进行哑变量处理主要解决了部分算法模型无法处理类别型数据的问题，在一定程度上起到了扩充特征的作用。由于数据变成了稀疏矩阵的形式，因此也加快了算法模型的运算速度。

4.4.2　离散化连续型数据

某些模型算法，特别是分类算法（如 ID3 决策树算法和 Apriori 算法等），要求数据是离散的，此时就需要将连续型特征数据变换成离散型特征数据，即将连续型特征离散化。

连续型特征离散化是指在数据的取值范围内设定若干个离散的划分点，将取值范围划

分为一些离散化的子区间，最后用不同的符号或整数值代表落在每个子区间中的数据。因此离散化涉及两个子任务，分别为确定分类数和将连续型数据映射到类别型数据上。连续型特征离散化示例如图 4-6 所示。

离散化处理前

	年龄
1	18
2	23
3	35
4	54
5	42
6	21
7	60
8	63
9	41
10	38

离散化处理后

	年龄
1	(17.955,27]
2	(17.955,27]
3	(27,36]
4	(45,54]
5	(36,45]
6	(17.955,27]
7	(54,63]
8	(54,63]
9	(36,45]
10	(36,45]

图 4-6　连续型特征离散化示例

常用的离散化方法主要有 3 种：等宽法、等频法和聚类分析法（一维）。

1. 等宽法

等宽法将数据的值域划分成具有相同宽度的区间，区间的个数由数据本身的特点决定或由用户指定，与制作频率分布表类似。pandas 提供了 cut 函数，可以进行连续型数据的等宽离散化，其基本使用格式如下。

```
pandas.cut(x, bins, right=True, labels=None, retbins=False, precision=3,
include_lowest=False, duplicates='raise', ordered=True)
```

cut 函数的常用参数及其说明如表 4-14 所示。

表 4-14　cut 函数的常用参数及其说明

参数名称	参数说明
x	接收 array 或 Series。表示需要进行离散化处理的数据。无默认值
bins	接收 int、list、array 或 tuple。若参数值为 int，则表示离散化后的类别数量；若参数值为序列类型的数据，则表示进行切分的区间，每两个数之间为一个区间。无默认值
right	接收 bool。表示右侧是否为闭区间。默认为 True
labels	接收 list、array。表示离散化后各个类别的名称。默认为 None
retbins	接收 bool。表示是否返回区间标签。默认为 False
precision	接收 int。表示显示标签的精度。默认为 3
duplicates	接收指定 str。表示是否允许区间重叠。可选“raise”和“drop”，“raise”表示不允许，“drop”表示允许。默认为“raise”

使用等宽法对用户年龄进行离散化处理，如代码 4-23 所示。

代码 4-23 等宽法离散化

```
In[2]:   age_cut = pd.cut(all_info['年龄/岁'], 5)
         print('离散化后记录的年龄分布为：\n', age_cut.value_counts())

Out[2]:  离散化后记录的年龄分布为：
          年龄/岁
         (25.0, 35.0]    767
         (15.0, 25.0]    733
         (35.0, 45.0]    661
         (5.0, 15.0]      61
         (-5.05, 5.0]      7
         Name: count, dtype: int64
```

从代码 4-23 中可以很明显地看出，等宽法离散化对数据分布具有较高要求。如果数据分布不均匀，那么各个类的数量也会变得非常不均匀，有些区间包含许多数据，而另外一些区间的数据极少，这会严重影响所建立的模型的效果。

2. 等频法

cut 函数虽然不能够直接实现等频法离散化，但是可以通过定义将相同数量的记录放进每个区间，从而实现等频的功能。使用等频法对用户年龄进行离散化处理，如代码 4-24 所示。

代码 4-24 等频法离散化

```
In[3]:   import numpy as np
         # 自定义等频法离散化函数
         def same_rate_cut(data, k):
             h= data.quantile(np.arange(0, 1 + 1.0 / k, 1.0 / k))
             data = pd.cut(data, h)
             return data
         # 对用户年龄进行等频法离散化
         age_same_rate = same_rate_cut(all_info['年龄/岁'], 5).value_counts()
         print('用户年龄数据等频法离散化后分布状况为：\n', age_same_rate)

Out[3]:  用户年龄数据等频法离散化后分布状况为：
          年龄/岁
         (-5.0, 21.0]    501
         (27.0, 33.0]    472
         (21.0, 27.0]    438
         (33.0, 39.0]    432
         (39.0, 45.0]    385
         Name: count, dtype: int64
```

代码 4-24 所展现的等频法离散化，相较于等宽法离散化，避免了数据分布不均匀的问题，但是，也有可能将数值非常接近的两个值分到不同的区间以满足每个区间对数据个数的要求。

3. 聚类分析法

一维聚类的方法包括两个步骤：首先将连续型数据用聚类算法（如 k-means 算法等）进行聚类；然后处理聚类得到的簇，为合并到一个簇的连续型数据做同一种标记。聚类分析法离散化需要用户指定簇的个数，用于决定产生的区间数。

使用聚类分析法对用户年龄进行离散化，如代码 4-25 所示。

代码 4-25　聚类分析法离散化

```
In[4]:
# 自定义 k-means 聚类分析法离散化函数
def kmean_cut(data, k):
      from sklearn.cluster import KMeans  # 引入 k-means
      # 建立模型
      kmodel = KMeans(n_clusters=k, random_state=6)
      kmodel.fit(data.values.reshape((len(data), 1)))  # 训练模型
      # 输出聚类中心并排序
      c = pd.DataFrame(kmodel.cluster_centers_).sort_values(0)
      w = c.rolling(2).mean().iloc[1:]  # 对相邻两项求中点，作为边界点
      w = [0] + list(w[0]) + [data.max()]  # 把首末边界点加上
      data = pd.cut(data, w)
      return data
# 用户年龄聚类分析法离散化
all_info.dropna(inplace=True)
age_kmeans = kmean_cut(all_info['年龄/岁'], 5).value_counts()
print('用户年龄聚类分析法离散化后各个类别数量分布状况为：\n', age_kmeans)
```

```
Out[4]:
用户年龄聚类分析法离散化后各个类别数量分布状况为：
 年龄/岁
(20.511, 27.33]     502
(27.33, 33.588]     452
(33.588, 39.501]    424
(0.0, 20.511]       405
(39.501, 45.0]      379
Name: count, dtype: int64
```

注：由于算法中未指定随机数生成器，所以运行结果会存在一定的差异。此外，此处用到的 scikit-learn 库的 k-means 算法不要求读者完全掌握，能够使用已经定义好的函数进行离散化操作即可。若需了解 k-means 算法的内容，则可查看任务 8.3，或通过 AIGC 工具生成个性化的学习内容、资源等，辅助学习，如生成 k-means 算法的概述与示例、生成代码 4-25 中 kmean_cut 函数的详细解读等。

k-means 算法可以很好地根据现有特征的数据分布状况进行聚类，但是由于其本身的缺陷，用该方法进行离散化时依旧需要指定离散化后类别的数量。此时需要配合聚类算法评价方法找出最优的簇数量。

【任务实现】

1. 对用户性别数据、销售渠道数据、销售平台类型数据进行哑变量处理

将类别型数据转换为哑变量能够更好地表达数据的特征。使用 get_dummies 函数对用户性别数据、销售渠道数据、销售平台类型数据进行哑变量处理，如任务实现 4-6 所示。

任务实现 4-6　类别型数据哑变量处理

```
In[12]:
# 对类别型数据进行哑变量处理
df_dummies = pd.get_dummies(
    merged_data[['用户性别','销售渠道','销售平台类型']], dtype=int)
print(df_dummies.head(5))
```

```
Out[12]:   用户性别_女  用户性别_男  销售渠道_渠道0  销售渠道_渠道1  销售渠道_渠道10
           销售渠道_渠道11  销售渠道_渠道12  \
           0        1       0        0        0        0        0        1
           1        1       0        0        0        0        0        0
           2        1       0        0        0        0        0        0
           3        1       0        0        0        0        0        0
           4        1       0        0        0        0        0        0

             销售渠道_渠道13  销售渠道_渠道14  销售渠道_渠道15  ...  销售渠道_渠道6
           销售渠道_渠道7  销售渠道_渠道8  \
           0          0          0          0  ...         0         0         0
           1          0          0          0  ...         0         0         1
           2          0          0          0  ...         0         0         1
           3          0          0          0  ...         0         0         1
           4          0          0          0  ...         0         0         1

             销售渠道_渠道 9  销售平台类型_WAP 网页  销售平台类型_应用程序  销售平台
           类型_微信公众号  销售平台类型_微信商店  \
           0         0             0             1            0            0
           1         0             0             1            0            0
           2         0             0             1            0            0
           3         0             0             1            0            0
           4         0             0             1            0            0

             销售平台类型_支付宝小程序  销售平台类型_电脑网页端
           0          0           0
           1          0           0
           2          0           0
           3          0           0
           4          0           0

           [5 rows x 24 columns]
```

注：此处部分结果已省略。

通过任务实现 4-6 可知，原始的 3 个类别型特征被转换成若干个二进制变量，每个二进制变量表示了原始特征的某一个取值。对于“用户性别”特征，生成了“用户性别_男”和“用户性别_女”两个新的二进制变量，值为 1 表示是对应的性别，值为 0 表示不是对应的性别。此外，对于“销售渠道”和“销售平台类型”特征也做了相同的处理。

2. 对用户年龄数据和商品售出价格数据进行离散化

离散化处理可以将连续型的用户年龄和商品售出价格转换为离散的分类或者区间，从而减少连续型数据的波动，更好地反映数据的真实特征。根据“用户年龄/岁”特征的数据情况，对用户年龄数据进行离散化，将年龄划分为 16～24 岁、25～34 岁、35 岁及以上 3 个区间。根据“商品售出价格/美元”特征的数据情况，对商品售出价格数据进行离散化，划分价格区间：价格<2000 为低价区、2000≤价格<4000 为中低价区、4000≤价格<6000 为中价区、6000≤价格<8000 为中高价区、价格≥8000 为高价区。使用 cut 函数对用户年龄数据、商品售出价格数据进行离散化，如任务实现 4-7 所示。

任务实现 4-7　用户年龄数据和商品售出价格数据离散化

```
In[13]:   # 对用户年龄数据进行离散化处理，划分为 3 个年龄段
          age_bins = [merged_data['用户年龄/岁'].min()-1, 25, 35,
```

```
            merged_data['用户年龄/岁'].max()+1]
age_labels = ['16～24岁', '25～34岁', '35岁及以上']
merged_data['年龄段'] = pd.cut(merged_data['用户年龄/岁'],
                             bins=age_bins,labels=age_labels,
                             right=False)
# 对商品售出价格进行离散化处理，划分为5个价格段
price_bins = [merged_data['商品售出价格/美元'].min()-1,
              2000, 4000, 6000, 8000,
              merged_data['商品售出价格/美元'].max()+1]
price_labels = ['低价区', '中低价区', '中价区', '中高价区', '高价区']
merged_data['价格区间'] = pd.cut(merged_data['商品售出价格/美元'],
                              bins=price_bins, labels=price_labels,
                              right=False)
# 输出处理后的 DataFrame
print(merged_data.head(5))
```

```
Out[13]:        订单发生时间          订单编号       商品编号      用户编号 订单是否退款
销售渠道 销售平台类型  \
0    2023/4/24 11:50   sys_1000000   pr1000541   user_102124        否
渠道12    应用程序
1    2023/4/24 14:37   sys_1000001   pr1016251   user_109188        否
渠道8     应用程序
2    2023/4/29 10:46   sys_1000020   pr1016251   user_109188        否
渠道8     应用程序
3    2023/4/29 10:46   sys_1000020   pr1000060   user_109188        否
渠道8     应用程序
4   2023/10/21 19:40   sys_1281426   pr1011688   user_109188        否
渠道8     应用程序

  商品类别编号   商品类别代码 商品品牌名称   商品售出价格/美元   用户年龄/岁  用
户性别 用户地区       年龄段   价格区间
0  c1309       电脑-平板电脑      品牌1      162.01       24     女   地区A
16～24岁     低价区
1  c1341   电子产品-音频设备-耳机     品牌2       77.52       38      女   地区B
35岁及以上     低价区
2  c1341   电子产品-音频设备-耳机     品牌2       77.52       38      女   地区B
35岁及以上     低价区
3  c1341   电子产品-音频设备-耳机     品牌3      203.68       38      女   地区B
35岁及以上     低价区
4  c1147          电脑-笔记本      品牌3     2342.57       38     女   地区B  35
岁及以上    中低价区
```

通过任务实现 4-7 可知，“年龄段”列将用户年龄分为不同的年龄段，如年龄为 24 岁的用户被划分到“16～24 岁”年龄段。“价格区间”列将商品售出价格划分为不同的价格区间，如售出价格为 77.52 美元的商品被划分到“低价区”价格区间。通过离散化处理，将连续型的用户年龄和商品售出价格转换为离散的分类数据，使得数据更易于理解和分析，能够更直观地识别和分析不同用户群体的购买偏好和市场细分，为产品定价、市场营销策略制定等提供数据支持。

项目小结

本项目主要介绍数据预处理过程：数据合并、数据清洗、数据标准化和数据变换。数据合并主要通过堆叠合并、主键合并和重叠合并的方法对数据进行合并。数据清洗主要包括对重复值、缺失值和异常值的处理，其中，重复值处理细分为记录去重和特征去重，缺失值处理方法包括删除法、替换法和插值法，异常值处理则介绍了 3σ 原则和箱线图分析这两种识别方法。数据标准化介绍了如何将不同量纲的数据转化为具有一致性的标准化数据。数据变换介绍了如何从不同的应用角度对已有的特征数据进行变换。

项目实训

实训 1　合并年龄、平均血糖和中风患者信息数据

1. 训练要点

（1）掌握判断主键的方法。

（2）掌握主键合并的方法。

2. 需求说明

我国始终把保障人民健康放在优先发展的战略位置。“上医治未病”，建立疾病预防控制体系有利于从源头上预防和控制重大疾病。某医院为了早期监测预警患者的中风风险，对现有中风患者的基础信息和体检数据（healthcare-dataset-stroke.xlsx）进行分析，其部分数据如表 4-15 所示。经观察发现，中风患者的基础信息和体检数据中缺少年龄和平均血糖信息，然而在年龄和平均血糖数据（healthcare-dataset-age_abs.xlsx）中存放了分析所需的中风患者的年龄和平均血糖信息，其部分数据如表 4-16 所示。现需要将中风患者的年龄和平均血糖数据与中风患者的基础信息和体检数据进行合并，以便后续分析。

表 4-15　部分中风患者的基础信息和体检数据

编号	性别	高血压	是否结婚	工作类型	居住类型	吸烟史	中风
9046	男	0	是	私人	城市	以前吸烟	1
51676	女	0	是	私营企业	农村	从不吸烟	1
31112	男	0	是	私人	农村	从不吸烟	1
60182	女	0	是	私人	城市	吸烟	1
1665	女	1	是	私营企业	农村	从不吸烟	1

表 4-16　部分中风患者的年龄和平均血糖数据

编号	年龄/岁	平均血糖/（mg/dL）
9046	67	228.69
51676	61	202.21
31112	80	105.92
60182	49	171.23
1665	79	174.12
53016	1.8	130.61

3. 实现思路及步骤

（1）利用 read_excel 函数读取 healthcare-dataset-stroke.xlsx。

（2）利用 read_excel 函数读取 healthcare-dataset-age_abs.xlsx。

（3）查看两张表的数据量。

（4）将编号作为主键进行外连接。

（5）查看数据是否合并成功。

实训 2 删除年龄异常的数据

1. 训练要点

掌握处理异常值的方法。

2. 需求说明

观察实训 1 合并后的数据发现，“年龄/岁”特征中存在异常值（年龄数值为小数，如 1.8），为了避免异常值对分析结果造成不良影响，需要对异常值进行处理。

3. 实现思路及步骤

（1）获取“年龄/岁”特征。

（2）利用 for 循环获取“年龄/岁”特征中的数值，并用 if-else 语句判断年龄数值是否为异常值。

（3）若年龄数值为异常值，则删除异常值。

实训 3 离散化“年龄/岁”特征

1. 训练要点

（1）掌握函数的创建与使用方法。

（2）掌握离散化连续型数据的方法。

2. 需求说明

利用分类算法预测患者是否中风时，算法模型要求数据是离散的。实训 2 已对“年龄/岁”特征中的异常值进行了处理，现需要将连续型数据变换为离散型数据，使用等宽法对“年龄/岁”特征进行离散化。

3. 实现思路及步骤

（1）获取“年龄/岁”特征。

（2）使用等宽法对“年龄/岁”特征进行离散化。

课后习题

1. 选择题

（1）下列选项中可以进行横向堆叠的是（　　）。

A. merge　　B. concat　　C. join()　　D. combine_first()

（2）下列选项中可以进行主键合并的是（　　）。

A. merge　B. concat　C. dropna()　D. combine_first()

（3）下列选项中可以进行重叠合并的是（　　）。

A. merge　B. concat　C. fillna()　D. combine_first()

（4）下列关于 pandas 中 drop_duplicates()方法的说法正确的是（　　）。

A. drop_duplicates()是常用的主键合并方法，能够实现左连接和右连接

B. drop_duplicates()方法不能选择保留哪一个特征

C. drop_duplicates()方法仅支持单一特征数据去重

D. drop_duplicates()方法不会改变原数据的排列

（5）下列关于特征去重的说法错误的是（　　）。

A. corr()方法可通过相似度矩阵去重

B. 可通过 equals()方法进行特征去重

C. 相似度矩阵去重可对任意类型的重复特征去重

D. 相似度矩阵去重只能对数值型的重复特征去重

（6）下列选项中可以进行特征删除的是（　　）。

A. dropna()方法　B. fillna()方法　C. isnull()方法　D. notnull()方法

（7）下列选项中可以进行缺失值替换的是（　　）。

A. dropna()方法　B. fillna()方法　C. isnull()方法　D. notnull()方法

（8）下列关于插值法的说法错误的是（　　）。

A. 常用的插值法有线性插值、多项式插值和样条插值

B. 线性插值通过求解线性方程得到缺失值

C. 常见的线性插值有拉格朗日插值和牛顿插值

D. pandas 中的 interpolate 模块可进行插值操作

（9）下列选项中可以进行哑变量处理的是（　　）。

A. cut 函数　B. get_cut 函数　C. dummies 函数　D. get_dummies 函数

（10）下列选项中不属于检测与处理缺失值的方法的是（　　）。

A. 插值法　B. 替换法　C. 哑变量处理　D. 删除法

2. 操作题

某公司人事工作人员为了对来聘人员信息进行分析，以聘用适合计算机岗位的人员，调用了计算机岗位来聘人员信息表（hr_job.csv），其部分数据如表 4-17 所示，包括应聘人员 ID、性别、相关经验、教育水平和工作次数等信息。

表 4-17　来聘人员信息表部分数据

应聘人员 ID	性别	相关经验	教育水平	工作次数
8949	男	有	本科	14
29725	男	无	本科	15
11561		无	本科	5
33241		无	本科	0
666	男	有	硕士	9

经观察发现，数据存在缺失值等异常数据，因此需要对数据进行预处理，其主要步骤如下。

（1）读取来聘人员信息数据。

（2）将类别型特征中的缺失值填补为“未知”，将数值型特征中的缺失值填补为对应特征的均值。

（3）对所有的分类数据进行哑变量处理。

3. 实践题

为了更精确地分析新能源汽车的销售情况，需要对项目 3 实践题处理后保存的数据进行进一步预处理，具体操作步骤如下。

（1）读取“新能源汽车销售数据_经过项目 3 处理.csv”文件。

（2）使用 drop_duplicates()方法处理数据中的重复值。

（3）计算成交金额的最小值、33%分位数、66%分位数和最大值。

（4）使用 cut 函数，根据最小值、33%分位数、66%分位数和最大值对成交金额进行离散化处理，分为“低”“中”“高”3 个等级。

（5）保存修改后的数据为“新能源汽车销售数据_经过项目 4 处理.csv”。

项目 5 电商销售可视化分析——Matplotlib、seaborn、pyecharts 数据可视化基础

在 Matplotlib 中应用较广的是 matplotlib.pyplot（简称为 pyplot）模块。在 pyplot 模块中，各种状态可跨函数调用和保存，便于跟踪当前图形和绘图区域等，并且绘图函数始终指向当前轴域（x 轴和 y 轴所围成的区域）。除 Matplotlib 之外，常用的数据可视化库还有 seaborn 库和 pyecharts 库。seaborn 库是基于 Matplotlib 的 Python 可视化库，它提供了一种高度交互式的界面。pyecharts 是一个将 Python 与 ECharts 相结合的强大的数据可视化库，它具有简洁的 API 设计、囊括 30 多种常见图表，支持主流 Notebook 环境，可轻松集成至 Flask、Django 等主流 Web 框架。

本项目将介绍使用 Matplotlib 库绘制图形的基础语法和常用参数，以及使用 Matplotlib 库绘制进阶图形的方法；此外，还将介绍 seaborn 库和 pyecharts 库的绘图基础、利用 seaborn 库绘制热力图的方法、利用 pyecharts 库绘制交互式图形的方法。

学习目标

（1）掌握 pyplot 模块的基础语法。
（2）掌握 pyplot 模块动态的 rc 参数的设置方法。
（3）掌握使用 Matplotlib 库绘制进阶图形的方法。
（4）了解 seaborn 库的基础图形和绘图风格。
（5）熟悉 seaborn 库调色板的设置方法。
（6）掌握使用 seaborn 库绘制基础图形的方法。
（7）了解 pyecharts 库的初始配置项、系列配置项和全局配置项的设置方法。
（8）掌握使用 pyecharts 库绘制交互式图形的方法。

素养目标

（1）通过绘制散点图、折线图、柱形图、饼图、箱线图，分析供水和用水的基本情况，增强节约用水的意识。

（2）通过绘制热力图，分析城市综合发展水平相关指标之间的相关性，了解城市综合发展不是单方面的提升，而是多方面的协调发展，提升对可持续发展理念的理解。

（3）通过绘制词云图，分析部分宋词的词频情况，加强对宋词的基本了解，认识中华文化的深厚底蕴和独特魅力，增强文化传承意识，提升民族自豪感。

思维导图

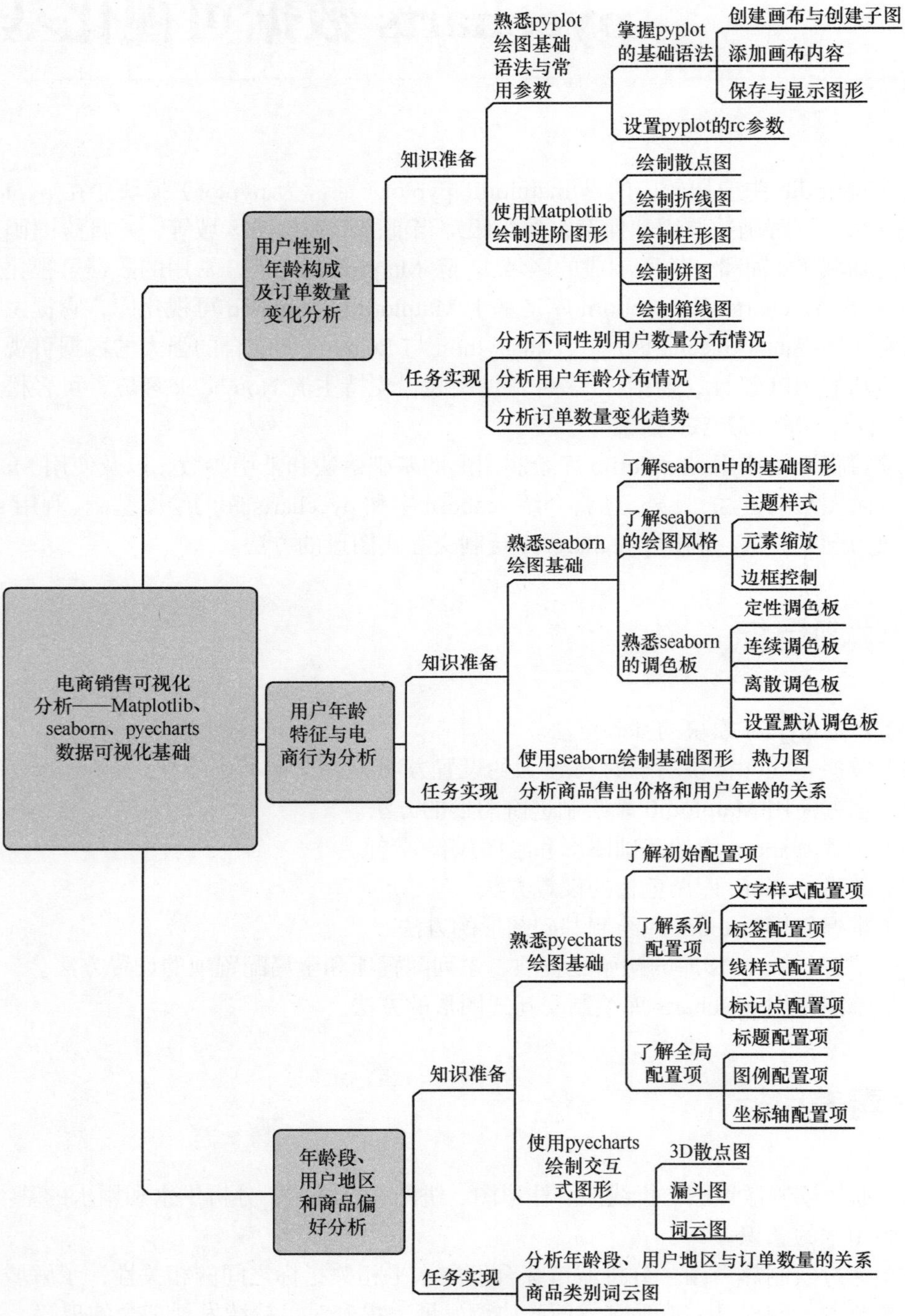

- 电商销售可视化分析——Matplotlib、seaborn、pyecharts数据可视化基础
  - 用户性别、年龄构成及订单数量变化分析
    - 知识准备
      - 熟悉pyplot绘图基础语法与常用参数
        - 掌握pyplot的基础语法
          - 创建画布与创建子图
          - 添加画布内容
          - 保存与显示图形
        - 设置pyplot的rc参数
      - 使用Matplotlib绘制进阶图形
        - 绘制散点图
        - 绘制折线图
        - 绘制柱形图
        - 绘制饼图
        - 绘制箱线图
    - 任务实现
      - 分析不同性别用户数量分布情况
      - 分析用户年龄分布情况
      - 分析订单数量变化趋势
  - 用户年龄特征与电商行为分析
    - 知识准备
      - 熟悉seaborn绘图基础
        - 了解seaborn中的基础图形
        - 了解seaborn的绘图风格
          - 主题样式
          - 元素缩放
          - 边框控制
        - 熟悉seaborn的调色板
          - 定性调色板
          - 连续调色板
          - 离散调色板
          - 设置默认调色板
      - 使用seaborn绘制基础图形
        - 热力图
    - 任务实现
      - 分析商品售出价格和用户年龄的关系
  - 年龄段、用户地区和商品偏好分析
    - 知识准备
      - 熟悉pyecharts绘图基础
        - 了解初始配置项
        - 了解系列配置项
          - 文字样式配置项
          - 标签配置项
          - 线样式配置项
          - 标记点配置项
        - 了解全局配置项
          - 标题配置项
          - 图例配置项
          - 坐标轴配置项
      - 使用pyecharts绘制交互式图形
        - 3D散点图
        - 漏斗图
        - 词云图
    - 任务实现
      - 分析年龄段、用户地区与订单数量的关系
      - 商品类别词云图

任务 5.1　用户性别、年龄构成及订单数量变化分析

Matplotlib 基础绘图

【任务描述】

为了深入了解用户行为、商品销售情况以及市场趋势，基于项目 4 预处理后的电商产品销售数据集分析订单信息、商品信息和用户信息，并采用饼图、柱形图、折线图等可视化方法展现数据特征和趋势，并探索订单数量随时间变化的规律。

【任务分析】

（1）使用 pie 函数绘制饼图，分析不同性别用户数量分布情况。

（2）使用 bar 函数绘制柱形图，分析用户年龄分布情况。

（3）使用 plot 函数绘制折线图，分析订单数量变化趋势。

【知识准备】

5.1.1　熟悉 pyplot 绘图基础语法与常用参数

若使用 Matplotlib 库进行图形的绘制，则需要先了解 pyplot 模块的基础语法及其动态的 rc 参数的设置。大部分的 pyplot 图形绘制都遵循相同的流程，这个流程主要分为 3 个部分，如图 5-1 所示。

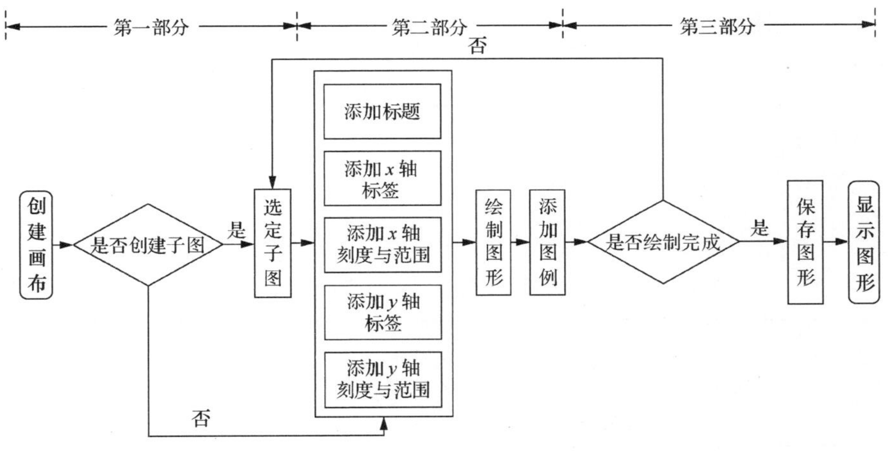

图 5-1　pyplot 基本绘图流程

1. 掌握 pyplot 的基础语法

要掌握 pyplot 模块的基础语法，可从创建画布与创建子图、添加画布内容、保存与显示图形 3 个部分着手。

（1）创建画布与创建子图

第一部分的主要作用是构建出一张空白的画布，可以选择是否将整个画布划分为多个部分，方便在同一个画布上绘制多个图形。当只需要绘制一个简单的图形时，这部分可以

省略。在 pyplot 中，创建画布与创建并选中子图的常用函数/方法及其作用如表 5-1 所示。注意，为了方便读者查看，表 5-1～表 5-3 中将 matplotlib.pyplot 模块简写为 plt。

表 5-1　创建画布与创建并选中子图的常用函数/方法及其作用

函数/方法名称	函数/方法作用
plt.figure	创建一张空白画布，可以指定画布大小等
figure.add_subplot()	创建并选中子图，可以指定子图的行数、列数和选中图片的编号

（2）添加画布内容

第二部分是绘图的主体部分。其中的添加标题、添加坐标轴标签、绘制图形等步骤是没有先后顺序的，可以先绘制图形，也可以先添加各类标签。但是添加图例一定要在绘制图形之后。利用 pyplot 添加各类标签和图例的常用函数及其作用如表 5-2 所示。

表 5-2　添加各类标签和图例的常用函数及其作用

函数名称	函数作用
plt.title	在当前图形中添加标题，可以指定标题的名称、位置、颜色、字号等参数
plt.xlabel	在当前图形中添加 x 轴标签，可以指定位置、颜色、字号等参数
plt.ylabel	在当前图形中添加 y 轴标签，可以指定位置、颜色、字号等参数
plt.xlim	指定当前图形 x 轴的范围，只能确定一个数值区间，无法使用字符串标识
plt.ylim	指定当前图形 y 轴的范围，只能确定一个数值区间，无法使用字符串标识
plt.xticks	获取或设置 x 轴的当前刻度位置和标签
plt.yticks	获取或设置 y 轴的当前刻度位置和标签
plt.legend	指定当前图形的图例，可以指定图例的大小、位置、标签

（3）保存与显示图形

第三部分主要是保存与显示图形，这部分的常用函数只有两个，并且它们的参数很少，如表 5-3 所示。

表 5-3　保存与显示图形的常用函数及其作用

函数名称	函数作用
plt.savefig	保存绘制的图形，可以指定图形的分辨率、边缘的颜色等参数
plt.show	在本机显示图形

较简单的绘图可以省略第一部分，直接在默认的画布上进行图形绘制，如代码 5-1 所示。

代码 5-1　基础图形绘制流程

```
In[1]:  import numpy as np
        import matplotlib.pyplot as plt
        # %matplotlib inline 表示在行中显示图片，在命令行环境中运行时报错
        data = np.arange(0, 1.1, 0.01)
        plt.title('lines')  # 添加标题
        plt.xlabel('x')  # 添加 x 轴的标签
        plt.ylabel('y')  # 添加 y 轴的标签
```

```
plt.xlim((0, 1))  # 指定 x 轴范围
plt.ylim((0, 1))  # 指定 y 轴范围
plt.xticks([0, 0.2, 0.4, 0.6, 0.8, 1])  # 设置 x 轴刻度
plt.yticks([0, 0.2, 0.4, 0.6, 0.8, 1])  # 设置 y 轴刻度
plt.plot(data, data ** 2)  # 添加 y=x^2 曲线
plt.plot(data, data ** 4)  # 添加 y=x^4 曲线
plt.legend(['y=x^2', 'y=x^4'])  #添加图例
plt.savefig('../tmp/y=x^2.jpg')
plt.show()
```

Out[1]:

注：具体绘图的函数 plt.plot 在此处不要求掌握，此处主要掌握基础图形绘制的流程。

代码 5-1 是一个简单的不含子图绘制的标准绘图流程的示例。子图绘制本质上是多个基础图形绘制过程的叠加，即分别在同一幅画布的不同子图上绘制图形，如代码 5-2 所示。

代码 5-2　包含子图的图形绘制流程

In[2]:

```
x = np.arange(0, np.pi * 2, 0.01)
# 第一幅子图
p1 = plt.figure(figsize=(8, 6), dpi=80)  # 确定画布大小
# 创建一个 2 行 1 列的图，并开始绘制第一幅子图
ax1 = p1.add_subplot(2, 1, 1)
plt.title('lines')  # 添加标题
plt.xlabel('x')  # 添加 x 轴的标签
plt.ylabel('y')  # 添加 y 轴的标签
plt.xlim((0, 1))  # 指定 x 轴范围
plt.ylim((0, 1))  # 指定 y 轴范围
plt.xticks([0, 0.2, 0.4, 0.6, 0.8, 1])  # 设置 x 轴刻度
plt.yticks([0, 0.2, 0.4, 0.6, 0.8, 1])  # 设置 y 轴刻度
plt.plot(x, x ** 2)  # 添加 y=x^2 曲线
plt.plot(x, x ** 4)  # 添加 y=x^4 曲线
plt.legend(['y=x^2', 'y=x^4'])  #添加图例
# 第二幅子图
ax2 = p1.add_subplot(2, 1, 2)  # 开始绘制第二幅子图
plt.title('sin/cos(x)')  # 添加标题
plt.xlabel('x')  # 添加 x 轴的标签
plt.ylabel('y')  # 添加 y 轴的标签
```

```
plt.xlim((0, np.pi * 2))  # 指定 x 轴范围
plt.ylim((-1, 1))  # 指定 y 轴范围
# 设置 x 轴刻度
plt.xticks([0, np.pi / 2, np.pi, np.pi * 1.5, np.pi * 2])
plt.yticks([-1, -0.5, 0, 0.5, 1])  # 设置 y 轴刻度
plt.plot(x, np.sin(x))  # 添加 sin(x)曲线
plt.plot(x, np.cos(x))  # 添加 cos(x)曲线
plt.legend(['y=sin(x)', 'y=cos(x)'])
plt.tight_layout()  # 调整两个子图间距
plt.savefig('../tmp/sincos.jpg')
plt.show()
```

Out[2]:

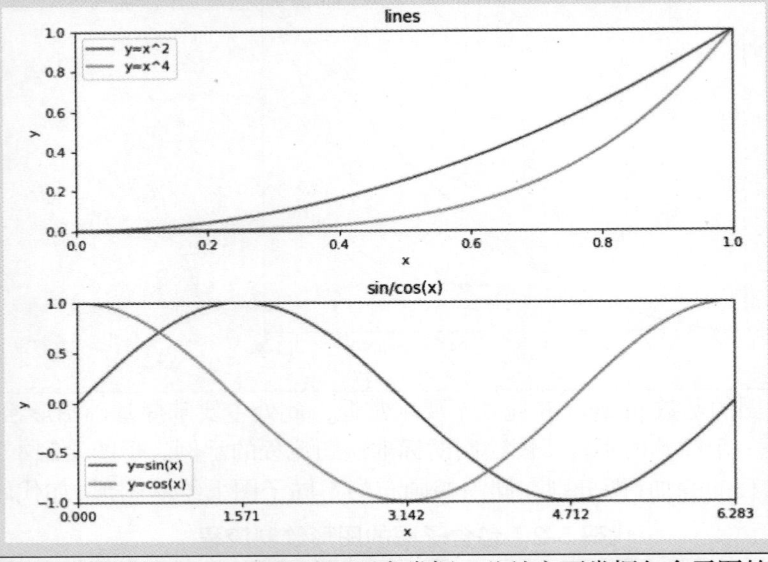

lines
y=x^2
y=x^4
0.0 0.2 0.4 0.6 0.8 1.0
x
y
sin/cos(x)
y=sin(x)
y=cos(x)
0.000 1.571 3.142 4.712 6.283
−1.0 −0.5 0.0 0.5 1.0

注：具体绘图的函数 plt.plot 在此处不要求掌握，此处主要掌握包含子图的图形绘制的流程。

2. 设置 pyplot 的 rc 参数

pyplot 使用 rc 配置文件来自定义图形的各种默认属性，这些属性被称为 rc 配置或 rc 参数。在 pyplot 中，几乎所有的默认属性都是可以控制的，如窗口大小、线条宽度、颜色与样式、坐标轴、网格属性、文本、字体等。

默认 rc 参数可以在 Python 交互式环境中动态更改。所有存储在字典中的 rc 参数都被称为 rcParams。rc 参数被修改后，绘图时默认使用的参数就会发生改变。线条的 rc 参数修改前后对比如代码 5-3 所示。

代码 5-3　线条的 rc 参数修改前后对比

In[3]:

```
# 原图
x = np.linspace(0, 4 * np.pi)  # 生成 x 轴数据
y = np.sin(x)  # 生成 y 轴数据
plt.plot(x, y, label='$sin(x)$')  # 绘制 sin(x)曲线图
plt.title('sin(x)')
plt.xlabel('x')
plt.ylabel('y')
plt.show()
```

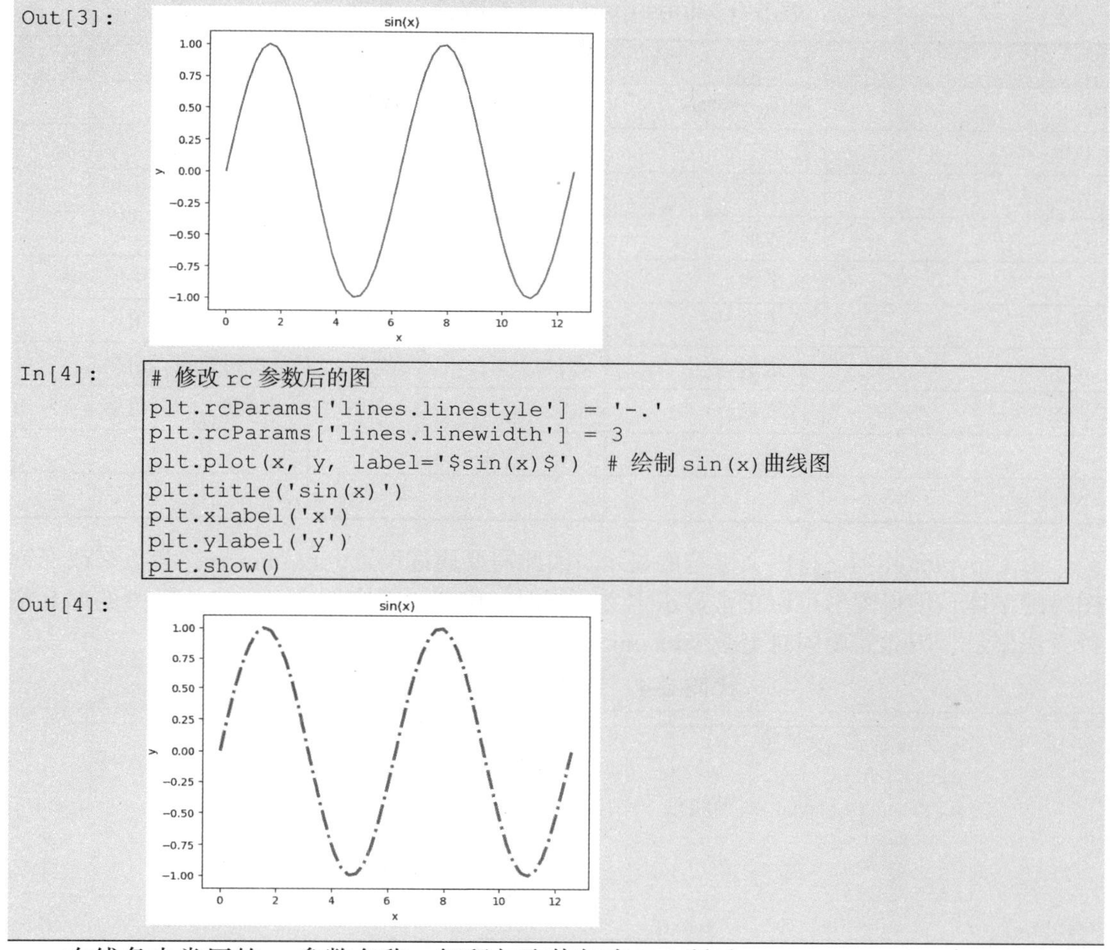

在线条中常用的 rc 参数名称、解释与取值如表 5-4 所示。

表 5-4　在线条中常用的 rc 参数名称、解释与取值

rc 参数名称	解释	取值
lines.linewidth	线条宽度	取 0～10 的数值，默认为 1.5
lines.linestyle	线条样式	可取 "-" "--" "-." ":" 4 种。默认为 "-"
lines.marker	线条上点的形状	可取 "o" "D" "h" "." "," "s" 等 20 种，默认为 None
lines.markersize	线条上点的大小	取 0～10 的数值，默认为 1

其中，lines.linestyle 参数的 4 种取值及其意义如表 5-5 所示，lines.marker 参数的 20 种取值及其意义如表 5-6 所示。

表 5-5　lines.linestyle 参数取值及其意义

lines.linestyle 参数取值	意义	lines.linestyle 参数取值	意义
-	实线	-.	点线
--	长虚线	:	短虚线

表 5-6 lines.marker 参数取值及其意义

lines.marker 参数取值	意义	lines.marker 参数取值	意义
o	圆圈	.	点
D	菱形	s	正方形
h	六边形 1	*	星号
H	六边形 2	d	小菱形
-	水平线	v	一角朝下的三角形
8	八边形	<	一角朝左的三角形
p	五边形	>	一角朝右的三角形
,	像素点	^	一角朝上的三角形
+	加号	|	竖线
None	无	x	X

由于 pyplot 并不支持中文字符的显示，因此需要通过设置 font.sans-serif 参数来改变绘图时的字体，使得图形可以正常显示中文。同时，由于更改字体会导致坐标轴中的部分字符无法显示，因此需要同时更改 axes.unicode_minus 参数，如代码 5-4 所示。

代码 5-4 调节字体的 rc 参数

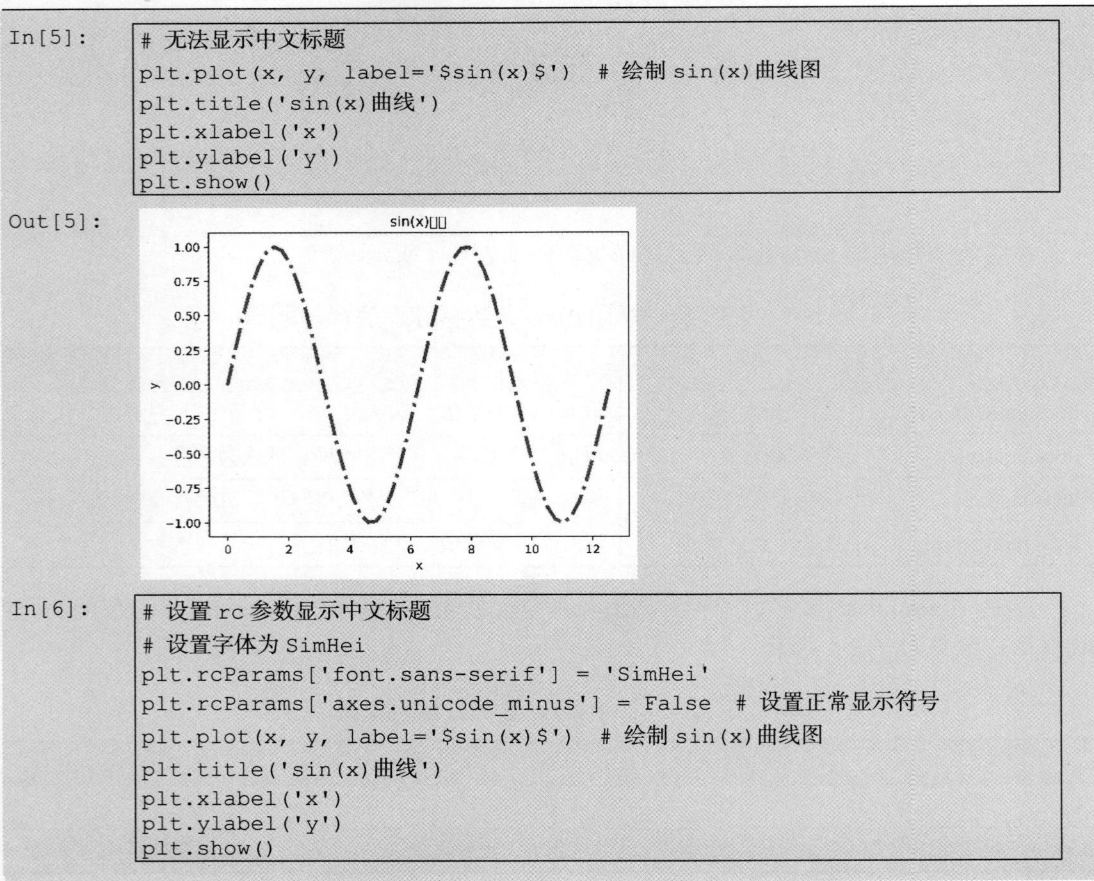

In[5]:

```
# 无法显示中文标题
plt.plot(x, y, label='$sin(x)$')  # 绘制 sin(x) 曲线图
plt.title('sin(x)曲线')
plt.xlabel('x')
plt.ylabel('y')
plt.show()
```

Out[5]:

In[6]:

```
# 设置 rc 参数显示中文标题
# 设置字体为 SimHei
plt.rcParams['font.sans-serif'] = 'SimHei'
plt.rcParams['axes.unicode_minus'] = False  # 设置正常显示符号
plt.plot(x, y, label='$sin(x)$')  # 绘制 sin(x) 曲线图
plt.title('sin(x)曲线')
plt.xlabel('x')
plt.ylabel('y')
plt.show()
```

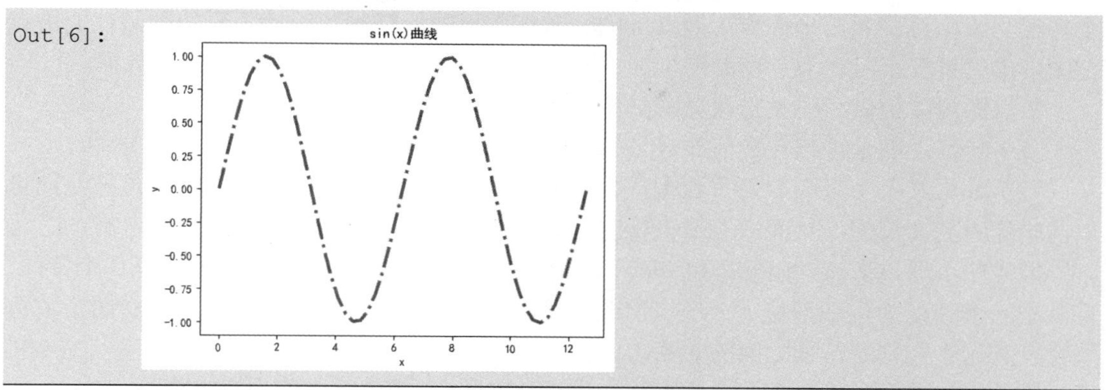

除了可以设置线条和字体的 rc 参数，还可以设置文本、坐标轴、图例、标签、图片、图像保存等的 rc 参数。具体参数与取值可以参考官方文档。

知识拓展

在数据分析中，使用 Python 相关绘图库，可以直观地展示数据信息，更好地传达对数据的见解，并提高数据分析的质量。此外，AIGC 工具也是数据分析领域的强大助手之一，通过使用 AIGC 工具编写代码、创建图表等，可以提高效率、减少错误、加速决策制定。使用某 AIGC 工具生成 y=sin(x)函数的图像，如图 5-2 所示。

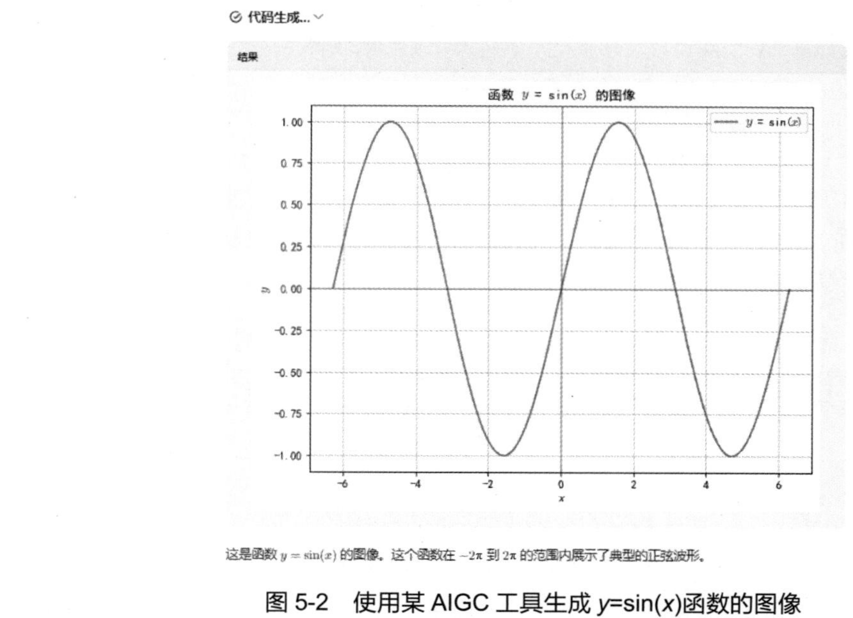

图 5-2　使用某 AIGC 工具生成 y=sin(x)函数的图像

5.1.2　使用 Matplotlib 绘制进阶图形

目前常用的数据可视化进阶图形有散点图、折线图、柱形图、饼图和箱线图等，可以使用 Matplotlib 库进行绘制。

1. 绘制散点图

散点图（Scatter Diagram）又被称为散点分布图，是一种以一个特征为横坐标、以另一个特征为纵坐标，利用坐标点（散点）的分布形态反映特征间的统计关系的图形。值由点在图形中的位置表示，类别由图形中的不同标记表示，通常用于比较跨类别的数据。

散点图可以提供两类关键信息，具体内容如下。

（1）特征之间是否存在数值或数量的关联趋势，关联趋势是线性的还是非线性的。

（2）如果某一个点或某几个点偏离大多数点，那么这些点就是离群值，通过散点图可以清晰地看到离群值，从而进一步分析这些离群值是否对建模分析产生较大的影响。

散点图可通过散点的疏密程度和变化趋势表示两个特征的数量关系。如果有 3 个特征，且其中一个特征为类别型特征，散点图改变该特征的点的形状或颜色，即可表示两个数值型特征和这个类别型特征之间的关系。

pyplot 中用于绘制散点图的函数为 scatter，scatter 函数的基本使用格式如下。

```
matplotlib.pyplot.scatter(x, y, s=None, c=None, marker=None, cmap=None, norm=None,
vmin=None, vmax=None, alpha=None, linewidths=None, *, edgecolors=None,
plotnonfinite=False, data=None, **kwargs)
```

scatter 函数的常用参数及其说明如表 5-7 所示。

表 5-7　scatter 函数的常用参数及其说明

参数名称	参数说明
x，y	接收 float 或 array_like。表示 x 轴和 y 轴对应的数据。无默认值
s	接收 float 或 array_like。表示指定点的大小，若传入一维数组，则表示每个点的大小。默认为 None
c	接收颜色或 array_like。表示指定点的颜色，若传入一维数组，则表示每个点的颜色。默认为 None
marker	接收特定 str。表示绘制的点的类型。默认为 None
alpha	接收 float。表示绘制的点的透明度。默认为 None

随着城市化进程的加快，城市人口不断增加，居民生活用水、工业用水和农业用水需求逐年增加。要增强人们节约用水的意识，需要先了解供水和用水的基本情况。2004 年—2022 年供水用水情况数据示例如表 5-8 所示。

表 5-8　2004 年—2022 年供水用水情况数据示例

特征名称	示例	特征名称	示例
年份/年	2022	用水总量/亿立方米	5998.2
供水总量/亿立方米	5998.2	农业用水总量/亿立方米	3781.3
地表水供水总量/亿立方米	4994.2	工业用水总量/亿立方米	968.4
地下水供水总量/亿立方米	828.2	生活用水总量/亿立方米	905.7
其他供水总量/亿立方米	175.8	生态用水总量/亿立方米	342.8

基于供水用水情况数据绘制 2004 年—2022 年供水情况散点图，如代码 5-5 所示。

代码 5-5　绘制 2004 年—2022 年供水情况散点图

```
In[7]:  import pandas as pd
        import matplotlib.pyplot as plt
        waterdata = pd.read_excel('../data/供水用水情况.xlsx')
        plt.rcParams['font.sans-serif'] = 'SimHei'  # 设置中文显示
```

```
plt.rcParams['axes.unicode_minus'] = False
plt.figure(figsize=(8, 6), dpi=1080)  # 设置画布
plt.scatter(waterdata['年份/年'], waterdata['供水总量/亿立方米'],
            marker='o')  # 绘制散点图
plt.xlabel('年份/年')  # 添加 x 轴标签
plt.ylabel('供水总量/亿立方米')  #添加 y 轴标签
plt.xticks(range(2004, 2023, 1), rotation=45)  #设置 x 轴刻度
plt.title('2004 年—2022 年供水情况散点图')  # 添加标题
plt.show()  # 显示图形
```

Out[7]:

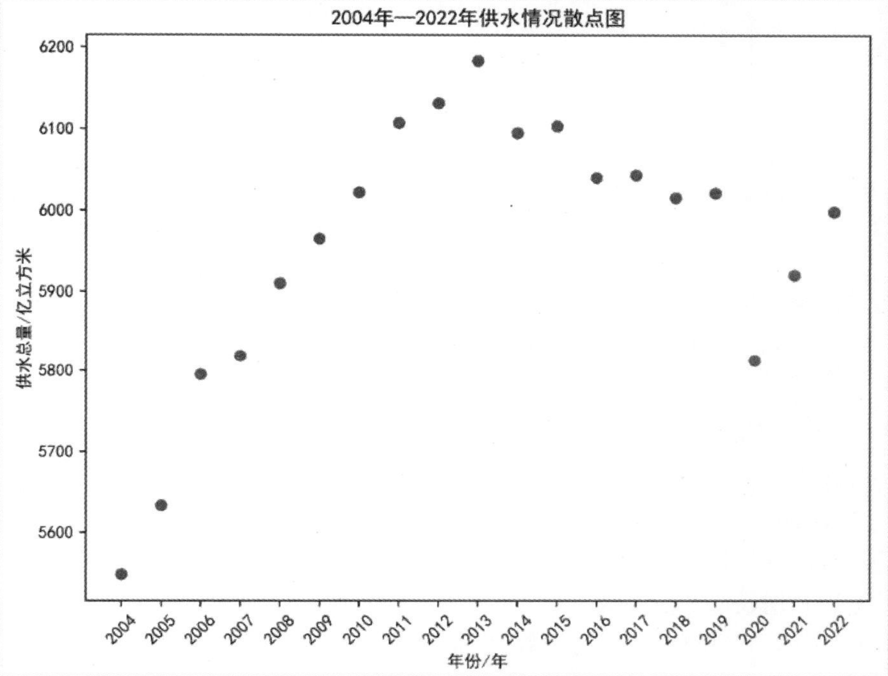

2004年—2022年供水情况散点图

使用不同颜色的点绘制 2004 年—2022 年地下水供水总量和工业用水总量散点图，如代码 5-6 所示。

代码 5-6　绘制 2004 年—2022 年地下水供水总量和工业用水总量散点图

In[8]:

```
p = plt.figure(figsize=(8, 6), dpi=1080)  # 设置画布
# 绘制散点图 1
plt.scatter(waterdata['年份/年'], waterdata['工业用水总量/亿立方米'],
            marker='o', c='b')
# 绘制散点图 2
plt.scatter(waterdata['年份/年'], waterdata['地下水供水总量/亿立方米'],
            marker='o', c='r')
plt.xlabel('年份/年')  # 添加 x 轴标签
plt.ylabel('水总量/亿立方米')  # 添加 y 轴标签
plt.xticks(range(2004, 2023, 1), rotation=45)  # 设置 x 轴刻度
plt.legend(['工业用水总量', '地下水供水总量'])  # 添加图例
plt.title('2004 年—2022 年地下水供水总量和工业用水总量散点图')  # 添加标题
plt.show()
```

Out[8]:

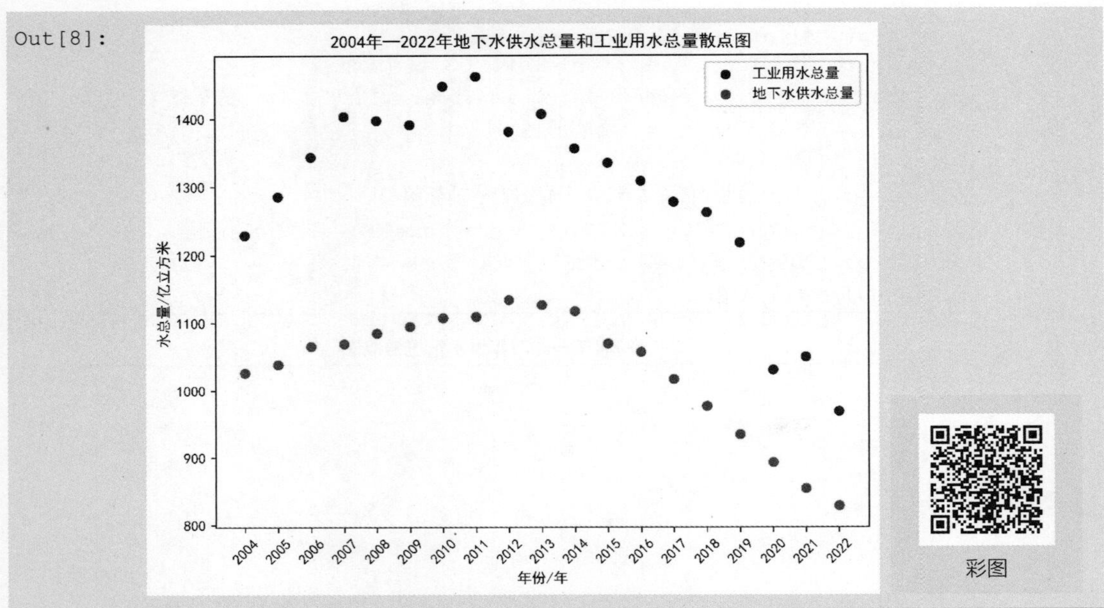

通过代码 5-6 可以看出，在 2004 年—2012 年期间，地下水供水总量呈上升趋势，工业用水总量也呈上升趋势；在 2013 年—2022 年期间，地下水供水总量逐年减少，工业用水总量呈下降趋势。

2．绘制折线图

折线图（Line Chart）是一种将数据点按照顺序连接起来的图形，可以看作将散点图中各点按照 x 轴坐标顺序连接起来的图形。折线图的主要功能是查看因变量 y 随着自变量 x 改变的趋势，适合用于显示随时间（根据常用比例设置）而变化的连续数据，还可以显示数量的差异和增长趋势的变化。

pyplot 中用于绘制折线图的函数为 plot，plot 函数的基本使用格式如下。

```
matplotlib.pyplot.plot(* args, scalex = True, scaley = True, data = None, ** kwargs)
```

在官方文档的语法描述中 plot 函数只要求输入不定长参数，其常用参数及其说明如表 5-9 所示。

表 5-9 plot 函数常用参数及其说明

参数名称	参数说明
x，y	接收 array_like。通过*args 传入表示 x 轴和 y 轴对应的数据。无默认值
scalex，scaley	接收 bool。表示该参数确定的视图限制是否适合于数据限制。默认为 True
data	接收可索引对象。表示具有标签数据的对象。默认为 None
color	接收特定 str。表示指定线条的颜色。默认为 None
linestyle	接收特定 str。表示指定线条类型。默认为“-”
marker	接收特定 str。表示绘制的点的类型。默认为 None
alpha	接收 float。表示绘制的点的透明度。默认为 None

其中，color 参数的 8 种常用颜色缩写如表 5-10 所示。

表 5-10　color 参数的 8 种常用颜色缩写

颜色缩写	代表的颜色	颜色缩写	代表的颜色	颜色缩写	代表的颜色
b	蓝色	c	青色	k	黑色
g	绿色	m	品红色	w	白色
r	红色	y	黄色		

linestyle 参数和 marker 参数在 5.1.1 小节中已经提及，此处不再赘述。使用 pyplot 绘制 2004 年—2022 年用水总量折线图，如代码 5-7 所示。

代码 5-7　绘制 2004 年—2022 年用水总量折线图

```
In[9]:
p = plt.figure(figsize=(8, 6), dpi=1080)  #设置画布
# 绘制折线图
plt.plot(waterdata['年份/年'], waterdata['用水总量/亿立方米'],
         color='r', linestyle='-')
plt.xlabel('年份/年')  # 添加 x 轴标签
plt.ylabel('用水总量/亿立方米')  # 添加 y 轴标签
plt.xticks(range(2004, 2023, 1), rotation=45)  # 设置 x 轴刻度
plt.title('2004 年—2022 年用水总量折线图')  # 添加标题
plt.show()
Out[9]:
```

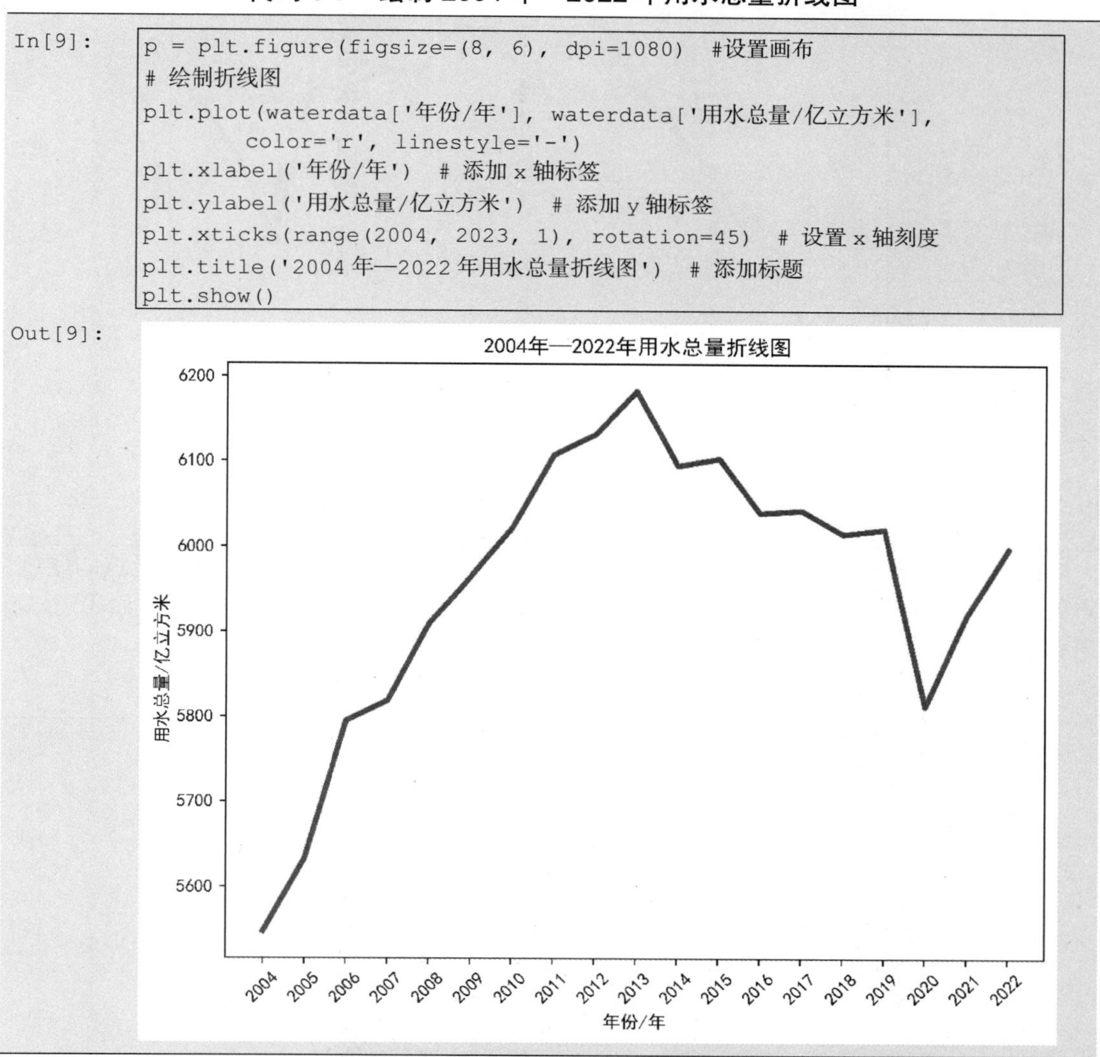

使用 marker 参数可以设置折线图上点的形状，从而使图形更加丰富，如代码 5-8 所示。

代码 5-8　设置折线图上点的形状

In[10]:
```
p = plt.figure(figsize=(8, 6), dpi=1080)  #设置画布
# 绘制折线图
plt.plot(waterdata['年份/年'], waterdata['用水总量/亿立方米'],
         c='b', linestyle='-', marker='o')
plt.xlabel('年份/年')  # 添加 x 轴标签
plt.ylabel('用水总量/亿立方米')  # 添加 y 轴标签
plt.xticks(range(2004, 2023, 1), rotation=45)  # 设置 x 轴刻度
plt.title('2004 年—2022 年用水总量折线图')  # 添加标题
plt.show()
```

Out[10]:

plot 函数一次可以接收多组数据，添加多条折线，同时可以分别定义每条折线的颜色、点的形状和线条样式，还可以将这 3 个参数连接在一起，用一个字符串表示，如代码 5-9 所示。

代码 5-9　绘制 2004 年—2022 年农业、工业用水总量折线图

In[11]:
```
p = plt.figure(figsize=(12, 6), dpi=1080)  # 设置画布
# 绘制折线图
plt.plot(waterdata['年份/年'], waterdata['农业用水总量/亿立方米'],
         'bs-',
          waterdata['年份/年'], waterdata['工业用水总量/亿立方米'],
         'ro-.')
plt.xlabel('年份/年')  # 添加 x 轴标签
plt.ylabel('用水总量/亿立方米')  # 添加 y 轴标签
plt.xticks(range(2004, 2023, 1), rotation=45)  # 设置 x 轴刻度
plt.legend(['农业用水总量', '工业用水总量'])  # 添加图例
plt.title('2004 年—2022 年农业、工业用水总量折线图')  # 添加标题
plt.show()
```

Out[11]:

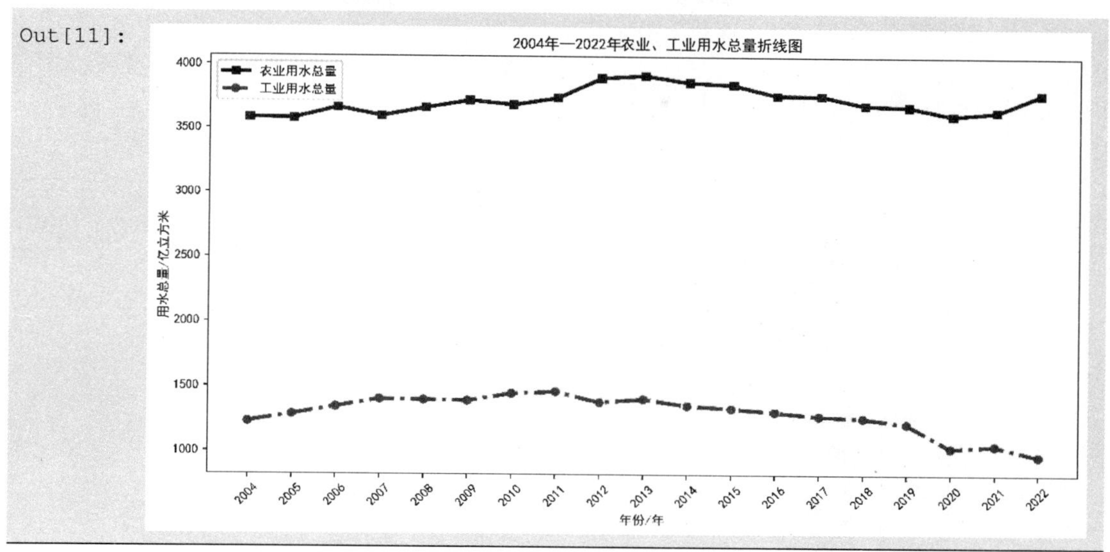

3. 绘制柱形图

柱形图（Bar Chart）的核心思想是对比，常用于显示一段时间内的数据变化或显示各项数据之间的比较情况。柱形图适用于表现只有一个维度的值需要比较的二维数据集（每个数据点包括 x 和 y 两个值）。例如，年销售额就是二维数据，即“年份”“销售额”，但只需要比较“销售额”这一个维度的数据。柱形图利用柱形的高度反映数据的大小。人眼对柱形高度差异很敏感，能高效辨识这种差异。柱形图的局限在于它只适用于中小规模的数据集。

pyplot 中用于绘制柱形图的函数为 bar，bar 函数的基本使用格式如下。

```
matplotlib.pyplot.bar(x, height, width = 0.8, bottom = None, *, align = 'center', data = None, ** kwargs)
```

bar 函数的常用参数及其说明如表 5-11 所示。

表 5-11　bar 函数的常用参数及其说明

参数名称	参数说明
x	接收 array_like 或 float。表示 x 轴数据。无默认值
height	接收 array_like 或 float。表示指定柱形的高度。无默认值
width	接收 array_like 或 float。表示指定柱形的宽度。默认为 0.8
bottom	接收 array_like 或 float。表示指定柱形的起始位置。默认为 None
align	接收 str。表示整个柱形图与 x 轴的对齐方式，可选 center 和 edge。默认为 center
data	接收可索引对象。表示具有标签数据的对象。默认为 None

使用 bar 函数绘制 2022 年用水总量柱形图，如代码 5-10 所示。

代码 5-10　绘制 2022 年用水总量柱形图

```
In[12]:
p = plt.figure(figsize=(6, 6), dpi=1080)  # 设置画布
# 绘制柱形图
labels = ['农业用水总量', '工业用水总量', '生活用水总量', '生态用水总量']
plt.bar(range(4), waterdata.iloc[-1, 6:], width=0.5)
plt.xlabel('类别')  # 添加 x 轴标签
```

```
plt.ylabel('用水总量/亿立方米')  # 添加 y 轴标签
plt.xticks(range(4), labels)  # 设置 x 轴刻度
plt.title('2022 年用水总量柱形图')  # 添加标题
plt.show()
```

Out[12]:

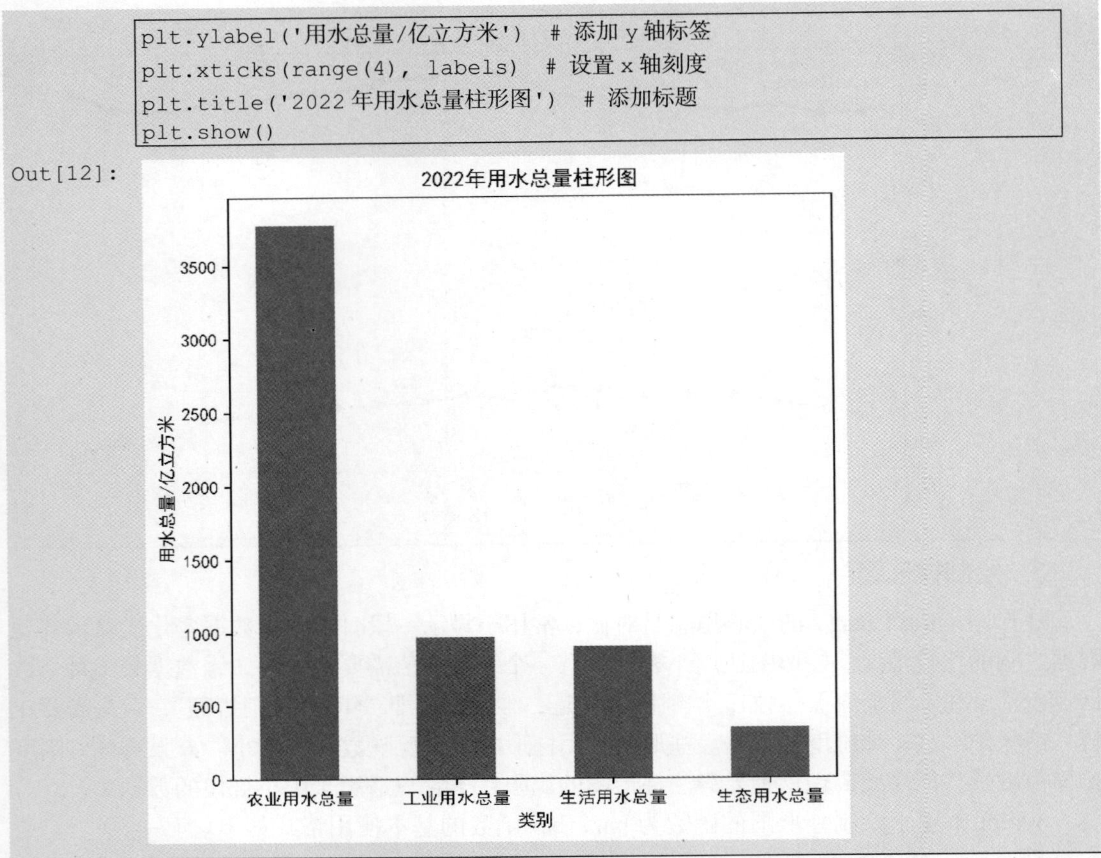

通过代码 5-10 可以看出，2022 年农业用水总量最多，其次是工业用水总量、生活用水总量，生态用水总量最少。

4. 绘制饼图

饼图（Pie Graph）将各项数据的大小与各项数据总和的比例显示在一张“饼”中，以饼块的大小来确定每一项数据的占比。饼图可以比较清楚地反映出部分与部分、部分与整体之间的比例关系，易于显示每项数据相对于整体的比例，而且显示方式直观。

pyplot 中用于绘制饼图的函数为 pie，pie 函数的基本使用格式如下。

```
matplotlib.pyplot.pie(x, explode=None, labels=None, colors=None, autopct=None,
pctdistance=0.6, shadow=False, labeldistance=1.1, startangle=0, radius=1,
counterclock=True, wedgeprops=None, textprops=None, center=(0, 0), frame=False,
rotatelabels=False, *, normalize=True, hatch=None, data=None)
```

pie 函数的常用参数及其说明如表 5-12 所示。

表 5-12　pie 函数的常用参数及其说明

参数名称	参数说明
x	接收 array_like。表示用于绘制饼图的数据。无默认值
explode	接收 array_like。表示指定各饼块相对于饼图圆心的偏移距离。默认为 None
labels	接收 list。表示指定每一项数据的标签。默认为 None
colors	接收颜色。表示饼图颜色。默认为 None

续表

参数名称	参数说明
autopct	接收特定 str。表示指定数值的显示方式。默认为 None
pctdistance	接收 float。表示每个饼块的中心与 autopct 生成的文本之间的距离。默认为 0.6
labeldistance	接收 float。表示绘制的饼图标签到饼图圆心的距离。默认为 1.1
radius	接收 float。表示饼图的半径。默认为 1

使用 pie 函数绘制 2022 年用水总量分布饼图，如代码 5-11 所示。

代码 5-11　绘制 2022 年用水总量分布饼图

```
In[13]:
p = plt.figure(figsize=(6, 6), dpi=1080)  # 设置画布
label = ['农业用水总量', '工业用水总量', '生活用水总量', '生态用水总量']
explode = [0.01, 0.01]  # 设定各饼块与饼图圆心偏移 0.01 个半径的距离
# 绘制饼图
plt.pie(waterdata.iloc[-1, 6:], labels=label, explode=explode,
autopct='%1.1f%%')
plt.title('2022 年用水总量分布饼图')  # 添加标题
plt.show()
```

Out[13]:

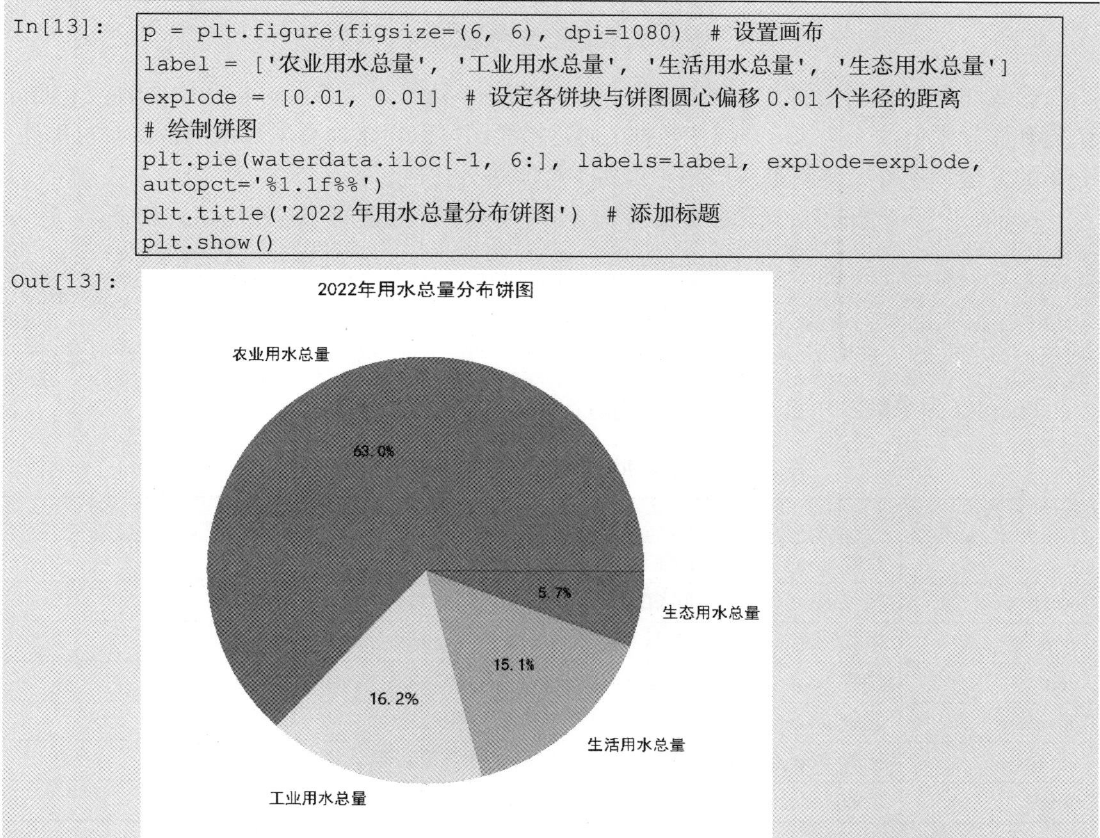

通过代码 5-11 可以明确看出 2022 年农业用水总量、工业用水总量、生活用水总量、生态用水总量在用水总量中的占比。其中农业用水总量占比约 63.0%，工业用水总量占比约 16.2%，生活用水总量占比约 15.1%，生态用水总量占比约 5.7%，农业用水总量占比较大。

5. 绘制箱线图

箱线图（Boxplot）也称盒须图，绘制时需使用常用的统计量，能够提供有关数据位置和分散情况的关键信息，尤其在比较不同特征时，可表现出这些特征的分散程度差异。图 5-3 标出了箱线图中每条线表示的含义。

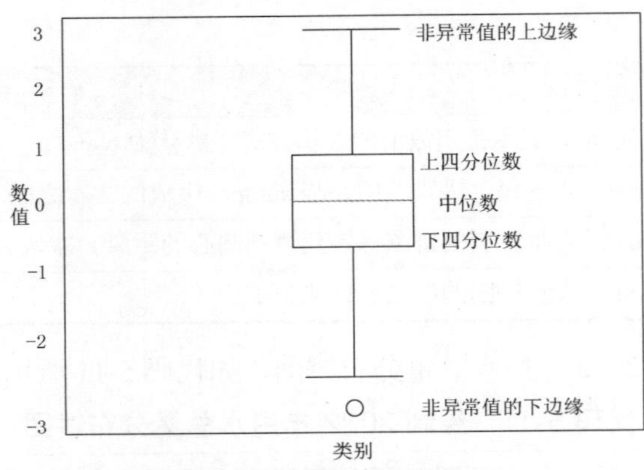

图 5-3　箱线图每条线的含义

箱线图利用数据中的 5 个统计量（非异常值的下边缘、下四分位数、中位数、上四分位数和非异常值的上边缘）来描述数据。通过箱线图可以粗略地看出数据是否具有对称性、分布的分散程度等，特别是可以用于对多个样本进行比较。

pyplot 中用于绘制箱线图的函数为 boxplot，boxplot 函数的基本使用格式如下。

```
matplotlib.pyplot.boxplot(x, notch=None, sym=None, vert=None, whis=None,
positions=None, widths=None, patch_artist=None, bootstrap=None, usermedians=None,
conf_intervals=None, meanline=None, showmeans=None, showcaps=None, showbox=None,
showfliers=None, boxprops=None, labels=None, flierprops=None, medianprops=None,
meanprops=None, capprops=None, whiskerprops=None, manage_ticks=True, autorange=
False, zorder=None, capwidths=None, *, data=None)
```

boxplot 函数的常用参数及其说明如表 5-13 所示。

表 5-13　boxplot 函数的常用参数及其说明

参数名称	参数说明
x	接收 array。表示用于绘制箱线图的数据。无默认值
notch	接收 bool。表示中间箱体是否有缺口。默认为 None
sym	接收特定 str。表示异常点形状。默认为 None
vert	接收 bool。表示图形是纵向的或横向的。默认为 None
positions	接收 array_like。表示图形位置。默认为 None
widths	接收 float 或 array_like。表示每个箱体的宽度。默认为 None
labels	接收 sequence。表示每个数据集的标签。默认为 None

绘制 2004 年—2022 年用水总量分布箱线图，如代码 5-12 所示。

代码 5-12　绘制 2004 年—2022 年用水总量分布箱线图

```
In[14]:  label = ['农业用水总量', '工业用水总量', '生活用水总量', '生态用水总量']
         gdp = (waterdata.iloc[:, 6], waterdata.iloc[:, 7],
                waterdata.iloc[:, 8], waterdata.iloc[:, 9])
         p = plt.figure(figsize=(6, 6), dpi=1080)  # 设置画布
         # 绘制箱线图
         plt.boxplot(gdp, notch=True, labels=label, meanline=True)
         plt.title('2004 年—2022 年用水总量分布箱线图')  # 添加标题
         plt.show()
```

Out[14]:

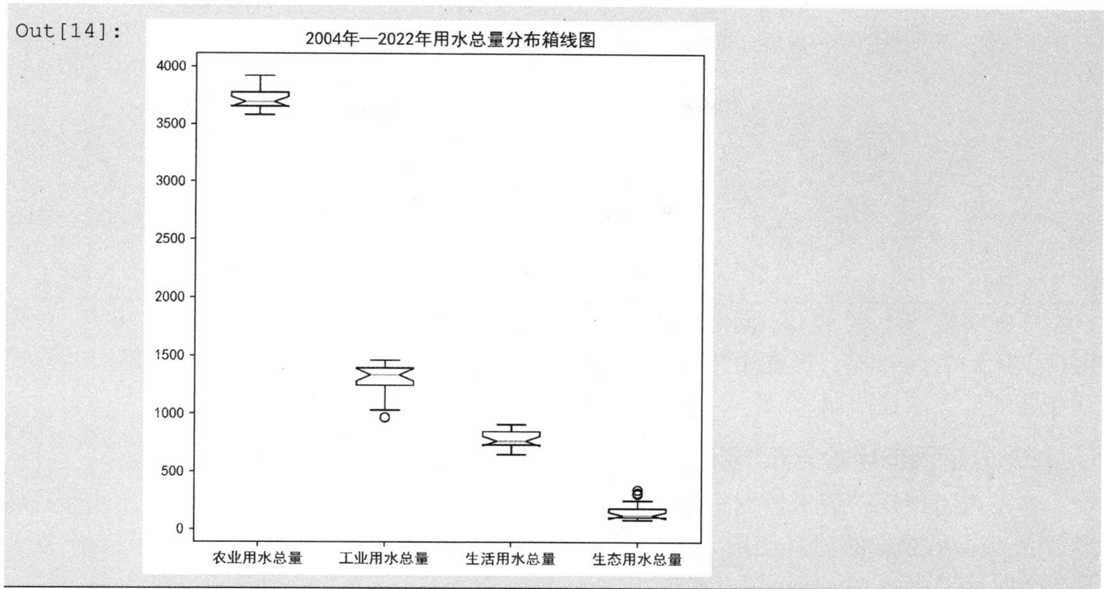

通过代码 5-12 可以看出，在 2004 年—2022 年，农业用水总量、生活用水总量没有明显异常值，工业用水总量、生态用水总量中存在一定的异常值。

【任务实现】

1．分析不同性别用户数量分布情况

饼图可以清晰地显示不同类别或部分占总体的比例，通过饼图展示不同性别用户的数量分布，可以直观地了解不同性别用户在用户群体中的占比情况。分析用户性别的分布情况，能发现主要用户群体的性别特征，并可能发现潜在的用户细分市场。使用 pie 函数绘制饼图，分析不同性别用户数量分布情况，如任务实现 5-1 所示。

任务实现 5-1　绘制不同性别用户数量分布饼图

In[1]:

```
import pandas as pd
sales_data = pd.read_csv('../data/电商产品销售数据集.csv')
age_counts = sales_data['用户性别'].value_counts()
import warnings
warnings.filterwarnings('ignore')

# 绘制不同性别用户数量分布饼图
import matplotlib.pyplot as plt
# 设置中文字体
plt.rcParams['font.sans-serif'] = ['SimHei']
# 设置负数显示正常
plt.rcParams['axes.unicode_minus'] = False
plt.figure(figsize=(2, 3),dpi=1080)
pie_colors = ['#758bfd','#aeb8fe']
plt.pie(age_counts, labels=age_counts.index,
        autopct='%1.1f%%', startangle=140,colors=pie_colors)
plt.title('不同性别用户数量分布饼图')
plt.savefig('../tmp/不同性别用户数量分布饼图.png', bbox_inches = 'tight')
plt.show()
```

Out[1]:

任务实现 5-1 展示了不同性别的用户数量分布，其中男性用户占比约为 50.6%，女性用户占比约为 49.4%，男性用户略多于女性用户，但差距并不大，这说明该电商产品的受众在性别上无明显限制。

2. 分析用户年龄分布情况

柱形图可以用于展示数据的分布和趋势，每个柱形代表一个类别或时间段，柱形的高度或长度表示数据的值。使用 bar 函数绘制柱形图，分析用户年龄分布情况，如任务实现 5-2 所示。

任务实现 5-2　绘制用户年龄分布柱形图

In[2]:

```
age_counts = sales_data['年龄段'].value_counts()
plt.figure(figsize=(3, 2),dpi=1080) # 设置画布
# 绘制柱形图
plt.bar(age_counts.index, age_counts.values,
        width=0.5, color='#aeb8fe')
plt.title('用户年龄分布柱形图')
plt.xlabel('年龄段')
plt.ylabel('人数/人')
plt.savefig('../tmp/用户年龄分布柱形图.png', bbox_inches = 'tight')
plt.show()
```

Out[2]:

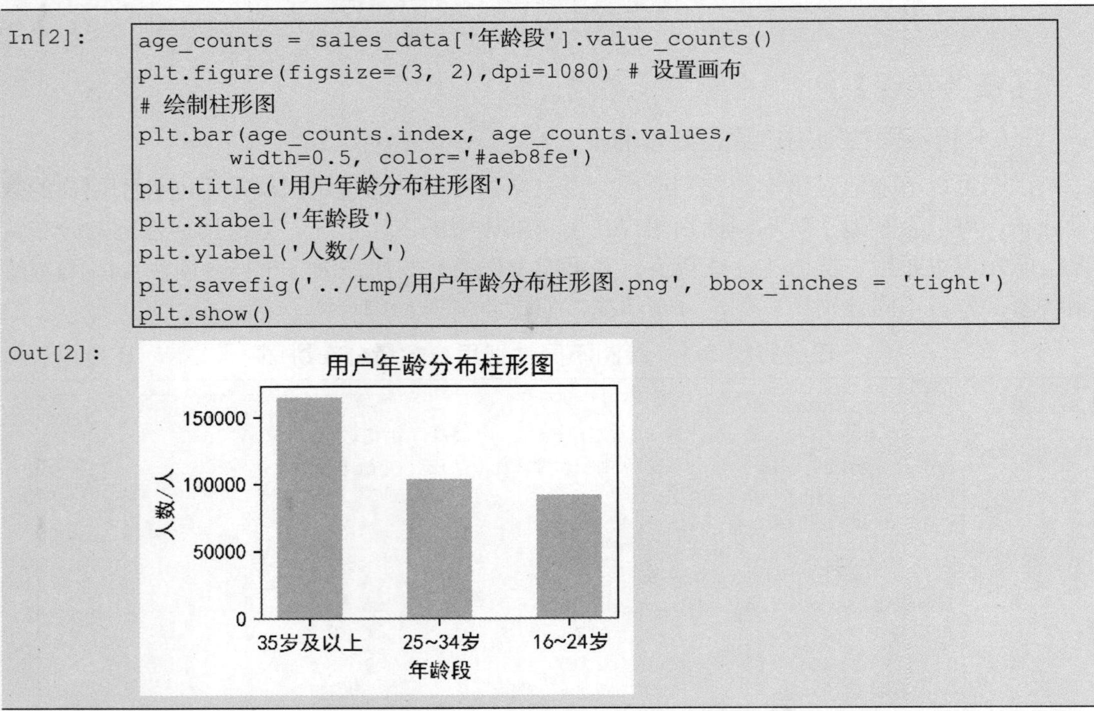

任务实现 5-2 显示了用户年龄的分布情况，其中“35 岁及以上”年龄段的用户最多，“25～34 岁”年龄段的用户也比较多，而“16～24 岁”年龄段的用户相对较少，这说明目标市场的主要消费群体为青年、中年人群体。

3. 分析订单数量变化趋势

折线图可以清晰地显示数据随时间的变化趋势。订单数量变化折线图可以清晰地展示

订单数量随时间的变化情况，通过观察折线的走势，可以发现销售的高峰和低谷时段，从而预测未来的销售趋势，有助于制订合理的销售计划和生产计划。使用 plot 函数绘制折线图，分析订单数量变化趋势，如任务实现 5-3 所示。

任务实现 5-3　绘制订单数量变化折线图

In[3]:

```
sales_data['订单发生时间'] = pd.to_datetime(sales_data['订单发生时间'])
sales_data.set_index('订单发生时间', inplace=True)
# 按月份统计订单数量
order_counts = sales_data.resample('M').size()
# 绘制折线图
plt.figure(figsize=(8, 4), dpi=1080)
plt.plot(order_counts.index, order_counts.values,
        marker='o', linestyle='-',color='#758bfd')
plt.title('订单数量变化折线图')
plt.xlabel('时间')
plt.ylabel('订单数量/个')
plt.savefig('../tmp/订单数量变化折线图.png',
           bbox_inches = 'tight')
plt.show()
```

Out[3]:

订单数量变化折线图

订单数量/个

时间

任务实现 5-3 显示了订单数量随时间的变化情况，从 2023 年 2 月至 12 月，订单数量呈现出波动上升的趋势，在 2023 年的 7 月至 9 月，订单数量出现了显著的增长。2023 年 2 月至 5 月，订单数量相对平稳，这可能意味着市场需求在这段时间内达到了相对稳定状态，订单数量没有明显受到特别的季节性波动或外部因素（如促销活动、节假日）的影响。

任务 5.2　用户年龄特征与电商行为分析

seaborn 基础绘图

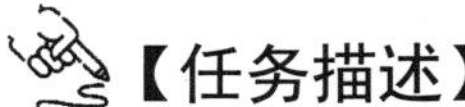

【任务描述】

用户的购买力通常与年龄有一定的相关性，不同年龄段的用户可能对价格的敏感度不同，偏好不同价格区间的商品。本任务将识别哪些年龄段的用户更倾向于购买特定价格范围内的商品，了解价格敏感度与年龄的关系。

【任务分析】

使用 heatmap 函数绘制热力图，分析商品售出价格和用户年龄的关系。

【知识准备】

5.2.1　熟悉 seaborn 绘图基础

使用 seaborn 库绘制的图形在色彩和视觉上会令人耳目一新，通常将它视为 Matplotlib 库的补充。在使用 seaborn 库绘制图形之前需要掌握其绘图基础，包括基础图形、绘图风格和调色板等。

1. 了解 seaborn 中的基础图形

教育是国之大计、党之大计，因此需要坚持教育优先发展，加快建设教育强国。为了了解高等学校的数量情况，收集了 2013 年—2022 年各类型高等学校数量，部分数据如表 5-14 所示。

表 5-14　高等学校数量部分数据

年份/年	类型	数量/所
2022	普通高校数	2760
2022	理工农医学校数	2451
2022	人文社科学校数	2509
2021	普通高校数	2756
2021	理工农医学校数	2381

seaborn 库中包含大量常用的基础图形绘制函数。以高等学校的数量情况数据为例，分别使用 Matplotlib 库与 seaborn 库绘制不同类型高校数量分布的散点图，如代码 5-13 所示。

代码 5-13　绘制不同类型高校数量分布的散点图

```
In[1]:
# 导入库
from matplotlib import pyplot as plt
import pandas as pd
import seaborn as sns

# 加载数据
schooldata = pd.read_excel('../data/高等学校数量情况.xlsx')

plt.figure(figsize=(8, 6), dpi=1080)  #设置画布
# 设置中文字体
plt.rcParams['font.sans-serif'] = ['SimHei']
sns.set_style({'font.sans-serif':['SimHei', 'Arial']})

# 使用Matplotlib库绘图
color_map = dict(zip(schooldata['类型'].unique(), ['b', 'y', 'r']))
for species, group in schooldata.groupby('类型'):
    plt.scatter(group['年份/年'], group['数量/所'],
                color=color_map[species], alpha=0.4,
                edgecolors=None, label=species)
plt.legend(frameon=True, title='类型')
```

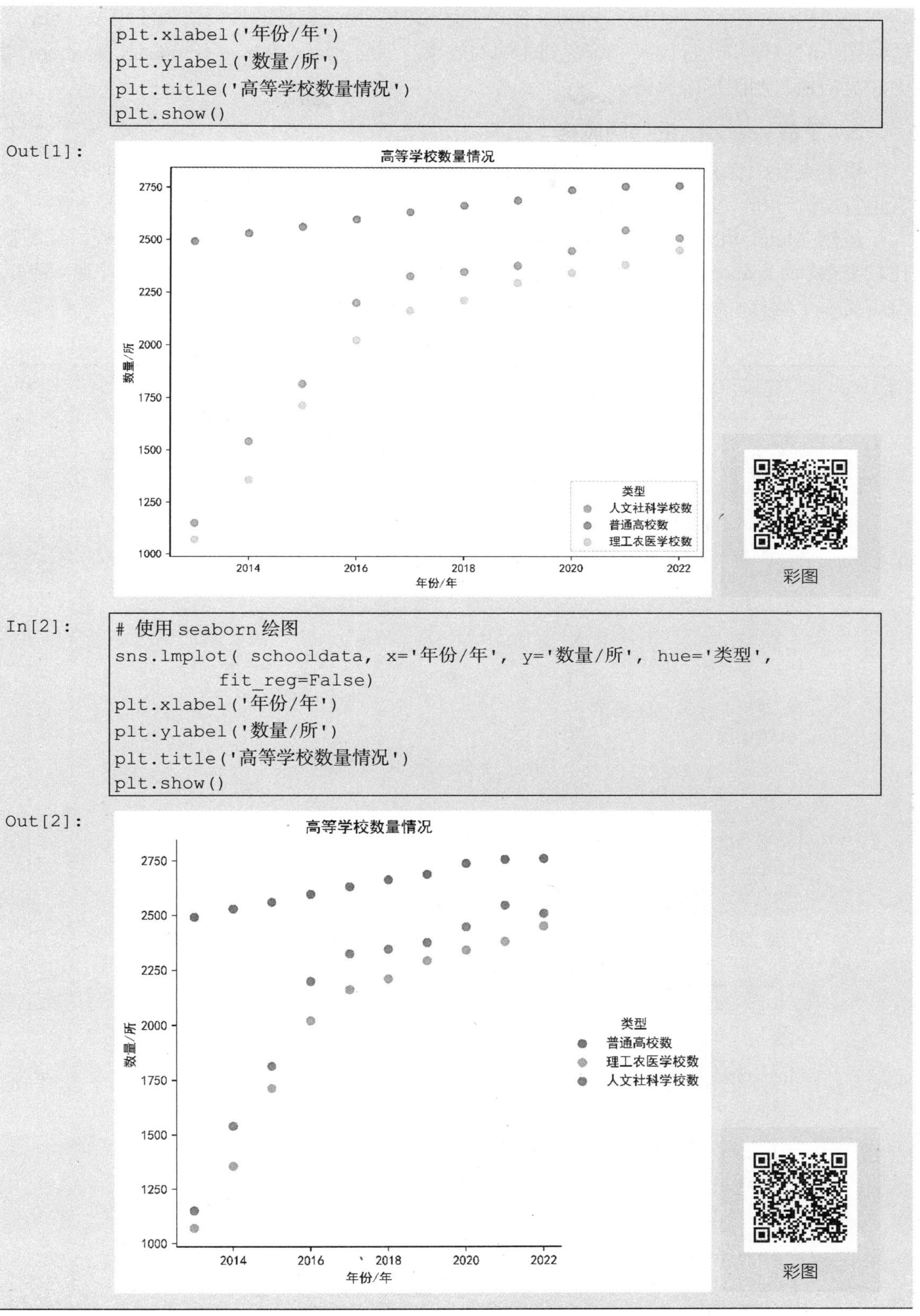

```
plt.xlabel('年份/年')
plt.ylabel('数量/所')
plt.title('高等学校数量情况')
plt.show()
```

Out[1]:

In[2]:

```
# 使用 seaborn 绘图
sns.lmplot( schooldata, x='年份/年', y='数量/所', hue='类型',
          fit_reg=False)
plt.xlabel('年份/年')
plt.ylabel('数量/所')
plt.title('高等学校数量情况')
plt.show()
```

Out[2]:

在代码 5-13 中，使用 Matplotlib 库绘制图形时使用了较长的代码，而使用 seaborn 库绘制图形时仅使用几行代码即可达到相同的效果。但与 Matplotlib 库不同的是，seaborn 库无法灵活地定制图形的风格。

2. 了解 seaborn 的绘图风格

引人入胜、赏心悦目的图形不仅可以让观者更容易挖掘数据中的细节，而且有利于观者进行交流分析，更容易被观者记住。

虽然 Matplotlib 库是高度可定制的，但是很难根据需求确定需要调整的参数，且调整比较复杂。而 seaborn 库包含许多自定义主题和高级界面，可以用于控制图形的外观。例如，自定义一个偏移直线图形，用于展示绘图风格，如代码 5-14 所示。

代码 5-14　偏移直线图形

In[3]:

```
import numpy as np
plt.rcParams['axes.unicode_minus'] = False
x = np.arange(1, 10, 2)
y1 = x + 1
y2 = x + 3
y3 = x + 5
# 绘制 3 条不同的直线
# 使用 Matplotlib 库绘图
plt.title('Matplotlib 库的绘图风格')
plt.plot(x, y1)
plt.plot(x, y2)
plt.plot(x, y3)
plt.show()

# 使用 seaborn 库绘图
# 第 1 组
sns.set_style('darkgrid')  # 灰色背景+白网格
sns.set_style({'font.sans-serif':['SimHei', 'Arial']})
plt.title('seaborn 库的绘图风格')
# 第 2 组
sns.lineplot(x=x, y=y1)
sns.lineplot(x=x, y=y2)
sns.lineplot(x=x, y=y3)
plt.show()
```

Out[3]:

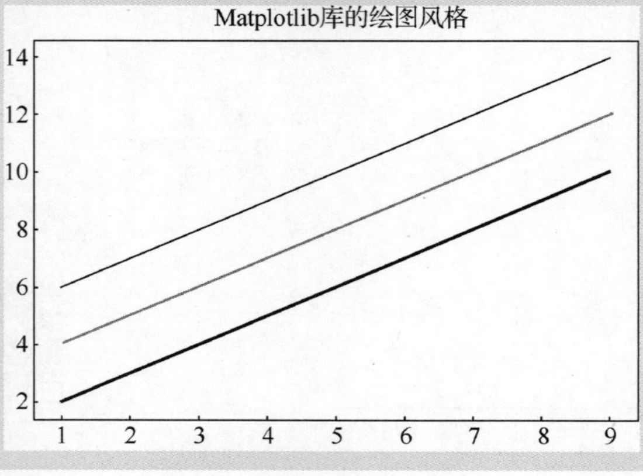

Matplotlib库的绘图风格

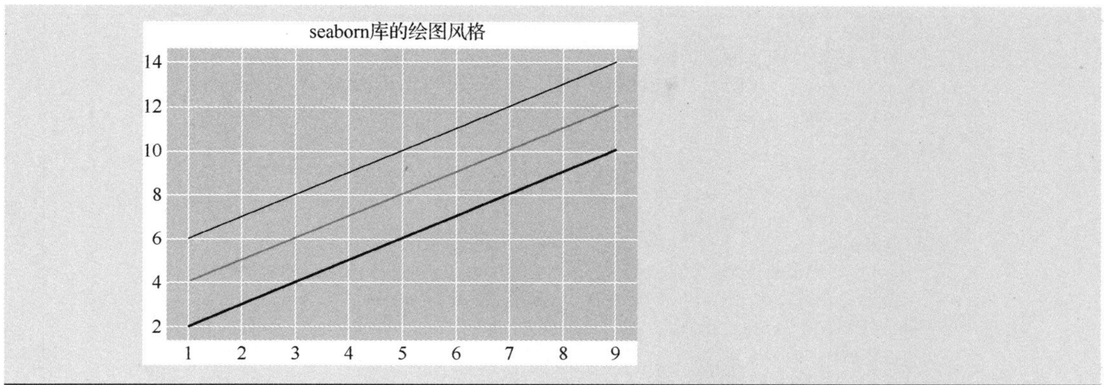

由代码 5-14 的运行结果可知，seaborn 库将 Matplotlib 库的参数分为两个独立的组，第 1 组的代码用于控制图形的样式，第 2 组的代码用于绘制图形。在 seaborn 库中可通过主题样式、元素缩放和边框控制等方法设置绘图风格。

（1）主题样式

seaborn 库中含有 darkgrid（灰色背景+白网格）、whitegrid（白色背景+黑网格）、dark（仅灰色背景）、white（仅白色背景）和 ticks（坐标轴带刻度）5 种预设的主题。其中，darkgrid 与 whitegrid 主题有助于在绘图时进行定量信息的查找，dark 与 white 主题有助于防止网格与表示数据的线条混淆，ticks 主题有助于体现少量特殊的数据元素结构。

seaborn 图形的默认主题为 darkgrid。读者可以使用 set_style 函数修改主题及其默认参数。set_style 函数的基本使用格式如下。

```
seaborn.set_style(style=None, rc=None)
```

set_style 函数的常用参数及其说明如表 5-15 所示。

表 5-15　set_style 函数的常用参数及其说明

参数名称	参数说明
style	接收 str。表示设置的图形主题风格，可选 darkgrid、whitegrid、dark、white、ticks。默认为 None
rc	接收 dict。表示用于覆盖预设 seaborn 样式字典中值的参数映射。默认为 None

set_style 函数只能修改 axes_style 函数的参数，axes_style 函数可以实现临时设置图形样式的效果。例如，在各主题下绘制偏移直线并修改 axes_style 函数的默认参数，如代码 5-15 所示。

代码 5-15　各主题及修改默认参数示例

```
In[4]:  x = np.arange(1, 10, 2)
        y1 = x + 1
        y2 = x + 3
        y3 = x + 5
        def showLine(flip=1):
            sns.lineplot(x=x, y=y1)
            sns.lineplot(x=x, y=y2)
            sns.lineplot(x=x, y=y3)
        pic = plt.figure(figsize=(12, 8))
        with sns.axes_style('darkgrid'):  # 使用 darkgrid 主题
            pic.add_subplot(2, 3, 1)
```

```
    showLine()
    plt.title('darkgrid')
with sns.axes_style('whitegrid'):  # 使用 whitegrid 主题
    pic.add_subplot(2, 3, 2)
    showLine()
    plt.title('whitegrid')
with sns.axes_style('dark'):  # 使用 dark 主题
    pic.add_subplot(2, 3, 3)
    showLine()
    plt.title('dark')
with sns.axes_style('white'):  # 使用 white 主题
    pic.add_subplot(2, 3, 4)
    showLine()
    plt.title('white')
with sns.axes_style('ticks'):  # 使用 ticks 主题
    pic.add_subplot(2, 3, 5)
    showLine()
    plt.title('ticks')
sns.set_style(style='darkgrid',
              rc={'font.sans-serif': ['Microsoft YaHei', 'SimHei'],
                  'grid.color': 'black'})  # 修改主题中的参数
pic.add_subplot(2, 3, 6)
showLine()
plt.title('修改默认参数')
plt.show()
```

Out[4]:

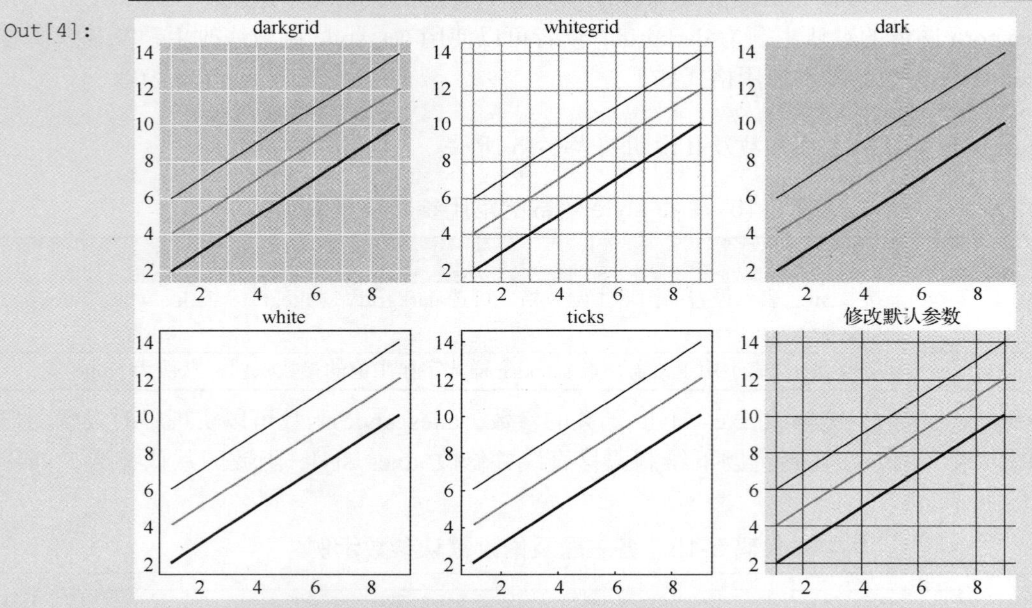

代码 5-15 通过 set_style 函数修改 axes_style 函数的参数，展示了在各主题风格下绘制的偏移直线。虽然在 seaborn 库中切换主题相对容易，但是使用 with()方法临时设置主题将会更方便。

（2）元素缩放

在 seaborn 库中通过 set_context 函数可以设置输出图片元素的尺寸。set_context 函数的基本使用格式如下。

```
seaborn.set_context(context=None, font_scale=1, rc=None)
```

set_context 函数的常用参数及其说明如表 5-16 所示。

表 5-16 set_context 函数的常用参数及其说明

参数名称	参数说明
context	接收 str。表示设置的缩放类型，可选 paper、notebook、talk、poster。默认为 None
font_scale	接收 float。表示单独的缩放因子，以独立缩放字体元素的大小。默认为 1
rc	接收 dict。表示参数映射，以覆盖预设的 context 的值。默认为 None

使用 set_context 函数只能修改 plotting_context 函数的参数，plotting_context 函数通过调整参数改变图中标签、线条或其他元素的大小，但不会影响整体样式。例如，使用偏移直线展示 4 种不同大小的图形，如代码 5-16 所示。

代码 5-16 绘制不同大小的偏移直线图形

In[5]:

```
sns.set()
x = np.arange(1, 10, 2)
y1 = x + 1
y2 = x + 3
y3 = x + 5
def showLine(flip=1):
     sns.lineplot(x=x, y=y1)
     sns.lineplot(x=x, y=y2)
     sns.lineplot(x=x, y=y3)
# 恢复默认参数
pic = plt.figure(figsize=(8, 8), dpi=100)
with sns.plotting_context('paper'):  # 选择 paper 类型
     pic.add_subplot(2, 2, 1)
     showLine()
     plt.title('paper')
with sns.plotting_context('notebook'):  # 选择 notebook 类型
     pic.add_subplot(2, 2, 2)
     showLine()
     plt.title('notebook')
with sns.plotting_context('talk'):  # 选择 talk 类型
     pic.add_subplot(2, 2, 3)
     showLine()
     plt.title('talk')
with sns.plotting_context('poster'):  # 选择 poster 类型
     pic.add_subplot(2, 2, 4)
     showLine()
     plt.title('poster')
plt.show()
```

Out[5]:

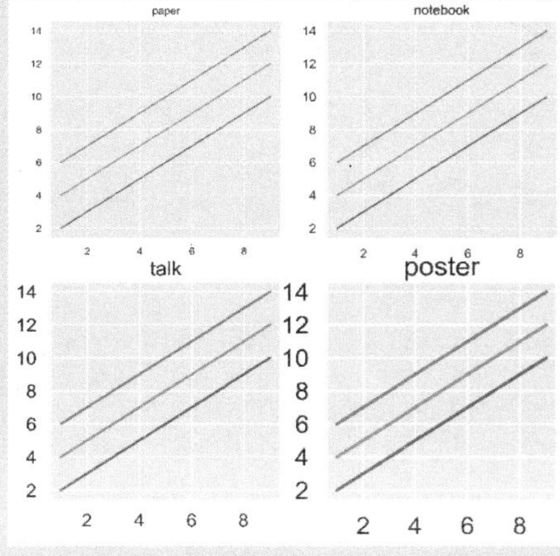

由代码 5-16 的运行结果可知，4 种不同的缩放类型直观的区别在于字号不同，其他方面也均略有差异。

（3）边框控制

在 seaborn 库中，可以使用 despine 函数移除任意位置的边框、调节边框的位置、修改边框的长短。despine 函数的基本使用格式如下。

```
seaborn.despine(fig=None, ax=None, top=True, right=True, left=False, bottom=False, offset=None, trim=False)
```

despine 函数的常用参数及其说明如表 5-17 所示。

表 5-17　despine 函数的常用参数及其说明

参数名称	参数说明
top	接收 bool。表示删除顶部边框。默认为 True
right	接收 bool。表示删除右侧边框。默认为 True
left	接收 bool。表示删除左侧边框。默认为 False
bottom	接收 bool。表示删除底部边框。默认为 False
offset	接收 int 或 dict。表示边框与轴的距离。默认为 None
trim	接收 bool。表示是否将边框的最小和最大刻度限制在非指定轴上。默认为 False

使用 despine 函数绘制具有不同边框的图形，如代码 5-17 所示。

代码 5-17　控制图形边框

```
In[6]:  plt.rcParams['font.sans-serif'] = ['SimHei']
        plt.rcParams['axes.unicode_minus'] = False
        with sns.axes_style('white'):
            showLine()
            sns.despine()  # 默认无参数状态，就是删除顶部和右侧的边框
            plt.title('控制图形边框')
        plt.show()
```

Out[6]:

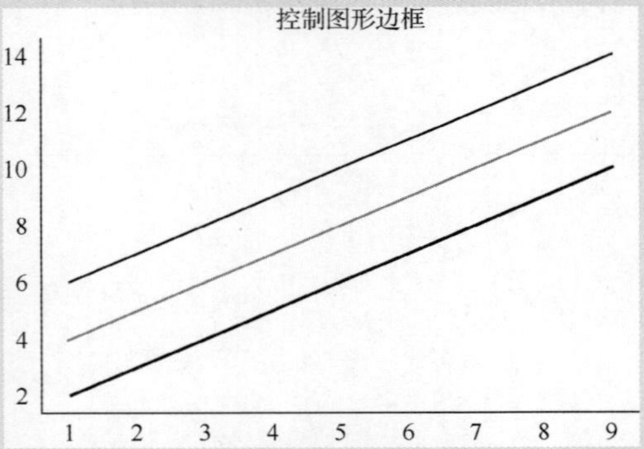

```
In[7]:  with sns.axes_style('white'):
            data = np.random.normal(size=(20, 6)) + np.arange(6) / 2
            sns.boxplot(data=data)
            sns.despine(offset=10, left=False, bottom=False)
            plt.title('控制图形边框')
        plt.show()
```

Out[7]:

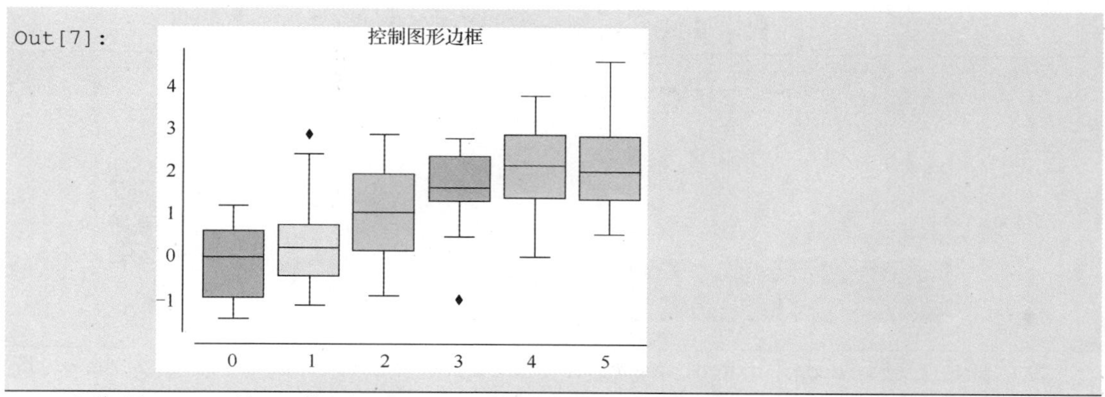

由代码 5-17 可知，使用 despine 函数可以绘制具有不同边框的图形以及改变坐标轴与原点的距离。

3. 熟悉 seaborn 的调色板

颜色在可视化中非常重要，可用于代表各种特征，并且提高整个图形的观赏性。如果颜色使用恰当，可以显示数据中的信息；如果颜色使用不当，将会隐藏数据中的信息。在 seaborn 中颜色由调色板控制，因此调色板是使用 seaborn 库绘制图形的基础。

常用于调色板的函数及其作用如表 5-18 所示。

表 5-18　常用于调色板的函数及其作用

函数名称	函数作用
hls_palette	用于控制调色板颜色的亮度和饱和度
xkcd_palette	使用 xkcd 颜色中的颜色名称创建调色板
cubehelix_palette	用于创建连续调色板
light_palette	用于创建颜色从浅色到深色的连续调色板
dark_palette	用于创建颜色从深色到深色混合的连续调色板
choose_light_palette	启动交互式小部件以创建浅色连续调色板
choose_dark_palette	启动交互式小部件以创建深色连续调色板
diverging_palette	用于创建离散调色板
choose_diverging_palette	启动交互式小部件选择不同的调色板，与 diverging_palette 函数功能相对应
color_palette	用于返回定义调色板的颜色列表或连续颜色图
set_palette	用于设置调色板，为所有图设置默认颜色周期

通常在不知道数据具体特征的情况下，是无法得知使用什么类型的调色板或颜色映射是最优的。因此，将使用定性调色板、连续调色板和离散调色板 3 种不同类型的调色板，用于区分使用 color_palette 函数的不同情况。除此之外，还可以使用 set_palette 函数将调色板设置为默认调色板。

（1）定性调色板

当需要区分没有固有顺序的离散数据区块时，定性（或分类）调色板是较佳选择。在导入 seaborn 库后，默认颜色周期将更改为 10 种颜色，如代码 5-18 所示。

代码 5-18　seaborn 默认颜色周期

```
In[8]:  sns.palplot(sns.color_palette())
Out[8]:
```

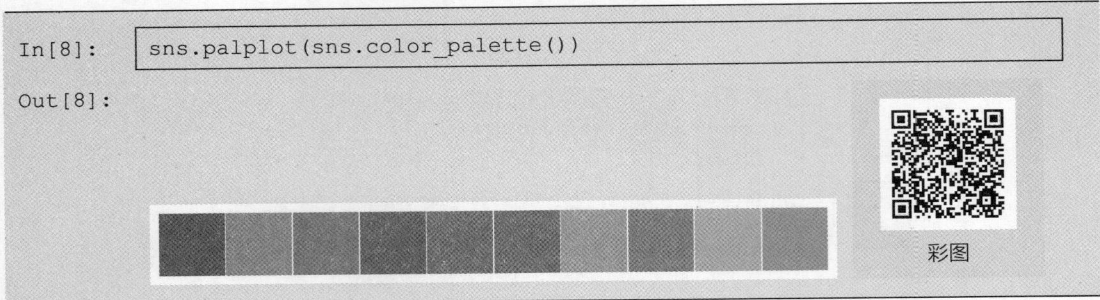

默认颜色主题有 deep、muted、pastel、bright、dark 和 colorblind 等，默认为 deep。读者可以使用代码 5-19 所示的方式导入不同的颜色主题。

代码 5-19　导入不同的颜色主题

```
In[9]:  palette = sns.color_palette('muted')
        sns.palplot(palette)
Out[9]:
```

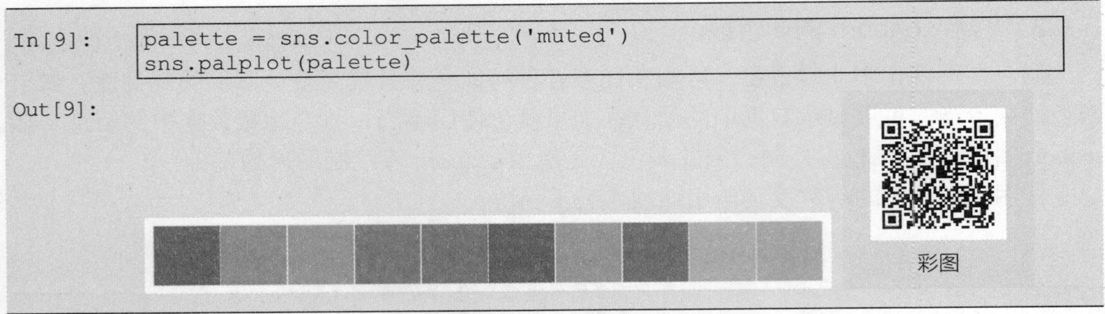

在使用定性调色板时，可对调色板进行调整，具体如下。

① 使用圆形颜色系统

当有任意数量的类别需要区分时，较简单的方法是在圆形颜色空间中绘制均匀间隔的颜色（色调在保持亮度和饱和度不变的同时变化）。在需要使用的颜色比默认颜色周期中设置的颜色更多时，常使用圆形颜色系统设置图案颜色。

较常用的方法是使用 HLS（H 表示色调、L 表示亮度、S 表示饱和度）颜色空间，可由 RGB（R 代表红色、G 代表绿色、B 代表蓝色）颜色空间经过简单转换得到，如代码 5-20 所示。

代码 5-20　HLS 颜色空间

```
In[10]:  sns.palplot(sns.color_palette('hls', 8))
Out[10]:
```

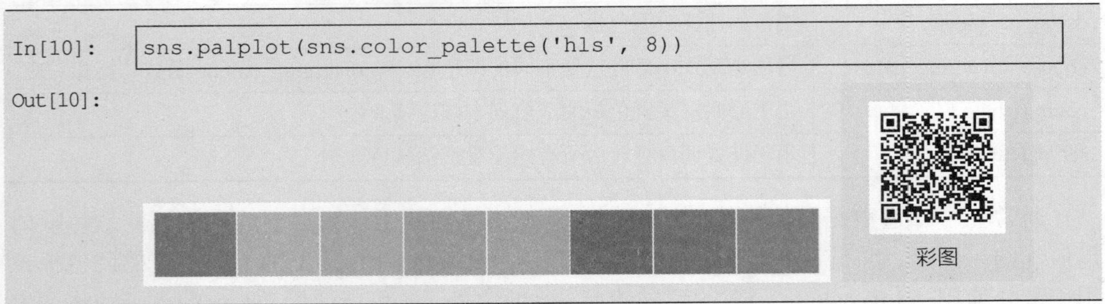

使用 hls_palette 函数可以控制颜色的亮度和饱和度，如代码 5-21 所示。

代码 5-21　控制颜色亮度和饱和度

```
In[11]:  sns.palplot(sns.hls_palette(8, l=.3, s=.8))  # l 控制亮度，s 控制饱和度
```

人类视觉系统的工作方式会导致颜色尽管在 RGB 度量上的强度是一致的，但在人类视觉中并不平衡。例如，人们认为黄色和绿色是相对较亮的颜色，而蓝色相对较暗，这可能会引发人类视觉系统与 HLS 系统不一致的问题。

为了解决这一问题，seaborn 库提供了 HSLuv 色彩模型的接口，这也使得选择均匀间隔的色彩变得更加容易，同时使亮度和饱和度更加一致，如代码 5-22 所示。

代码 5-22　调节亮度和饱和度在视觉上一致

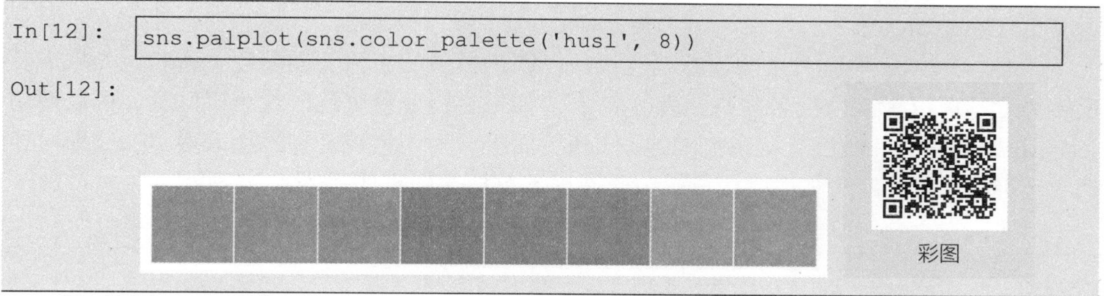

```
In[12]:  sns.palplot(sns.color_palette('husl', 8))
```


② 使用 xkcd 颜色

xkcd 颜色是通过对上万名参与者进行调查而总结得出的，包含 954 种常用的颜色。可以随时通过 xkcd_rgb 字典装饰器调用这些颜色，也可以通过 xkcd_palette 函数自定义调色板。xkcd 颜色的使用如代码 5-23 所示。

代码 5-23　xkcd 颜色使用示例

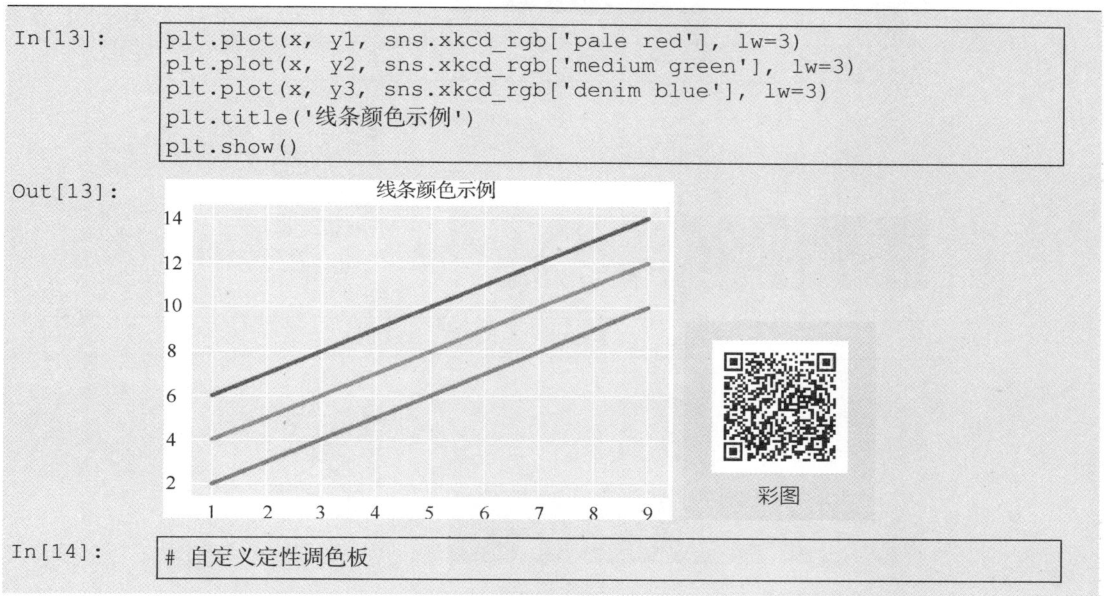

```
In[13]:  plt.plot(x, y1, sns.xkcd_rgb['pale red'], lw=3)
         plt.plot(x, y2, sns.xkcd_rgb['medium green'], lw=3)
         plt.plot(x, y3, sns.xkcd_rgb['denim blue'], lw=3)
         plt.title('线条颜色示例')
         plt.show()
```



```
In[14]:  # 自定义定性调色板
```

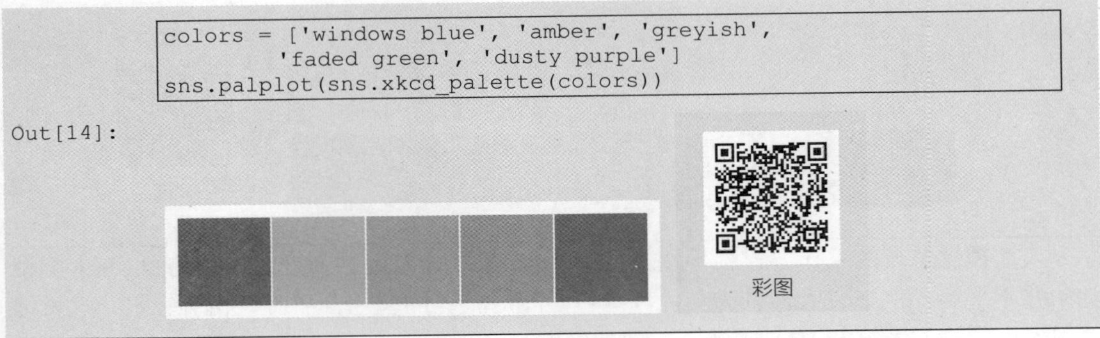

```
colors = ['windows blue', 'amber', 'greyish',
          'faded green', 'dusty purple']
sns.palplot(sns.xkcd_palette(colors))
```

Out[14]:

彩图

（2）连续调色板

当数据存在一定顺序时，通常使用连续映射。对于连续的数据，如果使用在色调上有相对细微变化、在亮度和饱和度上有很大变化的调色板，将会自然地展现出数据中相对重要的部分。连续调色板的设置方法如下。

① Color Brewer

Color Brewer 中有大量的连续调色板，以调色板中的主色（或颜色）命名。如果需要反转亮度，可以为调色板名称添加后缀“_r”。如果觉得颜色鲜艳的线难以区分，可以使用 seaborn 库增加的一个没有动态范围的“dark”面板，为调色板名称添加后缀“_d”即可切换至“dark”面板。绘制连续调色板、亮度反转及切换面板如代码 5-24 所示。

代码 5-24　绘制连续调色板、亮度反转及切换面板

In[15]:
```
sns.palplot(sns.color_palette('Greens'))
```

Out[15]:

彩图

In[16]:
```
sns.palplot(sns.color_palette('YlOrRd_r'))
```

Out[16]:

彩图

In[17]:
```
sns.palplot(sns.color_palette('YlOrRd_d'))
```

Out[17]:

彩图

在 Color Brewer 中，连续调色板名称及渐变顺序如表 5-19 所示。

表 5-19　连续调色板名称及渐变顺序

名称	渐变顺序	名称	渐变顺序	名称	渐变顺序
YlOrRd	黄色、橙色、红色	Purples	紫色	Greys	灰色
YlOrBr	黄色、橙色、棕色	PuRd	紫色、红色	Greens	绿色
YlGnBu	黄色、绿色、蓝色	PuBuGn	紫色、蓝色、绿色	GnBu	绿色、蓝色
YlGn	黄色、绿色	PuBu	紫色、蓝色	BuPu	蓝色、紫色
Reds	红色	OrRd	橙色、红色	BuGn	蓝色、绿色
RdPu	红色、紫色	Oranges	橙色	Blues	蓝色

② cubehelix 调色板

通过 cubehelix 制作连续调色板，将得到线性增加或降低亮度的色图，这意味着映射信息会在用黑色和白色保存（如用于印刷）时或被患有色盲的人浏览时得以保留。在 seaborn 库中，可使用 cubehelix_palette 函数制作 cubehelix 调色板。cubehelix_palette 函数的基本使用格式如下。

```
seaborn.cubehelix_palette(n_colors=6, start=0, rot=0.4, gamma=1.0, hue=0.8, light=
0.85, dark=0.15, reverse=False, as_cmap=False)
```

cubehelix_palette 函数的常用参数及其说明如表 5-20 所示。

表 5-20　cubehelix_palette 函数的常用参数及其说明

参数名称	参数说明
n_colors	接收 int。表示调色板中颜色的数目。默认为 6
start	接收 0～3 的 float。表示调色板开头的色调。默认为 0
rot	接收 float。表示在调色板范围内，围绕色轮旋转的次数。默认为 0.4
light	接收 0～1 的 float。表示颜色明亮程度。默认为 0.85
dark	接收 0～1 的 float。表示颜色深暗程度。默认为 0.15
as_cmap	接收 bool。表示是否返回 Matplotlib 颜色映射对象。默认为 False

使用 cubehelix_palette 函数生成调色板对象并传入绘图函数，如代码 5-25 所示。

代码 5-25　使用 cubehelix_palette 函数生成调色板对象并传入绘图函数

```
In[18]:  sns.palplot(sns.cubehelix_palette(8, start=1, rot=0))
Out[18]:
```

彩图

```
In[19]:  x, y = np.random.multivariate_normal([0, 0], [[1, -0.5],
                                              [-0.5, 1]], size=300).T
         cmap = sns.cubehelix_palette(as_cmap=True)  # 生成调色板对象
         sns.kdeplot(x=x, y=y, cmap=cmap, shade=True)
         plt.title('连续调色板')
         plt.show()
```

Out[19]:

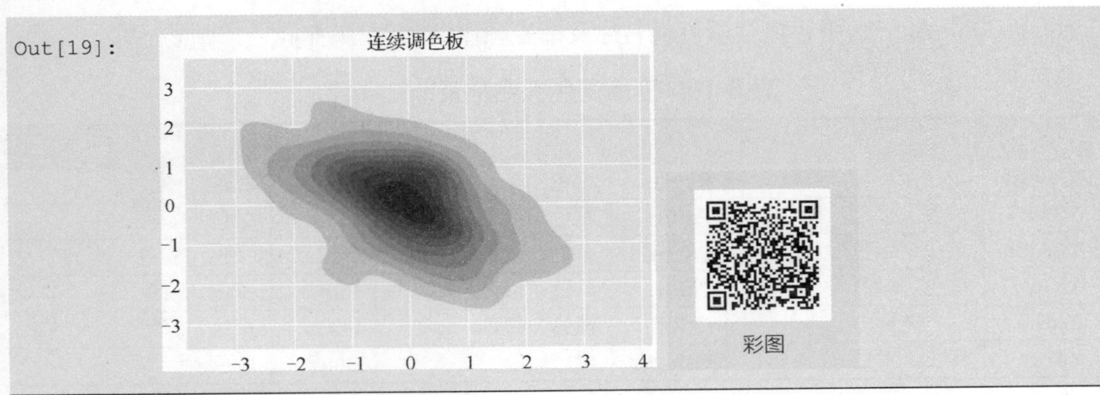

③ 自定义连续调色板

对于自定义连续调色板，可以调用 light_palette 函数和 dark_palette 函数进行单一颜色"播种"，"种子"可以用于产生单一颜色从浅色到深色的调色板。如果使用的是 IPython Notebook（供 Jupyter Notebook 使用的一个 Jupyter 内核组件），那么 light_palette 函数和 dark_palette 函数还可以分别与 choose_light_palette 函数和 choose_dark_palette 函数启动交互式小部件创建单一颜色的调色板。

任何有效的 Matplotlib 颜色都可以传递给 light_palette 函数和 dark_palette 函数，包括 HLS 颜色空间或 HUSL 颜色空间的 RGB 元组和 xkcd 颜色。自定义连续调色板并将其传入绘图函数，如代码 5-26 所示。

代码 5-26　自定义连续调色板并将其传入绘图函数

In[20]:

```
sns.palplot(sns.light_palette('blue'))
```

Out[20]:

彩图

In[21]:

```
sns.palplot(sns.dark_palette('yellow'))
```

Out[21]:

彩图

In[22]:

```
# 使用 HUSL 颜色空间作为"种子"
pal = sns.dark_palette((200, 80, 60), input='husl',
                       reverse=True, as_cmap=True)
sns.kdeplot(x=x, y=y, cmap=pal)
plt.title('自定义连续调色板')
plt.show()
```

Out[22]:

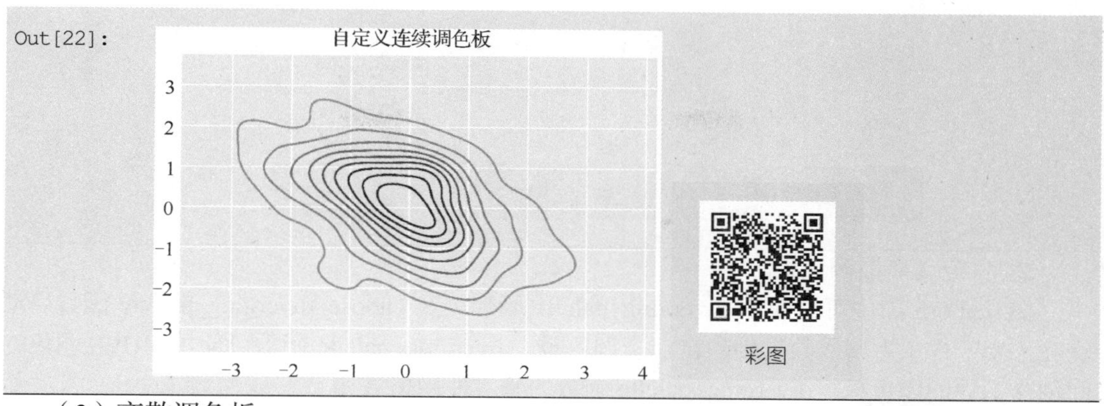

（3）离散调色板

离散调色板适用于数据的高值和低值都有非常重要的数据意义的情况，这些数据通常有一个定义明确的中点。例如，如果需要绘制某个基线时间点的温度变化，那么使用离散调色板显示温度相对降低的区域或相对升高的区域将会得到相对较好的效果。

选择离散调色板的原则是，起始色调和结束色调具有相似的亮度和饱和度，并且经过色调偏移后在中点处和谐相遇，同时，需要尽量避免使用红色与绿色。离散调色板的设置情况如下。

① 默认的离散调色板

Color Brewer 中有一组精心设计的离散调色板，如代码 5-27 所示。

代码 5-27　Color Brewer 中的离散调色板

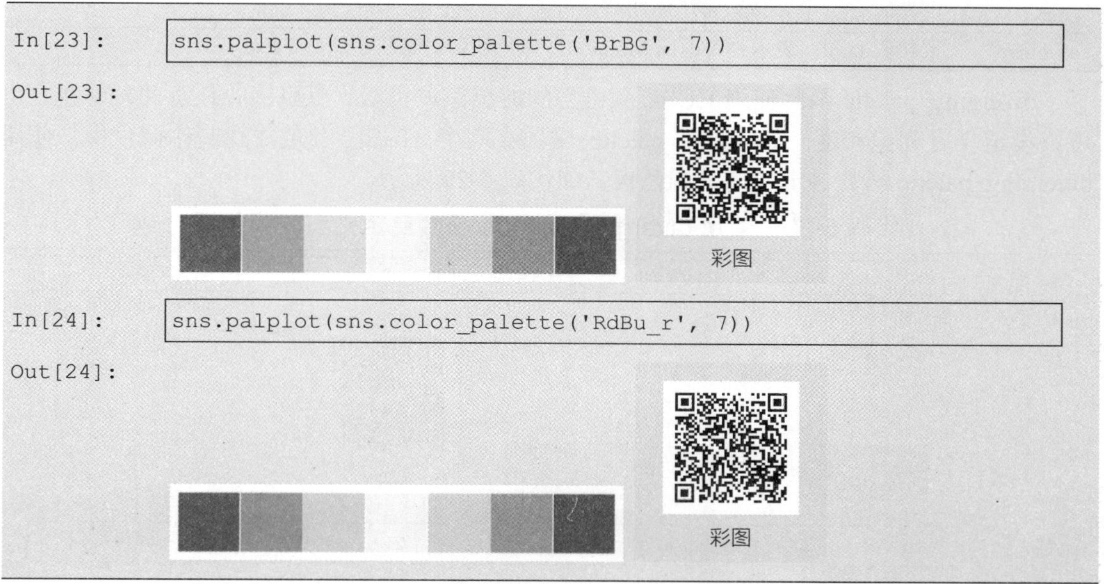

In[23]:
```
sns.palplot(sns.color_palette('BrBG', 7))
```
Out[23]:

In[24]:
```
sns.palplot(sns.color_palette('RdBu_r', 7))
```
Out[24]:

Matplotlib 库中内置了 coolwarm 离散调色板，但是它的中点和极值之间的对比度较小，如代码 5-28 所示。

代码 5-28　coolwarm 离散调色板

In[25]:
```
sns.palplot(sns.color_palette('coolwarm', 7))
```

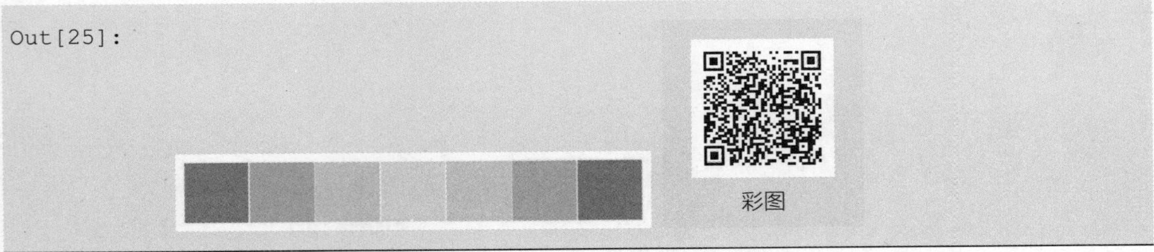

② 自定义离散调色板

在 seaborn 库中可以使用 diverging_palette 函数（及 choose_diverging_palette 函数启动交互式小部件）为离散数据创建自定义调色板。diverging_palette 函数可使用 HULS 颜色空间创建不同的调色板。diverging_palette 函数的基本使用格式如下。

```
seaborn.diverging_palette(h_neg, h_pos, s=75, l=50, sep=1, n=6, center='light', as_cmap=False)
```

diverging_palette 函数的常用参数及其说明如表 5-21 所示。

表 5-21　diverging_palette 函数的常用参数及其说明

参数名称	参数说明
h_neg	接收 0～359 的 float。表示调色板的正范围的色调。无默认值
h_pos	接收 0～359 的 float。表示调色板的负范围的色调。无默认值
s	接收 0～100 的 float。表示两个范围的色调饱和度。默认为 75
l	接收 0～100 的 float。表示两个范围的色调亮度。默认为 50
n	接收 int。表示调色板颜色数目。默认为 6
center	接收 str。表示调色板中心明暗，可选 light、dark。默认为“light”
as_cmap	接收 bool。表示是否返回 Matplotlib 颜色映射对象。默认为 False

diverging_palette 函数使用 HUSL 颜色空间的离散调色板，可以接收任意两种颜色，也可以设定亮度和饱和度。diverging_palette 函数在两个 HUSL 颜色之间制作调色板。使用 diverging_palette 函数自定义离散调色板，如代码 5-29 所示。

代码 5-29　使用 diverging_palette 函数自定义离散调色板

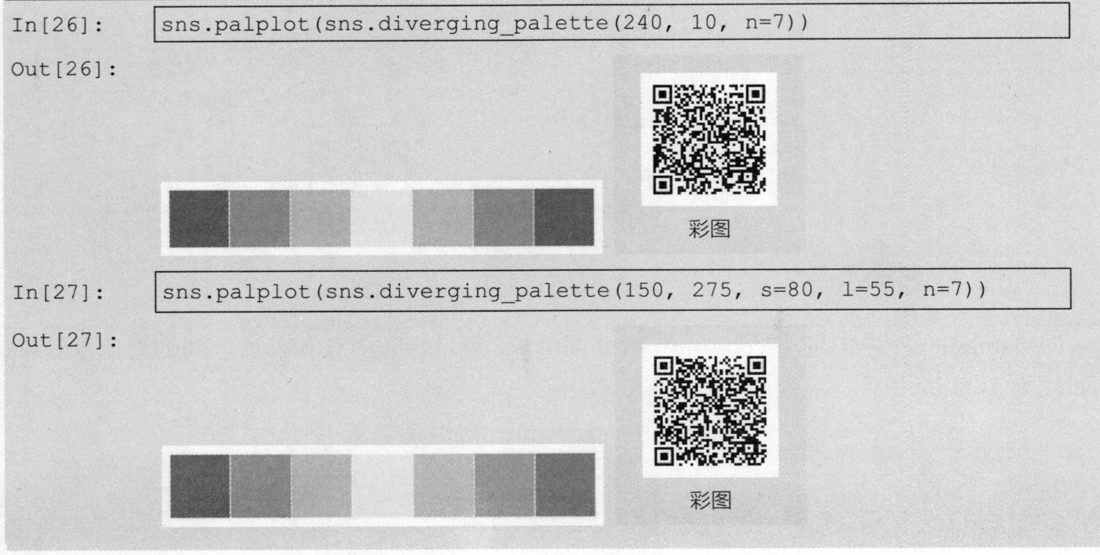

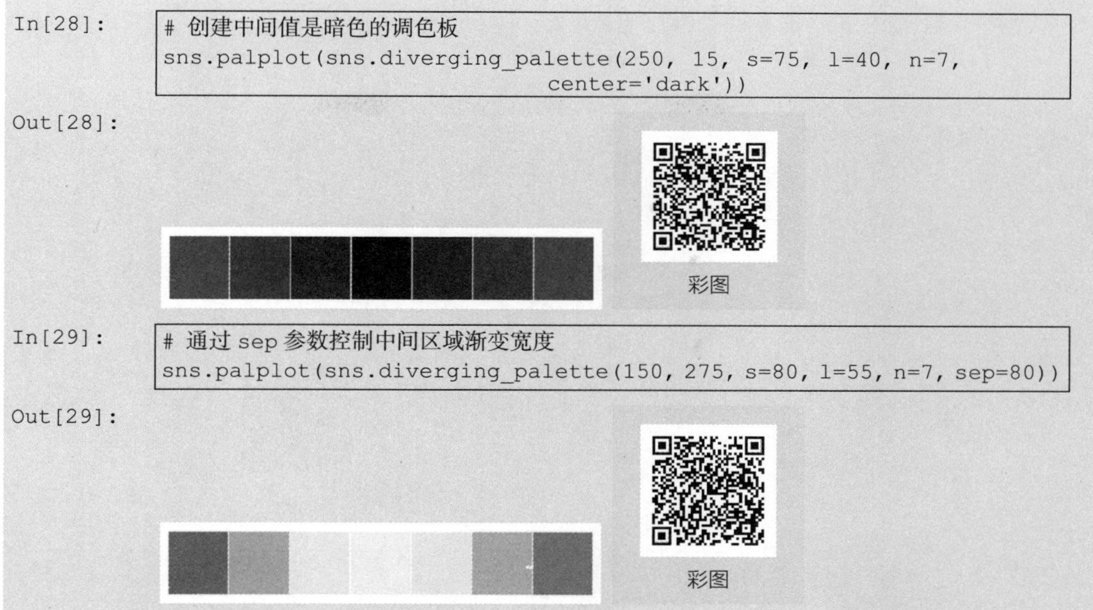

```
In[28]:   # 创建中间值是暗色的调色板
          sns.palplot(sns.diverging_palette(250, 15, s=75, l=40, n=7,
                                            center='dark'))
Out[28]:
```

彩图

```
In[29]:   # 通过 sep 参数控制中间区域渐变宽度
          sns.palplot(sns.diverging_palette(150, 275, s=80, l=55, n=7, sep=80))
Out[29]:
```

彩图

（4）设置默认调色板

color_palette 函数还有一个与之相对应的函数，即 set_palette 函数。set_palette 函数接收与 color_palette 函数相同的参数，可更改默认的 Matplotlib 调色板参数，更改后所有的调色板配置将变为设置的调色板配置。使用 set_palette 函数设置调色板，如代码 5-30 所示。

代码 5-30　使用 set_palette 函数设置调色板

```
In[30]:   x = np.arange(1, 10, 2)
          y1 = x + 1
          y2 = x + 3
          y3 = x + 5
          def showLine(flip=1):
              sns.lineplot(x=x, y=y1)
              sns.lineplot(x=x, y=y2)
              sns.lineplot(x=x, y=y3)
          # 使用默认调色板
          showLine()
          plt.title('默认调色板')
          plt.show()
Out[30]:
```

默认调色板

彩图

In[31]:

```
# 使用 set_palette 函数设置调色板
sns.set_palette('YlOrRd_d')
showLine()
plt.title('使用 set_palette 函数设置调色板')
plt.show()
```

Out[31]:

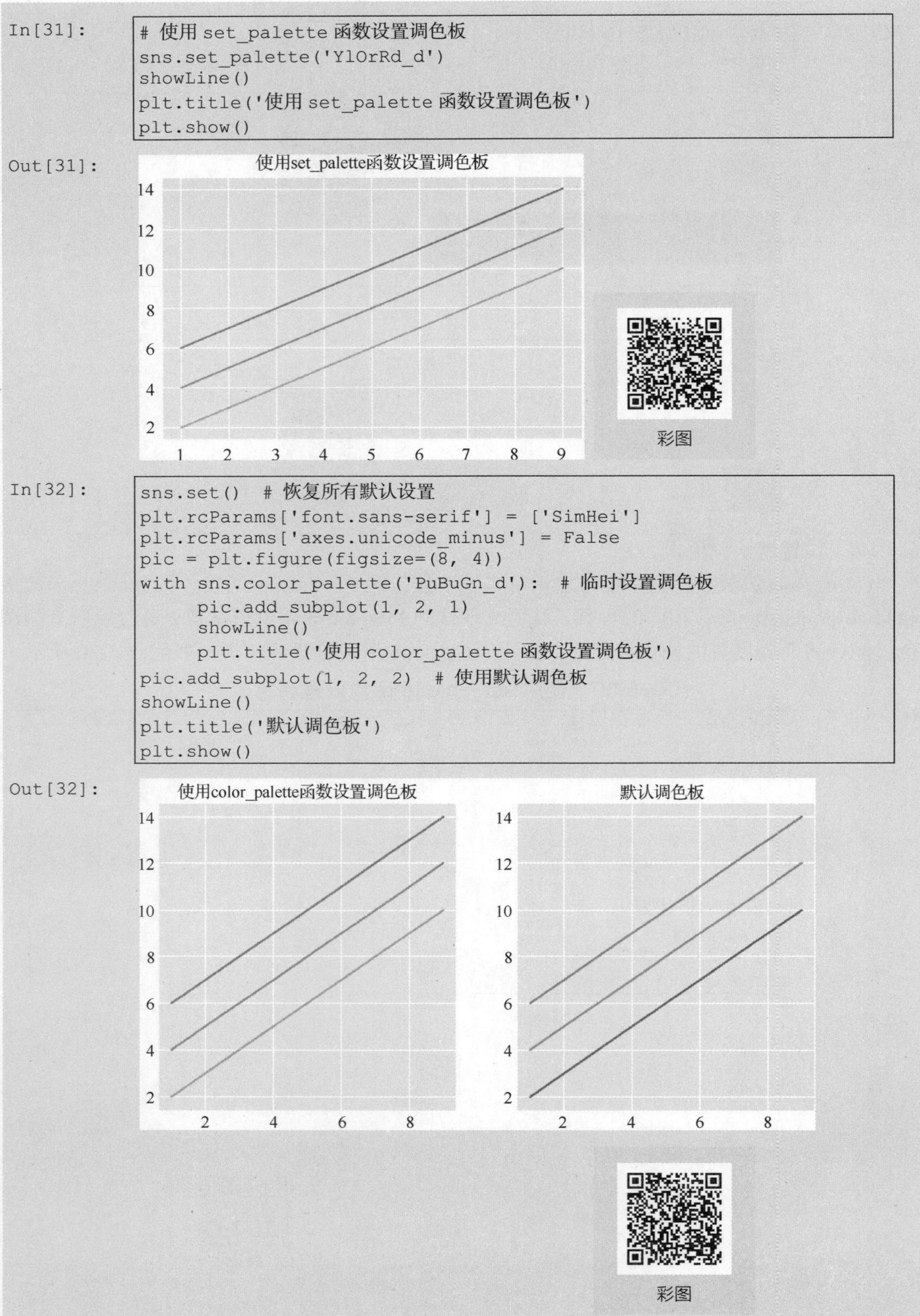

In[32]:

```
sns.set()  # 恢复所有默认设置
plt.rcParams['font.sans-serif'] = ['SimHei']
plt.rcParams['axes.unicode_minus'] = False
pic = plt.figure(figsize=(8, 4))
with sns.color_palette('PuBuGn_d'):  # 临时设置调色板
    pic.add_subplot(1, 2, 1)
    showLine()
    plt.title('使用 color_palette 函数设置调色板')
pic.add_subplot(1, 2, 2)  # 使用默认调色板
showLine()
plt.title('默认调色板')
plt.show()
```

Out[32]:

5.2.2　使用 seaborn 绘制基础图形

热力图（Heat Map）通过颜色的深浅表示数据的分布，一般颜色越浅数据越大，可以清晰地展示出数据的分布情况，非常方便。

在 seaborn 库中，可以使用 heatmap 函数绘制热力图。heatmap 函数的基本使用格式如下。

```
seaborn.heatmap(data, vmin=None, vmax=None, cmap=None, center=None, robust=False,
annot=None, fmt='.2g', annot_kws=None, linewidths=0, linecolor='white', cbar=True,
cbar_kws=None, cbar_ax=None, square=False, xticklabels='auto', yticklabels='auto',
mask=None, ax=None, **kwargs)
```

heatmap 函数的主要参数及其说明如表 5-22 所示。

表 5-22　heatmap 函数的主要参数及其说明

参数名称	参数说明
data	接收可转换为 ndarray 的二维矩阵数据集。表示用于绘图的数据集。无默认值
vmin，vmax	接收 float。表示颜色映射的值的范围。默认为 None
cmap	接收颜色映射或颜色列表。表示数值到颜色空间的映射。默认为 None
center	接收 float。表示以 0 为中心发散颜色。默认为 None
robust	接收 bool。如果为 True 且 vmin 参数或 vmax 参数为 None，则使用分位数表示映射范围。默认为 False
annot	接收 bool 或矩阵数据集。表示是否在每个单元格中显示数值。默认为 None
fmt	接收 str。表示添加注释时使用的字符串格式代码。默认为“.2g”
linewidths	接收 float。表示划分每个单元格的线宽。默认为 0
linecolor	接收 str。表示划分每个单元格的线条颜色。默认为“white”
square	接收 bool。表示是否使每个单元格为方形。默认为 False

城市综合发展水平是一个城市在经济、社会、文化、环境、基础设施等多个方面的综合实力和竞争力，对于城市居民、国家乃至国际社会都具有重要意义。某公司收集了部分体现城市综合发展水平的数据，其特征说明如表 5-23 所示。

表 5-23　城市综合发展水平数据的特征说明

特征名称	示例	特征名称	示例
铁路旅客周转量/%	43.58	消费价格指数/%	101.9
交通拥堵指数/%	29.8	城市建成区绿地率/%	4.4
工业增加值/亿元	3911	住宿餐饮服务人数/万人次	14.45
固定资产投资/亿元	6897	年末常住人口/千万人	2.78
居民消费价格指数/%	102.8		

基于城市综合发展水平数据特征绘制热力图，如代码 5-31 所示。

代码 5-31　绘制热力图

```
In[33]:   city = pd.read_excel('../data/city.xlsx')
          plt.rcParams['axes.unicode_minus'] = False
```

```
corr = city.corr()  # 特征的相关系数矩阵
sns.heatmap(corr)
plt.title('特征矩阵热力图')
plt.show()
```

Out[33]:

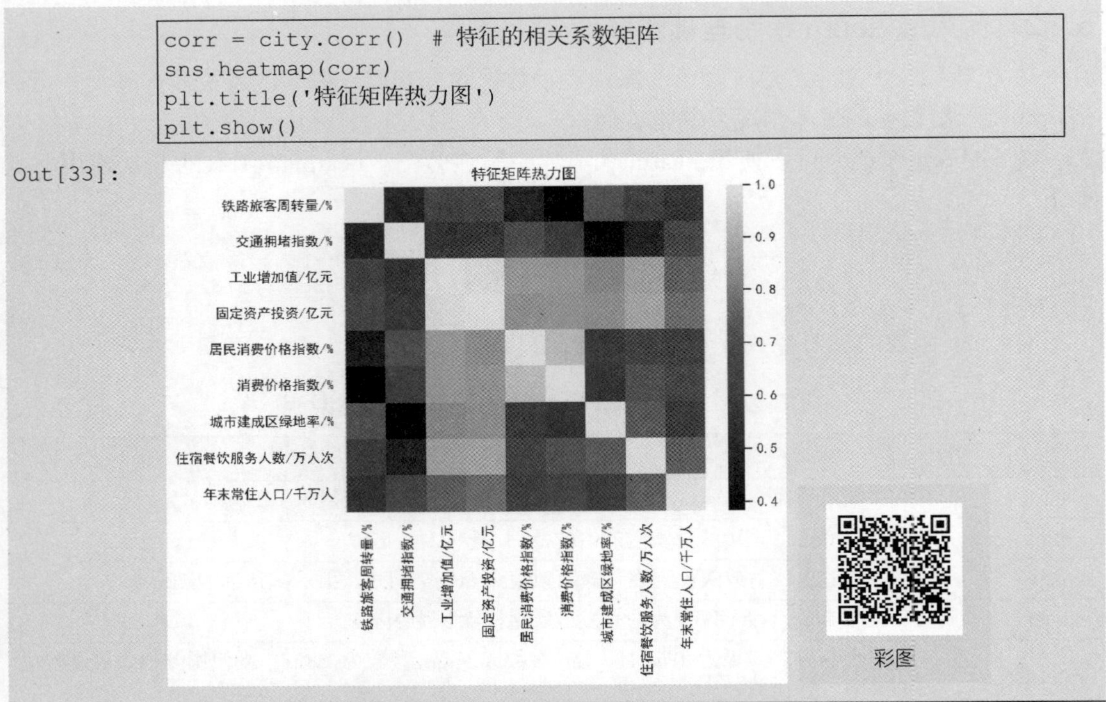

代码 5-31 的运行结果展示了城市综合发展水平数据中各变量之间的相关关系，而图中最右侧线条的作用是量化特征之间的相关性。以 0 为分界点，数值越接近 1，则正相关性越强；数值越接近-1，则负相关性越强。

【任务实现】

分析商品售出价格和用户年龄的关系

热力图能够以色彩密度的方式直观地展示数据之间的关系和模式，可以帮助观者快速识别数据的相关性和趋势。通过观察商品售出价格和用户年龄热力图，可以发现是否存在某些年龄段的用户更倾向于购买高价或低价商品的情况。使用 heatmap 函数绘制热力图，分析商品售出价格和用户年龄的关系，如任务实现 5-4 所示。

任务实现 5-4　绘制商品售出价格和用户年龄热力图

In[4]:

```
heat_data = sales_data.pivot_table(columns='年龄段',
                                   index='价格区间',
                                   values='商品售出价格/美元',
                                   aggfunc='count')
import seaborn as sns
# 热力图
plt.figure(figsize=(5, 4), dpi=1080)
sns.heatmap(heat_data, cmap=plt.cm.Blues,
            cbar=True, annot_kws={'size': 8}, fmt="d",linewidths=.5)
plt.title('商品售出价格和用户年龄热力图')
plt.savefig('../tmp/商品售出价格和用户年龄热力图.png',
            bbox_inches = 'tight')
plt.show()
```

Out[4]:

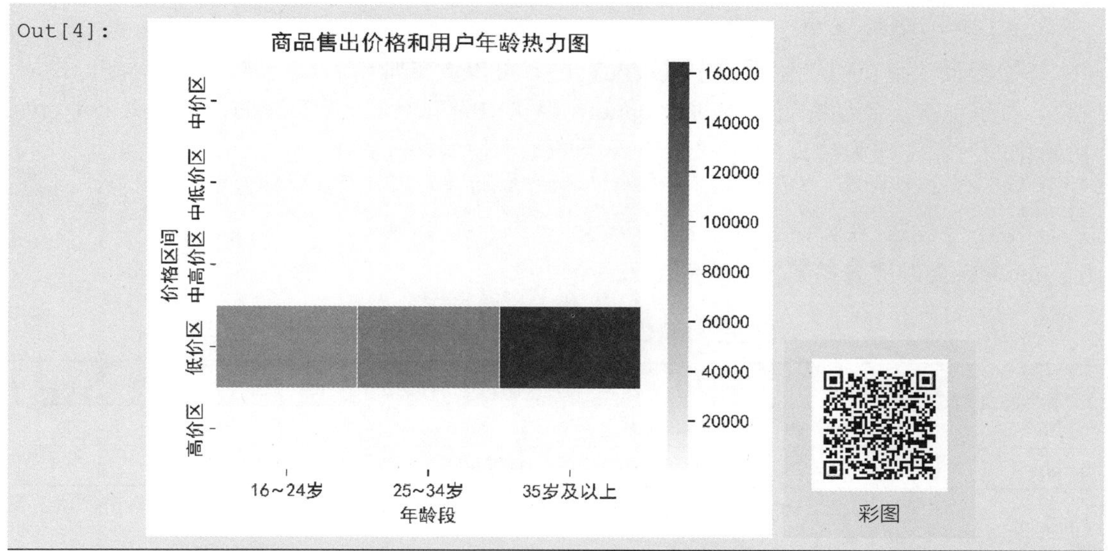

彩图

任务实现 5-4 展示了不同年龄段用户购买的商品售价分布情况，其中低价区的用户数量最多，35 岁及以上的用户占比最高，其次是 25～34 岁的用户；在中低价区、中价区、高价区，各年龄段用户数量相差不大，都相对较少。这说明不同年龄段用户对于商品价格的接受程度存在差异，大多数用户更倾向于购买低价位的产品。

pyecharts 基础绘图

任务 5.3　年龄段、用户地区和商品偏好分析

【任务描述】

用户的年龄分布和地域分布，以及热门商品类别等信息可以帮助电商平台更好地了解用户群体，针对性地制定营销策略、优化产品推广、提升用户体验。本任务将通过构建年龄段、用户地区与订单数量的 3D 散点图、商品类别词云图，实现对用户行为、商品需求的全方位深度解析。

【任务分析】

（1）使用 Scatter3D 类绘制 3D 散点图，分析年龄段、用户地区与订单数量的关系。

（2）使用 WordCloud 类绘制词云图，分析商品类别分布情况。

【知识准备】

5.3.1　熟悉 pyecharts 绘图基础

pyecharts 库凭借其良好的交互性、精巧的图表设计得到了众多开发者的认可。使用 pyecharts 库绘制图形的大致步骤可以分为：创建图形对象、添加数据、配置系列参数、配置全局参数和渲染图片。在 pyecharts 库中可以通过链式调用的方式设置初始配置项、系列配置项和全局配置项。使用 pyecharts 库绘制交互式图形（如 3D 散点图、漏斗图和词云图），将数据以图形的形式展示出来，可以让人们快速地理解数据、抓住数据的关键。在使用 pyecharts 库绘制图形之前需要了解其初始配置项、系列配置项和全局配置项。

1. 了解初始配置项

初始配置项是在初始化对象中进行配置的，可以设置画布的长与宽、网页标题、图表主题、背景色等。初始配置项是通过 options 模块中的 InitOpts 类实现的，可以将 init_opts（初始化的对象）作为参数传递。InitOpts 类的基本使用格式如下。

```
class InitOpts(width='900px', height='500px', chart_id=None, renderer= RenderType.
CANVAS, page_title='Awesome-pyecharts', theme='white', bg_color=None, js_host='',
animation_opts=AnimationOpts())
```

InitOpts 类的部分参数及其说明如表 5-24 所示。

表 5-24　InitOpts 类的部分参数及其说明

参数名称	参数说明
width	接收 str。表示画布宽度。默认为“900px”
height	接收 str。表示画布高度。默认为“500px”
chart_id	接收 str。表示图表 ID，是图表唯一标识，可用于在多个图表合并时区分图表。默认为 None
renderer	接收 str。表示渲染风格，可选 canvas 或 svg。默认为 RenderType.CANVAS
page_title	接收 str。表示网页标题。默认为'Awesome-pyecharts'
theme	接收 str。表示图表主题。默认为“white”
bg_color	接收 str。表示图表背景颜色。默认为 None

2. 了解系列配置项

系列配置项是通过 set_series_opts()方法设置的，可以对文字样式配置项、标签配置项、线样式配置项、标记点配置项等进行配置。

（1）文字样式配置项

文字样式配置项是通过 options 模块中的 TextStyleOpts 类实现的，可以将 text_style_opts（配置文字样式对象）作为参数传递给 set_series_opts()方法。TextStyleOpts 类的基本使用格式如下。

```
class TextStyleOpts(color=None, font_style=None, font_weight=None, font_family=
None, font_size=None, align=None, vertical_align=None, line_height=None,
background_color=None, border_color=None, border_width=None, border_radius=None,
padding=None, shadow_color=None, shadow_blur=None, width=None, height=None,
rich=None)
```

TextStyleOpts 类的部分参数及其说明如表 5-25 所示。

表 5-25　TextStyleOpts 类的部分参数及其说明

参数名称	参数说明
color	接收 str。表示文字颜色。默认为 None
font_style	接收 str。表示文字字体风格，可选 normal、italic、oblique。默认为 None
font_weight	接收 str。表示文字字体的粗细，可选 normal、bold、bolder、lighter。默认为 None
font_family	接收 str。表示文字的字体系列。默认为 None
font_size	接收 Numeric。表示文字的字号。默认为 None
align	接收 str。表示文字水平对齐方式。默认为 None

续表

参数名称	参数说明
vertical_align	接收 str。表示文字垂直对齐方式。默认为 None
line_height	接收 str。表示行高。默认为 None
background_color	接收 str。表示文字块背景色。默认为 None
border_color	接收 str。表示文字块边框颜色。默认为 None
border_width	接收 Numeric。表示文字块边框宽度。默认为 None

（2）标签配置项

标签配置项是通过 options 模块中的 LabelOpts 类实现的，可以将 label_opts（配置标签对象）作为参数传递给 set_series_opts()方法。LabelOpts 类的基本使用格式如下。

```
class LabelOpts(is_show=True, position='top', color=None, distance=None,
font_size=12, font_style=None, font_weight=None, font_family=None, rotate=None,
margin=8, interval=None, horizontal_align=None vertical_align=None, formatter=None,
background_color=None, border_color=None, border_width=None, border_radius=None,
padding=None, text_width=None, text_height=None, overflow=None, rich=None)
```

LabelOpts 类的部分参数及其说明如表 5-26 所示。

表 5-26　LabelOpts 类的部分参数及其说明

参数名称	参数说明
is_show	接收 bool。表示是否显示标签。默认为 True
position	接收 str、sequence。表示标签的位置。默认为“top”
color	接收 str。表示标签文字的颜色。默认为 None
font_family	接收 str。表示标签文字的字体系列。默认为 None
font_size	接收 Numeric。表示标签文字的字号。默认为 12
font_weight	接收 str。表示标签文字字体的粗细，可选 normal、bold、bolder、lighter。默认为 None
rotate	接收 Numeric。表示标签旋转角度，取值范围为-90°～90°。默认为 None
horizontal_align	接收 str。表示文字水平对齐方式。默认为 None

（3）线样式配置项

线样式配置项是通过 options 模块中的 LineStyleOpts 类实现的，可以将 line_style_opts（配置线样式对象）作为参数传递给 set_series_opts()方法。LineStyleOpts 类的基本使用格式如下。

```
class LineStyleOpts(is_show=True, width=1, opacity=1, curve=0, type_='solid',
color=None)
```

LineStyleOpts 类的部分参数及其说明如表 5-27 所示。

表 5-27　LineStyleOpts 类的部分参数及其说明

参数名称	参数说明
is_show	接收 bool。表示是否显示线。默认为 True
width	接收 Numeric。表示线的宽度。默认为 1

续表

参数名称	参数说明
opacity	接收 Numeric。表示图形透明度，支持 0～1 的数字。默认为 1
curve	接收 Numeric。表示线的弯曲度，0 表示完全不弯曲。默认为 0
type_	接收 str。表示线的类型，常用 solid、dashed、dotted。默认为“solid”
color	接收 str。表示线的颜色。默认为 None

（4）标记点配置项

标记点配置项是通过 options 模块中的 MarkPointOpts 类实现的，可以将 markpoint_opts（配置标记点对象）作为参数传递给 set_series_opts()方法。MarkPointOpts 类的基本使用格式如下。

```
class MarkPointOpts(data=None, symbol=None, symbol_size=None, label_opts=
LabelOpts(position='inside', color='#fff')
```

MarkPointOpts 类的部分参数及其说明如表 5-28 所示。

表 5-28　MarkPointOpts 类的部分参数及其说明

参数名称	参数说明
data	接收 sequence。表示标记点数据。默认为 None
symbol	接收 str。表示标记的图形，提供的标记类型包括 circle、rect、roundrect、triangle、diamond、pin、arrow、None。默认为 None
symbol_size	接收 Numeric。表示标记的大小，可以设置成单一的数字，如 10；也可以使用数组分别表示宽和高，例如，[20, 10]表示标记宽为 20、高为 10。默认为 None

3. 了解全局配置项

全局配置项是通过 set_global_opts()方法设置的，可以对标题配置项、图例配置项、坐标轴配置项等进行配置。

（1）标题配置项

标题配置项是通过 options 模块中的 TitleOpts 类实现的，可以将 title_opts（配置标题对象）作为参数传递给 set_global_opts()方法。TitleOpts 类的基本使用格式如下。

```
class TitleOpts(is_show=True, title=None, title_link=None, title_target=None,
subtitle=None, subtitle_link=None, subtitle_target=None, pos_left=None, pos_right=
None, pos_top=None, pos_bottom=None, padding=5, item_gap=10, text_align ='auto',
text_vertical_align='auto', is_trigger_event=False, title_textstyle_opts=None,
subtitle_textstyle_opts=None)
```

TitleOpts 类的部分参数及其说明如表 5-29 所示。

表 5-29　TitleOpts 类的部分参数及其说明

参数名称	参数说明
is_show	接收 bool。表示是否显示标题组件。默认为 True
title	接收 str。表示主标题文本，支持使用“\n”换行。默认为 None
title_link	接收 str。表示主标题跳转 URL 链接。默认为 None
title_target	接收 str。表示主标题跳转链接方式，可选 self、blank，self 表示当前窗口打开，blank 表示新窗口打开。默认为 None

续表

参数名称	参数说明
subtitle	接收 str。表示副标题文本，支持使用“\n”换行。默认为 None
subtitle_link	接收 str。表示副标题跳转 URL 链接。默认为 None
subtitle_target	接收 str。表示副标题跳转链接方式。默认为 None
item_gap	接收 Numeric。表示主、副标题之间的间距。默认为 10
title_textstyle_opts	接收 dict。表示主标题字体样式。默认为 None
subtitle_textstyle_opts	接收 dict。表示副标题字体样式。默认为 None

（2）图例配置项

图例配置项是通过 options 模块中的 LegendOpts 类实现的，可以将 legend_opts（配置图例对象）作为参数传递给 set_global_opts()方法。LegendOpts 类的基本使用格式如下。

```
class LegendOpts(type_=None, selected_mode=None, is_show=True, pos_left=None,
pos_right=None, pos_top=None, pos_bottom=None, orient=None, align=None, padding=5,
item_gap=10, item_width=25, item_height=14, inactive_color=None, textstyle_opts=
None, legend_icon=None, background_color= 'transparent', border_color='#ccc',
border_width=1, border_radius=0, page_button_item_gap=5, page_button_gap=None,
page_button_position='end', page_formatter= '{current}/{total}', page_icon=None,
page_icon_color= '#2f4554', page_icon_inactive_color='#aaa', page_icon_size=15,
is_page_animation=None,  page_animation_duration_update=800, selector=False,
selector_position= 'auto', selector_item_gap=7, selector_button_gap=10)
```

LegendOpts 类的部分参数及其说明如表 5-30 所示。

表 5-30　LegendOpts 类的部分参数及其说明

参数名称	参数说明
type_	接收 str。表示图例的类型，可选 plain、scroll，plain 表示普通图例，scroll 表示可滚动翻页的图例。默认为 None
is_show	接收 bool。表示是否显示图例组件，默认为 True
orient	接收 str。表示图例列表的布局朝向，可选 horizontal、vertical。默认为 None
item_gap	接收 int。表示图例每项之间的间隔。默认为 10
pos_left	接收 str、Numeric。表示图例组件离容器左侧的距离。默认为 None
pos_right	接收 str、Numeric。表示图例组件离容器右侧的距离。默认为 None
pos_top	接收 str、Numeric。表示图例组件离容器上侧的距离。默认为 None
pos_bottom	接收 str、Numeric。表示图例组件离容器下侧的距离。默认为 None

（3）坐标轴配置项

坐标轴配置项是通过 options 模块中的 AxisOpts 类实现的，可以将 xaxis_opts（配置 x 坐标轴对象）或 yaxis_opts（配置 y 坐标轴对象）作为参数传递给 set_global_opts()方法。AxisOpts 类的基本使用格式如下。

```
class AxisOpts(type_=None, name=None, is_show=True, is_scale=False, is_inverse=
False, name_location='end', name_gap=15, name_rotate=None, interval= None,
grid_index =0, position=None, offset=0, split_number=5, boundary_gap=None, min_=None,
max_=None, min_interval=0, max_interval=None, axisline_opts=None, axistick_opts=
None, axislabel_opts=None, axispointer_opts=None, name_textstyle_opts=None,
splitarea_opts=None, splitline_opts= SplitLineOpts(), minor_tick_opts=None,
minor_split_line_opts=None)
```

AxisOpts 类的部分参数及其说明如表 5-31 所示。

表 5-31　AxisOpts 类的部分参数及其说明

参数名称	参数说明
type_	接收 str。表示坐标轴类型，可选 value、category、time、log，value 表示数值轴，适用于连续数据；category 表示类目轴，适用于离散的类目数据；time 表示时间轴，适用于连续的时序数据；log 表示对数轴，适用于对数数据。默认为 None
name	接收 str。表示坐标轴标签。默认为 None
is_show	接收 bool。表示是否显示 x 轴。默认为 True
is_inverse	接收 bool。表示是否反向坐标轴。默认为 False
name_gap	接收 Numeric。表示坐标轴标签与轴线之间的距离。默认为 15
name_rotate	接收 Numeric。表示坐标轴标签旋转角度值。默认为 None
position	接收 str。表示 x 轴的位置，可选 top、bottom，top 表示在上侧，bottom 表示在下侧。默认为 None
split_number	接收 Numeric。表示坐标轴的分割段数。默认为 5
min_	接收 str、Numeric。表示坐标轴刻度最小值。默认为 None
max_	接收 str、Numeric。表示坐标轴刻度最大值。默认为 None

5.3.2　使用 pyecharts 绘制交互式图形

通过 pyecharts 库可以快速高效地绘制交互式图形，如 3D 散点图、漏斗图和词云图等。

1. 3D 散点图

3D 散点图（3D Scatter）与基本散点图类似，区别主要是 3D 散点图是在三维空间中的散点图，基本散点图是在二维平面上的散点图。

在 pyecharts 库中，可使用 Scatter3D 类绘制 3D 散点图，Scatter3D 类的基本使用格式如下。

```
class Scatter3D(init_opts=opts.InitOpts())
.add(series_name, data, grid3d_opacity=1, shading=None, itemstyle_opts=None,
xaxis3d_opts=opts.Axis3DOpts(), yaxis3d_opts=opts.Axis3DOpts(),
 zaxis3d_opts=opts. Axis3DOpts(), grid3d_opts=opts.Grid3DOpts(), encode=None)
.set_series_opts()
.set_global_opts()
```

init_opts=opts.InitOpts()表示通过 InitOpts 类初始化配置项，即创建初始化对象 init_opts；add()方法用于添加数据；set_series_opts()方法用于设置系列配置项；set_global_opts()方法用于设置全局配置项。其中，Scatter3D 类中 add()方法的常用参数及其说明如表 5-32 所示。

表 5-32　Scatter3D 类中 add()方法的常用参数及其说明

参数名称	参数说明
series_name	接收 str，表示系列名称。无默认值
data	接收 sequence，表示系列数据，每一行是一个数据项，每一列表示一个维度的数据。无默认值

续表

参数名称	参数说明
grid3d_opacity	接收 float。表示三维笛卡儿坐标系的透明度（点的透明度）。默认为 1，表示完全不透明
xaxis3d_opts	表示添加 x 轴数据项
yaxis3d_opts	表示添加 y 轴数据项
zaxis3d_opts	表示添加 z 轴数据项

某运动会各运动员的最大携氧能力、体重和运动后心率的部分数据如表 5-33 所示。

表 5-33　最大携氧能力、体重和运动后心率的部分数据

最大携氧能力/(mL/min)	体重/kg	运动后心率/(次/min)
55.79	70.47	150
35.00	70.34	144
42.93	87.65	162
28.30	89.80	129
40.56	103.02	143

基于表 5-33 所示的数据绘制 3D 散点图，如代码 5-32 所示。

代码 5-32　绘制 3D 散点图

```
In[1]:
import pandas as pd
import numpy as np
from pyecharts import options as opts
from pyecharts.charts import Scatter3D

# 最大携氧能力、体重和运动后心率的 3D 散点图
player_data = pd.read_excel('../data/运动员的最大携氧能力、体重和运动后心率数据.xlsx')

player_data = [player_data['体重/kg'],
               player_data['运动后心率/（次/min）'],
               player_data['最大携氧能力/（mL/min）']]
player_data = np.array(player_data).T.tolist()
s = (Scatter3D()
   .add('', player_data,
        xaxis3d_opts=opts.Axis3DOpts(name='体重/kg'),
        yaxis3d_opts=opts.Axis3DOpts(name='运动后心率/（次/min）'),
        zaxis3d_opts=opts.Axis3DOpts(name='最大携氧能力/（mL/min）')
        )
   .set_global_opts(title_opts=opts.TitleOpts(
       title='最大携氧能力、体重和运动后心率的 3D 散点图'),
                    visualmap_opts=opts.VisualMapOpts (
                        range_color=['#1710c0', '#0b9df0', '#00fea8',
                                     '#00ff0d', '#f5f811', '#f09a09',
                                     '#fe0300']) ))
s.render('../tmp/最大携氧能力、体重和运动后心率的 3D 散点图.html')
```

Out[1]:

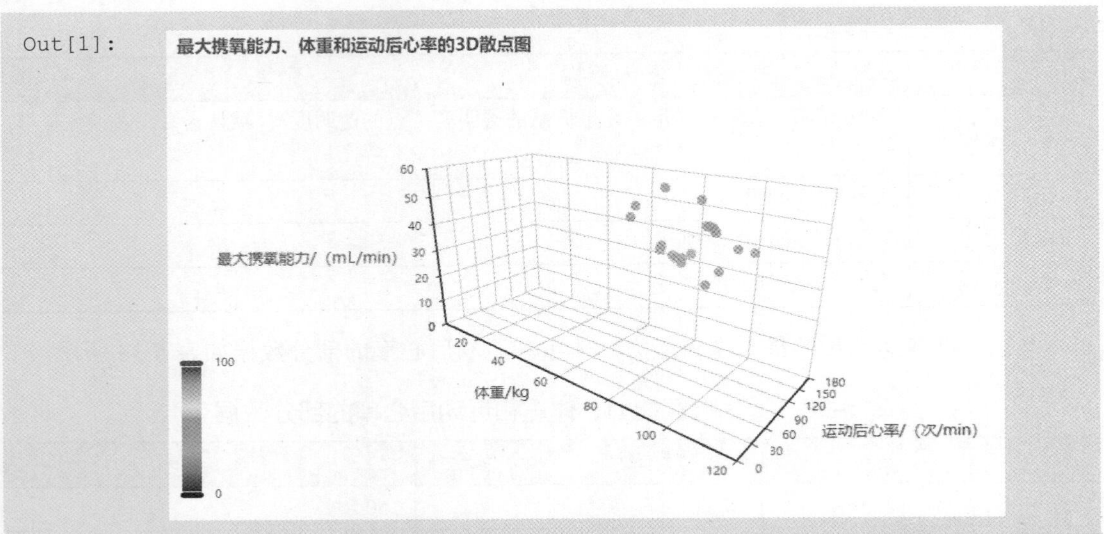

由代码 5-32 所示的 3D 散点图可知，x 轴表示体重，z 轴表示最大携氧能力，y 轴表示运动后心率。

2. 漏斗图

漏斗图（Funnel Chart）也称倒三角图，它将数据分阶段呈现，每个阶段的数据都是整体的一部分，从一个阶段到另一个阶段，数据自上而下逐渐下降。漏斗图适用于业务流程比较规范、周期长、环节多的流程分析，通过漏斗图对各环节业务数据进行比较，能够直观地体现问题。

在 pyecharts 库中，可使用 Funnel 类绘制漏斗图。Funnel 类的基本使用格式如下。

```
class Funnel(init_opts=opts.InitOpts())
.add(series_name, data_pair, is_selected=True, color=None, sort_='descending',
gap=0, label_opts=opts.LabelOpts(), tooltip_opts=None, itemstyle_opts=None)
.set_series_opts()
.set_global_opts()
```

在 Funnel 类的基本使用格式中，init_opts=pots.InitOpts()、add()方法、set_series_opts()方法和 set_global_opts()方法的作用与 Scatter3D 类中的相同，但 add()方法中的参数与 Scatter 3D 类中 add()方法的参数存在差异。Funnel 类中 add()方法的常用参数及其说明如表 5-34 所示。

表 5-34 Funnel 类中 add()方法的常用参数及其说明

参数名称	参数说明
series_name	接收 str，表示系列名称，可用于显示 tooltip，以及筛选 legend 图例。无默认值
data_pair	接收 sequence，表示数据项，格式为[(键 1, 值 1), (键 2, 值 2)]。无默认值
is_selected	接收 bool，表示是否选中图例。默认为 True
color	接收 str，表示系列名称颜色。默认为 None
sort_	接收 str，表示数据排序，可以取 ascending、descending、None（按 data 顺序）。默认为“descending”
gap	接收 Numeric，表示数据图形间距。默认为 0

某淘宝店铺的订单转化率统计数据如表 5-35 所示。

表 5-35　某淘宝店铺的订单转化率统计数据

网购环节	人数/人
浏览商品	2000
加入购物车	900
生成订单	400
支付订单	320
完成交易	300

基于表 5-35 所示的数据绘制漏斗图，如代码 5-33 所示。

代码 5-33　绘制漏斗图

In[2]:

```
from pyecharts.charts import Funnel

data = pd.read_excel('../data/某淘宝店铺的订单转化率统计数据.xlsx')
x_data = data['网购环节'].tolist()
y_data = data['人数/人'].tolist()
data = [[x_data[i], y_data[i]] for i in range(len(x_data))]
funnel = (Funnel()
     .add('', data_pair=data,label_opts=opts. LabelOpts(
          position='inside', formatter='{b}:{d}%'), gap=2,
          tooltip_opts=opts.TooltipOpts(trigger='item'),
          itemstyle_opts=opts.ItemStyleOpts(border_color='#fff',
border_width=1))
     .set_global_opts(title_opts=opts.TitleOpts(
        title='某淘宝店铺的订单转化率漏斗图'),
                  legend_opts=opts.LegendOpts(pos_left= '40%')))
funnel.render('../tmp/某淘宝店铺的订单转化率漏斗图.html')
```

Out[2]:

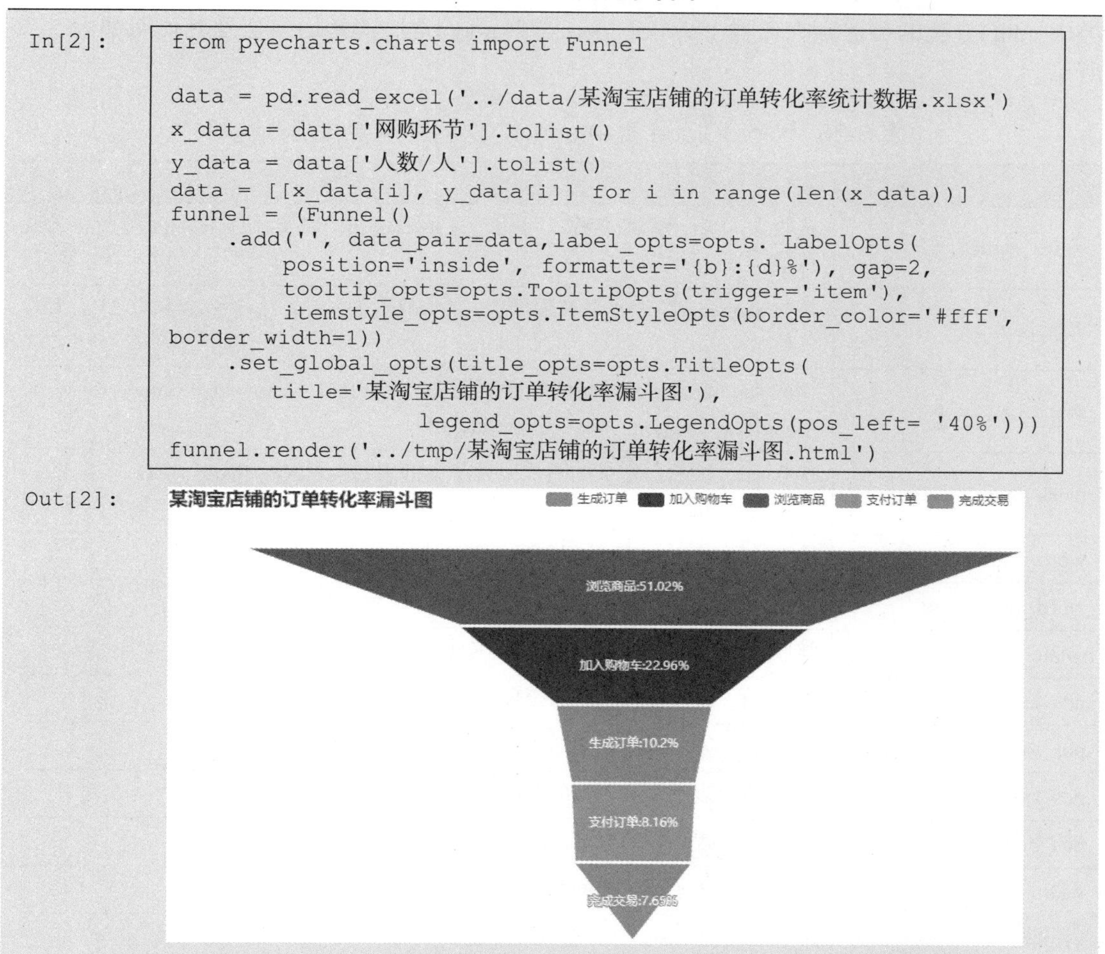

通过代码 5-33 所示的漏斗图可以直观地查看各个网购环节订单转化率的情况。

3. 词云图

词云图（WordCloud）可从视觉上突出文字中出现频率较高的“关键词”，形成“关键词云层”或“关键词渲染”。词云图过滤掉大量的文本信息，使浏览网页者只要一眼扫过文本即可领会文本的主旨。词云图可提供某种程度的“第一印象”，让人对常使用的词一目了然。

在 pyecharts 库中，可使用 WordCloud 类绘制词云图。WordCloud 类的基本使用格式如下。

```
class WordCloud(init_opts=opts.InitOpts())
.add(series_name, data_pair, shape='circle', mask_image=None, word_gap=20,
word_size_range=None, rotate_step=45, pos_left=None, pos_top=None, pcs_right=None,
pos_bottom=None, width=None, height=None, is_draw_out_of_bound=False, tooltip_
opts=None, textstyle_opts=None, emphasis_shadow_blur=None, emphasis_shadow_
color=None)
.set_series_opts()
.set_global_opts()
```

同样的，WordCloud 类中的 init_opts=opts.InitOpts()、add()方法、set_series_opts()方法和 set_global_opts()方法的作用与 Scatter3D 类中的相同，但 add()方法中的参数与 Scatter3D 类中 add()方法的参数存在差异。WordCloud 类中 add()方法的常用参数及其说明如表 5-36 所示。

表 5-36　WordCloud 类中 add()方法的常用参数及其说明

参数名称	参数说明
series_name	接收 str，表示系列名称，可用于显示 tooltip，以及筛选 legend 图例。无默认值
data_pair	接收 sequence，表示系列数据项，形如[(词 1, 频数 1), (词 2, 频数 2)]。无默认值
shape	接收 str，表示词云图轮廓，可选 circle、cardioid、diamond、triangle-forward、triangle、pentagon。默认为“circle”
mask_image	接收 str，表示自定义的图片（目前支持 JPG、JPEG、PNG、ICO 等格式）。默认为 None
word_gap	接收 Numeric，表示单词间隔。默认为 20
word_size_range	接收 Numeric 序列，表示单词字号范围。默认为 None
rotate_step	接收 Numeric，表示单词的旋转角度。默认为 45
pos_left	接收 str，表示距离左侧的距离。默认为 None
pos_top	接收 str，表示距离顶部的距离。默认为 None
pos_right	接收 str，表示距离右侧的距离。默认为 None
pos_bottom	接收 str，表示距离底部的距离。默认为 None
width	接收 str，表示词云图的宽度。默认为 None
height	接收 str，表示词云图的高度。默认为 None
is_draw_out_of_bound	接收 bool，表示是否允许词云图的数据展示在画布范围之外。默认为 False

宋词不仅是中国文学的重要组成部分，也是世界文学宝库中的瑰宝。为了解宋词中用词的偏好，统计了部分词语的词频，得到的宋词词频数据的特征说明如表 5-37 所示。

表 5-37　宋词词频数据的特征说明

特征名称	特征说明	示例
词语	单个词语	东风
频数	词语出现的频数	1379

基于统计的部分宋词词频数据绘制词云图，如代码 5-34 所示。

代码 5-34　绘制词云图

```
In[3]:  from pyecharts.charts import WordCloud

        data_read = pd.read_csv('../data/worldcloud.csv', encoding='gbk')
        words = list(data_read['词语'].values)
        num = list(data_read['频数'].values)
        data = [k for k in zip(words, num)]
        data = [(i,str(j)) for i, j in data]
        wordcloud = (WordCloud()
                .add('', data_pair=data, word_size_range=[10, 100])
                .set_global_opts(title_opts=opts.TitleOpts(
                    title='部分宋词词频词云图',
                    title_textstyle_opts=
                    opts.TextStyleOpts(font_size=23)),
                     tooltip_opts=opts.TooltipOpts(is_show=True))
              )
        wordcloud.render('../tmp/部分宋词词频词云图.html')
```

Out[3]:　部分宋词词频词云图

由代码 5-34 所示的词云图可知，所统计的宋词中使用“东风”“人间”“何处”的次数相对较多。

【任务实现】

1．分析年龄段、用户地区与订单数量的关系

3D 散点图可以用于展示 3 个变量之间的关系。通过绘制 3D 散点图，可以深入探究用户年龄与订单数量之间的关系，发现不同年龄段用户的购买行为特征。使用 Scatter3D 类绘制 3D 散点图，分析年龄段、用户地区与订单数量的关系，如任务实现 5-5 所示。

任务实现 5-5　绘制年龄段、用户地区与订单数量 3D 散点图

In[5]:

```
# 统计每个年龄段、用户地区的订单数量
grouped_data = sales_data.groupby(['年龄段', '用户地区']).size().
reset_index(name='订单数量')

# 提取处理后的数据
age_regions = grouped_data['年龄段'].tolist()
user_regions = grouped_data['用户地区'].tolist()
order_counts = grouped_data['订单数量'].tolist()
# 绘制 3D 散点图
from pyecharts import options as opts
from pyecharts.charts import Scatter3D
from pyecharts.commons.utils import JsCode
scatter3d = (
    Scatter3D()
    .add(
        "",
        [list(z) for z in zip(age_regions,
                          user_regions, order_counts)],
        xaxis3d_opts=opts.Axis3DOpts(type_="category",
                                    name="年龄段"),
        yaxis3d_opts=opts.Axis3DOpts(type_="category",
                                    name="用户地区"),
        zaxis3d_opts=opts.Axis3DOpts(type_="value",
                                    name="订单数量/个", name_gap=25),

    )
    .set_global_opts(
        visualmap_opts=opts.VisualMapOpts(max_=max(order_counts),
                                         min_=min(order_counts),
                                         range_color=['#FF0000',
                                                      '#0000FF'],
                                         ),
        title_opts=opts.TitleOpts(
            title="年龄段、用户地区和订单数量的 3D 散点图"),
    )
)

# 保存图表
scatter3d.render('../tmp/年龄段、用户地区和订单数量 3D 散点图.html')
```

Out[5]:

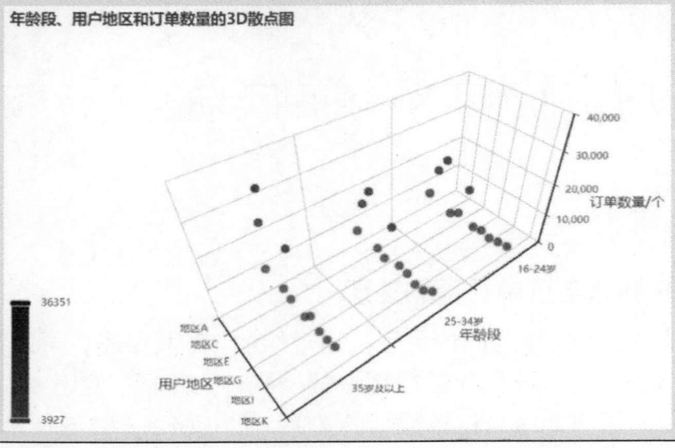

任务实现 5-5 展示了 3 个维度的数据：年龄段、用户地区以及订单数量。其中，z 轴表示订单数量，数值范围从 0 到 40000，可以看到一些高值点，这些用户下单次数较多。

2. 商品类别词云图

词云图通过词的大小来表示词频或重要性，可以直观地展示电商产品销售数据中的关键词或类别的分布情况。分析热门商品品牌或类别的销售情况有助于发现潜在的市场需求和销售热点，为产品推广、市场定位和供应链管理提供参考。使用 WordCloud 类绘制词云图，分析商品类别分布情况，如任务实现 5-6 所示。

任务实现 5-6 绘制商品类别词云图

In[6]:

```
from collections import Counter
from pyecharts.charts import WordCloud
product_data = sales_data['商品类别代码'].str.split("-",expand=True)
product_data.columns = ['商品大类','子类目','商品类型']
category_counter_first = Counter(product_data['商品大类'])
# 准备词云所需的数据
word_cloud_data = [(category, count) for category,
                   count in category_counter_first.items()]

# 创建 WordCloud 实例
wordcloud_a = (
    WordCloud()
    .add(series_name="商品大类", data_pair=word_cloud_data,
         word_size_range=[15, 100])
    .set_global_opts(
        title_opts=opts.TitleOpts(title="商品大类词云图",
                                  pos_left="center"),
        tooltip_opts=opts.TooltipOpts(formatter="{b}: {c}"),
    )
)

# 渲染词云图
wordcloud_a.render('../tmp/商品大类词云图.html')
```

Out[6]:

In[7]:

```
# 合并子类目和商品类型，并计数
category_counter = Counter(list(product_data['商品类型'].dropna()
                        )+list(product_data['子类目'].dropna()))
word_cloud_data_2 = [(category, count) for category,
                    count in category_counter.items(
                    ) if category is not None and category != "厨房"]

# 创建 WordCloud 实例
wordcloud_b = (
    WordCloud()
    .add(series_name="商品类型", data_pair=word_cloud_data_2,
         word_size_range=[10, 200])
    .set_global_opts(
        title_opts=opts.TitleOpts(title="商品类型词云图",
                                  pos_left="center"),
        tooltip_opts=opts.TooltipOpts(formatter="{b}: {c}"),

    )
)

# 渲染词云图
wordcloud_b.render('../tmp/商品类型词云图.html')
```

Out[7]:

任务实现 5-6 展示了商品大类、商品类型的分布情况，其中电子产品和家用电器是最大的两个商品大类，说明它们在整体销售中占据了主导地位，这可能是因为这些商品具有较高的需求和广泛的适用范围。同样，从商品类型词云图中也可以看出环境电器和音频设备等相关商品是主要的销售商品类别。

项目小结

本项目介绍了 pyplot 模块绘图的基础语法和常用参数，并通过 Matplotlib 库绘制了体现特征间相关关系的散点图、体现特征间趋势关系的折线图、体现特征内部数据分布的柱形图和饼图，以及体现特征内部数据分散情况的箱线图；还介绍了 seaborn 库的基础图形、绘图风格和调色板，并通过 seaborn 库绘制了热力图；最后介绍了 pyecharts 绘图的初始配置项、系列配置项和全局配置项，并介绍了 3D 散点图、漏斗图和词云图等交互式图形的绘制方法。

项目实训

实训 1　分析学生考试成绩特征的分布与分散情况

1. 训练要点

（1）掌握 pyplot 的基础语法。

（2）掌握饼图的绘制方法。

（3）掌握箱线图的绘制方法。

2. 需求说明

在期末考试后，学校对学生的期末考试成绩及其他特征信息进行了统计，并存为学生成绩特征关系表（student_grade.xlsx）。学生成绩特征关系表共有 7 个特征，分别为性别、自我效能感、考试课程准备情况、数学成绩、阅读成绩、写作成绩和总成绩，其部分数据如表 5-38 所示。为了解学生考试总成绩的分布情况，将总成绩按 0～150、151～200、201～250、251～300 区间划分为“不及格”“及格”“良好”“优秀”4 个等级，通过绘制饼图查看各区间学生人数比例，并通过绘制箱线图查看学生 3 项单科成绩的分散情况。

表 5-38　学生成绩特征关系表部分数据

性别	自我效能感	考试课程准备情况	数学成绩	阅读成绩	写作成绩	总成绩
女	中	未完成	72	72	74	218
女	高	完成	69	90	88	247
女	高	未完成	90	95	93	278
男	低	未完成	47	57	44	148
男	中	未完成	76	78	75	229

3. 实现步骤

（1）使用 pandas 库读取学生考试成绩数据。

（2）将学生考试总成绩分为 4 个区间，计算各区间的学生人数，绘制学生考试总成绩分布情况饼图。

（3）提取学生 3 项单科成绩的数据，绘制学生各项考试成绩分散情况箱线图。

（4）分析学生考试总成绩的分布情况和 3 项单科成绩的分散情况。

实训 2　分析学生考试成绩与各个特征之间的关系

1. 训练要点

（1）掌握子图的绘制方法。

（2）掌握柱形图的绘制方法。

（3）掌握 NumPy 库中相关函数的使用方法。

2. 需求说明

为了了解学生自我效能感、考试课程准备情况这两个特征与总成绩之间是否存在某些关系，基于实训 1 的数据，对这两个特征下不同值所对应的学生总成绩求均值并绘制柱形图，分别查看自我效能感、考试课程准备情况与总成绩的关系，并对结果进行分析。

3．实现步骤

（1）使用 NumPy 库中的均值函数求学生自我效能感、考试课程准备情况两个特征下对应学生总成绩的均值。

（2）创建画布并添加子图。

（3）在子图上绘制对应内容的柱形图。

（4）分析两个特征与考试总成绩的关系。

实训 3　分析各空气质量指数之间的相关关系

1．训练要点

掌握热力图的绘制方法。

2．需求说明

“推动绿色发展，促进人与自然和谐共生”是人类共同的责任。近年来，我国生态环境得到显著改善。空气质量指数（Air Quality Index，AQI）是能够对空气质量进行定量描述的数据。空气质量（Air Quality）反映了空气污染程度，它是依据空气中污染物浓度来判断的。空气污染是一个复杂的现象，空气污染物浓度受到许多因素影响。

某市 2023 年 1 月—9 月 AQI 的部分数据如表 5-39 所示。

表 5-39　某市 2023 年 1 月—9 月 AQI 的部分数据

日期	AQI	质量等级	$PM_{2.5}$ 浓度/（μg/m³）	PM_{10} 浓度/（μg/m³）	SO_2 浓度/（μg/m³）	CO 浓度/（mg/m³）	NO_2 浓度/（μg/m³）	O_3 浓度/（μg/m³）
2023/1/1	79	良好	58	64	8	0.7	57	23
2023/1/2	112	轻度	84	73	10	1	71	7
2023/1/3	68	良好	49	51	7	0.8	49	3
2023/1/4	90	良好	67	57	7	1.2	53	18
2023/1/5	110	轻度	83	65	7	1	51	46
2023/1/6	65	良好	47	58	6	1	43	6
2023/1/7	50	优秀	18	19	5	1.5	40	43
2023/1/8	69	良好	50	49	7	0.9	39	45
2023/1/9	69	良好	50	40	6	0.9	47	33
2023/1/10	57	良好	34	28	5	0.8	45	21

本实训要求绘制热力图，分析各空气质量指标与 AQI 的相关性。

3．实现步骤

（1）使用 pandas 库读取某市 2023 年 1 月—9 月 AQI 统计数据。

（2）解决中文显示问题，设置字体为黑体，并解决保存图像时负号显示为方块的问题。

（3）计算相关系数。

（4）绘制空气质量特征相关性热力图。

实训 4　绘制交互式图形

1. 训练要点

（1）掌握漏斗图的绘制方法。

（2）掌握词云图的绘制方法。

2. 需求说明

某商场在不同地点投放了 5 台自动售货机，编号分别为 A、B、C、D、E，同时记录了 2023 年 6 月每台自动售货机的商品销售数据。为了了解各商品的销售情况，以二级类别进行分类，统计排名前 5 的商品类别销售额，并绘制漏斗图，同时根据商品销售数量、商品名称绘制词云图。

3. 实现步骤

（1）获取商品销售数据。

（2）按照二级类别统计商品类别销售额。

（3）设置系列配置项和全局配置项，绘制销售额排名前 5 的商品类别漏斗图。

（4）统计商品销售数量。

（5）设置系列配置项和全局配置项，绘制商品销售数量和商品名称的词云图。

课后习题

1. 选择题

（1）下列关于 pyplot 模块基本绘图流程的说法错误的是（　　）。

A. 绘图之前必须创建画布，不可省略

B. 添加图例必须在绘制图形之后进行

C. 基本绘图流程的最后部分是保存与显示图形

D. 添加标题、坐标轴标签，绘制图形等步骤没有先后顺序

（2）pyplot 模块使用 rc 配置文件来自定义图形的各种默认属性，用于修改线条上点的形状的 rc 参数名称是（　　）。

A. lines.linewidth　B. lines.markersize　C. lines.linestyle　D. lines.marker

（3）下列代码中能够为图形添加图例的是（　　）。

A. plt.xticks([0, 1, 2, 3, 4])　　B. plt.plot(x, y)

C. plt.legend('y = cos x')　　D. plt.title('散点图')

（4）下列图形常用于分析各项数据在总数据中所占比例的是（　　）。

A. 折线图　B. 饼图　C. 柱形图　D. 箱线图

（5）下列说法不正确的是（　　）。

A. 散点图可以用于查看数据中的离群值

B. 折线图可以用于查看数据的数量差异和变化趋势

C. 柱形图可以用于查看整体数据的数量分布

D. 箱线图可以用于查看特征间的相关关系

（6）下列有关 seaborn 库说法正确的是（　　）。

A. seaborn 库的主题样式中 darkgrid 表示黑色背景

B. 使用 set_context 函数可以设置主题样式

C. 使用 despine 函数可以设置图形的边框

D. seaborn 库是 Matplotlib 库的替代者

（7）HLS 颜色空间中的 H 表示为（　　）。

A. 亮度　　B. 色调　　C. 饱和度　　D. 空间大小

（8）下列不是系列配置项的是（　　）。

A. 标记点配置项　　B. 标签配置项

C. 文字样式配置项　　D. 标题配置项

（9）下列有关全局配置项的说法错误的是（　　）。

A. 全局配置项可以对标题、图例、坐标轴等的配置项进行配置

B. 使用 TitleOpts 类配置标题配置项

C. TitleOpts 类和 AxisOpts 类的参数设置完全相同

D. 使用 LegendOpts 类配置图例配置项

（10）下列说法正确的是（　　）。

A. 基本散点图和 3D 散点图的绘制方法相同

B. 热力图可用于了解数据集中变量的相关关系

C. 使用 Funnel 类可以绘制词云图

D. 使用 WordCloud 类可以绘制漏斗图

2. 操作题

某地区房地产商对近几年的房屋交易数据进行了统计，并将统计结果存放在房价特征关系表（house_price.xlsx）中，数据共 414 条，其特征包括“交易年份/年”“房屋年龄/年”“离地铁站的距离/米”“附近的商店个数/个”和“单位面积的房价/元”。房价特征关系表的部分数据如表 5-40 所示。

表 5-40　房价特征关系表的部分数据

交易年份/年	房屋年龄/年	离地铁站的距离/米	附近的商店个数/个	单位面积的房价/元
2021	16	84.88	10	5685
2021	9.8	306.59	9	6330
2022	4.1	104.81	5	7875
2023	6.7	561.98	5	7095
2023	3.3	90.46	5	9585

为了更好地查看近几年的房屋销售情况以及了解房屋相关特征与单位面积的房价之间的关系，需要对房价特征关系表的数据进行可视化展示，其主要步骤如下。

（1）读取房价特征关系表（house_price.xlsx），绘制离地铁站的距离与单位面积的房价的散点图，并对其进行分析。

（2）创建新画布，绘制附近商店的个数与单位面积的房价的柱形图，并进行分析。

（3）创建新画布，根据交易年份绘制饼图，并查看交易年份的分布情况。

（4）创建新画布，在子图上分别绘制“房屋年龄/年”“离地铁站的距离/米”“附近的商店个数/个”和“单位面积的房价/元”4 个特征的箱线图，查看是否存在异常值。

3. 实践题

为进一步了解新能源汽车的销售情况，基于项目 4 实践题预处理后的新能源汽车销售数据进行可视化分析，具体操作步骤如下。

（1）读取“新能源汽车销售数据_经过项目 4 处理.csv”文件。

（2）使用 Matplotlib 库绘制成交金额与成交客户数的散点图。

（3）使用 seaborn 库绘制加购率、下单率、成交率的相关系数热力图。

（4）使用 pyecharts 库绘制访客数、加购商品件数、成交金额的 3D 散点图。

项目 6 线上书籍网站数据可视化分析

在这个信息爆炸的时代，线上书籍网站因其书籍资源丰富且种类繁多，为读者提供了多样的选择空间，成为读者探索和发现书籍的广阔平台。然而，面对海量的书籍数据，快速准确地获取有价值的信息是一个挑战。本项目将运用预处理和可视化技术，通过项目分析展示如何将数据转换为直观的图表，以提供全面的阅读趋势和读者偏好洞察。

学习目标

（1）了解线上书籍网站数据可视化分析的步骤与流程。

（2）掌握线上书籍网站数据的预处理方法。

（3）掌握线上书籍网站数据可视化分析的方法。

素养目标

（1）通过线上书籍网站，可以更好地传承和弘扬中华优秀传统文化，展示文化自信的力量。

（2）通过分析线上书籍网站情况，根据消费者购买书籍的习惯、阅读偏好和反馈等不断优化服务，满足人民群众日益增长的精神文化需求。

思维导图

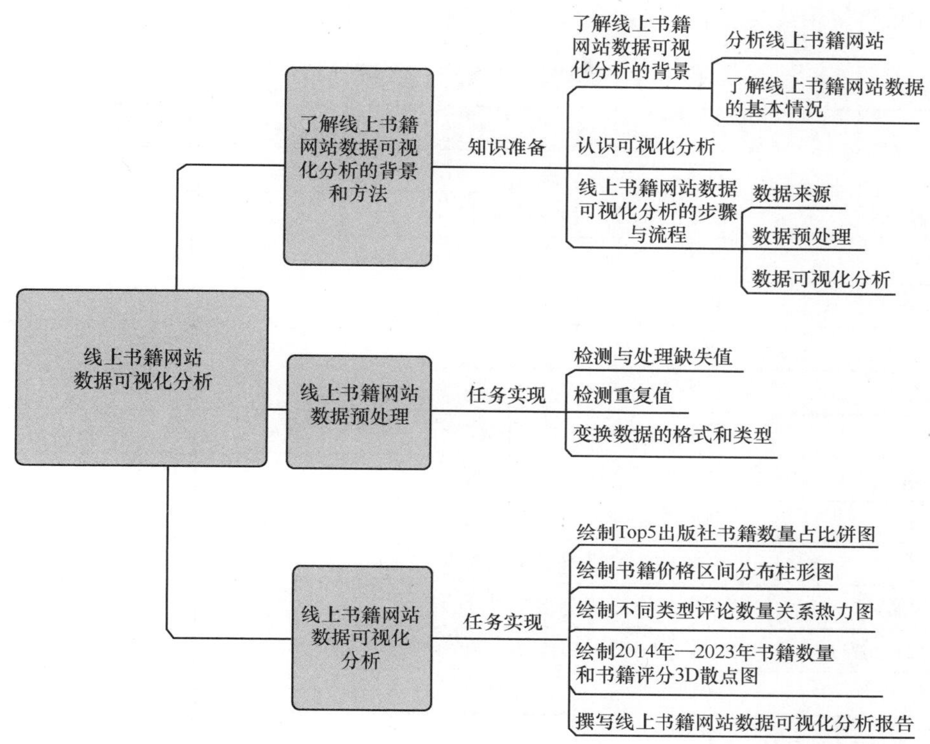

任务 6.1　了解线上书籍网站数据可视化分析的背景和方法

【知识准备】

6.1.1　了解线上书籍网站数据可视化分析的背景

互联网和电子商务的发展给书籍行业带来新的机遇和挑战。为了充分了解目前某线上书籍网站的情况，以便调整策略、增强竞争力，分析线上书籍网站历史数据。

线上书籍网站数据可视化分析项目背景

1. 分析线上书籍网站

读书是一种全方位、多层次的精神活动，对个人的发展和社会的进步都有不可替代的重要意义。随着互联网和电子商务的发展，书籍的购买和阅读方式发生了显著变化，线上书籍网站由此产生。线上书籍网站作为网络文化的重要组成部分，提供丰富多样的书籍资源，促进了全民素质的提升，推动了社会主义精神文明建设。同时，线上书籍网站提供线上服务，积极践行可持续发展理念，倡导绿色阅读，旨在减少资源浪费从而保护环境。

网络上的书籍市场竞争激烈且不断变化，有效的数据分析可以帮助出版社和电商平台在竞争中谋取优势，通过消费者购买书籍的习惯、阅读偏好和反馈等信息来调整其市场策略。

2. 了解线上书籍网站数据的基本情况

本项目将使用某线上书籍网站积累的书籍基本信息和评论数据，特征说明如表 6-1 所示。

表 6-1　某线上书籍网站数据特征说明

特征名称	特征说明	示例
书籍编号	书籍的唯一编号	书籍 0001
出版社编号	书籍出版的对应出版社编号	出版社 001
出版时间	书籍出版的时间	/2018-02-23
价格/元	书籍的定价	¥15.30
类型	书籍的类型	小说
总评论数/条	书籍的总评论数	21545
长评数/条	书籍总评论数中长评的数量	0
好评数/条	书籍总评论数中好评的数量	21531
中评数/条	书籍总评论数中中评的数量	11
差评数/条	书籍总评论数中差评的数量	3
图片评论数/条	书籍总评论数中图片评论的数量	68
评论平均得分/分	书籍评论的平均得分，满分为 5 分	4.7
书籍评分/分	书籍的评分，满分为 100 分	94.0

6.1.2　认识可视化分析

线上书籍网站数据可视化分析是一种利用数据可视化技术来分析线上书籍网站数据的方法。通过将大量的书籍基本信息和评论数据等转化为图表，可以直观地展示数据之间的关系和趋势，有助于更好地理解和分析数据。

数据可视化分析在线上书籍网站中的应用可以提高运营效率、降低运营成本、提高用户满意度，从而提升线上书籍网站的竞争力。然而，在进行数据可视化分析时，也需要注意数据的质量和准确性，避免数据问题导致分析结果出现偏差。

在本项目中，数据可视化分析在线上书籍网站中的应用主要包括以下两个方面。

（1）书籍基本信息分析：通过可视化展示书籍的出版社、价格等数据，可以预测市场的发展方向，了解书籍市场、优化策略以及提高用户体验。

（2）书籍评价分析：通过可视化展示书籍的评分、评论分布、评论趋势等数据，帮助运营人员了解书籍的质量，为书籍的改进和推广提供依据。

6.1.3　线上书籍网站数据可视化分析的步骤与流程

线上书籍网站数据可视化分析的流程如图 6-1 所示，主要包括以下步骤。

（1）对线上书籍网站数据进行缺失值检测和处理。

（2）对线上书籍网站数据进行重复值检测和处理。

（3）对线上书籍网站数据格式和类型进行变换。

（4）绘制 Top5 出版社书籍数量占比饼图，分析主要出版社及其市场份额。

（5）绘制书籍价格区间分布柱形图，分析不同价格区间的书籍数量分布和定价策略的有效性。

（6）绘制不同类型评论数量关系热力图，分析不同类型评论数量的分布情况和关联性。

（7）绘制 2014 年—2023 年书籍数量和书籍评分 3D 散点图，分析书籍数量和书籍评分的变化趋势。

（8）撰写线上书籍网站数据可视化分析报告。

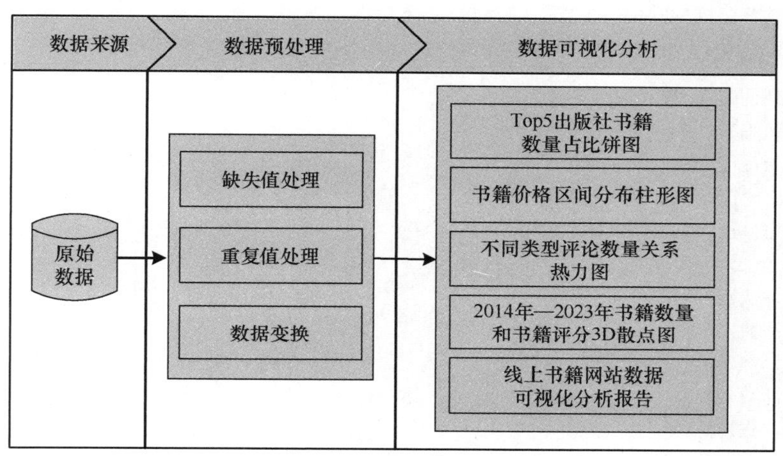

图 6-1　线上书籍网站数据可视化分析流程

任务 6.2　线上书籍网站数据预处理

线上书籍网站数据预处理

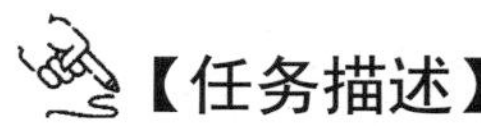

【任务描述】

原始数据可能有缺失值、重复值、数据格式和类型不合适等问题，这些都可能影响分析结果的准确性，因此在进行线上书籍网站数据可视化分析之前，需要进行数据预处理。数据预处理涉及对原始数据的清洗、转换等操作，以确保数据质量和一致性。

【任务分析】

（1）读取线上书籍网站数据。

（2）对线上书籍网站数据进行缺失值检测和处理。

（3）对线上书籍网站数据进行重复值检测。

（4）对线上书籍网站数据格式和类型进行变换。

【任务实现】

6.2.1　检测与处理缺失值

线上书籍网站数据可能会因为各种原因（如系统错误、用户未填写所有字段等）出现缺失值。这些缺失值会影响数据的完整性，进而影响分析的准确性。适当处理缺失值可以减少数据分析中的偏误，提供更真实的市场和消费者行为分析。对线上书籍网站数据进行缺失值检测与处理，如任务实现 6-1 所示。

任务实现 6-1　检测与处理缺失值

```
In[1]:
import pandas as pd
data = pd.read_csv("../data/线上书籍网站数据.csv")
# 计算每列的缺失值个数
missing_count_per_column = data.isnull().sum()

# 输出每列的缺失值个数
print("每列的缺失值个数：\n", missing_count_per_column)
```

```
Out[1]:
每列的缺失值个数：
书籍编号              0
出版社编号            79
出版时间              100
价格/元               0
类型                  0
总评论数/条           0
长评数/条             0
好评数/条             0
中评数/条             0
差评数/条             0
图片评论数/条         0
评论平均得分/分       0
书籍评分/分           0
dtype: int64
```

```
In[2]:
print("缺失值处理前 data 的形状为：", data.shape)
# 删除缺失值
data = data.dropna()
print("缺失值处理后 data 的形状为：", data.shape)
```

```
Out[2]:
缺失值处理前 data 的形状为：  (4500, 13)
缺失值处理后 data 的形状为：  (4393, 13)
```

通过任务实现 6-1 可知，原始数据中出版社编号存在 79 个缺失值、出版时间存在 100 个缺失值，缺失数据量较少，使用删除法处理缺失值不会对分析结果产生显著影响；原始的线上书籍网站数据有 4500 行、13 列，使用删除法进行缺失值处理后，线上书籍网站数据有 4393 行、13 列。

6.2.2　检测重复值

重复值可能造成数据分析结果扭曲，如过高估计某书的受欢迎程度。通过处理重复值，可以保证数据分析结果反映真实的市场和消费者行为，同时，处理重复数据可以减少数据处理的计算负担，提高数据处理速度和效率。对线上书籍网站数据进行重复值检测，如任务实现 6-2 所示。

任务实现 6-2　检测重复值

In[3]:
```
# 重复值检测
duplicate_rows = data[data.duplicated()]
if not duplicate_rows.empty:
    print("以下行检测到重复值:")
    print(duplicate_rows)
else:
    print("未检测到重复值")
```

out[3]:
```
未检测到重复值
```

通过任务实现 6-2 可知，原始数据中没有重复值。这表明每条记录（书籍数据）在数据集中都是唯一的，没有重复的条目。因为未检测到重复值，所以不需要进行删除或其他重复值处理操作。

6.2.3　变换数据的格式和类型

观察“价格/元”特征可以发现，数据中含有非数值信息（如货币单位），不利于数学运算；出版时间不是标准的日期时间格式，进行时间分析将会比较困难。通过对线上书籍网站数据中价格和出版时间等关键信息的格式进行精确处理，可以确保数据的质量和一致性，从而支持更深入、准确的数据分析。变换数据的格式，将“价格/元”特征中的“¥”去除，并将数据类型转换为 float；将“出版时间”特征中的“/”去除，并将数据类型转换为 datetime，如任务实现 6-3 所示。

任务实现 6-3　变换数据的格式和类型

In[4]:
```
# 书籍价格处理
print('书籍价格数据处理前: \n', data['价格/元'].head(5),'\n')
data['价格/元'] = data['价格/元'].replace('[^\d.]',
                                        '', regex=True).astype(float)
print('书籍价格数据处理后: \n', data['价格/元'].head(5),'\n')
```

Out[4]:
```
书籍价格数据处理前:
0    ¥15.30
1    ¥18.60
2    ¥15.70
3    ¥44.30
4    ¥21.60
Name: 价格/元, dtype: object

书籍价格数据处理后:
0    15.3
1    18.6
2    15.7
3    44.3
4    21.6
Name: 价格/元, dtype: float64
```

In[5]:
```
# 统一书籍出版时间格式和数据类型
print('书籍出版时间数据处理前: \n', data['出版时间'].head(5),'\n')
data['出版时间'] = data['出版时间'].str.replace('/', '-', regex=False)
data['出版时间'] = data['出版时间'].str.lstrip(' |-')
# 将字符串转换为日期时间格式
data['出版时间'] = pd.to_datetime(data['出版时间'])
print('书籍出版时间数据处理后: \n', data['出版时间'].head(5),'\n')
```

Out[5]:
```
书籍出版时间数据处理前:
0     /2018-02-23
1     /2018-02-05
2     /2019-04-01
3     /2018-03-01

书籍出版时间数据处理后:
0    2018-02-23
1    2018-02-05
2    2019-04-01
3    2018-03-01
```

```
4     /2021-08-01                            4   2021-08-01
Name: 出版时间, dtype: object                Name: 出版时间, dtype: datetime64[ns]
```

注：由于代码运行结果篇幅较大，此处分两栏进行展示。

通过任务实现 6-3 可知，价格数据中的非数值字符被移除，仅保留了数值部分，并转换为浮点数类型；出版时间的数据类型被标准化为 datetime，删除了前面的斜线，并确保所有的数据都遵循同一标准格式。这些数据预处理操作提高了数据的质量，使其更加规范化和易于操作，也确保了后续数据分析的准确性和效率。

线上书籍网站数据可视化分析

任务 6.3　线上书籍网站数据可视化分析

【任务描述】

为深入了解线上书籍网站市场数据，通过各出版社书籍数量占比饼图、书籍价格区间分布柱形图、不同类型评论数量关系热力图和 2014 年—2023 年书籍数量和书籍评分 3D 散点图，从市场份额、价格区间分布、书籍质量等多个维度进行分析，帮助出版社和电商平台制定科学合理的市场策略，提升市场竞争力和读者满意度。

【任务分析】

（1）使用 pie 函数绘制饼图，分析 Top5 出版社书籍数量占比情况。

（2）使用 bar 函数绘制柱形图，分析书籍价格区间分布情况。

（3）使用 heatmap 函数绘制热力图，分析不同类型评论的数量关系。

（4）使用 Scatter3D 类绘制 3D 散点图，分析 2014 年—2023 年书籍数量和书籍评分分布情况。

（5）利用绘制的可视化图形，撰写线上书籍网站数据可视化分析报告。

【任务实现】

6.3.1　绘制 Top5 出版社书籍数量占比饼图

在书籍市场中，不同出版社有着各自的定位和优势。分析各出版社的书籍数量占比有助于了解市场份额和竞争格局。出版社的市场份额直接反映了其影响力和出版能力。使用 pie 函数绘制饼图，分析 Top5 出版社书籍数量占比情况，如任务实现 6-4 所示。

任务实现 6-4　绘制 Top5 出版社书籍数量占比饼图

```
In[6]:   type_counts = data['出版社编号'].value_counts()
         type_counts5 = type_counts[:5]
         type_counts5.index
         import matplotlib.pyplot as plt
         # 设置中文字体
         plt.rcParams['font.family'] = ['SimHei']
         # 设置负数显示正常
         plt.rcParams['axes.unicode_minus'] = False
         plt.figure(figsize=(5, 4), dpi=1080)
         # 绘制饼图
```

```
plt.pie(type_counts5.values, labels=type_counts5.index,
        autopct='%1.1f%%')
plt.title('Top5 出版社书籍数量占比饼图')
plt.savefig('../tmp/Top5 出版社书籍数量占比饼图.png', bbox_inches =
 'tight')
plt.show()
```

out[6]:

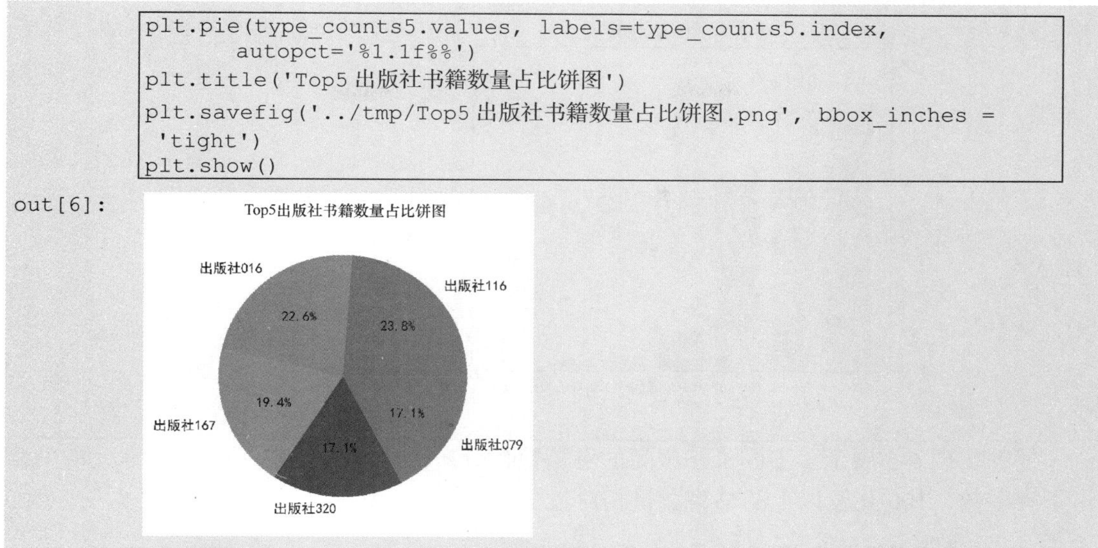

通过任务实现 6-4 可知，出版社 320 和出版社 079 书籍数量的占比相对较低，出版社 116 书籍数量的占比相对较高。

6.3.2　绘制书籍价格区间分布柱形图

书籍价格是影响消费者购买决策的重要因素。价格区间分布情况可以反映市场定位和消费者的购买能力。了解书籍的价格区间分布情况可以帮助出版社制定合理的定价策略，以满足不同层次的市场需求。使用 bar 函数绘制柱形图，分析书籍价格区间分布情况，如任务实现 6-5 所示。

任务实现 6-5　绘制书籍价格区间分布柱形图

In[7]:

```
# 定义价格区间
bins = [0, 25, 50, 100, 150, 200, 500, float('inf')]
labels = ['0～25', '25～50', '50～100', '100～150', '150～200',
          '200～500', '500 及以上']
# 将价格分类到定义的区间
data['价格区间'] = pd.cut(data['价格/元'], bins=bins, labels=labels,
                      right=False)
# 计算每个价格区间的书籍数量
price_distribution = data['价格区间'].value_counts().sort_index()
# 设置图形大小
plt.figure(figsize=(5, 4), dpi=1080)
# 绘制柱形图
plt.bar(price_distribution.index, price_distribution.values,
        color='#1E90FF')
# 添加标题和标签
plt.title('书籍价格区间分布柱形图')
plt.xlabel('价格区间')
plt.ylabel('书籍数量/本')
plt.savefig('../tmp/书籍价格区间分布柱形图.png', bbox_inches = 'tight')
# 显示图形
plt.show()
```

out[7]:

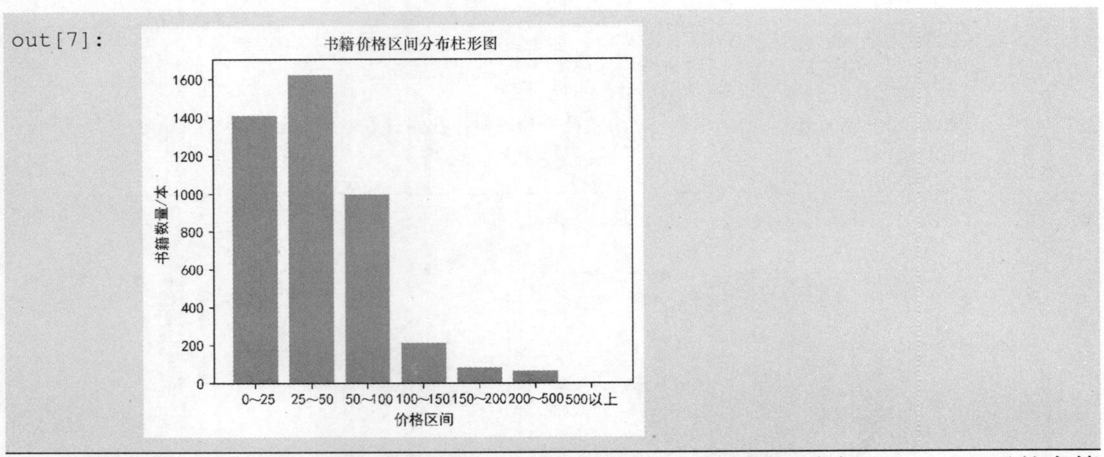

任务实现 6-5 展示了不同价格区间的书籍数量分布，可以看出市场上 0～100 元的书籍占了大多数，100 元及以上的书籍数量相对较少。

6.3.3 绘制不同类型评论数量关系热力图

书籍的评分是读者对书籍质量和内容满意度的直接反映。热力图可以直观地展示不同类型评论（如好评、中评、差评）之间的数量关系，帮助分析哪些类型的评论可能存在关联性。使用 heatmap 函数绘制热力图，分析不同类型评论的数量关系，如任务实现 6-6 所示。

任务实现 6-6　绘制不同类型评论数量关系热力图

In[8]:

```
selected_columns = [ '总评论数/条', '长评数/条', '好评数/条',
        '中评数/条', '差评数/条', '图片评论数/条']
data2 = data[selected_columns]
corr = data2.corr()  # 特征的相关系数矩阵
# 绘制热力图
import seaborn as sns
plt.figure(figsize=(5, 4), dpi=1080)
sns.heatmap(corr)
plt.title('不同类型评论数量关系热力图')
plt.savefig('../tmp/不同类型评论数量关系热力图.png', bbox_inches = 'tight')
plt.show()
```

out[8]:

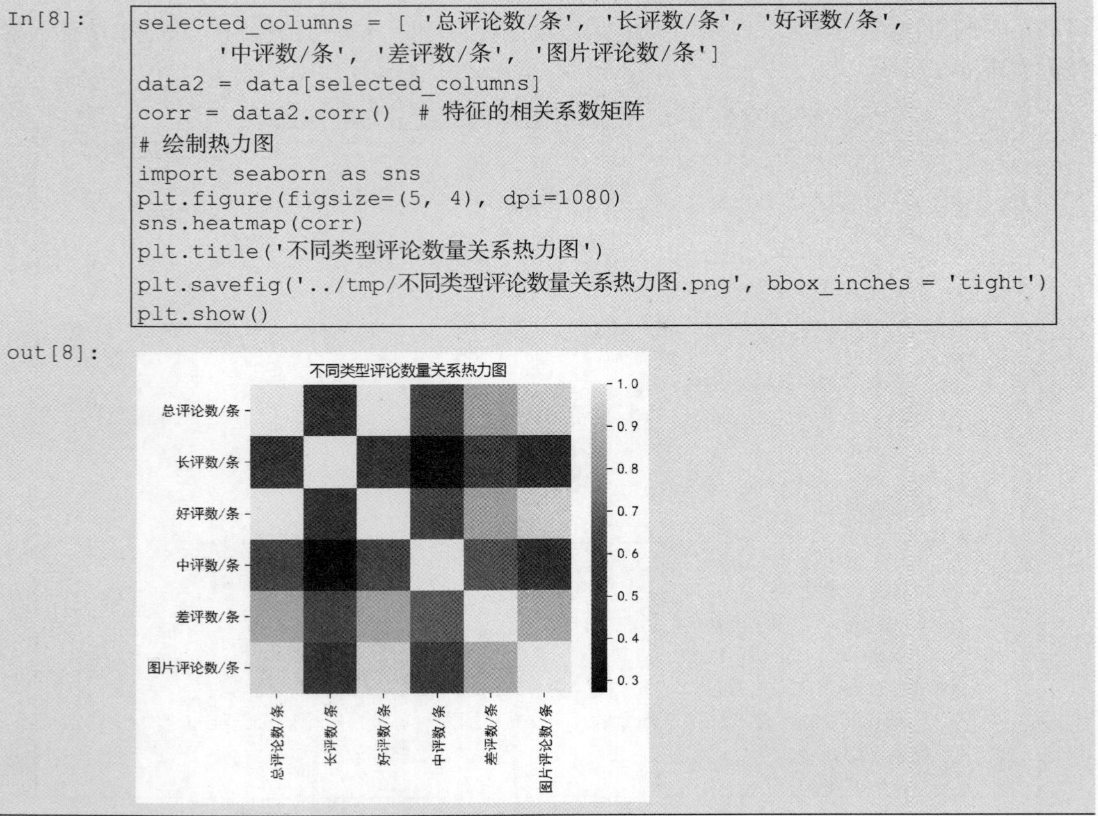

任务实现 6-6 展示了不同类型评论的数量关系。其中好评数与总评论数的相关性较高，长评数和中评数与其他评论数的相关性都不太高，说明长评数和中评数相对较少，并且长评数和中评数中好评数、差评数分布较平衡；图片评论数与总评论数、好评数、差评数的相关性都相对较高。

6.3.4　绘制 2014 年—2023 年书籍数量和书籍评分 3D 散点图

通过分析书籍数量和评分的变化趋势，可以预测未来市场的走向和趋势，帮助出版社和电商平台制定更合理的出版和采购策略。使用 Scatter3D 类绘制 3D 散点图，分析 2014 年—2023 年书籍数量和书籍评分分布情况，如任务实现 6-7 所示。

任务实现 6-7　绘制 2014 年—2023 年书籍数量和书籍评分 3D 散点图

```
In[9]:
data['年份'] = data['出版时间'].dt.year
dataGroup = data[['年份', '书籍编号',
                  '书籍评分/分']]. groupby(by='年份')
data3 = dataGroup.agg({'书籍编号':'count','书籍评分/分':'mean'})
data3 = data3.tail(10)
year = data3.index.tolist()
mark_mean = data3['书籍评分/分'].tolist()
bookid_counts = data3['书籍编号'].tolist()

# 绘制 3D 散点图
from pyecharts import options as opts
from pyecharts.charts import Scatter3D
from pyecharts.commons.utils import JsCode
scatter3d = (
    Scatter3D()
    .add(
        "",
        [list(z) for z in zip(year,
                    mark_mean, bookid_counts)],
        xaxis3d_opts=opts.Axis3DOpts(type_="category",
                                     name="年份"),
        yaxis3d_opts=opts.Axis3DOpts(type_="value",
                                     name="书籍评分/分"),
        zaxis3d_opts=opts.Axis3DOpts(type_="value",
                                     name="书籍数量/本", name_gap=25),

    )
    .set_global_opts(
        visualmap_opts=opts.VisualMapOpts(
                                        range_color=['#FF0000',
                                                     '#0000FF'],
                                        ),
        title_opts=opts.TitleOpts(
            title="2014 年-2023 年书籍数量和书籍评分 3D 散点图"),
    )
)

# 保存图表
scatter3d.render('../tmp/2014 年—2023 年书籍数量和书籍评分 3D 散点图.html')
```

out[9]:

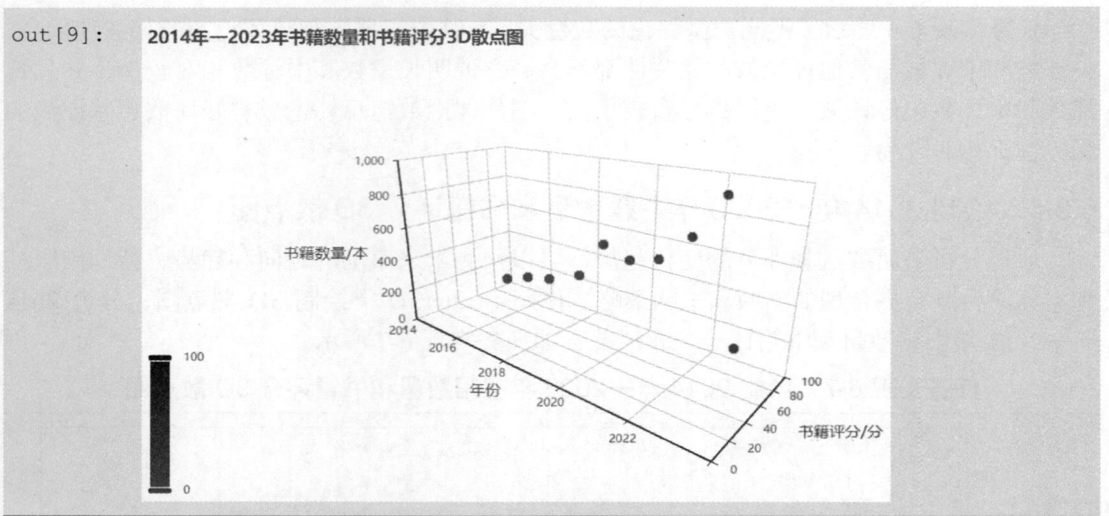

任务实现 6-7 展示了书籍数量与书籍评分的变化趋势，2014 年—2022 年，随着年份的增长，书籍数量呈现一定的增长趋势。但是随着书籍数量的增长，书籍评分出现了一定的下降趋势。

6.3.5 撰写线上书籍网站数据可视化分析报告

通过对线上书籍网站数据进行可视化分析，初步了解了书籍的销售情况。为了更清晰地展示可视化结果，为决策者提供意见和建议，需要撰写线上书籍网站数据可视化分析报告。

1. 分析思路

（1）分析 Top5 出版社书籍数量占比情况。

（2）分析书籍价格区间分布情况。

（3）分析不同类型评论的数量关系。

（4）分析 2014 年—2023 年书籍数量和书籍评分分布情况。

2. 分析结果

由图 6-2 可知，在前 5 名出版社中，各出版社市场份额分布较为均匀，显示出市场竞争激烈，各出版社都在各自的细分领域中占据一定的位置。

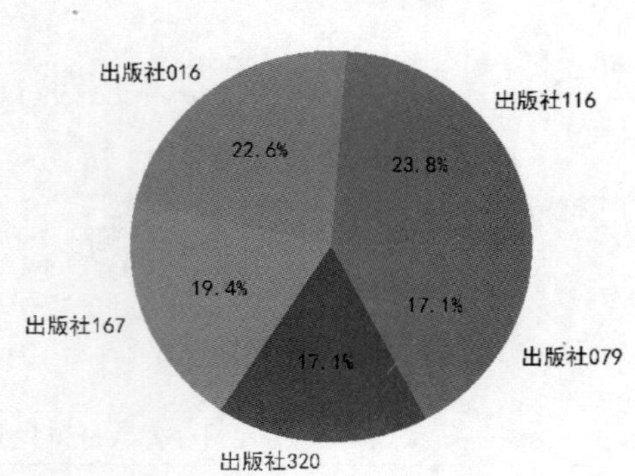

图 6-2　Top5 出版社书籍数量占比饼图

由图 6-3 可知，书籍的价格集中在 0～100 元，这表明消费者更倾向于购买价格适中或较低的书籍。随着价格的提高，书籍数量急剧减少，这可能与高价书籍更专业、目标市场更为狭窄有关。

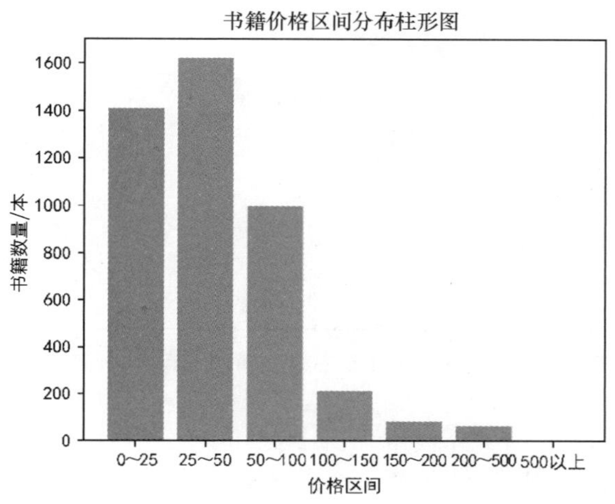

图 6-3 书籍价格区间分布柱形图

由图 6-4 可知，总评论数与好评数的相关性较高，说明了消费者对书籍满意度较高；长评数和中评数与其他评论数的相关性都不太高，说明在整体评论中，长评数和中评数相对较少，并且长评数和中评数中好评数、差评数分布较平衡；图片评论数与总评论数、好评数、差评数的相关性都相对较高，说明图片评论中好评数、差评数较多。

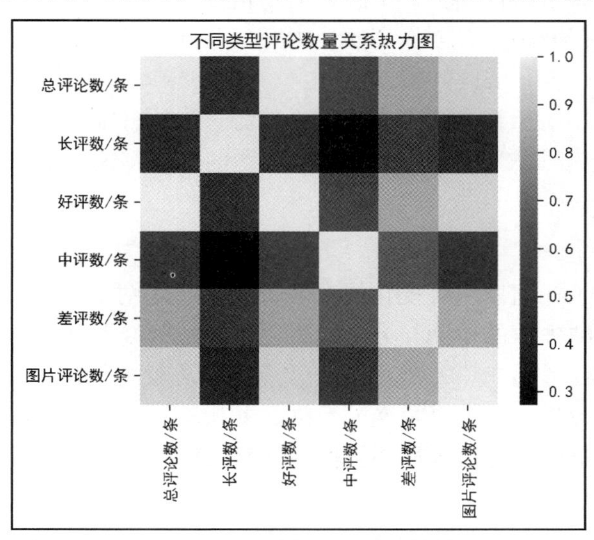

图 6-4 不同类型评论数量关系热力图

由图 6-5 可知，在 2014 年—2022 年，随着时间的推移，书籍数量呈现增长趋势。但是随着书籍数量的增长，书籍评分出现了下降趋势。出现这种情况的原因可能是读者和评论者的评价标准发生了变化，对书籍的要求更严格或对书籍类型有了新的期待，因此出版社和作者应该注重书籍的质量，以新颖和高质量的内容吸引读者。

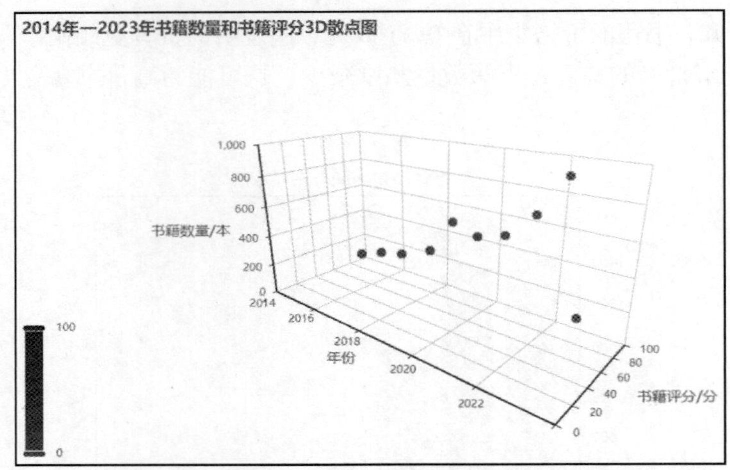

图 6-5　2014 年—2023 年书籍数量和书籍评分 3D 散点图

3. 总结与建议

（1）前五名出版社市场份额较为均匀，市场竞争激烈。出版社需分析自身优势，聚焦细分市场，制定差异化竞争策略；或加强对自身出版领域的研究，寻找并填补市场空白。

（2）书籍价格集中在 0～100 元，说明消费者更倾向于购买价格适中或较低的书籍。出版社需根据目标群体调整定价策略。例如，针对大众市场，可推出价格亲民的普及版书籍；针对高端市场，可推出精装版、限量版等高端书籍；探索电子书、有声书等新兴书籍，满足不同消费者的需求。

（3）评价与书籍质量密切相关。出版社需重视消费者反馈，分析评论内容，找出书籍的优缺点并进行改进；鼓励作者创作高质量内容，共同提升书籍质量，并加强书籍编辑和校对工作，减少错误，提升阅读体验。

（4）书籍数量逐年增长，但评分出现下降趋势。出版社需关注市场变化，及时调整出版策略。例如，分析热门书籍类型，推出相关主题的书籍；关注新兴阅读趋势等。

项目小结

本项目主要介绍了如何使用可视化技术分析线上书籍网站数据，对线上书籍网站数据进行了预处理，包括缺失值的检测与处理、重复值的检测以及数据格式和类型的变换；此外，通过绘制饼图、柱形图、热力图和 3D 散点图，从市场份额、价格区间分布、书籍数量、书籍质量等维度分析了线上书籍网站数据，并撰写了线上书籍网站数据可视化分析报告，根据可视化分析情况，为出版社调整市场策略提供了一定的参考建议。

项目实训

超市销售数据可视化分析

1. 训练要点

（1）掌握数据预处理的方法。

（2）掌握绘制饼图的方法。

（3）掌握绘制散点图的方法。

（4）掌握绘制柱形图的方法。

（5）掌握绘制词云图的方法。

2. 需求说明

近年来，随着新零售行业的快速发展，消费者购买商品时有了更多的选择，超市行业的竞争日益激烈、利润空间不断压缩。超市的经营管理系统产生了大量数据，存储于“某超市的销售数据”文件中。本实训将对某超市的销售数据进行分析，为超市的运营及经营策略调整提供重要依据，从而提升超市的竞争力。

3. 实现步骤

（1）读取某超市的销售数据，并转换数据的类型。

（2）对数据进行清洗，包含重复值处理、缺失值处理、异常值处理。

（3）绘制饼图，分析不同类型商品销售数量的分布情况。

（4）绘制散点图，分析生鲜商品和一般商品日销售额变化趋势。

（5）绘制柱形图，分析消费金额排名前十的顾客购买促销商品、非促销商品消费金额分布情况。

（6）绘制词云图，分析各商品销售数量分布情况。

课后习题

操作题

汽车产业作为国民经济的重要支柱产业之一，其市场表现直接反映了经济的整体发展状况。近年来，随着居民收入的提高和消费升级，汽车市场需求不断增长。然而，汽车企业也面临市场竞争激烈、政策环境变化和技术革新等多重挑战。通过对销售数据进行详细分析，企业可以准确把握市场需求、优化产品和服务、提升客户满意度，进而增强市场竞争力。汽车销售数据特征包括“车系”“厂商”“车类”“品牌”“车型”“级别”“价格/万元”“时间”“销量/辆”和“销售规模/亿元”等，具体的特征说明如表 6-2 所示。

表 6-2　汽车销售数据特征说明

特征名称	特征说明	示例
车系	表示汽车的品牌所属国别或区域	自主
厂商	汽车制造商的名称	厂商 E
车类	汽车的类别，如 SUV、轿车等	SUV
品牌	汽车的品牌名称	品牌 E
车型	汽车的具体型号	远景 X3
级别	汽车的级别，如紧凑型、中型等	紧凑型
价格/万元	汽车的价格，以万元为单位	6
时间	数据记录的时间	2023-06-30
销量/辆	在特定时间内销售的汽车数量	5027
销售规模/亿元	销售额，以亿元为单位	3.0162

基于汽车销售数据进行可视化分析，主要步骤如下。

（1）对汽车销售数据进行探索性数据分析。

（2）对数据进行重复值处理、异常值处理，并对时间维度进行拆分。

（3）绘制柱形图，分析上半年汽车销量分布情况。

（4）绘制饼图，分析不同级别汽车销售数量分布情况。

（5）绘制词云图，分析各车型销售数量分布情况。

项目 7 线上书籍网站数据综合分析——使用 scikit-learn 构建模型

scikit-learn（以下简称 sklearn）整合了多种机器学习算法，可以帮助使用者在数据分析过程中快速建立模型，且模型接口统一，使用起来非常方便。同时，sklearn 拥有优秀的官方文档，该文档知识点详尽、内容丰富，是入门 sklearn 的较佳内容。本项目将基于官方文档介绍 sklearn 的基础语法、数据处理等知识。

学习目标

（1）掌握 sklearn 转换器、估计器的使用方法。

（2）掌握 sklearn 数据标准化与数据划分。

（3）掌握 sklearn 中聚类模型、分类模型、回归模型的构建方法。

（4）掌握 sklearn 中聚类模型、分类模型、回归模型的评价方法。

素养目标

（1）利用机器学习技术构建混凝土抗压强度检测模型，提高混凝土抗压强度检测的效率和准确性，明确科技创新对提升工业效率和质量的重要性，体现对工作质量的追求，增强创新、精益求精的意识。

（2）通过进一步学习使用 sklearn 转换器，提升标准化处理的工作效率和质量，培养持续学习的态度。

思维导图

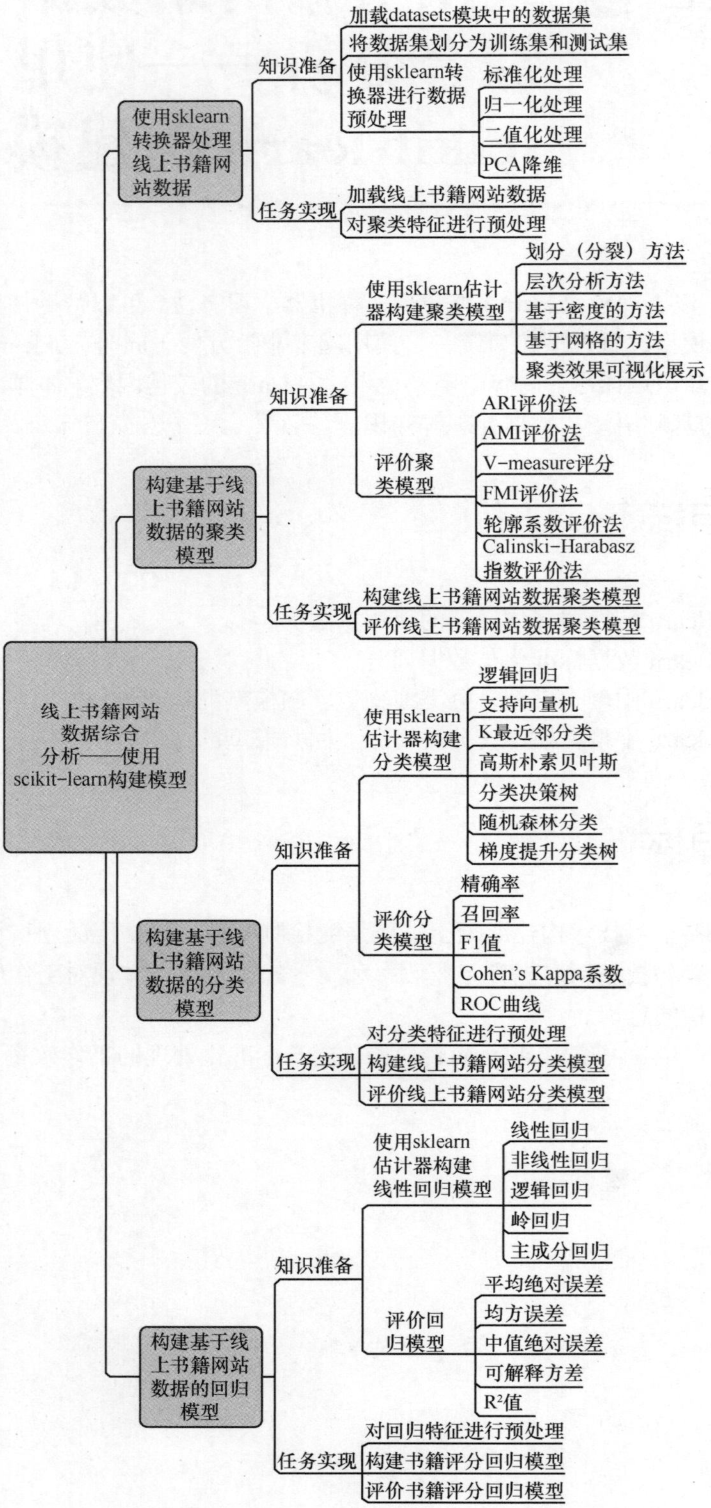

- 线上书籍网站数据综合分析——使用scikit-learn构建模型
  - 使用sklearn转换器处理线上书籍网站数据
    - 知识准备
      - 加载datasets模块中的数据集
      - 将数据集划分为训练集和测试集
      - 使用sklearn转换器进行数据预处理
        - 标准化处理
        - 归一化处理
        - 二值化处理
        - PCA降维
    - 任务实现
      - 加载线上书籍网站数据
      - 对聚类特征进行预处理
  - 构建基于线上书籍网站数据的聚类模型
    - 知识准备
      - 使用sklearn估计器构建聚类模型
        - 划分（分裂）方法
        - 层次分析方法
        - 基于密度的方法
        - 基于网格的方法
        - 聚类效果可视化展示
      - 评价聚类模型
        - ARI评价法
        - AMI评价法
        - V-measure评分
        - FMI评价法
        - 轮廓系数评价法
        - Calinski-Harabasz指数评价法
    - 任务实现
      - 构建线上书籍网站数据聚类模型
      - 评价线上书籍网站数据聚类模型
  - 构建基于线上书籍网站数据的分类模型
    - 知识准备
      - 使用sklearn估计器构建分类模型
        - 逻辑回归
        - 支持向量机
        - K最近邻分类
        - 高斯朴素贝叶斯
        - 分类决策树
        - 随机森林分类
        - 梯度提升分类树
      - 评价分类模型
        - 精确率
        - 召回率
        - F1值
        - Cohen's Kappa系数
        - ROC曲线
    - 任务实现
      - 对分类特征进行预处理
      - 构建线上书籍网站分类模型
      - 评价线上书籍网站分类模型
  - 构建基于线上书籍网站数据的回归模型
    - 知识准备
      - 使用sklearn估计器构建线性回归模型
        - 线性回归
        - 非线性回归
        - 逻辑回归
        - 岭回归
        - 主成分回归
      - 评价回归模型
        - 平均绝对误差
        - 均方误差
        - 中值绝对误差
        - 可解释方差
        - R^2值
    - 任务实现
      - 对回归特征进行预处理
      - 构建书籍评分回归模型
      - 评价书籍评分回归模型

任务 7.1　使用 sklearn 转换器处理线上书籍网站数据

使用 sklearn 转换器处理数据

【任务描述】

数据的加载与预处理是机器学习项目中不可或缺的重要步骤，不仅能提升模型的性能，还能确保数据分析结果的可靠性，为后续的研究和应用提供强有力的支持。本任务将基于项目 6 预处理后的线上书籍网站数据，使用 pandas 加载数据集，并结合 sklearn 进行数据预处理，为模型的训练和测试打下坚实的基础。

【任务分析】

（1）使用 pandas 加载线上书籍网站数据。

（2）选取用于聚类分析的特征，并使用 sklearn 进行标准差标准化处理。

【知识准备】

7.1.1　加载 datasets 模块中的数据集

sklearn 库的 datasets 模块集成了部分用于数据分析的经典数据集，读者可以使用这些数据集进行数据预处理、建模等操作，并熟悉 sklearn 的数据处理流程和建模流程。datasets 模块中常用数据集的加载函数及其解释如表 7-1 所示。使用 sklearn 进行数据预处理时需要用到 sklearn 提供的统一接口——转换器（Transformer）。

表 7-1　datasets 模块中常用数据集的加载函数及其解释

数据集加载函数	数据集任务类型	数据集加载函数	数据集任务类型
load_ boston	回归	load_breast_cancer	分类、聚类
fetch_california_housing	回归	load_iris	分类、聚类
load_digits	分类	load_wine	分类
load_diabetes	回归	load_linnerud	回归

如果需要加载某个数据集，可以将对应的函数赋给某个变量。加载 diabetes 数据集，如代码 7-1 所示。

代码 7-1　加载 diabetes 数据集

```
In[1]:  from sklearn.datasets import load_diabetes
        diabetes = load_diabetes()  # 将数据集赋给 diabetes 变量
        print('diabetes 数据集的长度为：', len(diabetes))
        print('diabetes 数据集的类型为：', type(diabetes))
Out[1]:  diabetes 数据集的长度为： 8
        diabetes 数据集的类型为： <class 'sklearn.utils.Bunch'>
```

加载后的数据集可以视为一个字典，几乎所有的 sklearn 数据集均可以使用 data、target、feature_names、DESCR 属性分别获取数据集的数据、标签、特征名称和描述信息。获取 sklearn 自带数据集的内部信息，如代码 7-2 所示。

代码 7-2　获取 sklearn 自带数据集的内部信息

```
In[2]:   diabetes_data = diabetes['data']  # 获取数据集的数据
         print('diabetes 数据集的数据为：\n', diabetes_data)

Out[2]:  diabetes 数据集的数据为：
          [[ 0.03807591  0.05068012  0.06169621 ... -0.00259226  0.01990842
           -0.01764613]
          [-0.00188202 -0.04464164 -0.05147406 ... -0.03949338 -0.06832974
           -0.09220405]
          [ 0.08529891  0.05068012  0.04445121 ... -0.00259226  0.00286377
           -0.02593034]
          ...
          [ 0.04170844  0.05068012 -0.01590626 ... -0.01107952 -0.04687948
            0.01549073]
          [-0.04547248 -0.04464164  0.03906215 ...  0.02655962  0.04452837
           -0.02593034]
          [-0.04547248 -0.04464164 -0.0730303  ... -0.03949338 -0.00421986
            0.00306441]]

In[3]:   diabetes_target = diabetes['target']  # 获取数据集的标签
         print('diabetes 数据集的标签为：\n', diabetes_target)

Out[3]:  diabetes 数据集的标签为：
          [151.  75. 141. 206. 135.  97. 138.  63. 110. 310. 101.  69. 179. 185.
          118. 171. 166. 144.  97. 168.  68.  49.  68. 245. 184. 202. 137.  85.
          131. 283. 129.  59. 341.  87.  65. 102. 265. 276. 252.  90. 100.  55.
           61.  92. 259.  53. 190. 142.  75. 142. 155. 225.  59. 104. 182. 128.
           52.  37. 170. 170.  61. 144.  52. 128.  71. 163. 150.  97. 160. 178.
           48. 270. 202. 111.  85.  42. 170. 200. 252. 113. 143.  51.  52. 210.
           65. 141.  55. 134.  42. 111.  98. 164.  48.  96.  90. 162. 150. 279.
           92.  83. 128. 102. 302. 198.  95.  53. 134. 144. 232.  81. 104.  59.
          246. 297. 258. 229. 275. 281. 179. 200. 200. 173. 180.  84. 121. 161.
           99. 109. 115. 268. 274. 158. 107.  83. 103. 272.  85. 280. 336. 281.
          118. 317. 235.  60. 174. 259. 178. 128.  96. 126. 288.  88. 292.  71.
          197. 186.  25.  84.  96. 195.  53. 217. 172. 131. 214.  59.  70. 220.
          268. 152.  47.  74. 295. 101. 151. 127. 237. 225.  81. 151. 107.  64.
          138. 185. 265. 101. 137. 143. 141.  79. 292. 178.  91. 116.  86. 122.
           72. 129. 142.  90. 158.  39. 196. 222. 277.  99. 196. 202. 155.  77.
          191.  70.  73.  49.  65. 263. 248. 296. 214. 185.  78.  93. 252. 150.
           77. 208.  77. 108. 160.  53. 220. 154. 259.  90. 246. 124.  67.  72.
          257. 262. 275. 177.  71.  47. 187. 125.  78.  51. 258. 215. 303. 243.
           91. 150. 310. 153. 346.  63.  89.  50.  39. 103. 308. 116. 145.  74.
           45. 115. 264.  87. 202. 127. 182. 241.  66.  94. 283.  64. 102. 200.
          265.  94. 230. 181. 156. 233.  60. 219.  80.  68. 332. 248.  84. 200.
           55.  85.  89.  31. 129.  83. 275.  65. 198. 236. 253. 124.  44. 172.
          114. 142. 109. 180. 144. 163. 147.  97. 220. 190. 109. 191. 122. 230.
          242. 248. 249. 192. 131. 237.  78. 135. 244. 199. 270. 164.  72.  96.
          306.  91. 214.  95. 216. 263. 178. 113. 200. 139. 139.  88. 148.  88.
          243.  71.  77. 109. 272.  60.  54. 221.  90. 311. 281. 182. 321.  58.
          262. 206. 233. 242. 123. 167.  63. 197.  71. 168. 140. 217. 121. 235.
          245.  40.  52. 104. 132.  88.  69. 219.  72. 201. 110.  51. 277.  63.
          118.  69. 273. 258.  43. 198. 242. 232. 175.  93. 168. 275. 293. 281.
           72. 140. 189. 181. 209. 136. 261. 113. 131. 174. 257.  55.  84.  42.
          146. 212. 233.  91. 111. 152. 120.  67. 310.  94. 183.  66. 173.  72.
           49.  64.  48. 178. 104. 132. 220.  57.]

In[4]:   diabetes_names = diabetes['feature_names']  # 获取数据集的特征名称
         print('diabetes 数据集的特征名称为：\n', diabetes_names)

Out[4]:  diabetes 数据集的特征名称为：
          ['age', 'sex', 'bmi', 'bp', 's1', 's2', 's3', 's4', 's5', 's6']
```

```
In[5]:    diabetes_desc = diabetes['DESCR']  # 获取数据集的描述信息
          print('diabetes 数据集的描述信息为: \n', diabetes_desc)
Out[5]:   diabetes 数据集的描述信息为:
           .. _diabetes_dataset:

          Diabetes dataset
          ----------------

          Ten baseline variables, age, sex, body mass index, average blood
          pressure, and six blood serum measurements were obtained for each of n =
          442 diabetes patients, as well as the response of interest, a
          quantitative measure of disease progression one year after baseline.

          **Data Set Characteristics:**

            :Number of Instances: 442

            :Number of Attributes: First 10 columns are numeric predictive values

            :Target: Column 11 is a quantitative measure of disease progression
          one year after baseline

            :Attribute Information:
                - age     age in years
                - sex
                - bmi     body mass index
                - bp      average blood pressure
                - s1      tc, total serum cholesterol
                - s2      ldl, low-density lipoproteins
                - s3      hdl, high-density lipoproteins
                - s4      tch, total cholesterol / HDL
                - s5      ltg, possibly log of serum triglycerides level
                - s6      glu, blood sugar level

          Note: Each of these 10 feature variables have been mean centered and
          scaled by the standard deviation times the square root of `n_samples`
          (i.e. the sum of squares of each column totals 1).
```

注：此处部分结果已省略。

7.1.2　将数据集划分为训练集和测试集

在数据分析过程中，为了保证模型在实际系统中能够起到预期作用，一般需要将总样本划分成独立的 3 个部分：训练集（Train Set）、验证集（Validation Set）和测试集（Test Set）。其中，训练集用于估计模型，验证集用于确定网络结构或控制模型复杂程度的参数，而测试集则用于检验最优模型的性能。典型的划分方式是训练集数据量占总样本数据量的 50%，而验证集数据量和测试集数据量各占总样本数据量的 25%。

当总样本数据较少时，使用上面的方法将总样本数据划分为 3 个部分是不适合的。常用的方法是留少部分样本数据作为测试集，然后对其余 N 个样本采用 K 折交叉验证法。其基本步骤是将样本打乱，然后均匀分成 K 份，轮流选择其中 $K-1$ 份作为训练集，剩余的一份作为验证集，计算预测误差平方和，最后将 K 次的预测误差平方和的均值作为选择最优模型结构的依据。sklearn 的 model_selection 模块提供了 train_test_split 函数，可对数据集进行划分，train_test_split 函数的基本使用格式如下。

```
sklearn.model_selection.train_test_split(*arrays, test_size=None, train_size=None,
random_state=None, shuffle=True, stratify=None)
```

train_test_split 函数的常用参数及其说明如表 7-2 所示。

表 7-2 train_test_split 函数的常用参数及其说明

参数名称	参数说明
*arrays	接收 list、array、矩阵、DataFrame。表示需要划分的数据集。若为分类、回归，则分别传入数据和标签；若为聚类，则传入数据。无默认值
test_size	接收 float、int。表示测试集的大小。若传入 float 型参数值，则应为 0 和 1 之间的值，表示测试集在总数据集中的占比；若传入 int 型参数值，则表示测试样本的绝对数量。默认为 None
train_size	接收 float、int。表示训练集的大小，参数值说明与 test_size 参数的参数值说明相似。默认为 None
random_state	接收 int。表示用于随机抽样的伪随机数生成器的状态。默认为 None
shuffle	接收 bool。表示在划分数据集前是否对数据进行混洗。默认为 True
stratify	接收 array。表示保持划分前类的分布平衡。默认为 None

train_test_split 函数可将传入的数据集分别划分为训练集和测试集。如果传入的是一组数据集，那么生成的就是这一组数据集随机划分后的训练集和测试集，总共两组。如果传入的是两组数据集，则生成的训练集和测试集分别有两组，总共 4 组。将 diabetes 数据集划分为训练集和测试集，如代码 7-3 所示。

代码 7-3 使用 train_test_split 函数划分数据集

```
In[6]:   print('原始数据集数据的形状为：', diabetes_data.shape)
         print('原始数据集标签的形状为：', diabetes_target.shape)

Out[6]:  原始数据集数据的形状为： (442, 10)
         原始数据集标签的形状为： (442,)

In[7]:   from sklearn.model_selection import train_test_split
         diabetes_data_train, diabetes_data_test, \
         diabetes_target_train, diabetes_target_test = \
         train_test_split(diabetes_data, diabetes_target, \
              test_size=0.2, random_state=42)
         print('训练集数据的形状为：', diabetes_data_train.shape)
         print('训练集标签的形状为：', diabetes_target_train.shape)
         print('测试集数据的形状为：', diabetes_data_test.shape)
         print('测试集标签的形状为：', diabetes_target_test.shape)

Out[7]:  训练集数据的形状为： (353, 10)
         训练集标签的形状为： (353,)
         测试集数据的形状为： (89, 10)
         测试集标签的形状为： (89,)
```

train_test_split 函数是十分常用的数据划分函数，model_selection 模块还提供了其他划分数据集的函数，如 PredefinedSplit 函数、ShuffleSplit 函数等。读者可以通过查看官方文档学习其使用方法。

7.1.3 使用 sklearn 转换器进行数据预处理

为了帮助用户完成对大量的特征进行处理的相关操作，sklearn 将相关的功能封装为

sklearn 转换器。sklearn 转换器主要包括 3 个方法：fit()方法、transform()方法和 fit_transform()方法。sklearn 转换器的 3 个方法及其说明如表 7-3 所示。

表 7-3　sklearn 转换器的 3 个方法及其说明

方法	说明
fit()	fit()方法主要通过分析特征和目标值来提取有价值的信息，这些信息可以是统计量、权重系数等
transform()	transform()方法主要用于对特征进行转换。从可利用信息的角度，转换分为无信息转换和有信息转换。无信息转换是指不利用任何其他信息进行转换，如指数函数转换和对数函数转换等。有信息转换根据是否利用目标值向量又可分为无监督转换和有监督转换。无监督转换指只利用特征的统计信息的转换，如标准化和 PCA 降维等。有监督转换指既利用特征信息又利用目标值信息的转换，如通过模型选择特征和线性判别分析（Linear Discriminant Analysis，LDA）降维等
fit_transform()	fit_transform()方法即先调用 fit()方法，然后调用 transform()方法

目前，使用 sklearn 转换器能够实现对传入的 NumPy 数组进行标准化处理、归一化处理、二值化处理和 PCA 降维等操作。这里主要介绍数据处理中的标准化处理和 PCA 降维。

在项目 4 中，基于 pandas 介绍了标准化处理的原理、概念与方法。但是在数据分析过程中，各类与特征处理相关的操作都需要分别对训练集和测试集进行，需要将训练集的操作规则、权重系数等应用到测试集中。如果使用 pandas，那么将操作规则、权重系数等应用至测试集的过程相对烦琐，使用 sklearn 转换器可以解决这一困扰，因此需要持续学习新的技术和方法，从而提高工作效率和质量。

使用 skearn 转换器对 diabetes_data_train 数据集和 diabetes_data_test 数据集进行离差标准化，如代码 7-4 所示。

代码 7-4　离差标准化

```
In[8]:
import numpy as np
from sklearn.preprocessing import MinMaxScaler
Scaler = MinMaxScaler().fit(diabetes_data_train)  # 生成规则
# 将规则应用于训练集
diabetes_trainScaler = Scaler.transform(diabetes_data_train)
# 将规则应用于测试集
diabetes_testScaler = Scaler.transform(diabetes_data_test)
print('离差标准化前训练集数据的最小值为：', np.min(diabetes_data_train))
print('离差标准化后训练集数据的最小值为：', np.min(diabetes_trainScaler))
print('离差标准化前训练集数据的最大值为：', np.max(diabetes_data_train))
print('离差标准化后训练集数据的最大值为：', np.max(diabetes_trainScaler))
print('离差标准化前测试集数据的最小值为：', np.min(diabetes_data_test))
print('离差标准化后测试集数据的最小值为：', np.min(diabetes_testScaler))
print('离差标准化前测试集数据的最大值为：', np.max(diabetes_data_test))
print('离差标准化后测试集数据的最大值为：', np.max(diabetes_testScaler))
Out[8]:
离差标准化前训练集数据的最小值为： -0.1377672256900302
离差标准化后训练集数据的最小值为： 0.0
离差标准化前训练集数据的最大值为： 0.19878798965729408
离差标准化后训练集数据的最大值为： 1.0
离差标准化前测试集数据的最小值为： -0.12678066991651324
离差标准化后测试集数据的最小值为： -0.0680628272251309
```

```
离差标准化前测试集数据的最大值为： 0.17055522598064407
离差标准化后测试集数据的最大值为： 1.038793103448276
```

由代码 7-4 的运行结果可知，离差标准化之后的训练集数据的最小值、最大值的确限定在了[0,1]区间内，同时由于测试集应用了训练集的离差标准化规则，数据超出了[0,1]的范围。这也从侧面证明了此处应用了训练集的规则。如果对两个数据集单独做离差标准化，或将两个数据集合并做离差标准化，根据公式，取值范围仍会限定为[0,1]区间。

sklearn 除了提供离差标准化函数 MinMaxScaler，还提供了一系列数据预处理函数，具体如表 7-4 所示。

表 7-4　sklearn 部分数据预处理函数及其说明

函数名称	函数说明
StandardScaler	对特征进行标准差标准化
Normalizer	对特征进行归一化
Binarizer	对定量特征进行二值化
OneHotEncoder	对定性特征进行独热编码处理
FunctionTransformer	对特征进行自定义函数变换

sklearn 除了提供基本的特征变换函数，还提供了降维算法、特征选择算法，这些算法也是通过转换器的方式进行应用的。sklearn 的 decomposition 模块提供了 PCA 类，可用于对数据集进行 PCA 降维，PCA 类的基本使用格式如下。

```
class sklearn.decomposition.PCA(n_components=None, *, copy=True, whiten=False,
svd_solver='auto', tol=0.0, iterated_power='auto', n_oversamples=10, power_
iteration_normalizer='auto', random_state=None)
```

PCA 类常用参数及其说明如表 7-5 所示。

表 7-5　PCA 类常用参数及其说明

参数名称	参数说明
n_components	接收 int、float、mle（最大似然估计值）。表示降维后要保留的特征维度数目。若未指定参数值，则表示所有特征均会被保留下来；若传入 int 型参数值，则表示将原始数据降低到 n 个维度；若传入 float 型参数值，则将根据样本特征方差来决定降维后的维度数目；若值为 mle，则将使用最大似然估计（Maximum Likelihood Estimate，MLE）算法来根据特征的方差分布情况自动选择一定数量的主成分特征来降维。默认为 None
copy	接收 bool。表示是否在运行算法时对原始训练数据进行复制。若为 True，则运行算法后原始训练数据的值不会有任何改变；若为 False，则运行算法后原始训练数据的值将会发生改变。默认为 True
whiten	接收 bool。表示对降维后的特征进行标准化处理，使得特征具有相同的方差。默认为 False
svd_solver	接收 str。表示使用的奇异值分解（Singular Value Decomposition，SVD）算法，可选 randomized、full、arpack、auto。randomized 一般适用于数据量大、数据维度多，同时主成分数量比例又较低的 PCA 降维。full 表示使用 SciPy 库实现的传统 SVD 算法。arpack 和 randomized 的适用场景类似，区别在于，randomized 使用 sklearn 自己的 SVD 算法实现，而 arpack 直接使用 SciPy 库的稀疏版本 SVD 算法实现。auto 则代表 PCA 类会自动在上述 3 种算法中去权衡，选择一个合适的 SVD 算法来降维。默认为“auto”

使用 PCA 类对 diabetes 数据集进行 PCA 降维，如代码 7-5 所示。

代码 7-5　对 diabetes 数据集进行 PCA 降维

```
In[9]:   from sklearn.decomposition import PCA
         pca_model = PCA(n_components=8).fit(diabetes_trainScaler)
         # 将规则应用于训练集
         diabetes_trainPca = pca_model.transform(diabetes_trainScaler)
         # 将规则应用于测试集
         diabetes_testPca = pca_model.transform(diabetes_testScaler)
         print('PCA 降维前训练集数据的形状为：', diabetes_trainScaler.shape)
         print('PCA 降维后训练集数据的形状为：', diabetes_trainPca.shape)
         print('PCA 降维前测试集数据的形状为：', diabetes_testScaler.shape)
         print('PCA 降维后测试集数据的形状为：', diabetes_testPca.shape)
Out[9]:  PCA 降维前训练集数据的形状为： (353, 10)
         PCA 降维后训练集数据的形状为： (353, 8)
         PCA 降维前测试集数据的形状为： (89, 10)
         PCA 降维后测试集数据的形状为： (89, 8)
```

由代码 7-5 可知，当将 n_components 参数值设置为 8 时，训练集和测试集的维数都由原来的 10 下降为了 8。

【任务实现】

1. 加载线上书籍网站数据

数据加载是获取原始数据的第一步，通过加载数据集，可以获得分析所需的基础信息。正确加载数据可以确保数据的完整性和一致性，为后续分析打下基础。使用 pandas 加载项目 6 预处理后的线上书籍网站数据，如任务实现 7-1 所示。

任务实现 7-1　加载线上书籍网站数据

```
In[1]:   import pandas as pd
         book_data = pd.read_csv('../data/线上书籍网站数据(预处理后).csv')
         print(book_data.head(5))
Out[1]:      书籍编号   出版社编号   出版时间   价格/元  类型  总评论数/条  长评数/条   好
         评数/条  中评数/条  差评数/条  \
         0  书籍0001  出版社001  2018-02-23  15.3  小说  21545  0  21531  11  3
         1  书籍0002  出版社001  2018-02-05  18.6  小说  32442  0  32436  3  3
         2  书籍0003  出版社002  2019-04-01  15.7  小说  213254  7  213154  48  51
         3  书籍0004  出版社003  2018-03-01  44.3  小说  42706  0  42693  6  7
         4  书籍0005  出版社002  2021-08-01  21.6  小说  151263  0  151231  12  20

           图片评论数/条  评论平均得分/分  书籍评分/分
         0        68        4.70      94.0
         1        52        4.90      98.0
         2       543        4.99      99.8
         3        47        4.57      91.4
         4       120        4.44      88.8
```

通过任务实现 7-1 可知，线上书籍网站数据已正确加载，可以正常进行后续分析工作。

2. 对聚类特征进行预处理

sklearn 是一个用于数据挖掘和数据分析的强大工具，提供了丰富的预处理方法和工具。对线上书籍网站数据进行标准化处理，可以使不同特征的数据具有相同的尺度，提高模型的训练效果。标准化后的数据能够更准确地反映不同特征之间的相对差异，提高聚类结果的可靠性。对聚类特征进行预处理，如任务实现 7-2 所示。

任务实现 7-2　对聚类特征进行预处理

In[2]:
```
# 聚类特征数据处理
# 选择特征
cluster_features = ['价格/元', '总评论数/条', '长评数/条',
                    '好评数/条', '中评数/条', '差评数/条',
                    '图片评论数/条', '评论平均得分/分', '书籍评分/分']
cluster_X = book_data[cluster_features]
print(cluster_X.head(5))
```

Out[2]:
```
   价格/元  总评论数/条  长评数/条   好评数/条  中评数/条  差评数/条  图片评论
数/条  评论平均得分/分  书籍评分/分
0  15.3   21545     0   21531     11     3      68     4.70    94.0
1  18.6   32442     0   32436      3     3      52     4.90    98.0
2  15.7  213254     7  213154     48    51     543     4.99    99.8
3  44.3   42706     0   42693      6     7      47     4.57    91.4
4  21.6  151263     0  151231     12    20     120     4.44    88.8
```

In[3]:
```
# 标准差标准化
from sklearn.preprocessing import StandardScaler
cluster_scaler = StandardScaler()
cluster_X_scaled = cluster_scaler.fit_transform(cluster_X)
print('聚类特征标准化后的结果：\n',cluster_X_scaled)
```

Out[3]:
```
聚类特征标准化后的结果：
 [[-5.97132341e-01  3.22079164e-02 -6.95739333e-02 ...
  2.01427241e-01  3.00342174e-01  3.89203595e-01]
 [-5.37981418e-01  1.69902953e-01 -6.95739333e-02 ...  1.04491718e-01
4.28046538e-01  5.01728160e-01]
 [-5.89962532e-01  2.45465242e+00  3.46664982e-01 ...  3.07920061e+00
4.85513501e-01  5.52364215e-01]
 ...
 [ 4.55037109e-01 -2.15863016e-01 -6.95739333e-02 ... -1.98431795e-01
1.79023029e-01  2.82305257e-01]
 [ 5.26735198e-01 -9.56941812e-02 -6.95739333e-02 ... -1.68139444e-01
2.81186520e-01  3.72324910e-01]
 [-3.69490909e-01 -6.07681392e-02 -1.01112312e-02 ...  1.49772335e-03
3.45038702e-01  4.28587193e-01]]
```

任务实现 7-2 选择了“价格/元”“总评论数/条”“长评数/条”“好评数/条”“中评数/条”“差评数/条”“图片评论数/条”“评论平均得分/分”“书籍评分/分”等特征作为用于聚类的特征，并对这些特征进行了标准化处理，处理后的数据大部分集中在较小的范围内（大多数在－1 到 1 之间），不同特征的值在经过标准化后具有相同的量纲，便于计算特征之间的距离，从而有利于聚类算法的实施。

构建并评价聚类模型

任务 7.2　构建基于线上书籍网站数据的聚类模型

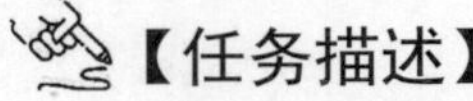

【任务描述】

随着线上书籍销售平台的发展，书籍评论和评分成为用户选择书籍的重要参考因素。大量的书籍评论和评分数据不仅帮助其他用户决策，还为平台运营和书籍营销提供了宝贵的建议。本任务将构建线上书籍网站数据聚类模型，识别书籍之间的潜在模式和相似性，帮助平台更好地理解用户需求。

【任务分析】

（1）使用 sklearn 构建线上书籍网站数据聚类模型。

（2）使用轮廓系数评价法和 Calinski-Harabasz 指数评价法评价线上书籍网站数据聚类模型。

【知识准备】

7.2.1　使用 sklearn 估计器构建聚类模型

聚类分析是在没有给定划分类别的情况下，根据数据相似度进行样本分组的一种方法。聚类模型可以将无类标签的数据聚集为多个簇，是一种非监督的学习算法。在商业上，聚类可以帮助市场分析人员从消费者数据库中区分出不同的消费群体，并且概括出每一类消费群体的消费模式或消费习惯。同时，聚类分析也可以作为数据分析算法中其他分析算法的一个预处理步骤，用于异常值识别、连续型特征离散化等。

聚类的输入是一组未被标记的样本，聚类根据数据自身的距离或相似度将它们划分为若干组，划分的原则是组内（内部）距离最小化，而组间（外部）距离最大化，如图 7-1 所示。

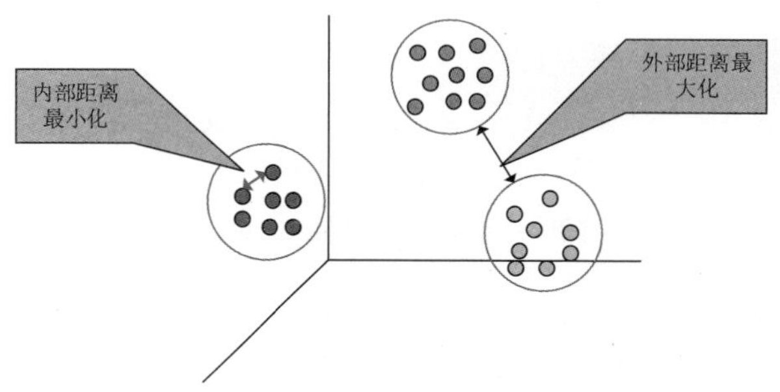

图 7-1　聚类原理示意

常用的聚类算法及其类别如表 7-6 所示。

表 7-6　常用的聚类算法及其类别

算法类别	包括的主要算法
划分（分裂）方法	k-means 算法（*k*-均值算法）、k-medoids 算法（*k*-中心点算法）和 CLARANS 算法（基于选择的算法）
层次分析方法	BIRCH 算法（平衡迭代归约和聚类）、CURE 算法（代表点聚类）和 Chameleon 算法（动态模型）
基于密度的方法	DBSCAN 算法（基于高密度连接区域）、DENCLUE 算法（密度分布函数）和 OPTICS 算法（对象排序识别）
基于网格的方法	STING 算法（统计信息网络）、CLIQUE 算法（聚类高维空间）和 WAVE-CLUSTER 算法（小波变换）

sklearn 常用的聚类算法模块 cluster 提供的聚类算法及其适用范围如表 7-7 所示。

表 7-7　cluster 模块提供的聚类算法及其适用范围

算法名称	参数	适用范围	距离度量
k-means	簇数	可用于样本数量很大、聚类数量中等的场景	点之间的距离
Spectral clustering	簇数	可用于样本数量中等、聚类数量较小的场景	图距离
Ward hierarchical clustering	簇数	可用于样本数量较大、聚类数量较大的场景	点之间的距离
Agglomerative clustering	簇数、链接类型、距离	可用于样本数量较大、聚类数量较大的场景	任意成对点线图间的距离
DBSCAN	半径大小、最低成员数量	可用于样本数量很大、聚类数量中等的场景	最近的点之间的距离
Birch	分支因子、阈值、可选全局集群	可用于样本数量很大、聚类数量较大的场景	点之间的欧氏距离

聚类算法实现需要使用 sklearn 估计器（Estimator）。sklearn 估计器拥有 fit()和 predict()两个方法，其说明如表 7-8 所示。

表 7-8　sklearn 估计器两个方法的说明

方法	说明
fit()	fit()方法主要用于训练算法。该方法可以接收用于有监督学习的训练集及其标签两个参数，也可以接收用于无监督学习的数据
predict()	predict()方法用于预测有监督学习的测试集标签，亦可以用于划分传入数据的类别

某公司为了划分客户类别，对客户的基本信息进行调查，存为 customer 数据集，包括“年龄”“薪资/万元”“在职情况”3 个特征和“客户类别”1 个标签。客户基本信息数据的特征/标签说明如表 7-9 所示。

表 7-9　客户基本信息数据的特征/标签说明

特征/标签名称	特征/标签含义	示例
年龄	客户的年龄	18
薪资/万元	客户当前每月薪资（单位：万元）	20
在职情况	客户当前的在职情况（0 表示离职，1 表示在职）	0
客户类别	客户所属的类别，分为 1～4 共 4 类	1

使用 customer 数据集，通过 sklearn 估计器构建 k-means 聚类模型，对客户群体进行划分，并使用 sklearn 的 manifold 模块中的 TSNE 类实现多维数据的可视化展现功能，查看聚类效果，TSNE 类的基本使用格式如下。

```
class sklearn.manifold.TSNE(n_components=2, *, perplexity=30.0, early_exaggeration=
12.0, learning_rate='auto', n_iter=1000,
```

```
n_iter_without_progress=300, min_grad_norm=1e-07, metric='euclidean',
metric_params=None, init='pca', verbose=0, random_state=None, method='barnes_hut',
angle=0.5, n_jobs=None, square_distances='deprecated')
```

TSNE 类常用参数及其说明如表 7-10 所示。

表 7-10　TSNE 类常用参数及其说明

参数名称	参数说明
n_components	接收 int。表示要嵌入空间中的维数。默认为 2
perplexity	接收 float。表示在优化过程中邻近点的数量。默认为 30.0
early_exaggeration	接收 float。表示嵌入空间中簇的紧密程度及簇之间的空间大小。默认为 12.0
learning_rate	接收 float 或 auto。表示梯度下降的速率。默认为“auto”
metric	接收 str、callable 对象。表示用于计算特征数组中实例之间的距离时使用的度量方式。默认为“euclidean”
init	接收 str、ndarray 对象。表示嵌入的初始化方式。默认为“pca”
random_state	接收 int。表示所确定的随机数生成器。默认为 None
method	接收 str。表示在进行梯度计算时所选用的优化方法。默认为“barnes_hut”

使用 sklearn 估计器构建聚类模型，并运用 TSNE 类对聚类结果进行可视化，如代码 7-6 所示。

代码 7-6　构建聚类模型并对聚类结果进行可视化

```
In[1]:
import pandas as pd
from sklearn.manifold import TSNE
import matplotlib.pyplot as plt
# 读取数据集
customer = pd.read_csv('../data/customer.csv', encoding='gbk')
customer_data = customer.iloc[:, :-1]
customer_target = customer.iloc[:, -1]
# k-means 聚类
from sklearn.cluster import KMeans
kmeans = KMeans(n_clusters=4, random_state=6).fit(customer_data)
# 使用 TSNE 类进行数据降维，降成二维
tsne = TSNE(n_components=2, init='random',
            random_state=2). fit(customer_data)
df = pd.DataFrame(tsne.embedding_)  # 将原始数据转换为 DataFrame
df['labels'] = kmeans.labels_  # 将聚类结果存储进 df 数据表
# 提取不同标签的数据
df1 = df[df['labels'] == 0]
df2 = df[df['labels'] == 1]
df3 = df[df['labels'] == 2]
df4 = df[df['labels'] == 3]
# 绘制图形
fig = plt.figure(figsize=(9, 6))  # 设定空白画布，并设定大小
# 用不同的颜色表示不同数据
plt.plot(df1[0], df1[1], 'bo', df2[0], df2[1], 'r*',
       df3[0], df3[1], 'gD', df4[0], df4[1], 'kD')
plt.show()  # 显示图形
```

Out[1]:

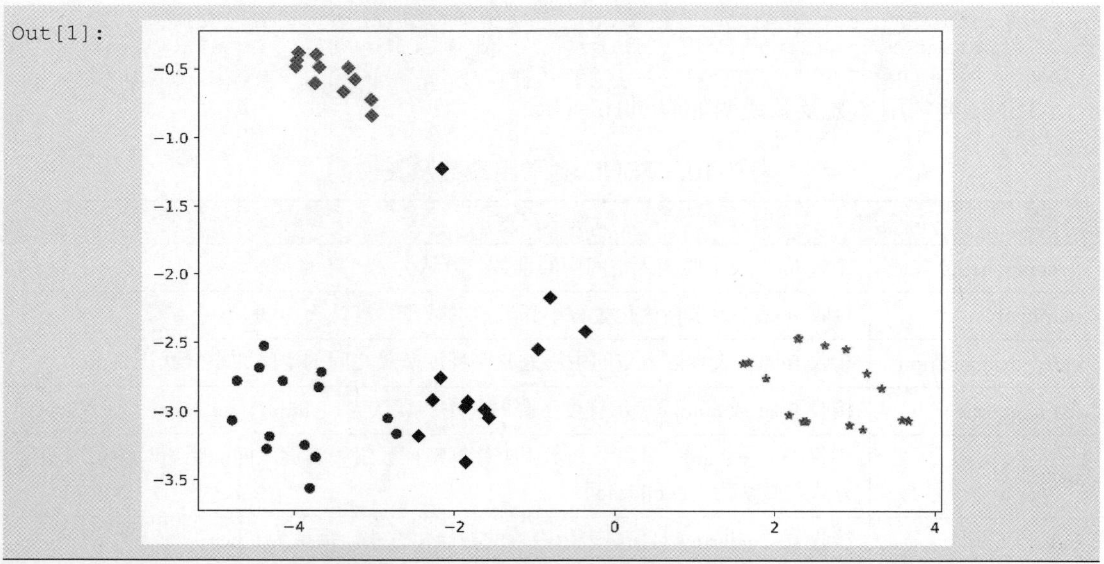

由代码 7-6 的运行结果可知，本次聚类类别分布比较均匀，不同类别数量差别不大。除个别点外，类与类间的界限明显，聚类效果良好。

7.2.2 评价聚类模型

聚类评价的标准是组内的对象之间是相似的（相关的），而不同组中的对象是不同的（不相关的），即组内的相似度越大、组间差别越大，聚类效果就越好。

sklearn 的 metrics 模块提供的聚类模型评价方法如表 7-11 所示。

表 7-11　metrics 模块提供的聚类模型评价方法

方法名称	真实值	最佳值（效果）	sklearn 函数
ARI 评价法	需要	1.0	adjusted_rand_score
AMI 评价法	需要	1.0	adjusted_mutual_info_score
V-measure 评分	需要	1.0	completeness_score
FMI 评价法	需要	1.0	fowlkes_mallows_score
轮廓系数评价法	不需要	1.0	silhouette_score
Calinski-Harabasz 指数评价法	不需要	相交程度最大	calinski_harabaz_score

表 7-11 总共列出了 6 种评价方法。其中，前 4 种方法均需要真实值的配合才能评价聚类算法的优劣，后两种则不需要真实值的配合。但是前 4 种方法评价的效果更具有说服力，并且在实际运行的过程中，在有真实值进行参考的情况下，聚类算法的评价可以等同于分类算法的评价。

除轮廓系数评价法以外的评价方法，在不考虑业务场景的情况下都是得分越高效果越好，最高分值为 1.0。而轮廓系数评价法则需要判断不同类别数量情况下的轮廓系数的走势，寻找最优的聚类数量。

在需要真实值配合的聚类评价方法中选取 FMI 评价法评价 k-means 聚类模型，如代码 7-7 所示。

代码 7-7　使用 FMI 评价法评价 k-means 聚类模型

```
In[2]:
from sklearn.metrics import fowlkes_mallows_score
for i in range(1, 7):
        # 构建并训练模型
        kmeans = KMeans(n_clusters=i,
                    random_state=6).fit(customer_data)
        score = fowlkes_mallows_score(customer_target, kmeans.labels_)
        print('customer 数据聚%d 类 FMI 评价法分值为: %f' % (i, score))
Out[2]:
customer 数据聚 1 类 FMI 评价法分值为: 0.500815
customer 数据聚 2 类 FMI 评价法分值为: 0.638073
customer 数据聚 3 类 FMI 评价法分值为: 0.841093
customer 数据聚 4 类 FMI 评价法分值为: 0.907249
customer 数据聚 5 类 FMI 评价法分值为: 0.817502
customer 数据聚 6 类 FMI 评价法分值为: 0.789369
```

由代码 7-7 的运行结果可知，customer 数据聚 4 类的时候 FMI 评价法分值最高，故聚类为 4 类的时候 k-means 聚类模型最好。

使用轮廓系数评价法评价 k-means 聚类模型，然后绘制出轮廓系数走势图，根据图形判断聚类效果，如代码 7-8 所示。

代码 7-8　使用轮廓系数评价法评价 k-means 聚类模型

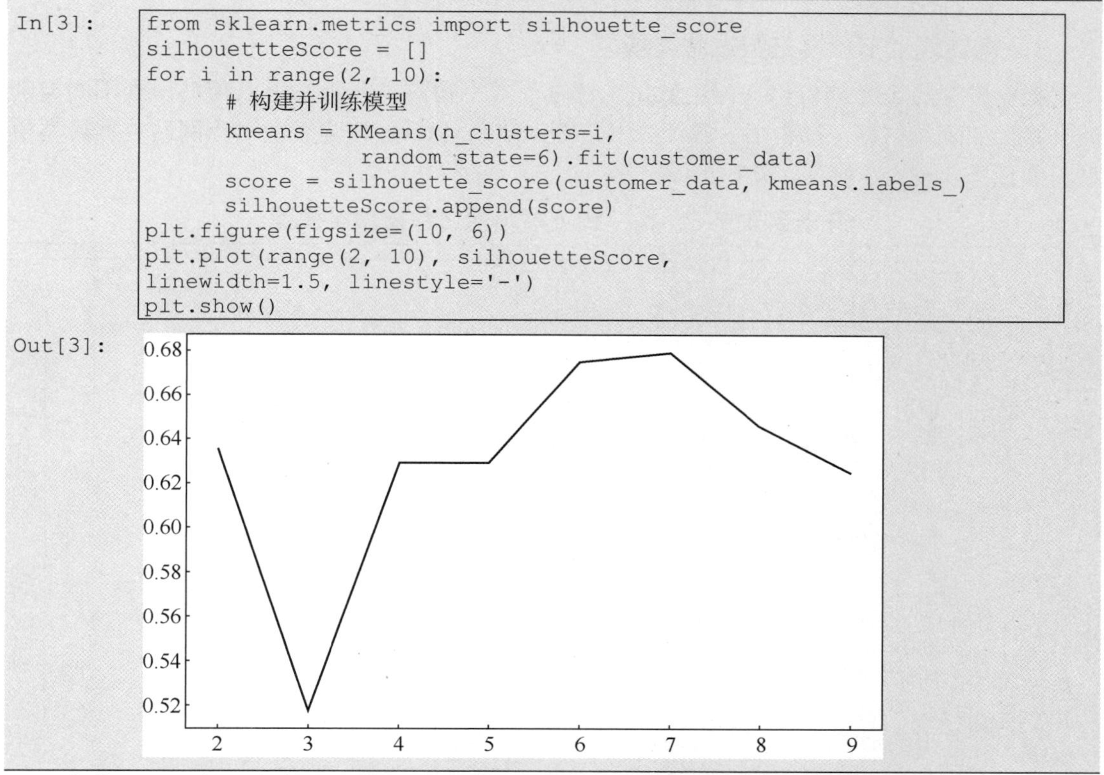

```
In[3]:
from sklearn.metrics import silhouette_score
silhouettteScore = []
for i in range(2, 10):
        # 构建并训练模型
        kmeans = KMeans(n_clusters=i,
                random_state=6).fit(customer_data)
        score = silhouette_score(customer_data, kmeans.labels_)
        silhouetteScore.append(score)
plt.figure(figsize=(10, 6))
plt.plot(range(2, 10), silhouetteScore,
linewidth=1.5, linestyle='-')
plt.show()
Out[3]:
```


由代码 7-8 的运行结果可知，聚类数量为 3、4 时平均畸变程度最大。

使用 Calinski-Harabasz 指数评价法评价 k-means 聚类模型，其分值越高，聚类效果越好，如代码 7-9 所示。

代码 7-9　使用 Calinski-Harabasz 指数评价法评价 k-means 聚类模型

In[4]:
```
from sklearn.metrics import calinski_harabasz_score
for i in range(2, 5):
    # 构建并训练模型
    kmeans = KMeans(n_clusters=i,
                    random_state=2).fit(customer_data)
    score = calinski_harabasz_score(customer_data, kmeans.labels_)
    print('customer数据聚%d类Calinski_Harabaz指数为: %f' % (i, score))
```

Out[4]:
```
customer数据聚2类Calinski_Harabaz指数为：160.059079
customer数据聚3类Calinski_Harabaz指数为：146.644857
customer数据聚4类Calinski_Harabaz指数为：198.251158
```

由代码 7-9 可知，当使用 Calinski-Harabasz 指数评价法评价 k-means 聚类模型时，聚类数量为 4 的时候得分最高，所以可以认为 customer 数据聚类为 4 类的时候模型效果最优。

综合以上聚类评价方法，在有真实值作为参考的情况下，FMI 评价法、轮廓系数评价法和 Calinski-Harabasz 指数评价法均可以很好地评价聚类模型。在没有真实值作为参考的时候，轮廓系数评价法和 Calinski-Harabasz 指数评价法可以结合使用。

【任务实现】

1. 构建线上书籍网站数据聚类模型

根据多个特征（如价格、评论数量和评分）对书籍进行分组，可以帮助识别不同类别的书籍，如高端书籍、畅销书、低评分书籍等。使用 sklearn 构建线上书籍网站数据聚类模型，如任务实现 7-3 所示。

任务实现 7-3　构建线上书籍网站数据聚类模型

In[4]:
```
from sklearn.cluster import KMeans
# k-means 聚类
kmeans = KMeans(n_clusters=3, random_state=42)
clusters = kmeans.fit_predict(cluster_X_scaled)
from sklearn.manifold import TSNE
# 使用TSNE类进行数据降维，降成二维
tsne = TSNE(n_components=2, init='random',
            random_state=2). fit(cluster_X_scaled)
df = pd.DataFrame(tsne.embedding_)
df['labels'] = clusters
# 提取不同标签的数据
df1 = df[df['labels'] == 0]
df2 = df[df['labels'] == 1]
df3 = df[df['labels'] == 2]
import matplotlib.pyplot as plt
# 绘制散点图
fig = plt.figure(figsize=(9, 6))  # 设定空白画布，并设定大小
# 用不同的颜色表示不同的数据
plt.plot(df1[0], df1[1], 'bo', df2[0], df2[1], 'r*',
         df3[0], df3[1], 'gD')
plt.show()  # 显示图形
```

Out[4]:

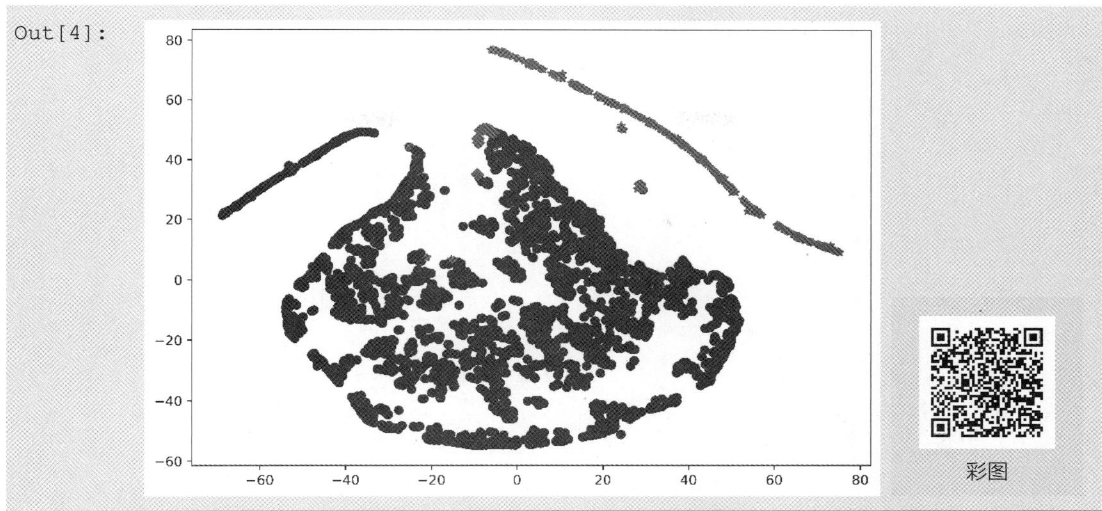

彩图

任务实现 7-3 将线上书籍网站数据划分为 3 类，除个别点外，类与类间的界限明显，聚类效果良好。

2. 评价线上书籍网站数据聚类模型

评价线上书籍网站数据的聚类模型是确保聚类结果准确反映书籍之间相似性的重要步骤。通过详细的评价步骤，可以验证模型的有效性，指导业务决策，并持续改进和优化聚类模型，以实现更好的业务效果和用户体验。使用轮廓系数评价法和 Calinski-Harabasz 指数评价法评价线上书籍网站数据聚类模型，如任务实现 7-4 所示。

任务实现 7-4　评价线上书籍网站数据聚类模型

In[5]:

```
from sklearn.metrics import silhouette_score, \
calinski_harabasz_score
silhouettteScore = []
calinski_harabasz_scores = []
for i in range(2, 7):
    # 构建并训练模型
    kmeans = KMeans(n_clusters=i,
                random_state=42).fit(cluster_X_scaled)
    # 计算轮廓系数
    score = silhouette_score(cluster_X_scaled, kmeans.labels_)
    silhouettteScore.append(score)
     # 计算 Calinski-Harabasz 指数
    calinski_harabasz_score_val = calinski_harabasz_score(
        cluster_X_scaled, kmeans.labels_)
    calinski_harabasz_scores.append(calinski_harabasz_score_val)

# 绘制轮廓系数折线图
plt.figure(figsize=(10, 6))
plt.plot(range(2, 7), silhouettteScore, linewidth=1.5,
         linestyle='-')
plt.xticks(range(2, 7, 1))  #设置 x 轴刻度
plt.show()
```

Out[5]:

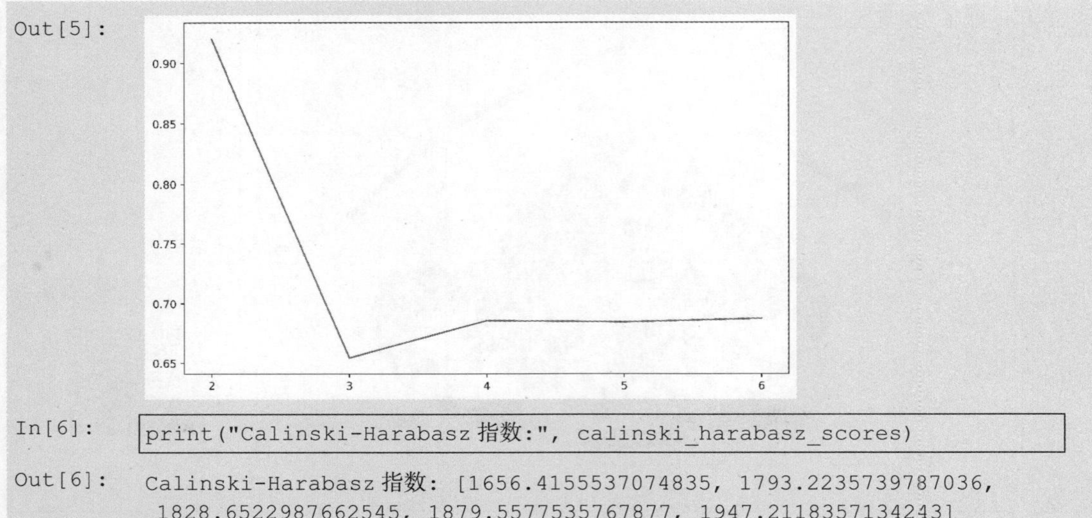

In[6]:

```
print("Calinski-Harabasz 指数:", calinski_harabasz_scores)
```

Out[6]:

```
Calinski-Harabasz 指数: [1656.4155537074835, 1793.2235739787036,
 1828.6522987662545, 1879.5577535767877, 1947.2118357134243]
```

通过任务实现 7-4 可知，聚类数量为 2 时轮廓系数最大，表明聚类内部紧密度和与其他聚类的分离度非常好。然而，Calinski-Harabasz 指数稍低于其他一些选项，这可能表明虽然整体分离度好，但可能只包含两个非常广泛的群体。聚类数量为 3 时轮廓系数畸变程度最大，Calinski-Harabasz 指数也相对较高，显示了良好的聚类效果，说明聚类数量为 3 是合理的。

构建并评价分类模型

任务 7.3 构建基于线上书籍网站数据的分类模型

【任务描述】

书籍评分是消费者选择书籍的重要参考因素。对书籍进行是否为高评分的分类分析，有助于更好地理解影响书籍评分的因素，提升书籍的市场表现以及深入地理解消费者行为和市场动态，从而制定更加明智的业务决策，提高消费者满意度和销售业绩。本任务将选取与评论相关的特征，建立分类模型，预测书籍是否会获得高评分，识别高评分书籍。

【任务分析】

（1）对分类特征进行预处理，包括构造标签特征、选取分类数据特征与标签特征、进行数据标准化和数据划分。

（2）利用随机森林分类算法构建线上书籍网站分类模型。

（3）使用 classification_report 函数输出评价报告，并绘制 ROC 曲线图评价线上书籍网站分类模型。

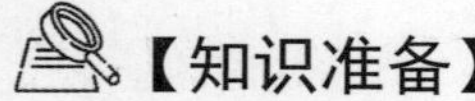

【知识准备】

7.3.1 使用 sklearn 估计器构建分类模型

分类是指构造一个分类模型，输入样本的特征值，输出对应的类别，即将每个样本映射到预先定义好的类别。分类模型建立在已有类标签的数据集上，属于有监督学习。在实际应用场景中，分类算法用于行为分析、物品识别、图像检测等。

在数据分析领域，分类算法很多，其原理千差万别，有基于样本距离的最近邻算法，有基于特征信息熵的决策树算法，有基于 bagging 的随机森林算法，有基于 boosting 的梯度提升分类树算法，但其实现过程相差不大，如图 7-2 所示。

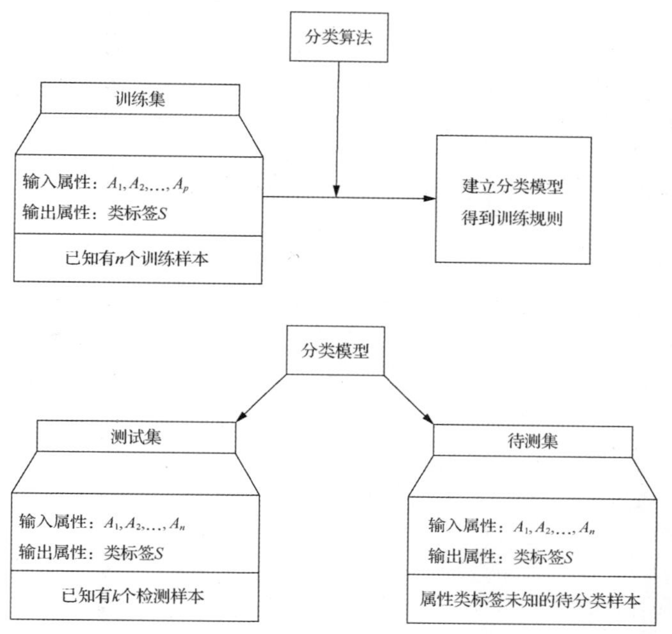

图 7-2　分类模型的实现过程

sklearn 库提供的分类算法非常多，分散在不同的模块中。sklearn 库的常用分类算法如表 7-12 所示。

表 7-12　sklearn 库的常用分类算法

模块名称	函数名称	算法名称
linear_model	LogisticRegression	逻辑回归
svm	SVC	支持向量机
neighbors	KNeighborsClassifier	K 最近邻分类
naive_bayes	GaussianNB	高斯朴素贝叶斯
tree	DecisionTreeClassifier	分类决策树
ensemble	RandomForestClassifier	随机森林分类
ensemble	GradientBoostingClassifier	梯度提升分类树

quit_job 数据集为某公司调查统计的员工在职和离职情况，其中记录了满意度、评分、总项目数、每月平均工作小时数/小时、工龄/年、工作事故、5 年内升职、薪资 8 个特征信息和 1 个离职类别信息。

为了对员工离职情况进行预测，对 quit_job 数据集使用 sklearn 估计器构建支持向量机模型，如代码 7-10 所示。

代码 7-10　使用 sklearn 估计器构建支持向量机模型

```
In[1]:  import pandas as pd
        # 读取数据集
        quit_job = pd.read_csv('../data/quit_job.csv', encoding='gbk')
        # 划分数据和标签
        quit_job_data = quit_job.iloc[:, :-1]
        quit_job_target = quit_job.iloc[:, -1]
        # 划分训练集和测试集
        from sklearn.model_selection import train_test_split
        quit_job_data_train, quit_job_data_test, \
        quit_job_target_train, quit_job_target_test = \
        train_test_split(quit_job_data, quit_job_target,
                              test_size=0.2, random_state=66)
        # 标准化数据集
        from sklearn.preprocessing import StandardScaler
        stdScale = StandardScaler().fit(quit_job_data_train)
        quit_job_trainScaler = stdScale.transform(quit_job_data_train)
        quit_job_testScaler = stdScale.transform(quit_job_data_test)
        # 构建支持向量机模型，并预测测试集结果
        from sklearn.svm import SVC
        svm = SVC().fit(quit_job_trainScaler, quit_job_target_train)
        # 预测训练集结果
        quit_job_target_pred = svm.predict(quit_job_testScaler)
        print('预测的前 20 个结果为：\n', quit_job_target_pred[: 20])
Out[1]: 预测的前 20 个结果为：
        [0 0 0 0 0 0 0 0 1 0 0 0 0 1 0 0 0 1 0 0]
```

将预测结果和真实结果做比对，求出预测对的结果和预测错的结果，并求出准确率，如代码 7-11 所示。

代码 7-11　分类结果的准确率

```
In[2]:  import numpy as np
        # 求出预测结果和真实结果一样的结果数量
        true = np.sum(quit_job_target_pred == quit_job_target_test )
        print('预测对的结果数量为：', true)
        print('预测错的结果数量为：', quit_job_target_test.shape[0] - true)
        print('预测结果准确率为：', true / quit_job_target_test.shape[0])
Out[2]: 预测对的结果数量为： 2888
        预测错的结果数量为： 112
        预测结果准确率为： 0.9626666666666667
```

由代码 7-11 的运行结果可知，支持向量机模型预测结果的准确率约为 96.3%，在 3000 条测试数据中只有 112 条数据识别错误，说明了整体模型效果比较理想。

7.3.2　评价分类模型

分类模型对测试集进行预测而得出的准确率并不能很好地反映模型的性能，为了有效判断一个预测模型的性能表现，需要结合真实值计算出精确率、召回率、F1 值和 Cohen's Kappa 系数等。

分类模型的常规评价方法如表 7-13 所示。

表 7-13　分类模型的常规评价方法

方法名称	最佳值（效果）	sklearn 函数
精确率	1.0	metrics.precision_score
召回率	1.0	metrics.recall_score
F1 值	1.0	metrics.f1_score
Cohen’s Kappa 系数	1.0	metrics.cohen_kappa_score
ROC 曲线	最接近 y 轴	metrics. roc_curve

对于表 7-13 中的分类模型评价方法，前 4 种都是分值越高越好，其使用方法基本相同。利用精确率、召回率、F1 值和 Cohen’s Kappa 系数评价方法对代码 7-10 中建立的支持向量机模型进行评价，如代码 7-12 所示。

代码 7-12　评价支持向量机模型

```
In[3]:  from sklearn.metrics import accuracy_score,precision_score, \
        recall_score,f1_score,cohen_kappa_score
        print('使用支持向量机预测 quit_job 数据的准确率为：',
                accuracy_score(quit_job_target_test, quit_job_target_pred))
        print('使用支持向量机预测 quit_job 数据的精确率为：',
                precision_score(quit_job_target_test, quit_job_target_pred))
        print('使用支持向量机预测 quit_job 数据的召回率为：',
                recall_score(quit_job_target_test, quit_job_target_pred))
        print('使用支持向量机预测 quit_job 数据的 F1 值为：',
                f1_score(quit_job_target_test, quit_job_target_pred))
        print('使用支持向量机预测 quit_job 数据的 Cohen's Kappa 系数为：',
                cohen_kappa_score(quit_job_target_test,
                                  quit_job_target_pred))
Out[3]: 使用支持向量机预测 quit_job 数据的准确率为： 0.9626666666666667
        使用支持向量机预测 quit_job 数据的精确率为： 0.9501466275659824
        使用支持向量机预测 quit_job 数据的召回率为： 0.8925619834710744
        使用支持向量机预测 quit_job 数据的 F1 值为： 0.9204545454545454
        使用支持向量机预测 quit_job 数据的 Cohen's Kappa 系数为： 0.8960954140968836
```

由代码 7-12 的运行结果可知，多种评价方法的指标得分十分接近 1，说明了建立的支持向量机模型的效果相对较好。sklearn 的 metrics 模块除了提供计算精确率等单一评价方法的函数，还提供了能够输出分类模型评价报告的函数 classification_report。使用 classification_report 函数输出支持向量机模型评价报告，如代码 7-13 所示。

代码 7-13　输出支持向量机模型评价报告

```
In[4]:  from sklearn.metrics import classification_report
        print('使用支持向量机预测 quit_job 数据的分类报告为：', '\n',
                classification_report(quit_job_target_test,
                                      quit_job_target_pred))
Out[4]: 使用支持向量机预测 quit_job 数据的分类报告为：
                      precision    recall  f1-score   support

                 0       0.97      0.99      0.98      2274
                 1       0.95      0.89      0.92       726
```

```
    accuracy                          0.96       3000
   macro avg       0.96      0.94     0.95       3000
weighted avg       0.96      0.96     0.96       3000
```

除了使用数值、表格形式评价分类模型的性能，还可通过绘制 ROC 曲线的方式来评价分类模型，如代码 7-14 所示。

代码 7-14　绘制 ROC 曲线

```
In[5]:  from sklearn.metrics import roc_curve
        import matplotlib.pyplot as plt
        # 求出 ROC 曲线的 x 轴和 y 轴
        fpr, tpr, thresholds = \
        roc_curve(quit_job_target_test, quit_job_target_pred)
        plt.figure(figsize=(10, 6))
        plt.rcParams['font.sans-serif']=['SimHei']
        plt.xlim(0, 1)  # 设定 x 轴的范围
        plt.ylim(0.0, 1.1)  # 设定 y 轴的范围
        plt.xlabel('1-特异性')
        plt.ylabel('灵敏度')
        plt.plot(fpr, tpr, linewidth=2, linestyle='-', color='rec')
        plt.plot([0, 1], [0, 1], linestyle='-.', color='blue')
        plt.show()
Out[5]:
```

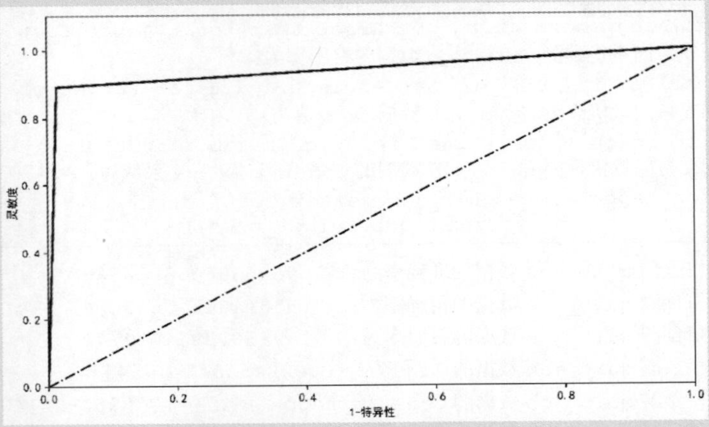

1.0
0.8
0.6
灵敏度
0.4
0.2
0.0
0.0
0.2
0.4
0.6
0.8
1.0
1-特异性

ROC 曲线横、纵坐标范围为[0,1]，通常情况下，ROC 曲线与 x 轴围成的面积越大，表示模型性能越好。当 ROC 曲线如代码 7-14 结果中的虚线所示时，表明模型的计算结果基本都是随机得来的，在此情况下，模型起到的作用几乎为零。故在实际中，ROC 曲线离代码 7-14 中的虚线越远，表示模型效果越好。

【任务实现】

1. 对分类特征进行预处理

在构建线上书籍网站分类模型之前需要构造“是否高评分书籍”特征、选取分类数据特征与标签特征，并对其进行数据标准化和数据划分，具体操作步骤如下。

（1）构造“是否高评分书籍”特征。利用“书籍评分/分”特征构造“是否高评分书籍”特征，将书籍评分大于等于 90 分的书籍划分为高评分书籍，标识为 1；反之，划分为非高评分书籍，标识为 0，具体代码如任务实现 7-5 所示。

任务实现 7-5　构造标签特征

```
In[7]:
# 构造标签特征，1 为高评分书籍，0 为非高评分书籍
book_data['是否高评分书籍'] = (
    book_data['书籍评分/分'] >= 90).astype(int)
print(book_data.head(5))
```

```
Out[7]:
      书籍编号    出版社编号        出版时间  价格/元  类型  总评论数/条  长评数/
条  好评数/条  中评数/条  差评数/条  \
0  书籍0001  出版社001  2018-02-23  15.3  小说  21545  0  21531  11  3
1  书籍0002  出版社001  2018-02-05  18.6  小说  32442  0  32436  3  3
2  书籍0003  出版社002  2019-04-01  15.7  小说  213254  7  213154  48 51
3  书籍0004  出版社003  2018-03-01  44.3  小说  42706  0  42693  6  7
4  书籍0005  出版社002  2021-08-01  21.6  小说  151263  0  151231  12 20

   图片评论数/条  评论平均得分/分  书籍评分/分  是否高评分书籍
0      68       4.70     94.0        1
1      52       4.90     98.0        1
2     543       4.99     99.8        1
3      47       4.57     91.4        1
4     120       4.44     88.8        0
```

（2）选取分类数据特征与标签特征。选择“价格/元”“总评论数/条”“好评数/条”“中评数/条”“差评数/条”“图片评论数/条”等特征作为分类数据特征，并将“是否高评分书籍”特征作为标签特征，如任务实现 7-6 所示。

任务实现 7-6　选取分类数据特征与标签特征

```
In[8]:
# 选择分类数据特征和标签特征
classifier_features = ['价格/元', '总评论数/条', '好评数/条',
                       '中评数/条', '差评数/条', '图片评论数/条']
classifier_target = '是否高评分书籍'
classifier_X = book_data[classifier_features]
classifier_y = book_data[classifier_target]
print(classifier_X.head(5))
```

```
Out[8]:
   价格/元  总评论数/条   好评数/条  中评数/条  差评数/条  图片评论数/条
0  15.3   21545   21531     11      3      68
1  18.6   32442   32436      3      3      52
2  15.7  213254  213154     48     51     543
3  44.3   42706   42693      6      7      47
4  21.6  151263  151231     12     20     120
```

（3）标准差标准化处理。使用 sklearn 对分类数据特征进行标准差标准化处理，如任务实现 7-7 所示。

任务实现 7-7　标准差标准化处理

```
In[9]:
# 标准差标准化
classifier_scaler = StandardScaler()
classifier_X_scaled = classifier_scaler.fit_transform(classifier_X)
print('分类特征标准化后的结果：\n',classifier_X_scaled)
```

```
Out[9]:
分类特征标准化后的结果：
 [[-5.97132341e-01  3.22079164e-02  3.24379270e-02  7.68172286e-03
  -5.05975493e-02  2.01427241e-01]
 [-5.37981418e-01  1.69902953e-01  1.70455394e-01 -8.18297056e-02
```

```
 -5.05975493e-02  1.04491718e-01]
[-5.89962532e-01  2.45465242e+00  2.45768515e+00  4.21672079e-01
  1.86213132e+00  3.07920061e+00]
...
[ 4.55037109e-01 -2.15863016e-01 -2.15892262e-01 -9.30186341e-02
 -1.30294586e-01 -1.98431795e-01]
[ 5.26735198e-01 -9.56941812e-02 -9.55177436e-02 -1.15396491e-01
 -9.04460675e-02 -1.68139444e-01]
[-3.69490909e-01 -6.07681392e-02 -6.08773212e-02 -7.06407770e-02
 -9.04460675e-02  1.49772335e-03]]
```

注：此处部分结果已省略。

（4）划分数据集。使用 sklearn 的 train_test_split 函数划分数据集，训练集数据量占总样本数据量的 80%，测试集数据量占总样本数据量的 20%，如任务实现 7-8 所示。

任务实现 7-8　划分数据集

```
In[10]:
# 划分数据集
from sklearn.model_selection import train_test_split
# 分类特征数据
classifier_X_train, classifier_X_test, classifier_y_train,\
classifier_y_test = train_test_split(classifier_X_scaled, \
  classifier_y, test_size=0.2, random_state=123)

print('分类特征训练集：',classifier_X_train.shape,
      '分类特征测试集：',classifier_X_test.shape)
```

```
Out[10]: 分类特征训练集： (3514, 6) 分类特征测试集： (879, 6)
```

任务实现 7-5～任务实现 7-8 构造了标签特征“是否高评分书籍”，对分类数据特征进行了标准差标准化处理，并进行了数据集划分，划分后的训练集为 3514 行 6 列，测试集为 879 行 6 列。

2. 构建线上书籍网站分类模型

构建线上书籍网站分类模型可以帮助平台更好地理解哪些书籍可能会获得高评分，从而提供更加个性化和准确的推荐，提升用户满意度，增加销售额。利用随机森林分类算法构建线上书籍网站分类模型，如任务实现 7-9 所示。

任务实现 7-9　构建线上书籍网站分类模型

```
In[11]:
# 构建分类模型
from sklearn.ensemble import RandomForestClassifier
# 训练随机森林分类器
clf = RandomForestClassifier(random_state=123)
clf.fit(classifier_X_train, classifier_y_train)

# 预测测试集
classifier_y_pred = clf.predict(classifier_X_test)
print('预测的前 20 个结果为：\n', classifier_y_pred[: 20])
```

```
Out[11]: 预测的前 20 个结果为：
 [0 1 1 1 1 1 1 1 1 1 1 1 0 1 1 0 1 1 1 0]
```

3. 评价线上书籍网站分类模型

构建分类模型之后，需要评价其性能以确保模型的预测准确性和稳定性。通过评价，可以了解模型在未见过的数据上的表现，验证其泛化能力。使用 classification_report 函数输出评价报告，并绘制 ROC 曲线图评价线上书籍网站分类模型，如任务实现 7-10 所示。

任务实现 7-10　评价线上书籍网站分类模型

In[12]:
```
# 评价分类模型
from sklearn.metrics import classification_report
print(classification_report(classifier_y_test, classifier_y_pred))
```

Out[12]:
```
              precision    recall  f1-score   support

           0       0.75      0.62      0.68       205
           1       0.89      0.94      0.91       674

    accuracy                           0.86       879
   macro avg       0.82      0.78      0.80       879
weighted avg       0.86      0.86      0.86       879
```

In[13]:
```
from sklearn.metrics import roc_curve, roc_auc_score
import matplotlib.pyplot as plt
# 计算 ROC AUC 值
roc_auc = roc_auc_score(classifier_y_test, classifier_y_pred)
# 生成 ROC 曲线数据
fpr, tpr, _ = roc_curve(classifier_y_test, classifier_y_pred)
# 绘制 ROC 曲线
plt.figure(figsize=(8, 6))
# 设置中文字体
plt.rcParams['font.family'] = ['SimHei']
# 设置负数显示正常
plt.rcParams['axes.unicode_minus'] = False
plt.plot(fpr, tpr, color='darkorange', lw=2,
         label='ROC 曲线 (面积 = %0.2f)' % roc_auc)
plt.plot([0, 1], [0, 1], color='navy', lw=2, linestyle='--')
plt.xlim([0.0, 1.0])
plt.ylim([0.0, 1.05])
plt.xlabel('1-特异性')
plt.ylabel('灵敏度')
plt.title('ROC 曲线')
plt.legend(loc="lower right")
plt.show()
```

Out[13]:

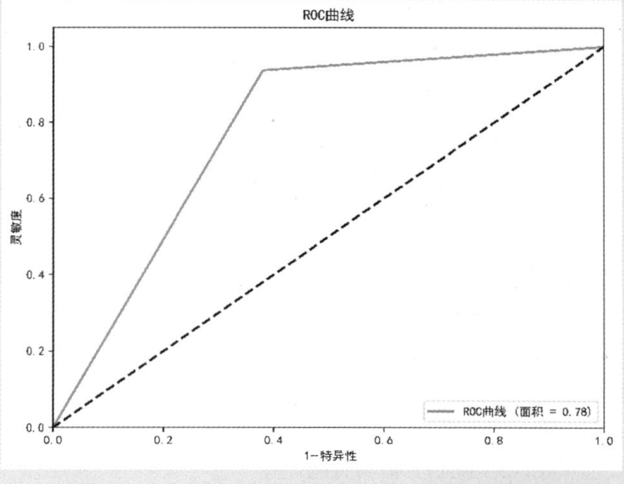

任务实现 7-10 展示了线上书籍网站分类模型的性能，模型的整体准确度为 0.86。对于标签 0（非高评分书籍），精确度为 0.75，表明当模型预测书籍为非高评分时，有 75%的概率是正确的。对于标签 1（高评分书籍），精确度为 0.89，表明当模型预测书籍为高评分时，有 89%的概率是正确的。ROC 曲线的面积（AUC 值）为 0.78，表示模型具有较好的区分两个类别（高评分书籍和非高评分书籍）的能力。综上所述，模型在预测高评分书籍方面表现较好，具有较高的精确度，但在预测非高评分书籍方面还有提升空间。

构建并评价回归模型

任务 7.4 构建基于线上书籍网站数据的回归模型

【任务描述】

书籍评分作为一种重要的质量指标，通常会影响书籍的销售和消费者的选择。预测书籍的评分，对出版社和电商平台来说非常有价值，有助于更好地制定营销策略、定价策略、出版决策等。本任务将构建回归模型，预测书籍的评分。

【任务分析】

（1）对回归特征进行预处理，包括选取回归特征与目标特征、进行数据标准化和数据划分。

（2）利用随机森林回归算法构建书籍评分回归模型。

（3）使用平均绝对误差、均方误差、R^2 值、可解释方差评价书籍评分回归模型。

【知识准备】

7.4.1 使用 sklearn 估计器构建线性回归模型

回归算法的实现过程与分类算法类似，原理相差不大。分类算法和回归算法的主要区别在于，分类算法的标签是离散的，但是回归算法的标签是连续的。回归算法在交通、物流、社交网络和金融等领域都能发挥巨大作用。

自最小二乘估计法被提出以来，回归分析已有 200 多年的历史。从经典的回归分析方法到近代的回归分析方法，按照研究方法划分，回归分析研究的范围大致如图 7-3 所示。

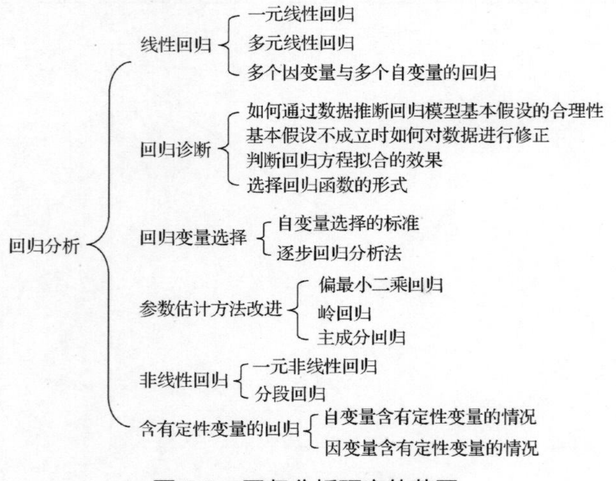

图 7-3 回归分析研究的范围

在回归模型中，自变量与因变量具有相关关系，自变量的值是已知的，因变量是要预测的。回归算法的实现步骤和分类算法的基本相同，分为学习和预测两个步骤。学习是指通过训练样本数据来拟合回归方程；预测则是指利用学习过程中拟合出的回归方程，将测试数据放入方程中求出预测值。常用的回归模型如表 7-14 所示。

表 7-14　常用的回归模型

回归模型名称	适用条件	算法描述
线性回归	因变量与自变量有线性关系	对一个或多个自变量和因变量之间的线性关系进行建模，可用最小二乘估计法求解模型系数
非线性回归	因变量与自变量没有线性关系	对一个或多个自变量和因变量之间的非线性关系进行建模。如果非线性关系可以通过简单的函数变换转化成线性关系，那么可用线性回归的思想求解；如果不能转化，那么可用非线性最小二乘估计法求解模型系数
逻辑回归	因变量一般有 1 和 0（是与否）两种取值	利用逻辑回归相关函数将因变量的取值范围控制在 0～1，表示取值为 1 的概率
岭回归	参与建模的自变量之间具有多重共线性	是一种改进最小二乘估计法的方法
主成分回归	参与建模的自变量之间具有多重共线性	主成分回归是根据 PCA 的思想提出来的，是对最小二乘估计法的一种改进，它是参数估计的一种有偏估计。可以消除自变量之间的多重共线性

sklearn 库内部有不少回归算法，常用的如表 7-15 所示。

表 7-15　sklearn 库内部的常用回归算法

模块名称	函数名称	算法名称
linear_model	LinearRegression	线性回归
svm	SVR	支持向量回归
neighbors	KNeighborsRegressor	最近邻回归
tree	DecisionTreeRegressor	回归决策树
ensemble	RandomForestRegressor	随机森林回归
ensemble	GradientBoostingRegressor	梯度提升回归树

建筑工程中需要对混凝土抗压强度进行检测，以保证建筑物的结构安全。利用机器学习技术构建混凝土抗压强度检测模型，可以提高检测效率和准确性，节省人力和物力，推进新型工业化，加快建设制造强国、质量强国。concrete 数据集为某建筑公司研究分析的不同成分的混凝土强度情况，包括水泥含量、矿渣含量、石灰含量、水含量等 8 个输入特征和 1 个混凝土抗压强度输出标签，部分数据信息如表 7-16 所示。

表 7-16　部分混凝土成分数据信息

水泥含量/（kg/m³）	矿渣含量/（kg/m³）	石灰含量/（kg/m³）	水含量/（kg/m³）	超塑化剂含量/（kg/m³）	粗骨料含量/（kg/m³）	细骨料含量/（kg/m³）	达到特定抗压强度所需天数/天	混凝土抗压强度/MPa
540.0	0	0	162	2.5	1040.0	676.0	28	79.99
540.0	0	0	162	2.5	1055.0	676.0	28	61.89
332.5	142.5	0	228	0	932.0	594.0	270	40.27
332.5	142.5	0	228	0	932.0	594.0	365	41.05
198.6	132.4	0	192	0	978.4	825.5	360	44.30
266.0	114.0	0	228	0	932.0	670.0	90	47.03
380.0	95.0	0	228	0	932.0	594.0	365	43.70
380.0	95.0	0	228	0	932.0	594.0	28	36.45
266.0	114.0	0	228	0	932.0	670.0	28	45.85

为了对混凝土的强度进行预测，对 concrete 数据集使用 sklearn 估计器构建线性回归模型，如代码 7-15 所示。

代码 7-15　使用 sklearn 估计器构建线性回归模型

```
In[1]:  import pandas as pd
        # 读取数据集
        concrete = pd.read_csv('../data/concrete.csv', encoding='gbk')
        # 划分数据和标签
        concrete_data = concrete.iloc[:, :-1]
        concrete_target = concrete.iloc[:, -1]
        # 划分训练集和测试集
        from sklearn.model_selection import train_test_split
        concrete_data_train, concrete_data_test, \
        concrete_target_train, concrete_target_test = \
        train_test_split(concrete_data, concrete_target,
                              test_size=0.2, random_state=20)
        from sklearn.linear_model import LinearRegression
        concrete_linear = LinearRegression().fit(concrete_data_train,
                                         concrete_target_train)
        # 预测测试集结果
        y_pred = concrete_linear.predict(concrete_data_test)
        print('预测的前 20 个结果为: ','\n', y_pred[: 20])

Out[1]: 预测的前 20 个结果为:
        [19.81028428  17.3151452   30.53534308  23.98192714  53.18933559
         30.57631518  12.35744614  24.61923422  24.45495639  31.20651327
         43.87924638  53.90881503  37.38608652  31.74830703  44.37240085
         59.65671572  23.77370353  29.18579391  48.52149378  30.74767163]
```

通过绘制预测结果和真实结果的折线图，可以较为直观地体现线性回归模型效果，如代码 7-16 所示。

代码 7-16　回归结果可视化

```
In[2]:  import matplotlib.pyplot as plt
        from matplotlib import rcParams
        rcParams['font.sans-serif'] = 'SimHei'
```

```
fig = plt.figure(figsize=(12, 6))  # 设定空白画布，并设定大小
plt.plot(range(concrete_target_test.shape[0]),
             list(concrete_target_test), color='blue')
plt.plot(range(concrete_target_test.shape[0]),
             y_pred, color='red', linewidth=1.5, linestyle='-.')
plt.xlabel('结果数值')
plt.ylabel('强度/MPa')
plt.legend(['真实结果', '预测结果'])
plt.savefig('../tmp/回归结果.jpg')
plt.show()  # 显示图形
```

Out[2]:

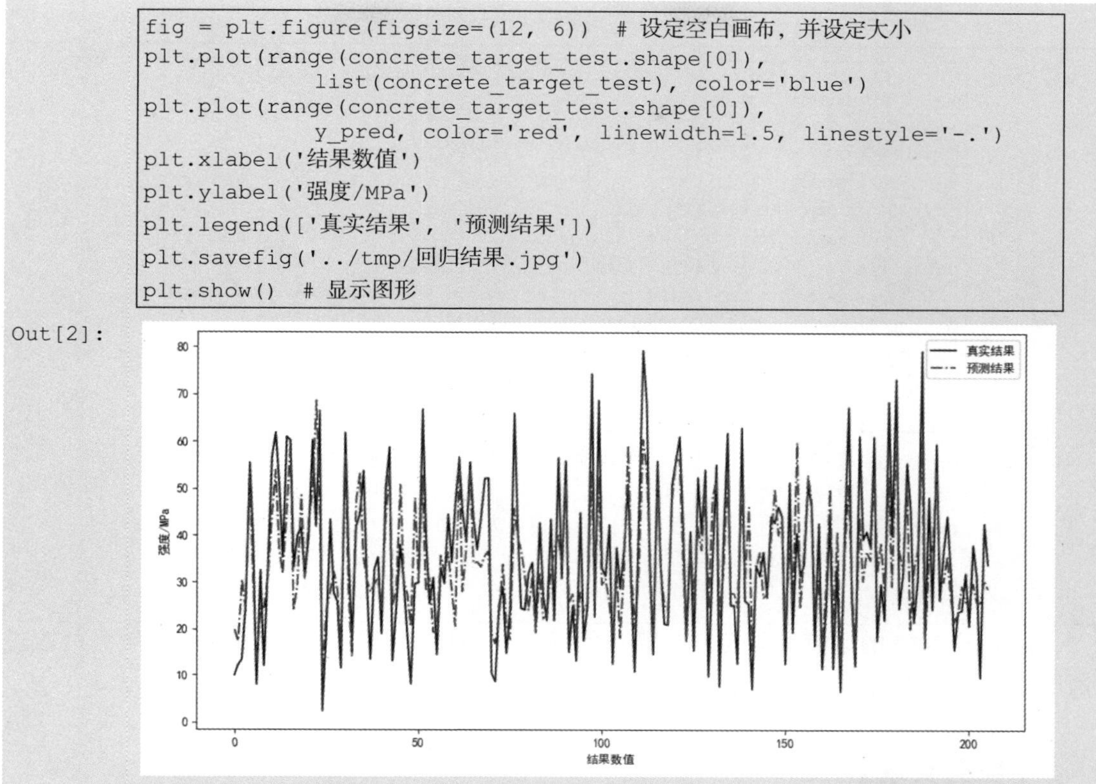

运行代码 7-16 得到的折线图说明了除部分预测结果和真实结果相差较大外，整体拟合效果良好，即模型的效果相对较好。

7.4.2　评价回归模型

回归模型的性能评价不同于分类模型的性能评价，虽然都是对照真实值进行评价，但由于回归模型的预测结果和真实结果都是连续的，所以不能求精确率、召回率和 F1 值等评价指标。回归模型拥有一套独立的评价方法。

常用的回归模型评价方法如表 7-17 所示。

表 7-17　常用的回归模型评价方法

方法名称	最优值	sklearn 函数
平均绝对误差	0.0	metrics. mean_absolute_error
均方误差	0.0	metrics. mean_squared_error
中值绝对误差	0.0	metrics. median_absolute_error
可解释方差	1.0	metrics. explained_variance_score
R^2 值	1.0	metrics. r2_score

平均绝对误差、均方误差和中值绝对误差越接近 0，模型性能越好。可解释方差和 R^2 值越接近 1，模型性能越好。对 7.4.1 小节中的线性回归模型使用表 7-17 中的评价方法进行评价，如代码 7-17 所示。

代码 7-17 线性回归模型评价

```
In[3]:
from sklearn.metrics import explained_variance_score,\
mean_absolute_error, mean_squared_error,\
median_absolute_error, r2_score
print('concrete 数据线性回归模型的平均绝对误差为：',
        mean_absolute_error(concrete_target_test, y_pred))
print('concrete 数据线性回归模型的均方误差为：',
        mean_squared_error(concrete_target_test, y_pred))
print('concrete 数据线性回归模型的中值绝对误差为：',
        median_absolute_error(concrete_target_test, y_pred))
print('concrete 数据线性回归模型的可解释方差为：',
        explained_variance_score(concrete_target_test, y_pred))
print('concrete 数据线性回归模型的 R² 值为：',
        r2_score(concrete_target_test, y_pred))
```

```
Out[3]:
concrete 数据线性回归模型的平均绝对误差为： 7.825592863407587
concrete 数据线性回归模型的均方误差为： 93.08098484719206
concrete 数据线性回归模型的中值绝对误差为： 6.245315189356777
concrete 数据线性回归模型的可解释方差为： 0.6730854439765637
concrete 数据线性回归模型的 R² 值为： 0.6678152427265549
```

由代码 7-17 的运行结果可知，建立的线性回归模型拟合效果一般，还有较大的改进余地。

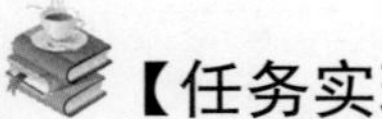【任务实现】

1．对回归特征进行预处理

在构建书籍评分回归模型之前需要进行数据预处理，包括选取回归特征与目标特征、进行数据标准化和数据划分，具体操作步骤如下。

（1）选取回归特征与目标特征。选择“价格/元”“总评论数/条”“好评数/条”“中评数/条”“差评数/条”“图片评论数/条”“评论平均得分/分”等特征作为回归特征，并将“书籍评分/分”作为目标特征，如任务实现 7-11 所示。

任务实现 7-11 选取回归特征与目标特征

```
In[14]:
regression_features = ['价格/元', '总评论数/条', '好评数/条', '中评数/条',
'差评数/条', '图片评论数/条', '评论平均得分/分']
regression_target = '书籍评分/分'
regression_X = book_data[regression_features]
regression_y = book_data[regression_target]
print(regression_X.head(5))
```

```
Out[14]:
   价格/元 总评论数/条 好评数/条 中评数/条 差评数/条 图片评论数/条 评论平均得分/分
0   15.3    21545    21531      11       3        68          4.70
1   18.6    32442    32436       3       3        52          4.90
2   15.7   213254   213154      48      51       543          4.99
3   44.3    42706    42693       6       7        47          4.57
4   21.6   151263   151231      12      20       120          4.44
```

（2）标准差标准化处理。使用 sklearn 对回归特征进行标准差标准化处理，如任务实现 7-12 所示。

任务实现 7-12　标准差标准化处理

```
In[15]:  regression_scaler = StandardScaler()
         regression_X_scaled = regression_scaler.fit_transform(regression_X)
         print('回归特征标准化后的结果：',regression_X_scaled)
Out[15]: 回归特征标准化后的结果：
          [[-5.97132341e-01      3.22079164e-02      3.24379270e-02   ...
         -5.05975493e-02  2.01427241e-01  3.00342174e-01]
          [-5.37981418e-01  1.69902953e-01  1.70455394e-01 ... -5.05975493e-02
         1.04491718e-01  4.28046538e-01]
          [-5.89962532e-01  2.45465242e+00  2.45768515e+00 ...  1.86213132e+00
         3.07920061e+00  4.85513501e-01]
          ...
          [ 4.55037109e-01 -2.15863016e-01 -2.15892262e-01 ... -1.30294586e-01
         -1.98431795e-01  1.79023029e-01]
          [ 5.26735198e-01 -9.56941812e-02 -9.55177436e-02 ... -9.04460675e-02
         -1.68139444e-01  2.81186520e-01]
          [-3.69490909e-01 -6.07681392e-02 -6.08773212e-02 ... -9.04460675e-02
         1.49772335e-03  3.45038702e-01]]
```

注：此处部分结果已省略。

（3）划分数据集。使用 sklearn 的 train_test_split 函数划分数据集，训练集数据量占总样本数据量的 80%，测试集数据量占总样本数据量的 20%，如任务实现 7-13 所示。

任务实现 7-13　划分数据集

```
In[16]:  regression_X_train, regression_X_test, regression_y_train,\
         regression_y_test = train_test_split(regression_X_scaled,\
         regression_y, test_size=0.2, random_state=123)
         print('回归特征训练集：',regression_X_train.shape,
               '回归特征测试集：',regression_X_test.shape)
Out[16]: 回归特征训练集： (3514, 7) 回归特征测试集： (879, 7)
```

任务实现 7-11～任务实现 7-13 对回归特征进行了标准差标准化处理，并进行了数据集划分，划分后的训练集为 3514 行、7 列，测试集为 879 行、7 列。

2. 构建书籍评分回归模型

通过构建书籍评分回归模型，出版社和电商平台可以更好地理解和预测市场动态，使其业务操作更加精准和高效。随机森林回归算法通过集成多个决策树减少过拟合的风险，并能处理高维数据和大型数据集，从而提高预测精度。书籍评分可能受到多种因素的复杂影响，随机森林回归算法能够捕捉复杂的非线性关系，比单一决策树或线性模型更有效。使用随机森林回归算法构建书籍评分回归模型，如任务实现 7-14 所示。

任务实现 7-14　构建书籍评分回归模型

```
In[17]:  # 构建回归模型
         from sklearn.ensemble import RandomForestRegressor
         # 构建并训练模型
         rf_model = RandomForestRegressor(n_estimators=100, random_state=123)
         rf_model.fit(regression_X_train, regression_y_train)
         rf_y_pred = rf_model.predict(regression_X_test)
         # 可视化结果
         plt.figure(figsize=(6, 4))
```

```
plt.scatter(regression_y_test, rf_y_pred, alpha=0.5,
            color='red', label='预测值')
plt.plot([regression_y_test.min(), regression_y_test.max()],
         [regression_y_test.min(),
          regression_y_test.max()], 'b--', lw=2, label='真实值')
plt.xlabel('真实值')
plt.ylabel('预测值')
plt.legend()
plt.show()
```

Out[17]:

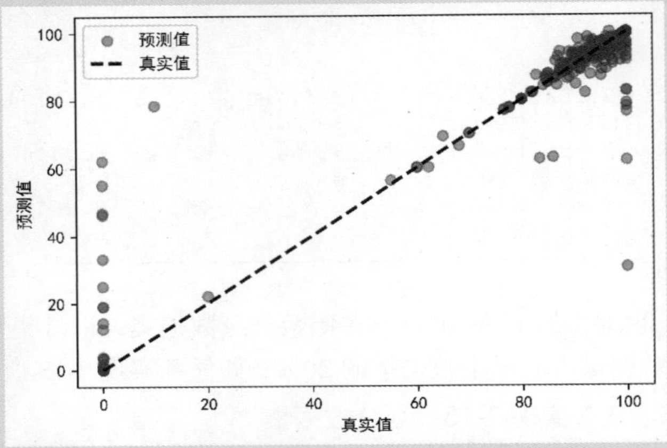

任务实现 7-14 展示了真实书籍评分与书籍评分回归模型预测评分之间的对比，可以看出，大多数的预测值都很接近真实值所在的直线，表明模型预测的准确性较高。

3．评价书籍评分回归模型

构建书籍评分回归模型之后，需要评价其性能以确保模型在预测书籍评分方面的准确性和可靠性。使用平均绝对误差、均方误差、R^2 值、可解释方差评价书籍评分回归模型，如任务实现 7-15 所示。

任务实现 7-15　评价书籍评分回归模型

In[18]:

```
# 评价回归模型
from sklearn.metrics import mean_absolute_error, \
mean_squared_error, r2_score, explained_variance_score
# 使用测试数据集的真实值和模型预测值计算平均绝对误差
mae = mean_absolute_error(regression_y_test, rf_y_pred)
print("平均绝对误差:", mae)

# 使用测试数据集的真实值和模型预测值计算均方误差
mse = mean_squared_error(regression_y_test, rf_y_pred)
print("均方误差:", mse)

# 使用测试数据集的真实值和模型预测值计算 R² 值
r2 = r2_score(regression_y_test, rf_y_pred)
print("R²值:", r2)

# 使用测试数据集的真实值和模型预测值计算可解释方差
explained_variance = explained_variance_score(regression_y_test,
                                              rf_y_pred)
```

```
Out[18]: 平均绝对误差：1.2527767322173575
         均方误差：33.696991254403834
         R²值：0.9728948982961872
         可解释方差：0.9729100930374623
```

通过任务实现 7-15 可知，R^2 值和可解释方差约等于 0.97，较接近 1；平均绝对误差约为 1.25，较接近 0，说明书籍评分回归模型表现较出色，具有较强的解释能力和相对较小的预测误差，较高的均方误差说明存在少量预测偏离较大的样本（可能受离群值或极端值影响），总体可以认为模型的实际应用价值高，能够有效预测书籍评分。

项目小结

本项目介绍了 sklearn 中的 datasets 模块的作用与使用方法，并介绍了数据集的划分方法；此外，还介绍了如何使用 sklearn 转换器实现数据预处理。最后根据数据分析的应用分类（包括聚类、分类和回归 3 类），重点介绍了对应的数据分析建模方法及实现过程，以及对应的多种评价方法。

项目实训

实训 1　使用 sklearn 处理竞标行为数据集

1. 训练要点

（1）掌握 sklearn 转换器的用法。

（2）掌握训练集、测试集划分的方法。

（3）掌握使用 sklearn 进行 PCA 降维的方法。

2. 需求说明

竞标行为数据集（shill_bidding.csv）是某网络交易平台为了分析竞标者的竞标行为而收集整理的部分拍卖数据，包括记录 ID、竞标者倾向、竞标比率等 11 个输入特征和 1 个类别输出标签，共 6321 条记录，其特征/标签说明如表 7-18 所示。通过读取竞标行为数据集，进行训练集和测试集的划分，为后续的模型构建提供训练数据和测试数据；并对数据集进行降维，以适当减少数据的特征维度。

表 7-18　竞标行为数据集的特征/标签说明

特征/标签名称	特征/标签含义	示例
记录 ID	数据集中记录的唯一标识符	1
拍卖 ID	拍卖的唯一标识符	732
竞标者倾向	竞标者人数少于卖方的情况，该情况下更有可能发生欺诈和同谋串通的行为	0.2
竞标比率	竞标者参与报价的情况	0.4
连续竞标	竞标者在第一次中标的情况下，再中第二次乃至第 n 次标的情况	0
上次竞标	在竞标的最后时间（超过竞标持续时间的 90%）竞标者参与竞标的情况。一般情况下，恶意竞标者不会在竞标的最后时间参与竞标，以避免中标	0.0000278

续表

特征/标签名称	特征/标签含义	示例
竞标量	竞标者的平均竞标量情况	0
拍卖起拍	竞标者首先发起竞标的情况	0.993592814
早期竞标	在开始竞标时（少于竞标持续时间的 25%），竞标者参与竞标的情况。一般情况下，恶意竞标者偏向于在竞标的早期参与竞标，吸引其他竞标者注意	0.0000278
胜率	竞标者成功赢得拍卖的情况	0.666666667
拍卖持续时间/小时	拍卖持续了多少时间（单位：小时）	5
类别	0 表示正常竞标行为，否则为 1	0

3. 实现思路及步骤

（1）使用 pandas 读取竞标行为数据集。

（2）对竞标行为数据集的数据和标签进行划分。

（3）将竞标行为数据集划分为训练集和测试集，测试集数据量占总样本数据量的 20%。

（4）对竞标行为数据集进行 PCA 降维，设定 n_components=0.999，即降维后数据能保留的信息为原来的 99.9%，并查看降维后的训练集、测试集的大小。

实训 2　构建基于竞标行为数据集的 k-means 聚类模型

1. 训练要点

（1）了解 sklearn 估计器的用法。

（2）掌握聚类模型的构建方法。

（3）掌握聚类模型的评价方法。

2. 需求说明

使用实训 1 中的竞标行为数据集。竞标行为标签分为 2 种（0 表示正常竞标行为，1 表示非正常竞标行为），为了通过竞标者的行为特征将竞标行为划分为簇，选择数据集中的“竞标者倾向”“竞标比率”“连续竞标” 3 个特征，构建 k-means 模型，对这 3 个特征的数据进行聚类，聚集为 2 个簇，实现竞标行为的类别划分，并对聚类模型进行评价，确定最优聚类数量。

3. 实现思路及步骤

（1）选取竞标行为数据集中的“竞标者倾向”“竞标比率”“连续竞标”特征。

（2）使用划分后的训练集构建 k-means 模型。

（3）使用 ARI 评价法评价建立的 k-means 模型。

（4）使用 V-measure 评分评价建立的 k-means 模型。

（5）使用 FMI 评价法评价建立的 k-means 模型，并在聚类数量为 1～3 时，确定最优聚类数量。

实训 3　构建基于竞标行为数据集的支持向量机分类模型

1. 训练要点

（1）掌握 sklearn 估计器的用法。
（2）掌握分类模型的构建方法。
（3）掌握分类模型的评价方法。

2. 需求说明

对实训 1 中的竞标行为数据集进行训练集和测试集的划分，为了对竞标者的竞标行为进行类别判断，根据训练集构建支持向量机分类模型，通过训练完成的模型判断测试集的竞标行为类别归属，并对分类模型性能进行评价。

3. 实现思路及步骤

（1）标准差标准化构建的训练集和测试集。
（2）构建支持向量机模型预测测试集，并展示前 10 个预测结果。
（3）输出分类模型评价报告，评价分类模型性能。

实训 4　构建基于竞标行为数据集的回归模型

1. 训练要点

（1）熟练掌握 sklearn 估计器的用法。
（2）掌握回归模型的构建方法。
（3）掌握回归模型的评价方法。

2. 需求说明

使用实训 1 处理后的数据。为了对竞标者的竞标行为进行预测、构建线性回归模型，用训练集对线性回归模型进行训练，并对测试集进行预测；计算回归模型评价指标得分，通过得分评价回归模型的优劣。

3. 实现思路及步骤

（1）根据竞标行为训练集构建线性回归模型，并预测测试集结果。
（2）分别计算线性回归模型的平均绝对误差、均方误差、R^2 值。
（3）根据得分，判定模型的性能优劣。

课后习题

1. 选择题

（1）sklearn 转换器的主要方法不包括（　　）。

A. fit()　　B. transform()
C. fit_transform()　　D. fit_transforms()

（2）sklearn 中用于对特征进行归一化的函数是（　　）。

A. StandardScaler　　B. Normalizer
C. Binarizer　　D. MinMaxScaler

（3）下列算法中属于分类方法的是（　　）。

A. SVC 算法　　B. CLIQUE 算法

C. CLARANS 算法　　D. k-medoids 算法

（4）classification_report 函数用于输出分类模型评价报告，其内容不包括（　　）。

A. precision　　B. recall

C. f1-score　　D. true_postive_rate

（5）下列关于回归模型评价指标说法不正确的是（　　）。

A. 平均绝对误差越接近 0，模型性能越好

B. R^2 值越接近 1，模型性能越好

C. 可解释方差越接近 1，模型性能越好

D. 均方误差越接近 1，模型性能越好

2. 操作题

某加工厂采购了一批玻璃，玻璃的特性及元素成分存储于玻璃类别数据集（glass.csv）中。数据集包括折射率、钠含量、镁含量、铝含量等 9 个输入特征和 1 个类别输出标签，类别标签包括 1、2、3、4（代表 4 种玻璃），数据集共 192 条数据。玻璃类别数据集的部分数据如表 7-19 所示。

表 7-19　玻璃类别数据集的部分数据

折射率/%	钠含量/%	镁含量/%	铝含量/%	硅含量/%	钾含量/%	钙含量/%	钡含量/%	铁含量/%	类别
1.52101	13.64	4.49	1.10	71.78	0.06	8.75	0	0	1
1.51761	13.89	3.60	1.36	72.73	0.48	7.83	0	0	1
1.51618	13.53	3.55	1.54	72.99	0.39	7.78	0	0	1
1.51766	13.21	3.69	1.29	72.61	0.57	8.22	0	0	1
1.51742	13.27	3.62	1.24	73.08	0.55	8.07	0	0	1

为了实现根据玻璃的特征对玻璃进行类别判定，需要通过玻璃类别数据集构建分类模型，具体步骤如下。

（1）加载玻璃类别数据集，划分训练集、测试集。

（2）对训练集、测试集进行标准差标准化，并分别输出标准化之后的训练集、测试集的方差和均值。

（3）使用支持向量机模型对玻璃类别数据集进行分类，输出分类模型评价报告。

（4）使用梯度提升回归树对玻璃类别数据集进行回归，并计算回归模型的 5 项评价指标得分。

3. 实践题

为了预测商品是否热门和预测成交金额，利用项目 4 实践题预处理后的新能源汽车销售数据构建和评价一个分类模型和一个回归模型，具体操作步骤如下。

（1）读取“新能源汽车销售数据_经过项目 4 处理.csv”文件。

（2）将访客数、加购率和下单率作为特征变量，并将成交客户数高于中位数的商品定

义为热门商品，赋值为 1；否则为非热门商品，赋值为 0，作为分类分析的目标变量，成交金额作为回归分析的目标变量。

（3）将数据集划分为训练集和测试集，采用 20%的数据作为测试集。

（4）使用 sklearn 库构建逻辑回归模型预测商品是否为热门商品。

（5）使用 classification_report 函数输出模型的精确率、召回率和 F1 值，评估分类模型的性能。

（6）使用 sklearn 库构建随机森林回归器预测成交金额。

（7）使用 R^2 值评价模型的拟合优度，评价回归模型的性能。

项目 8 餐饮企业综合分析

在“互联网+”的背景下，数字经济成为未来经济发展的重要引擎，数字信息技术的广泛使用弥补了人们在数据存储、信息处理分析等方面的不足。随着数字经济和实体经济的深度融合，餐饮企业的经营方式发生了很大的变革。例如，团购和 O2O 拓宽了销售渠道，微博、微信等社交网络加强了企业与消费者、消费者与消费者之间的沟通，电子点餐、店内 Wi-Fi 等信息技术提升了服务水平，大数据、私人定制等更好地满足了细分市场的需求。同时，餐饮企业也面临着更多的问题，如如何提高服务水平、留住客户、提高利润等。

本项目依据客户基本信息和消费产生的订单信息构建特征，结合聚类算法中的 k-means 算法进行客户分群，并结合分类算法中的决策树算法和支持向量机算法预测客户流失，为餐饮企业针对不同类型的客户调整销售策略提供依据。

学习目标

（1）了解餐饮企业综合分析的步骤和流程。

（2）掌握餐饮企业数据的预处理方法。

（3）掌握构建 k-means 算法的方法。

（4）掌握构建决策树算法和支持向量机算法的方法。

（5）对比分析决策树算法和支持向量机算法的预测结果。

素养目标

（1）通过根据数据的具体情况选择合适的方法进行缺失值处理，培养科学决策的习惯，认识到需要根据实际情况解决问题，运用科学的方法进行决策。

（2）通过对比决策树算法和支持向量机算法的模型效果，与实际需求相结合，选取更优的模型，培养实践与理论相结合的能力，认识到理论指导实践、实践检验理论的重要性。

思维导图

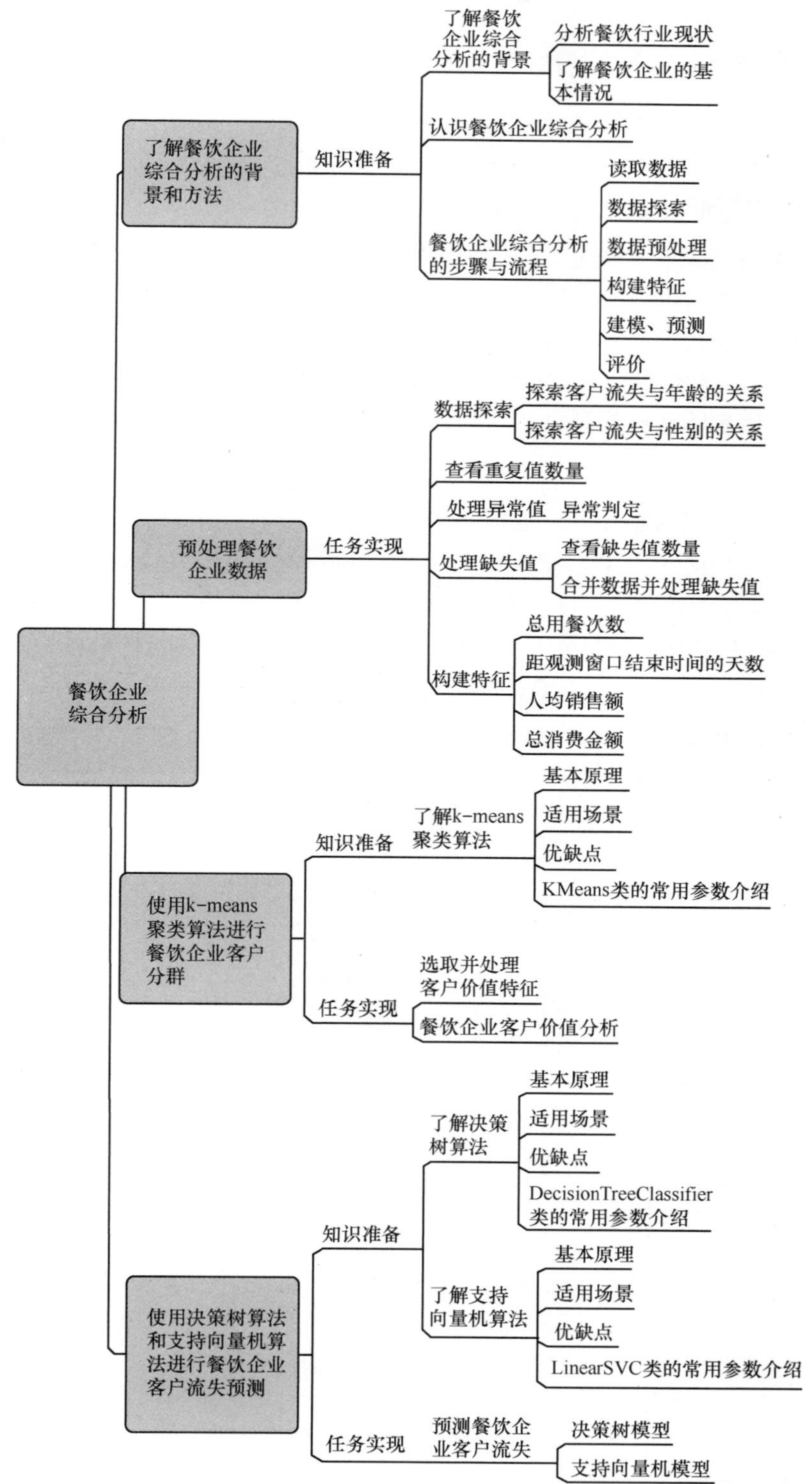
餐饮企业综合分析
了解餐饮企业综合分析的背景和方法
知识准备
了解餐饮企业综合分析的背景
分析餐饮行业现状
了解餐饮企业的基本情况
认识餐饮企业综合分析
餐饮企业综合分析的步骤与流程
读取数据
数据探索
数据预处理
构建特征
建模、预测
评价
预处理餐饮企业数据
任务实现
数据探索
探索客户流失与年龄的关系
探索客户流失与性别的关系
查看重复值数量
处理异常值
异常判定
处理缺失值
查看缺失值数量
合并数据并处理缺失值
构建特征
总用餐次数
距观测窗口结束时间的天数
人均销售额
总消费金额
使用k-means聚类算法进行餐饮企业客户分群
知识准备
了解k-means聚类算法
基本原理
适用场景
优缺点
KMeans类的常用参数介绍
任务实现
选取并处理客户价值特征
餐饮企业客户价值分析
使用决策树算法和支持向量机算法进行餐饮企业客户流失预测
知识准备
了解决策树算法
基本原理
适用场景
优缺点
DecisionTreeClassifier类的常用参数介绍
了解支持向量机算法
基本原理
适用场景
优缺点
LinearSVC类的常用参数介绍
任务实现
预测餐饮企业客户流失
决策树模型
支持向量机模型

餐饮企业客户分析需求

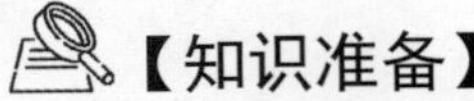

任务 8.1 了解餐饮企业综合分析的背景和方法

【知识准备】

8.1.1 了解餐饮企业综合分析的背景

明确餐饮企业面对的问题，通过餐饮企业提供的客户信息数据和订单数据了解餐饮企业的基本情况，以便开展后续工作。

1. 分析餐饮行业现状

餐饮行业作为我国第三产业中的一个传统服务性行业，始终保持着一定的增长势头。同时，餐饮行业的收入可在一定程度上反映经济的发展状况。

目前，餐饮企业正面临房租价格高、人工费用高、服务工作效率低等问题。企业经营的目的为盈利，而餐饮企业盈利的核心是其菜品和客户，也就是其提供的产品和服务对象。如何在保证产品质量的同时提高企业利润，成为某餐饮企业急需解决的问题。

2. 了解餐饮企业的基本情况

本项目将使用某餐饮企业系统数据库中积累的大量与客户用餐相关的数据，其中包括客户信息表（user_loss.csv）和订单详情表（info_new.csv）。客户信息表中主要记录了 2431 位客户的基本信息，包括客户 ID、姓名、年龄、性别等，其特征说明如表 8-1 所示。订单详情表记录了 6611 条客户的消费记录，包含 21 个特征，其特征说明如表 8-2 所示。

表 8-1 客户信息表特征说明

特征名称	特征说明	特征名称	特征说明
USER_ID	客户 ID	IP	IP 地址
MYID	客户自编码	DESCRIPTION	备注
NAME	姓名	QUESTION_ID	问题代码
ORGANIZE_ID	组织代码	ANSWER	回复
ORGANIZE_NAME	组织名称	ISONLINE	是否在线
DUTY_ID	职位代码	CREATED	创建日期
TITLE_ID	职位等级代码	LASTMOD	修改日期
PASSWORD	密码	CREATER	创建人
EMAIL	电子邮箱	MODIFYER	修改人
LANG	语言	TEL	电话号码
THEME	样式	QQ	客户的 QQ
FIRST_VISIT	第一次登录	WEIXIN	客户的微信号
PREVIOUS_VISIT	上一次登录	SEX	性别
LAST_VISITS	最后一次登录	POO	籍贯
LOGIN_COUNT	登录次数	ADDRESS	地址
ISEMPLOYEE	是否为职工	AGE	年龄
STATUS	状态	TYPE	客户状态

表 8-2 订单详情表特征说明

特征名称	特征说明	特征名称	特征说明
info_id	订单 ID	lock_time	锁单时间
emp_id	客户 ID	cashier_id	收银员 ID
number_consumers	消费人数（单位：人）	pc_id	终端 ID
mode	消费方式	order_number	订单号
dining_table_id	桌子 ID	org_id	门店 ID
dining_table_name	桌子名称	print_doc_bill_num	打印账单的编码
expenditure	消费金额（单位：元）	lock_table_info	桌子关闭信息
dishes_count	总菜品数（单位：个）	order_status	订单状态
accounts_payable	付费金额（单位：元）	phone	电话号码
use_start_time	开始时间	name	客户名，即客户姓名
check_closed	支付结束		

8.1.2 认识餐饮企业综合分析

客户流失指客户出于某种原因转向其他企业产品或服务的现象。餐饮企业进行客户分群和客户流失预测的根本目的是提高盈利，而提高盈利的方法有降低成本、增加宣传等。降低成本是最直接的提高盈利的方式，增加宣传则可以带来更多的客户和使客户产生消费习惯。例如，在提及快餐和蒸饺时，部分客户的第一反应为沙县小吃，产生这种效果的部分原因就是它们的宣传效果相对较好。

面对日益激烈的市场竞争，大多数企业越来越重视客户保留工作，纷纷加大投入力度，尽最大努力留住客户，如设立消费积分与积分兑换机制、推出满减活动、提供优惠套餐等。

在餐饮行业中，维护一个老客户的成本低于开发一个新用户的成本，并且老客户在复购的同时无意间对企业进行了宣传，带来了新客户，也减少了宣传的成本。可见一旦老客户流失，企业就会产生不小的损失，因此减少客户流失尤为重要。对客户进行分群，针对不同的客户群体制定不同的策略，并预测有可能流失的客户；分析客户流失的原因，寻找提高客户留存率的方法，完善各项服务，从而挽留客户。

8.1.3 餐饮企业综合分析的步骤与流程

通过对某餐饮企业的数据进行分析，实现客户分群，并构建客户流失预测模型，对客户的流失进行预测，以便企业及时做出应对措施。餐饮企业综合分析的流程如图 8-1 所示，主要包括以下步骤。

（1）读取客户信息表和订单详情表。

（2）探索客户信息表中年龄、性别与客户流失的关系。

（3）对数据中的重复值、异常值、缺失值进行检测和处理。

（4）构建总用餐次数、距观测窗口（即以 2023 年 7 月 31 日为结束时间、跨度为两年的时间段）结束时间的天数、人均销售额、总消费金额 4 个特征。

（5）对客户价值特征进行标准化处理，并使用 k-means 算法构建餐饮企业客户分群模型，对客户价值进行分析。

（6）将数据划分为训练集和测试集，并使用决策树算法和支持向量机算法构建客户流失预测模型，对客户流失进行预测。

（7）使用精确率、召回率、F1 值评价使用决策树算法和支持向量机算法构建的模型的效果。

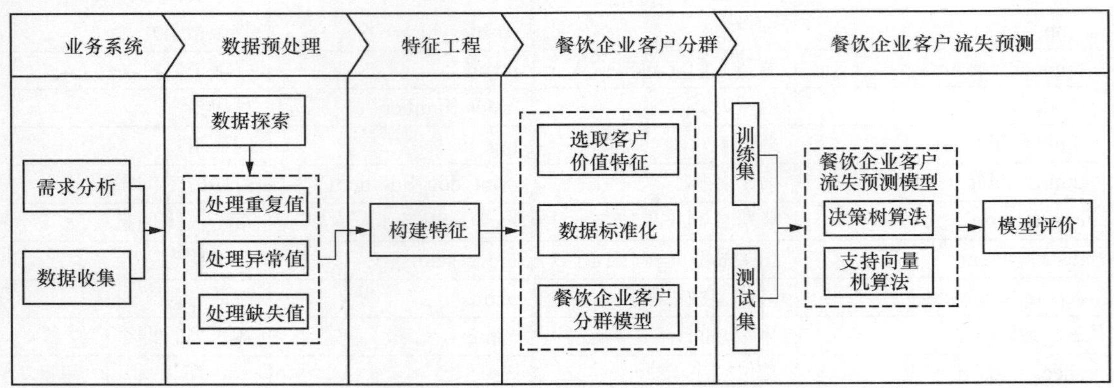

图 8-1　餐饮企业综合分析的流程

任务 8.2　预处理餐饮企业数据

【任务描述】

由于原始数据含有大量特征，因此需要初步探索数据，了解数据的基本情况，并构建相关特征。同时数据中可能存在的重复值、缺失值、异常值会对后续的建模产生不利的影响，因此建模前需对数据进行预处理。

【任务分析】

（1）了解数据的形状，并探索客户流失与年龄的关系、客户流失与性别的关系。

（2）使用 duplicated()方法查看订单详情表中的重复值数量。

（3）检测订单详情表中的异常值情况，并对异常值进行处理。

（4）查看客户信息表和订单详情表中的缺失值数量，并对缺失值进行处理。

（5）构建总用餐次数（frequence）、距观测窗口结束时间的天数（recently）、人均销售额（average）、总消费金额（amount）4 个特征。

【任务实现】

1. 数据探索

客户信息表和订单详情表中都包含大量的特征，无法将全部特征用于数据建模，因此需对特征进行筛选。在对客户信息表的特征进行筛选前，对客户的年龄、性别进行探索，了解它们与客户流失的关系。

针对客户的年龄提出猜测，随着年龄增大，客户流失数量由多变少。例如，年龄为 20 岁的客户可能更喜欢尝试新事物，经常更换就餐餐馆，于是造成了客户流失；随着年龄增大，客户与餐馆之间形成较为稳固的关系，因此客户流失数量将会减少。

探索客户流失与年龄的关系，如任务实现 8-1 所示。

任务实现 8-1　探索客户流失与年龄的关系

In[1]:

```
import pandas as pd
import matplotlib.pyplot as plt
import seaborn as sns

# 读取数据
users = pd.read_csv('../data/user_loss.csv', encoding='gbk')
info = pd.read_csv('../data/info_new.csv')
print('客户信息表的形状：', users.shape)
print('订单详情表的形状：', info.shape)
```

Out[1]:

```
客户信息表的形状： (2431, 34)
订单详情表的形状： (6611, 21)
```

In[2]:

```
# 转换时间数据的格式
users['CREATED'] = pd.to_datetime(users['CREATED'])
info['use_start_time'] = pd.to_datetime(info['use_start_time'])
info['lock_time'] = pd.to_datetime(info['lock_time'])

# 客户流失与年龄的关系
a = users.loc[users['TYPE'] == '已流失', ['AGE', 'TYPE']]['AGE'].
value_counts().sort_index()
b = users.loc[users['TYPE'] == '非流失', ['AGE', 'TYPE']]['AGE'].
value_counts().sort_index()
c = users.loc[users['TYPE'] == '准流失', ['AGE', 'TYPE']]['AGE'].
value_counts().sort_index()

# 绘制折线图
df = pd.DataFrame({'已流失': a.values,
                   '非流失': b.values,
                   '准流失': c.values},
                   index=range(20, 61, 1))
plt.rcParams['font.sans-serif']='SimHei'    #设置中文显示
plt.rcParams['axes.unicode_minus']=False
plt.figure(figsize=(8, 4))  # 确定画布大小
sns.lineplot(data=df)
plt.xlabel('年龄/岁')  # 添加 x 轴标签
plt.ylabel('客户流失数量/人')  # 添加 y 轴标签
plt.title('客户流失数量与年龄的关系')  # 添加图表标题
plt.show()
```

Out[2]:

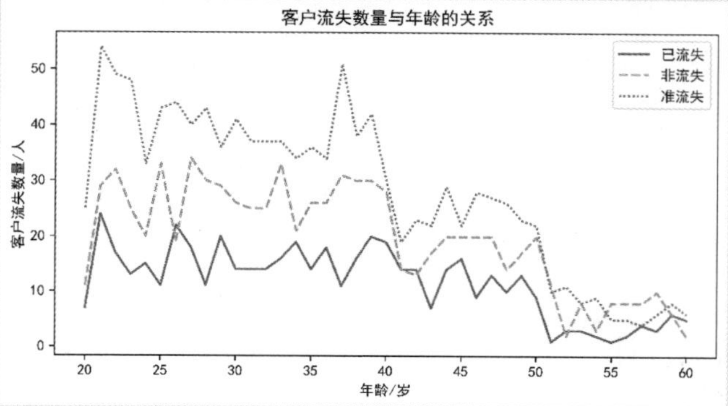

通过任务实现 8-1 可知，客户流失与年龄的关系如下。

（1）3 种流失状态（已流失、非流失、准流失）的客户数量随年龄变化的趋势存在一定相似性，说明年龄对客户流失的影响不大。

（2）3 种流失状态（已流失、非流失、准流失）的客户数量随年龄增大均呈现下降趋势。

针对客户的性别进行猜测，较多的男性客户会挑选用餐方便、上菜快速、性价比较高的餐馆，而女性客户偏重于选择口味合适、环境较好的餐馆。因为一个餐饮企业的经营模式不会轻易发生改变，所以在吸引一种性别的客户时可能会导致另一种性别客户的流失。探索客户流失与性别的关系，如任务实现 8-2 所示。

任务实现 8-2　探索客户流失与性别的关系

In[3]:
```
# 统计男性客户各流失状态数量
count1 = users[users['SEX']=='男']['TYPE'].value_counts()

# 统计女性客户各流失状态数量
count2 = users[users['SEX']=='女']['TYPE'].value_counts()

fig = plt.figure(figsize=[8, 4])  # 确定画布大小
plt.subplot(1,2,1)  # 创建一个 1 行 2 列的图，并开始绘制第一幅子图
plt.bar(count1.index, count1)
plt.title('男性客户各流失状态数量')  # 添加第一幅子图的标题
plt.ylabel('数量/人')  # 添加第一幅子图的 y 轴标签

plt.subplot(1,2,2)  # 绘制第二幅子图
plt.bar(count2.index,count2)
plt.title('女性客户各流失状态数量')  # 添加第二幅子图的标题
plt.ylabel('数量/人')  # 添加第二幅子图的 y 轴标签
plt.show()
```

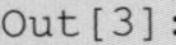

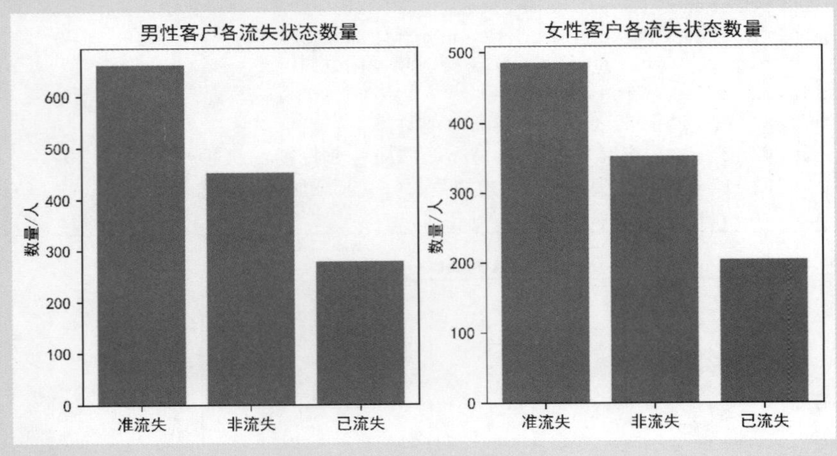

通过任务实现 8-2 可知，客户流失与性别的关系如下。

（1）男性客户和女性客户各流失状态的数量相似，说明性别对客户流失的影响不大。

（2）男性客户的总数量比女性客户的总数量高，说明本项目分析的餐饮企业可能更受男性欢迎。

通过对客户信息表的探索，可以发现客户的年龄、性别不是影响客户流失的主要因素。

2. 查看重复值数量

在预测分析中，如果数据存在一定的重复值，将会影响特征值的计算，导致模型的预测出错，因此在构建特征前需要去除数据的重复值。

订单详情表中客户名和开始时间的组合是唯一的，如果存在不唯一的值，视其为重复值。查看订单详情表的重复值数量，如任务实现 8-3 所示。

任务实现 8-3　查看订单详情表的重复值数量

In[4]:
```
print('订单详情表重复值数量：',
      info.duplicated(subset=['name', 'use_start_time']).sum())
```

Out[4]:
```
订单详情表重复值数量： 0
```

通过任务实现 8-3 可知，订单详情表中不存在重复值，因此不需要对数据进行去除重复值的处理。

3. 处理异常值

因为构建客户流失特征时主要使用订单详情表的数据，所以这里主要对订单详情表进行异常值处理。经观察发现，数据中存在一张桌子同时被不同客户使用的情况，这属于异常情况。因此，判定订单详情表中异常值的条件为两个订单的桌子 ID（dining_table_id）和开始时间（use_start_time）相同。

当异常数据的数量远小于总数据的数量时，可直接将其删除。处理订单详情表的异常值，如任务实现 8-4 所示。

任务实现 8-4　处理订单详情表的异常值

In[5]:
```
# 选取 dining_table_id 和 use_start_time 都重复的索引值
ind = info[info.duplicated(['dining_table_id',
                            'use_start_time'])].index
print('同一时间同一张桌子被不同人使用的订单：\n',
      info[(info['dining_table_id'] == info.iloc[ind[1], :]
          ['dining_table_id']) &
      (info['use_start_time'] == info.iloc[ind[1], :]
       ['use_start_time'])]
      [['info_id', 'dining_table_id','use_start_time']])
```

Out[5]:
```
同一时间同一张桌子被不同人使用的订单：
      info_id  dining_table_id       use_start_time
2052    3392             1484  2023-03-26 21:55:00
2140    3480             1484  2023-03-26 21:55:00
```

In[6]:
```
info.drop(index=ind, inplace=True)
info = info.reset_index(drop=True)
print('异常值个数：', len(ind))
print('去除异常值后订单详情表形状：', info.shape)
```

Out[6]:
```
异常值个数： 17
去除异常值后订单详情表形状： (6594, 21)
```

通过任务实现 8-4 可知，订单详情表中共有 17 个异常值，数量较少，可以直接去除。去除异常值后的订单详情表形状为 6594 行、21 列。

4．处理缺失值

在客户信息表中，存在大量全为缺失值的特征，可能是因为客户在填写资料时存在一定程度的遗漏。虽然订单详情表是由系统记录的，数据相对完整，但是同样存在一定数量的缺失值。

处理缺失值的方法有很多，如删除法、替换法、插值法等。虽然删除法是较为常用的处理缺失值的方法，但是当缺失值过多时，直接删除带有缺失值的行或列将会导致数据大量减少。因此，在进行缺失值处理前需要先查看缺失值的数量。

查看客户信息表和订单详情表中的缺失值数量，如任务实现 8-5 所示。

任务实现 8-5　查看客户信息表和订单详情表中的缺失值数量

In[7]:

```
print('客户信息表缺失值数量：', users.isnull().sum().sum())
print('订单详情表缺失值数量：', info.isnull().sum().sum())
```

Out[7]:

```
客户信息表缺失值数量： 46158
订单详情表缺失值数量： 50842
```

通过任务实现 8-5 可知，原始的客户信息表和订单详情表中存在大量的缺失值。由于存在全为缺失值的特征，如果直接对缺失值按行进行删除，将会造成大量信息的流失。因此需对两张表进行初步的整理。

提取客户信息表的 USER_ID、LAST_VISITS、TYPE 特征和订单详情表的 emp_id、number_consumers、expenditure 特征的数据。将提取的数据按 USER_ID（作为合并主键）进行合并，观察缺失值数量并对缺失值进行处理，如任务实现 8-6 所示。

任务实现 8-6　合并数据并处理缺失值

In[8]:

```
# 获取最后一次用餐时间
for i in range(len(users)):
       info1 = info.iloc[info[info['emp_id'] ==
   users.iloc[i, 0]].index.tolist(), :]
       if sum(info['emp_id'] == users.iloc[i, 0]) != 0:
            users.iloc[i, 13] = max(info1['use_start_time'])
# 获取订单状态为 1 的订单
info = info.loc[info['order_status'] == 1,
['emp_id', 'number_consumers', 'expenditure']]
info = info.rename(columns={'emp_id': 'USER_ID'})  # 修改列名
user = users[['USER_ID', 'LAST_VISITS', 'TYPE']]

# 合并两张表
info_user = pd.merge(user, info, left_on='USER_ID',
             right_on= 'USER_ID', how='left')
print('合并表缺失值个数：\n', info_user.isnull().sum())
```

Out[8]:

```
合并表缺失值个数：
USER_ID             0
LAST_VISITS         7
TYPE                0
```

```
        number_consumers      7
        expenditure           7
        dtype:int64
In[9]:  info_user.dropna(inplace=True)  #处理缺失值
        info_user.to_csv('../tmp/info_user.csv', index=False,
                   encoding= 'utf-8')
        print('处理缺失值后数据形状: \n', info_user.shape)
Out[9]: 处理缺失值后数据形状:
         (6593, 5)
```

任务实现 8-6 将客户信息表和订单详情表合并后查看数据中的缺失值，发现合并表的缺失值数量相对较少，只在最后一次登录（LAST_VISITS）、消费人数（number_consumers）、消费金额（expenditure）中存在一定数量的缺失值，于是使用删除法对所有存在缺失值的记录进行了处理。

5. 构建特征

在餐饮企业中，客户流失主要体现在以下 4 个方面。

（1）用餐次数越来越少。

（2）长时间未到店进行消费。

（3）人均消费处于较低水平。

（4）总消费金额越来越少。

基于这 4 个方面，构造如下 4 个关于客户流失的特征。

（1）总用餐次数（frequence）。观测时间内每个客户的总用餐次数。

（2）距观测窗口结束时间的天数（recently）。客户最近一次用餐的时间距离观测窗口结束时间的天数。

（3）人均销售额（average）。客户在观测时间内的总消费金额除以用餐总人数。

（4）总消费金额（amount）。客户在观测时间内消费金额的总和。

基于缺失值处理后的数据，使用分组聚合的方法构建客户流失特征，如任务实现 8-7 所示。

任务实现 8-7　构建客户流失特征

```
In[10]: # 提取数据
        info_user = pd.read_csv('../tmp/info_user.csv', encoding= 'utf-8')
        # 统计每个人的用餐次数
        info_user1 = info_user['USER_ID'].value_counts()
        info_user1 = info_user1.reset_index()
        info_user1.columns = ['USER_ID', 'frequence']  # 修改列名

        # 求出每个客户的总消费金额
        # 分组求和
        info_user2 = info_user[['number_consumers','expenditure'
                    ]].groupby(info_user['USER_ID']).sum()
        info_user2 = info_user2.reset_index()
        info_user2.columns = ['USER_ID', 'numbers', 'amount']
        # 合并客户的用餐次数和总消费金额
        data_new = pd.merge(info_user1, info_user2,left_on='USER_ID',
                 right_on='USER_ID', how= 'left')
```

```
# 提取数据
info_user = info_user.iloc[:, :4]
info_user = info_user.groupby(['USER_ID']).last()
info_user = info_user.reset_index()
# 合并数据
info_user_new = pd.merge(data_new, info_user,left_on='USER_ID',
                    right_on='USER_ID', how='left')
print(info_user_new.head())
```

Out[10]:

```
  USER_ID frequence numbers amount LAST_VISITS TYPE    number_consumers
0  2361      41    237.0  34784.0  2023-07-30 13:29:00  非流失   7.0
1  3478      37    231.0  33570.0  2023-07-27 11:14:00  非流失   5.0
2  3430      34    224.0  31903.0  2023-07-26 13:38:00  非流失   5.0
3  3762      33    208.0  30394.0  2023-07-27 13:41:00  非流失   10.0
4  3307      33    199.0  30400.0  2023-07-22 11:28:00  非流失   2.0
```

In[11]:

```
# 求人均销售额，并保留 2 位小数
info_user_new['average'] = info_user_new['amount'] /
info_user_new['numbers']
info_user_new['average'] = info_user_new['average'].apply(
    lambda x: '%.2f' % x)
# 计算每个客户最近一次用餐的时间距离观测窗口结束时间的天数
# 修改时间数据格式
info_user_new['LAST_VISITS'] = pd.to_datetime(
    info_user_new['LAST_VISITS'])
datefinally = pd.to_datetime('2023-7-31')  # 观测窗口结束时间
time = datefinally - info_user_new['LAST_VISITS']
# 计算时间差
info_user_new['recently'] = time.apply(lambda x: x.days)
# 特征选取
info_user_new = info_user_new.loc[:, ['USER_ID', 'frequence',
                          'amount', 'average',
                          'recently', 'TYPE']]
info_user_new.to_csv('../tmp/info_user_clear.csv', index=False,
                encoding='gbk')
print(info_user_new.head())
```

Out[11]:

```
  USER_ID    frequence    amount   average recently   TYPE
0  2361      41           34784.0  146.77  0          非流失
1  3478      37           33570.0  145.32  3          非流失
2  3430      34           31903.0  142.42  4          非流失
3  3762      33           30394.0  146.12  3          非流失
4  3307      33           30400.0  152.76  8          非流失
```

通过任务实现 8-7 可知，构建客户流失特征的数据包含 6 个特征。第 1 个特征为客户的 ID，不参与建模。第 2～5 个特征为建模用到的特征，第 6 个特征为客户流失状态。

使用 k-means 聚类算法进行餐饮企业客户分群

任务 8.3 使用 k-means 聚类算法进行餐饮企业客户分群

【任务描述】

吸引新客户通常需要比维持现有客户花费更高的代价，企业现有的忠诚客户往往能给企业带来更多的利润，是企业需要重点维护的客户群体。但是在实际经营中，企业并不能准确地判断客户属于哪一类消费群体，特别是在客户数量比较多的时候。本任务将使用 k-means 聚类算法对餐饮企业客户进行分群，并分析不同客户群体的特征，为每个客户群体制定相应的营销策略，提升客户管理的效益。

【任务分析】

（1）选取 frequence、recently、amount 作为关键特征，并进行标准化处理。

（2）使用 k-means 聚类算法构建餐饮企业客户分群模型，并绘制雷达图分析各类客户的价值。

【知识准备】

了解 k-means 聚类算法

k-means 聚类算法是一种迭代求解的聚类分析算法，目标是将数据集中的对象分成 k 个簇。

1．基本原理

k-means 聚类算法的基本原理如下。

（1）首先确定一个 k 值，即需要将数据集经过聚类得到 k 个集合。

（2）从数据集中随机选择 k 个数据点作为聚类中心。

（3）计算数据集中每一个点与每一个聚类中心的距离（如欧氏距离），划分该点到距离最近的聚类中心所属的集合。

（4）集合划分完毕后重新计算每个集合的聚类中心。

（5）如果新计算出来的聚类中心和原来的聚类中心的距离小于某一个设置的阈值，那么可以认为聚类已经达到期望的结果，算法终止。否则迭代步骤（2）～（5）。

2．适用场景

k-means 聚类算法通常可以应用于维数、数据都很小且数据连续的数据集，在随机分布的事物集合中对相同事物进行分组。在没有类别标签的情况下，k-means 聚类算法不仅可以用于获取数据可能存在的类别数以及每条记录的所属类别，还可以用于在数据预处理中发现异常值。异常值常是相对于整体数据对象而言的少数数据对象，这些对象的行为特征与一般的数据对象不一致，通过 k-means 聚类算法可以快速将其识别出来。

3．优缺点

相较于其他算法，k-means 聚类算法的优点在于原理较为简单，可以轻松实现；对算法进行调参时只需调整 k 的大小；算法的计算速度较快，聚类效果优良，聚类结果的可解释性强。k-means 聚类算法的缺点在于难以确定 k 的值，采用迭代的方式容易导致模型陷入局部最优解，而且对于噪声和异常值十分敏感。

4．KMeans 类的常用参数介绍

sklearn 中的 KMeans 类实现了 k-means 聚类算法，KMeans 类的基本使用格式如下。

```
class sklearn.cluster.KMeans(n_clusters=8, *, init='k-means++', n_init=10,
max_iter=300, tol=0.0001, verbose=0, random_state=None, copy_x=True,
algorithm='lloyd')
```

KMeans 类的常用参数及其说明如表 8-3 所示。

表 8-3　KMeans 类的常用参数及其说明

参数名称	参数说明
n_clusters	接收 int。表示聚类数。默认为 8
init	接收 k-means++、random 和 ndarray。表示产生初始聚类中心的方法。默认为"k-means++"
n_init	接收 int。表示用不同的初始聚类中心运行算法的次数。默认为 10
max_iter	接收 int。表示最大迭代次数。默认为 300
tol	接收 float。表示容忍的最小误差。当误差小于 tol 时算法会退出迭代。默认为 0.0001
verbose	接收 int。表示是否输出详细信息。默认为 0
random_state	接收 int、RandomState 实例。表示用于初始化聚类中心的生成器。若值为一个整数，则确定一个种子。默认为 None
copy_x	接收 bool。表示是否提前计算距离。默认为 True
algorithm	接收 lloyd、elkan、auto、full。表示优化算法的选择。默认为"lloyd"

【任务实现】

1．选取并处理客户价值特征

基于 RFM 模型，构建某餐饮企业客户价值分析的关键特征。其中，R 表示距观测窗口结束时间的天数（recently），F 表示总用餐次数（frequence），M 表示总消费金额（amount）。选取某餐饮企业客户价值分析的关键特征，并进行标准化处理，如任务实现 8-8 所示。

任务实现 8-8　选取并处理客户价值特征

```
In[12]:  import pandas as pd
         # 读取数据
         info_user = pd.read_csv('../tmp/info_user_clear.csv',
                                 encoding='gbk')
         a = info_user.iloc[:,[1,2,4]]
         from sklearn.preprocessing import StandardScaler
         standard = StandardScaler().fit_transform(a)
         print('标准化后的结果', standard)

Out[12]: 标准化后的结果 [[10.66263547  9.61734059 -1.28588278]
          [ 9.54846585  9.25630793 -1.23239627]
          [ 8.71283863  8.76055715 -1.21456744]
          ...
          [-0.47906076 -0.55521561 -0.91147721]
          [-0.47906076 -0.40443837 -0.35878327]
          [-0.47906076 -0.35269234  1.72719062]]
```

注：此处部分结果已省略。

任务实现 8-8 选取了 3 个特征，并进行了标准化处理，调整了数据间的量纲，以便于计算特征之间的距离，从而有利于聚类算法的实施。

2. 餐饮企业客户价值分析

使用 k-means 聚类算法构建餐饮企业客户分群模型，并绘制雷达图分析各类客户的价值，如任务实现 8-9 所示。

任务实现 8-9　餐饮企业客户价值分析

In[13]:

```
from sklearn.cluster import KMeans
k = 3 # 确定聚类中心数
# 构建模型
kmeans_model = KMeans(n_clusters = k, random_state=123)
fit_kmeans = kmeans_model.fit(standard)  # 模型训练
center = kmeans_model.cluster_centers_
label = kmeans_model.labels_ # 查看样本的类别标签
print('聚类中心为：\n', center)  # 查看聚类中心
# 统计不同类别样本的数量
r1 = pd.Series(kmeans_model.labels_).value_counts()
r1.index = ['客户群' + str(i+1) for i in r1.index]
print('最终每个类别的数量为：\n',r1)
```

Out[13]:

```
聚类中心为：
 [[-0.01330133 -0.01580607 -0.61956362]
 [ 7.12514692  7.00176453 -1.17801832]
 [-0.30817386 -0.29798175  1.15477911]]
最终每个类别的数量为：
客户群 1      1525
客户群 3      859
客户群 2      40
Name: count, dtype: int64
```

In[14]:

```
import numpy as np
import matplotlib.pyplot as plt
from sklearn.preprocessing import scale
# 可视化分群结果
def plot(model_center=None,label=None):
    plt.rcParams['axes.unicode_minus'] = False  # 正常显示负号
    plt.rcParams['font.sans-serif'] = 'SimHei'  # 正常显示中文
    n = len(label)  # 特征个数
    # 间隔采样，设置雷达图的角度，用于等角度地划分一个圆面
    #endpoint=False 表示随机采样不包括 stop 的值
    angles = np.linspace(0, 2 * np.pi, n, endpoint=False)
    # 拼接多个数组，使雷达图一圈封闭起来
    angles = np.concatenate((angles, [angles[0]]))
    fig = plt.figure(figsize=(6, 6))  # 创建一个空白的画布
    # 创建子图，polar=True 表示设置坐标系为极坐标系，绘制圆形
    ax = fig.add_subplot(1, 1, 1, polar=True)
    ax.set_yticklabels([])  # 取消 y 轴
    feature = ['F','M','R']
    # 添加每个特征的标签
    ax.set_thetagrids(angles[: -1] * 180 / np.pi, feature,label)
    ax.grid(True)  # 添加网格线
    # 设置备选的线条颜色和样式，防止线条重复
    sam = ['blue','black','red']
```

```
    mak = ['-', '--', '-.']
    labels = []
    # 绘制雷达图，循环添加每个类别的线圈
    for i in range(len(model_center)):
        values = np.concatenate((
            model_center[i], [model_center[i][0]]))
        ax.plot(angles, values, color=sam[i], linestyle=mak[i])
        labels.append('用户群' + str(i + 1),)
    # 添加图例
    plt.legend(labels,bbox_to_anchor=(0.85, 0.85), loc=3)

plot(scale(kmeans_model.cluster_centers_), center)
plt.savefig('../tmp/客户分群雷达图.jpg', dpi=1080)
```

Out[14]:

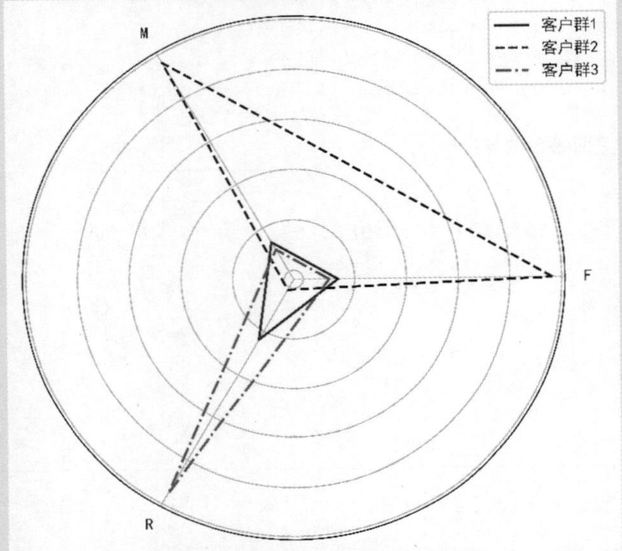

注：不同的运行环境，得到的雷达图类别标签可能存在一定的差异。

任务实现 8-9 将餐饮企业客户划分为 3 个客户群，客户群 1 有 1525 位客户，客户群 2 有 40 位客户，客户群 3 有 859 位客户。其中，客户群 2 的 F、M 特征值最大，R 特征值最小；客户群 1 的 F、M、R 特征值较小；客户群 3 的 R 特征值最大，F、M 特征值最小。每个客户群都有显著不同的表现特征，基于该特征描述，定义 3 个等级的客户类别：重要保持客户、一般价值客户、低价值客户。每个客户类别的特征如下。

（1）重要保持客户。这类客户用餐的次数（F）多、用餐总花费（M）较高，且最近在餐厅消费时间间隔（R）小。他们是餐饮企业的高价值客户，是最为理想的客户类型，对企业的贡献最大，但是所占比例最小。对这类客户，餐饮企业可以提供一对一的服务，以提高这类客户的忠诚度与满意度，尽可能延长这类客户的高水平消费。

（2）一般价值客户。这类客户用餐的次数（F）少、用餐总花费（M）较低，且最近在餐厅消费时间间隔（R）较小。他们是餐饮企业的一般价值客户，虽然当前价值并不是特别高，却有较大的发展潜力。餐饮企业可以不定期地制定相应的营销策略，刺激这类客户的消费，提升这类客户的满意度。

（3）低价值客户。这类客户用餐的次数（F）较少和用餐总花费（M）较低，且最近在餐厅消费时间间隔（R）较大。他们是餐饮企业的低价值客户，可能是某一次经过餐馆顺便用餐，也可能是因为餐馆刚开业时有折扣才进店消费，之后来消费的概率比较小。

客户群类别排名如表 8-4 所示。

表 8-4　客户群类别排名

客户群类别	排名	排名含义
客户群 1	2	一般价值客户
客户群 2	1	重要保持客户
客户群 3	3	低价值客户

任务 8.4　使用决策树算法和支持向量机算法进行餐饮企业客户流失预测

【任务描述】

使用决策树算法和支持向量机算法进行餐饮企业客户流失预测

客户流失是指客户因某种原因转向其他企业产品或服务。在激烈的市场竞争环境中，客户拥有更多的选择空间和消费渠道，因此客户容易流失。本任务通过客户流失特征构建决策树和支持向量机模型，对客户的流失情况进行预测，以便为企业制定策略提供一定的参考。

【任务分析】

使用决策树算法和支持向量机算法进行餐饮企业客户流失预测，并对预测结果进行评价。

【知识准备】

8.4.1　了解决策树算法

使用决策树算法不仅可以预测出客户的流失状态，而且可以发现客户流失的规律。

1．基本原理

决策树基本结构如图 8-2 所示。决策树是一个树状结构，包含一个根节点、若干内部节点和若干叶节点。根节点包含样本全集，叶节点对应决策结果，内部节点对应特征或属性测试。从根节点到每个叶节点的路径对应一个判定测试序列，决策树的学习目的是产生一棵泛化能力强（处理未知样本能力强）的决策树。决策树基本流程遵循简单而直观的分而治之策略，决策树的生成是一个递归过程。

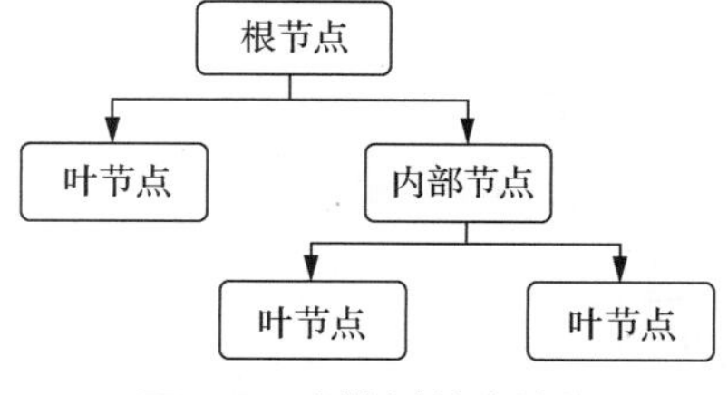

图 8-2　决策树基本结构

构造决策树的核心问题在于如何选择适当的特征对样本做拆分，主要算法有 CART、ID3、C4.5。CART 使用基尼指数作为选择特征的准则，ID3 使用信息增益作为选择特征的准则，C4.5 使用信息增益比作为选择特征的准则。决策树的剪枝用于防止过拟合、增强泛化能力，包括预剪枝和后剪枝。

2. 适用场景

在某种程度上，很多分类算法的能力都超过了决策树算法，但是决策树可以轻松地可视化分类规则的能力让其无可替代，可视化分类规则在各个行业都有相对广泛的应用。决策树常被用于分析对某种响应影响最大的因素，如判断具有什么特征的客户的流失概率更高。

3. 优缺点

决策树的优点表现在结果易于理解和解释，能做可视化分析，容易提取出规则。决策树可同时处理类别型特征和数值型特征，并且决策树能很好地扩展到大型数据库中，模型大小独立于数据库大小。

决策树的缺点表现在特征太多而样本较少的情况下容易出现过拟合，其次，它会忽略数据集中特征的关联。在选择 ID3 算法计算信息增益时结果会偏向数值比较多的特征。

4. DecisionTreeClassifier 类的常用参数介绍

sklearn 库的 tree 模块提供了用于构建决策树分类模型的 DecisionTreeClassifier 类，DecisionTreeClassifier 类的基本使用格式如下。

```
class sklearn.tree.DecisionTreeClassifier(criterion='gini', splitter='best',
max_depth=None, min_samples_split=2, min_samples_leaf=1, min_weight_
fraction_leaf=0.0, max_features=None, random_state=None, max_leaf_nodes=None,
min_impurity_decrease=0.0, min_impurity_split=None, class_weight=None, ccp_
alpha=0.0)
```

DecisionTreeClassifier 类的常用参数及其说明如表 8-5 所示。

表 8-5　DecisionTreeClassifier 类的常用参数及其说明

参数名称	参数说明
criterion	接收 gini、entropy。表示节点（特征）选择的准则。默认为“gini”
splitter	接收 best、random。表示特征划分点选择标准。默认为“best”
max_depth	接收 int。表示决策树的最大深度。默认为 None
min_samples_split	接收 int、float。表示子数据集再切分需要的最小样本数。默认为 2
min_samples_leaf	接收 int、float。表示叶节点所需的最小样本数。默认为 1
min_weight_fraction_leaf	接收 float。表示在叶节点处的所有输入样本权重总和的最小加权分数。默认为 0.0
max_features	接收 int、float、str。表示按特征切分时考虑的最大特征数量。默认 None
random_state	接收 int、RandomState 实例。表示用于初始化聚类中心的生成器，若值为整数，则确定一个种子。默认为 None
max_leaf_nodes	接收 int。表示最大叶节点数。默认为 None
min_impurity_decrease	接收 float。表示切分点不纯度最小减少程度。默认为 0.0

续表

参数名称	参数说明
min_impurity_split	接收 float。表示切分点最小不纯度。默认为 None
class_weight	接收 dict、dict 型 list、balanced。表示分类模型中各种类别的权重。默认为 None
ccp_alpha	接收 float。表示用于最小成本复杂度修剪的复杂度参数。默认为 0.0

8.4.2　了解支持向量机算法

使用决策树算法虽然可以发现客户流失规律，但是它在分类能力上略显不足。本任务将使用被广泛运用的支持向量机算法进行预测并与决策树算法预测结果进行比较。

1. 基本原理

支持向量机是定义在特征空间中间隔最大的线性分类器；支持向量机还包括核函数，这也使得支持向量机成为实质上的非线性分类器。支持向量机的学习策略是间隔最大化，可将最大化形式化为一个求解凸二次规划的问题，也等价于正则化的合页损失函数的最小化问题。支持向量机的学习算法是求解凸二次规划的较好方法。

2. 适用场景

支持向量机算法是有监督的数据挖掘算法，是一种二分类算法，经过改造后也可以用于多分类。支持向量机在非线性分类方面有明显优势，通常用于二元分类问题，而对于多元分类问题，通常将其分解为多个二元分类问题再进行分类。

在机器学习领域，支持向量机算法可以用于模式识别、分类、异常值检测和回归分析，SVR 为支持向量机算法在回归方面的运用。支持向量机算法还可以运用于字符识别、面部识别、行人检测、文本分类等领域。

3. 优缺点

支持向量机能对非线性决策边界进行建模，它有许多可选的核函数。在面对过拟合时，支持向量机有着很强的鲁棒性，尤其在高维空间中。支持向量机的最终决策函数只由少数的支持向量确定，计算的复杂性取决于支持向量的数量，而不是样本空间的维数，在某种意义上避免了维数灾难。

不过，支持向量机是内存密集型算法，选择正确的核函数需要技巧。支持向量机借助二次规划来求解支持向量，而求解二次规划涉及 m 阶矩阵的计算（m 为样本的个数），当 m 很大时，对矩阵的存储和计算将耗费大量的机器内存和运算时间，因此，支持向量机不适用于较大的数据集。

4. LinearSVC 类的常用参数介绍

sklearn 库的 LinearSVC 类实现了支持向量机算法，LinearSVC 类的基本使用格式如下。

```
class sklearn.svm.LinearSVC(penalty='l2', loss='squared_hinge', *, dual=True,
tol=0.0001, C=1.0, multi_class='ovr', fit_intercept=True, intercept_scaling=1,
class_weight=None, verbose=0, random_state=None, max_iter=1000)
```

LinearSVC 类的常用参数及其说明如表 8-6 所示。

表 8-6　LinearSVC 类的常用参数及其说明

参数名称	参数说明
penalty	接收 l1、l2。表示惩罚中使用的规范。默认为“l2”
loss	接收 hinge、squared_hinge。表示损失函数。默认为“squared_hinge”
dual	接收 bool。表示是否选择算法以解决双优化或原始优化问题。默认为 True
tol	接收 float。表示迭代停止的容忍度，即精度要求。默认为 0.0001
C	接收 float。表示惩罚系数。默认为 1.0
multi_class	接收 ovr、crammer_singer。表示类别包含两个以上类时确定的多类策略。默认为“ovr”
fit_intercept	接收 bool。表示是否计算此模型的截距。默认为 True
intercept_scaling	接收 float。表示在实例向量上附加的常数位，默认为 1
class_weight	接收 dict、balanced。表示分类模型中各种类别的权重。默认为 None
verbose	接收 int。表示多少次迭代时输出评估信息。默认为 0
random_state	接收 int、RandomState 实例。表示用于初始化聚类中心的生成器，若值为一个整数，则确定一个种子。默认为 None
max_iter	接收 int。表示最大迭代次数。默认为 1000

【任务实现】

预测餐饮企业客户流失

为了对比决策树模型和支持向量机模型的分类能力，需保证用于训练和测试的数据一致，并且使用相同的模型评价方式。

基于构建特征得到的数据，删除已流失客户的数据，将非流失客户和准流失客户的数据按 4∶1 的比例划分为训练集和测试集，使用 sklearn 库构建决策树模型并对其进行训练，同时自定义评价函数，使用评价函数计算模型的混淆矩阵、精确率、召回率、F1 值，对训练完毕的模型进行评价并预测客户流失。

评价决策树模型与预测客户流失，如任务实现 8-10 所示。

任务实现 8-10　评价决策树模型与预测客户流失

In[15]:
```
import pandas as pd
from sklearn.metrics import confusion_matrix
# 自定义评价函数
def test_pre(pred):
    # 混淆矩阵
    hx = confusion_matrix(y_te, pred, labels=['非流失', '准流失'])
    print('混淆矩阵：\n', hx)
    # 精确率
    P = hx[1, 1] / (hx[0, 1] + hx[1, 1])
    print('精确率：', round(P, 3))
    # 召回率
    R = hx[1, 1] / (hx[1, 0] + hx[1, 1])
    print('召回率：', round(R, 3))
```

```
    # F1 值
    F1 = 2 * P * R / (P + R)
    print('F1 值：', round(F1, 3))
# 读取数据
info_user = pd.read_csv('../tmp/info_user_clear.csv',
                        encoding='gbk')
# 删除已流失客户的数据
info_user = info_user[info_user['TYPE'] != '已流失']
model_data = info_user.iloc[:, [1, 2, 3, 4, 5]]
# 划分测试集、训练集
from sklearn.model_selection import train_test_split
x_tr, x_te, y_tr, y_te = train_test_split(model_data.iloc[:, :-1],
                                          model_data['TYPE'],
                                          test_size=0.2,
                                          random_state=12345)
# 构建决策树模型
from sklearn.tree import DecisionTreeClassifier as DTC
dtc = DTC(random_state=12345)
dtc.fit(x_tr, y_tr)  # 训练模型
pre = dtc.predict(x_te)
# 评价模型
test_pre(pre)
```

```
Out[15]:  混淆矩阵：
           [[161  10]
           [ 14 205]]
          精确率： 0.953
          召回率： 0.936
          F1 值： 0.945
```

```
In[16]:  print('真实值：\n', y_te[:10].to_list())
         print('预测结果：\n', pre[:10])
```

```
Out[16]:  真实值：
           ['非流失', '准流失', '准流失', '非流失', '准流失', '准流失', '准流失', '
          非流失', '非流失', '非流失']
          预测结果：
           ['准流失' '准流失' '准流失' '非流失' '准流失' '准流失' '准流失' '非流失' '
          非流失' '非流失']
```

由任务实现 8-10 预测结果的混淆矩阵可以看出，决策树模型的精确率、召回率、F1 值都很高，并处于相对平均的水平，说明此决策树模型的预测效果很好，而且该模型对非流失客户和准流失客户的分类能力相对均衡。

使用决策树模型预测出了测试集客户的流失状态，由于预测结果篇幅较大，代码仅展示了前 10 个预测结果。

使用 sklearn 库构建支持向量机模型并进行训练。对模型效果进行评价，然后预测客户流失，如任务实现 8-11 所示。

任务实现 8-11　评价支持向量机模型与预测客户流失

```
In[17]:  # 构建支持向量机模型
```

```
from sklearn.svm import LinearSVC
svc = LinearSVC(random_state=123)
svc.fit(x_tr, y_tr)
pre = svc.predict(x_te)
test_pre(pre)
```

Out[17]:
```
混淆矩阵：
 [[ 59 112]
 [  0 219]]
精确率： 0.662
召回率： 1.0
F1 值： 0.796
```

In[18]:
```
print('真实值：\n', y_te[:10].to_list())
print('预测结果：\n', pre[:10])
```

Out[18]:
```
真实值：
 ['非流失', '准流失', '准流失', '非流失', '准流失', '准流失', '准流失', '非流失', '非流失', '非流失']
预测结果：
 ['准流失' '准流失' '准流失' '准流失' '准流失' '准流失' '准流失' '准流失'
'准流失' '准流失']
```

由任务实现 8-11 可知，支持向量机模型的精确率较低，召回率很高，且 F1 值也偏高，结合预测结果可以看出支持向量机模型更加偏向将用户预测为准流失，这可能与数据本身存在类别不平衡问题有关。

根据餐饮企业对客户流失预测的需求，将准流失客户预测出来比较重要，因为非流失客户只需保持现状，而准流失客户要求企业及时制定应对策略，所以综合各项指标可以认为决策树模型是更适用于客户的流失预测的。

项目小结

本项目主要介绍了使用 k-means 聚类算法进行餐饮企业客户分群、使用决策树算法和支持向量机算法预测餐饮企业客户流失。首先探索年龄、性别与客户流失的关系，然后对数据进行预处理，构建特征。此外，使用 k-means 聚类算法进行客户价值分析，并使用决策树和支持向量机模型进行预测，对比分析两种模型在非流失客户和准流失客户上的分类能力。

项目实训

实训 1　构建支持向量机分类模型预测客户服装尺寸

1. 训练要点

（1）掌握异常值处理的方法。

（2）掌握缺失值处理的方法。

（3）掌握特征构建的方法。

（4）掌握支持向量机算法的应用。

（5）掌握分析分类算法结果的方法。

2. 需求说明

某淘宝成人女装店铺为了能够给客户推荐合适的成人女装尺寸，构建了相应的尺寸预测模型。目前店铺利用已购买服装客户的数据集（size_data.csv）进行模型的训练，其中部分尺寸信息数据如表 8-7 所示。

表 8-7　部分尺寸信息数据

体重/kg	年龄/岁	身高/cm	尺寸
70	28	172.72	XL
65	36	167.64	L
61	34	165.1	M
71	27	175.26	L
62	45	160.02	M

由于少部分客户未填写或随意填写年龄、身高等信息，尺寸信息数据中出现了部分异常值和缺失值，因此需对数据集中的异常值和缺失值进行处理。可根据女子标准体重对照表，将体重低于 30kg 的数据视为异常值，并对异常值进行处理。

为了提高客户满意度，需要基于客户基本信息为客户推荐合适的服装尺寸。因此需要使用处理后的数据构建支持向量机分类模型，预测客户服装尺寸。其中，为改善模型预测效果，根据原有特征构建新特征。使用预处理后的数据，计算 BMI 值并构建 BMI_range 特征。BMI 计算公式如式（8-1）所示。

$$\mathrm{BMI}=\frac{\text{体重（kg）}}{\text{身高（m）}^2} \tag{8-1}$$

BMI_range 特征的构建规则如下。

（1）当 BMI<18.5 时，BMI_range 值为 0。

（2）当 18.5≤BMI<24 时，BMI_range 值为 1。

（3）当 24≤BMI<28 时，BMI_range 值为 2。

（4）当 BMI≥28 时，BMI_range 值为 3。

3. 实现思路及步骤

（1）利用 read_csv 函数读取 size_data.csv。

（2）查看数据集大小。

（3）利用 dropna()方法删除缺失值。

（4）删除年龄、体重异常值（年龄小于 18 岁，体重低于 30kg）。

（5）查看数据异常值和缺失值是否删除成功。

（6）构建 BMI_range 特征。

（7）构建支持向量机分类模型预测客户服装尺寸。

（8）评价支持向量机分类模型。

实训 2　构建 k-means 聚类模型进行某 App 用户分群

1. 训练要点

（1）掌握 pandas 数据读取的操作。

（2）掌握异常值的处理方法。
（3）掌握缺失值的检测与处理方法。
（4）掌握 pandas 中 apply()方法的使用。
（5）掌握构建自定义函数的方法。
（6）构建适用于聚类模型的特征。
（7）掌握 k-means 聚类算法的应用。
（8）掌握聚类模型评价方法。

2. 需求说明

在 App 上架前需要收集测试用户或人员的体验数据并分析，从而对 App 进行相应的调整。某研发团队为调查所设计的 App 是否可以上架，统计了 13 万左右测试用户的 App 使用数据，并存储于“某 App 用户信息数据.csv”数据集中，部分数据如表 8-8 所示。通过对数据进行聚类区分不同的用户群体，从而确定是否对不同的群体分享 App，进而创造流量价值用户，同时将聚类结果与“是否点击分享”特征数据进行对比，评价聚类分析结果。

表 8-8　某 App 部分用户信息数据

用户名	在线时长/min	在线时间所占比例	不愿分享概率	愿意分享概率	是否点击分享
George	1495736	0.004093442	NaN	0.02	T
Ruth	832959	0.002279593	0	0.85	F
Jack	1124354	0.003532150	−0.50	0.40	F
Joy	342119	0.000233500	1.50	−1.50	T
Jessica	1173979	0.003212876	0.32	1.00	F

观察表 8-8 可发现该数据集存在一定的缺失值与异常值。正常情况下概率的范围为 0～1，某 App 用户信息数据中与分享意愿相关的概率有负数和大于 1 的数值，可将这部分数值视为异常值。由于适用于 sklearn 中的 k-means 聚类模型的数据为数值型数据，因此需要基于预处理后的数据，通过字符串数据类型的“用户名”特征构建新的数值型特征，即对用户名的首字母进行编码。“在线时长/min”等特征中的数据过于离散，增加了聚类算法的计算压力，可对离散数据进行分段或分等级来降低计算压力。最后构建 k-means 聚类模型，通过聚类分析区分使用 App 且分享意愿不同的用户群体，并同用户的点击分享操作进行对比来检验和评价聚类分析结果。

3. 实现思路及步骤

（1）使用 pandas 读取“某 App 用户信息数据.csv”数据集。
（2）将“不愿分享概率”特征与“愿意分享概率”特征中的缺失值用 0.0 替换。
（3）将“不愿分享概率”特征与“愿意分享概率”特征中的负值替换为 0，并将大于 1 的值替换为 1。
（4）将“是否点击分享”特征中的 T 替换为 1，F 替换为 0。
（5）自定义 to_code 函数，用于对“用户名”特征首字母进行编码。
（6）使用 apply()方法构建新的“首字母编码”特征。
（7）对“在线时长/min”特征进行分段处理后生成新的“分段在线时长/min”特征。

（8）基于构建新特征后的数据集，区分标签和数据。
（9）构建 k-means 聚类模型，且聚类数为 2。
（10）使用 FMI 评价法评价聚类模型性能。

实训 3　构建线性回归模型预测二手汽车价格

1．训练要点

（1）掌握异常值的检测和处理方法。
（2）掌握缺失值的检测和处理方法。
（3）掌握对日期的拆分处理。
（4）掌握从数据集中提取统计特征。
（5）掌握用 seaborn 库绘制相关系数热力图。
（6）构建适合线性回归模型的特征。
（7）掌握线性回归模型的应用。
（8）掌握线性回归模型评价方法。

2．需求说明

二手汽车交易训练集（used_car_train.csv）和测试集（used_car_test.csv）中记录了交易记录数据，包括交易 ID、汽车交易名称、汽车注册日期等，其中有 15 个为匿名信息。二手汽车交易字段说明如表 8-9 所示。

表 8-9　二手汽车交易字段说明

字段名	说明	字段名	说明
SaleID	交易 ID	power	发动机功率，范围为[0,600]（单位：kW）
name	汽车交易名称	kilometer	汽车已行驶公里，单位为 km
regDate	汽车注册日期	notRepairedDamage	汽车有尚未修复的损坏：是为 0，否为 1
model	车型编码	regionCode	地区编码
brand	汽车品牌	creatDate	汽车上线时间，即开始售卖时间
bodyType	车身类型： 豪华轿车为 0，微型车为 1，厢型车为 2，大巴车为 3，敞篷车为 4，双门汽车为 5，商务车为 6，搅拌车为 7	price	二手汽车交易价格（预测目标）
fuelType	燃油类型： 汽油为 0，柴油为 1，液化石油气为 2，天然气为 3，混合动力为 4，其他为 5，电动为 6	v 系列属性	匿名变量，包括 v0～v14 在内 15 个匿名属性
gearbox	变速箱：手动为 0，自动为 1		

对数据进行探查发现，发动机功率、汽车有尚未修复的损坏等数据存在异常情况，车身类型和燃油类型等数据存在缺失情况，因此需要利用 pandas 对异常值和缺失值进行处理，并对价格进行对数变换，用于之后的线性回归模型训练。此外，还需要基于预处理后的数据对数据集进行属性构造和属性规约，包含通过汽车注册日期和汽车上线时间构建年、月、日特征，通过 15 个匿名变量构建统计特征。为减轻模型的计算压力，可剔除跟价格不太相关的特征。最后，基于构建二手汽车价格预测关键特征，构建线性回归模型对二手汽车价格进行预测，并通过线性回归模型验证指标评价模型性能。

3. 实现思路及步骤

（1）使用 pandas 读取“used_car_train.csv”和“used_car_test.csv”数据集。

（2）查看“used_car_train.csv”数据集 power 特征中不在[0,600]范围内的异常值，并绘制箱线图查看数据的分布情况。

（3）对“used_car_train.csv”数据集 power 特征中不在[0,600]范围内的异常值进行删除处理，并绘制箱线图查看处理后的数据分布情况。

（4）将“used_car_train.csv”数据集 notRepairedDamage 特征中的“-”替换为 NaN。

（5）查看“used_car_train.csv”数据集的缺失值，并使用众数进行填充。

（6）将“used_car_train.csv”数据集中的 price 特性进行对数变换，呈现正态分布。

（7）将“used_car_train.csv”数据集中的 regDate 特征和 creatDate 特征转换为 Datetime 对象，并提取年、月、日特征。

（8）利用 regDate 特征和 creatDate 特征计算二手汽车的使用年数。

（9）对 v0～v14 在内的 15 个匿名变量进行求和、求均值和求标准差操作。

（10）利用 seaborn 库绘制价格特征相关系数热力图，查看特征之间的相关性，并剔除与 price 特征相关系数小于 0.2 的特征。

（11）参考“used_car_train.csv”数据集的处理方法，对“used_car_test.csv”数据集进行相关的处理。

（12）构建线性回归模型，并使用“train_data_clean.csv”训练集进行训练。

（13）使用均方误差、平均绝对误差、R^2 值评价模型的性能。

（14）使用训练好的模型预测“test_data_clean.csv”测试集的价格。

课后习题

操作题

（1）电影宣传部门为了确定某部电影首映的影院，对其所在地区影院的电影票售卖情况和影院容纳量等信息进行了调查，调查结果存储于“电影票数据.csv”中。“电影票数据.csv”主要包含不同电影在不同影院的销售情况与放映历史，其特征说明如表 8-10 所示。

表 8-10 “电影票数据.csv”特征说明

特征名称	特征说明	示例
film_code	电影 ID	1492
cinema_code	影院 ID	304

续表

特征名称	特征说明	示例
total_sales	每段放映时间总销售额（单位：元）	390000
tickets_sold	售出电影票数量	26
tickets_out	取消电影票数量	0
show_time	放映次数	4
ticket_price	总计票价	150000.0
occu_perc	影院可用容量占比	4.26
capacity	影院容纳量	610.32
ticket_use	购买用户数	26

通过构建 k-means 聚类模型对数据进行聚类，并对模型进行评价，以确定满足要求的首映影院，以及划分的各个影院类别情况，具体操作步骤如下。

① 读取“电影票数据.csv”。

② 筛选出与影院有关的特征，并处理缺失值，将处理后的数据赋给新建的“cinema” DataFrame 对象。

③ 使用 k-means 聚类模型对“cinema”数据进行聚类。

④ 使用轮廓系数评价法对模型进行评价，并绘制轮廓系数走势图。

（2）某回收二手手机的公司为了让公司的交易软件能够显示预测的二手手机价格，使用用户在交易软件上的交易数据（phone.csv）预测回收二手手机的价格。交易数据的特征说明如表 8-11 所示。

表 8-11　交易数据的特征说明

特征名称	特征说明	示例
id	用户编码	1
battery_power	电池容量（单位：mA）	1520
blue	蓝牙是否正常。其中 0 表示否，1 表示是	0
clock_speed	开机时间（单位：min）	0.5
dual_sim	是否双卡双待。其中 0 表示否，1 表示是	0
fc	前置摄像头像素（单位：px）	14
four_g	是否支持 4G。其中 0 表示否，1 表示是	1
int_memory	内存剩余大小（单位：GB）	5
m_dep	手机厚度（单位：cm）	0.5
mobile_wt	手机重量（单位：g）	192
n_cores	处理器内核数	4
pc	主摄像头像素（单位：px）	16
px_height	像素分辨率高度（单位：px）	1270
px_width	像素分辨率宽度（单位：px）	1366

续表

特征名称	特征说明	示例
ram	运行内存（单位：MB）	3506
sc_h	手机屏幕高度（单位：cm）	12
sc_w	手机屏幕宽度（单位：cm）	7
talk_time	充满电耗时（单位：h）	2
three_g	是否支持 5G。其中 0 表示否，1 表示是	0
touch_screen	触摸屏是否正常。其中 0 表示否，1 表示是	1
wifi	WiFi 连接是否正常。其中 0 表示否，1 表示是	1
price_range	手机价格等级，其中 0 表示低，1 表示中，2 表示较高，3 表示高	0

现需利用交易数据建立分类模型对二手手机价格进行预测，步骤如下。

① 删除有异常值的行（手机厚度小于等于 0 cm）。

② 划分训练集和测试集，并对训练集和测试集进行标准差标准化。

③ 建立随机森林分类模型对数据进行训练。

④ 计算模型准确率，评价分类模型效果。

（3）某珠宝店新增钻石回收业务，为了更好地对客户提供的钻石进行估价，该店铺收集了行业内近期所售钻石的 4C 等级、尺寸和价格等数据，存为钻石价格数据集（diamond_price.csv），包括“克拉重量”“切工”“颜色”“净度”等 9 个特征。钻石价格数据集的特征说明如表 8-12 所示。

表 8-12 钻石价格数据集的特征说明

特征名称	特征含义	示例
克拉重量	钻石的重量	0.23
切工	包括 5 个等级，其中 1 表示极优，2 表示优良，3 表示良好，4 表示尚可，5 表示不良	1
颜色	钻石色泽分为 D 到 J 7 个级别，其中 1 表示 D 级，完全无色；2 表示 E 级，无色；3 表示 F 级，几乎无色；4 表示 G 级，接近无色 1；5 表示 H 级，接近无色 2；6 表示 I 级，肉眼可见少量黄色 1；7 表示 J 级，肉眼可见少量黄色 2	2
净度	钻石净度由高到低分为 8 个级别，其中 1 表示 IF，内无瑕级；2 表示 VVS1，极轻微内含级 1；3 表示 VVS2，极轻微内含级 2；4 表示 VS1，轻微内含级 1；5 表示 VS2，轻微内含级 2；6 表示 SI1，微含级 1；7 表示 SI2，微含级 2；8 表示 I1，内含级	7
台宽比	钻石台面的宽度相对平均直径的百分比	55
长度/mm	钻石的长度	3.96
宽度/mm	钻石的宽度	3.98

续表

特征名称	特征含义	示例
高度/mm	钻石的高度	2.43
价格/美元	钻石的价格	326

使用钻石价格数据集构建回归模型，预测回收的钻石价格，具体步骤如下。

① 读取钻石价格数据集。

② 观察数据发现，“长度/mm”“宽度/mm”“高度/mm”特征存在 0 值，删除这 3 个特征中所有出现 0 值的行数据，并对其他数据进行重新索引。

③ 新增“价格/元”特征，假定 1 美元等于人民币 7.23 元。

④ 拆分特征数据和标签数据，特征数据为克拉重量、切工、颜色、净度、台宽比、长度、宽度、高度，标签数据为“价格/元”特征。

⑤ 划分训练集和测试集，并对训练集和测试集进行标准差标准化。

⑥ 构建 SVR 模型，并输出回归模型评价指标，查看模型效果。

项目 9 基于 TipDM 大数据挖掘建模平台实现客户流失预测

项目 8 介绍了餐饮企业综合分析方法，本项目将介绍如何使用 TipDM 大数据挖掘建模平台实现客户流失预测。相较于传统的 Python 解释器，TipDM 大数据挖掘建模平台具有流程化、去编程化等特点，能够满足不了解编程的用户使用数据分析技术的需求。

学习目标

（1）了解 TipDM 大数据挖掘建模平台的相关概念和特点。

（2）熟悉使用 TipDM 大数据挖掘建模平台配置客户流失预测案例的总体流程。

（3）掌握使用 TipDM 大数据挖掘建模平台获取数据的方法。

（4）掌握使用 TipDM 大数据挖掘建模平台进行数据探索、查看重复值、处理异常值、处理缺失值、构建特征等操作。

（5）掌握使用 TipDM 大数据挖掘建模平台构建决策树模型和支持向量机模型的操作。

素养目标

（1）快速掌握 TipDM 大数据挖掘建模平台的使用，增强快速学习的能力。

（2）参考项目 8 的项目流程，配置可用于 TipDM 大数据挖掘建模平台的总体流程，提升总结概括信息的能力。

（3）通过使用 TipDM 大数据挖掘建模平台的组件实现具体问题，增强学以致用的实践能力。

思维导图

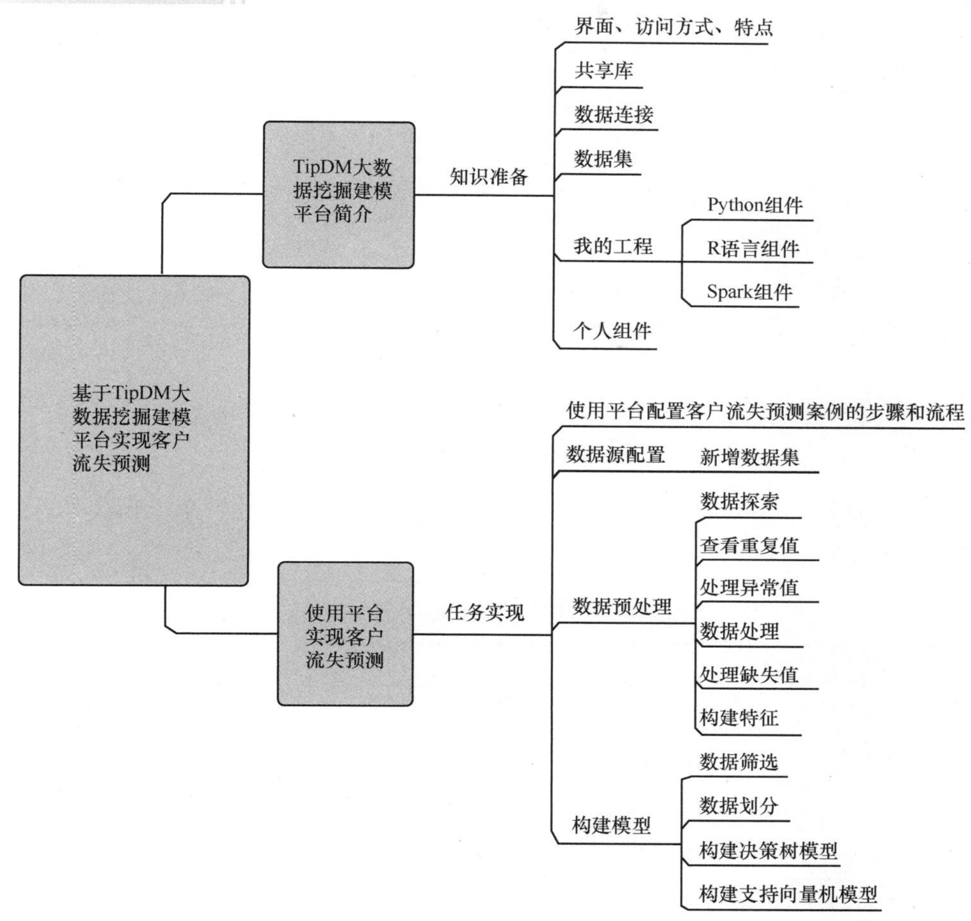

任务 9.1 TipDM 大数据挖掘建模平台简介

【知识准备】

TipDM 大数据挖掘建模平台是由广东泰迪智能科技股份有限公司自主研发，面向大数据挖掘项目的工具。平台使用 Java 开发，采用浏览器-服务器（Browser/Server，B/S）结构，用户不需要下载客户端，可通过浏览器进行访问。平台具有支持多种语言、操作简单、用户无须具备编程语言基础等特点，以流程化的方式将数据输入/输出、统计分析、预处理、挖掘与建模等组件进行连接，从而实现大数据挖掘。平台界面如图 9-1 所示。

读者可通过访问平台查看平台界面，操作步骤如下。

（1）微信搜索公众号“泰迪学社”或“TipDataMining”，关注公众号。

（2）向公众号回复“建模平台”，获取平台访问方式。

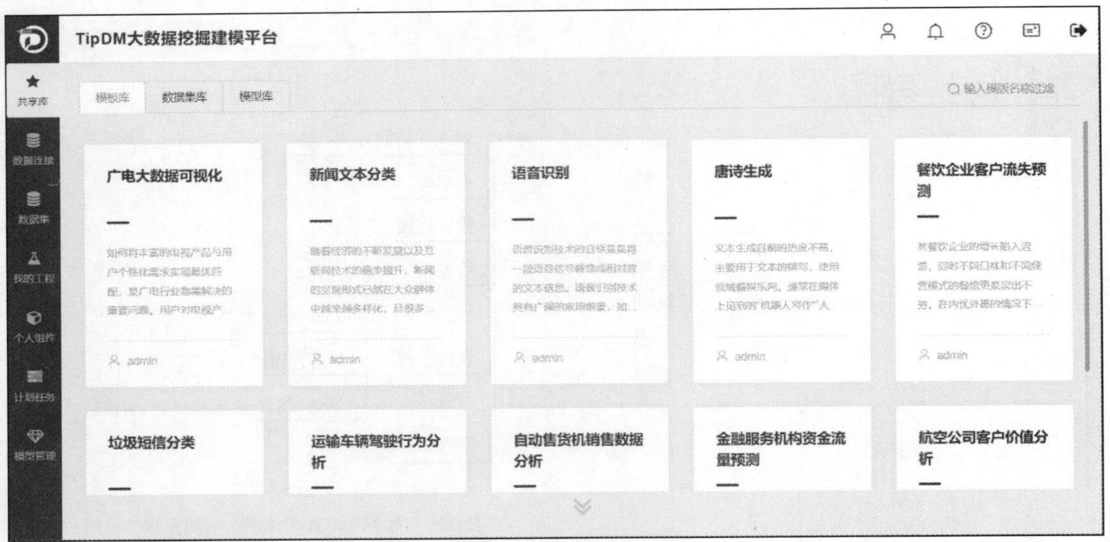

图 9-1　平台界面

在介绍如何使用 TipDM 大数据挖掘建模平台进行项目分析之前，需要引入平台的几个概念，其基本介绍如表 9-1 所示。

表 9-1　TipDM 大数据挖掘建模平台概念的基本介绍

概念	基本介绍
组件	将建模过程中涉及的输入输出、数据探索、数据预处理、绘图、建模等操作分别进行封装，每一个封装好的模块称为组件。 组件分为系统组件和个人组件： （1）系统组件可供所有用户使用； （2）个人组件由个人用户编辑，仅供个人用户使用
工程	为实现某一数据挖掘目标，将各组件通过流程化的方式进行连接，整个数据流程称为一个工程
参数	每个组件都有提供给用户进行设置的内容，这部分内容称为参数
共享库	用户可以将配置好的工程、数据集分别公开到模型库、数据集库中作为模板，分享给其他用户，其他用户可以使用共享库中的模板，创建一个无须配置组件便可运行的工程

TipDM 大数据挖掘建模平台主要有以下几个特点。

（1）平台组件基于 Python、R 语言以及 Hadoop/Spark 分布式引擎，适用于数据分析。Python、R 语言以及 Hadoop/Spark 是常见的用于数据分析的语言或工具，高度契合行业需求。

（2）用户可在没有 Python、R 语言或 Hadoop/Spark 编程基础的情况下，使用直观的拖曳式图形界面构建数据分析流程，无须编程。

（3）平台提供公开可用的数据分析示例工程，实现一键创建、快速运行；支持挖掘流程每个节点的结果在线预览。

（4）平台包含 Python、Spark、R 语言这 3 种工具的组件包，用户可以根据实际需求灵活选择不同的语言进行数据挖掘建模。

下面将对平台“共享库”“数据连接”“数据集”“我的工程”“个人组件”这 5 个模块进行介绍。

9.1.1　共享库

登录平台后，用户可以看到“共享库”模块提供的示例工程（模板），如图 9-1 所示。

“共享库”模块主要用于标准大数据挖掘建模案例的快速创建和展示。通过“共享库”模块，用户可以创建一个无须导入数据及配置参数就能够快速运行的工程。用户可以将自己创建的工程公开到“共享库”模块，作为工程模板，供其他用户一键创建。同时，每一个模板的创建者都具有模板的所有权，能够对模板进行管理。

9.1.2　数据连接

“数据连接”模块支持从 Db2、SQL Server、MySQL、Oracle、PostgreSQL 等常用关系数据库中导入数据，导入数据时的“新建连接”对话框如图 9-2 所示。

图 9-2　“新建连接”对话框

9.1.3　数据集

“数据集”模块主要用于数据挖掘建模工程中数据的导入与管理，支持从本地导入任意类型的数据。导入数据时的“新增数据集”对话框如图 9-3 所示。

图 9-3　“新增数据集”对话框

9.1.4 我的工程

"我的工程"模块主要用于数据挖掘建模流程的创建与管理，工程示例流程如图 9-4 所示。通过单击"工程"栏下的"新建工程"按钮 ，用户可以创建空白工程并通过"组件"栏下的组件进行工程配置，将数据输入/输出、预处理、挖掘建模、模型评估等环节通过流程化的方式进行连接，达到数据挖掘与分析的目的。对于完成度高的工程，可以将其公开到"共享库"模块中，作为模板让其他用户学习和借鉴。

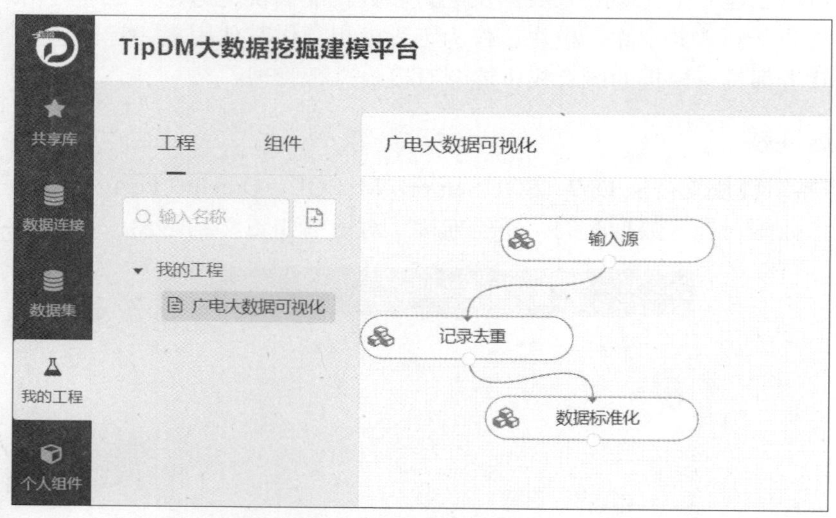

图 9-4 工程示例流程

在"组件"栏下能够看见平台提供的输入/输出组件、Python 组件、R 语言组件、Spark 组件等系统组件，如图 9-5 所示，用户可直接使用。输入/输出组件包括输入源、输出源、输出到数据库等。下面具体介绍 Python 组件、R 语言组件和 Spark 组件。

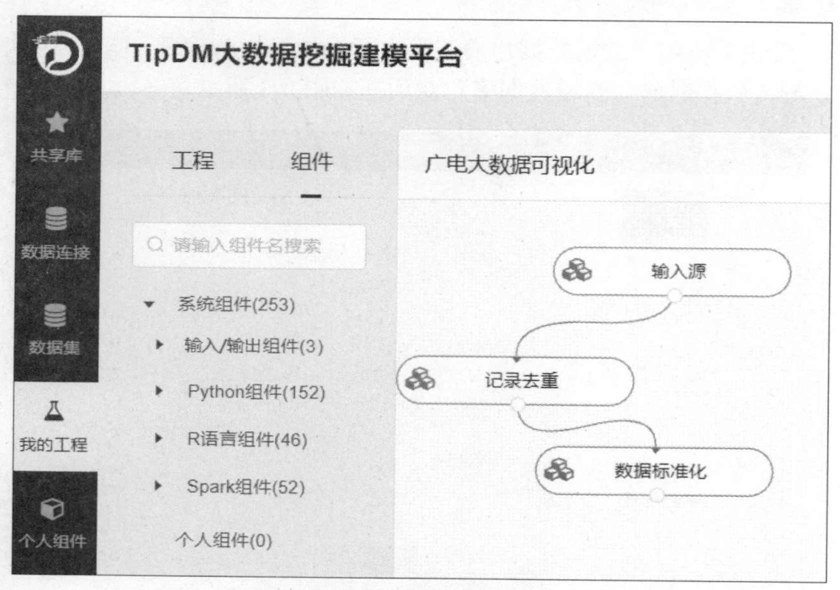

图 9-5 平台提供的系统组件

1. Python 组件

Python 组件包含 Python 脚本、预处理、统计分析、时间序列、分类、模型评估、模型预测、回归、聚类、关联规则、文本分析、深度学习和绘图，共 13 类。Python 组件的类别介绍如表 9-2 所示。

表 9-2　Python 组件的类别介绍

类别	介绍
Python 脚本	“Python 脚本”类提供一个 Python 代码编辑框。用户可以在代码编辑框中粘贴已经编写好的程序代码并直接运行，无须额外配置组件
预处理	“预处理”类提供对数据进行预处理的组件，包括数据标准化、缺失值处理、表堆叠、数据筛选、行列转置、修改列名、衍生变量、数据拆分、主键合并、新增序列、数据排序、记录去重和分组聚合等
统计分析	“统计分析”类提供对数据整体情况进行统计的常用组件，包括因子分析、全表统计、正态性检验、相关性分析、卡方检验、主成分分析和频数统计等
时间序列	“时间序列”类提供常用的时间序列组件，包括 ARCH、AR 模型、MA 模型、灰色预测、模型定阶和 ARIMA 等
分类	“分类”类提供常用的分类组件，包括朴素贝叶斯、支持向量机、CART 分类树、逻辑回归、神经网络和 K 最近邻等
模型评估	“模型评估”类提供用于模型评估的组件，包括模型评估
模型预测	“模型预测”类提供用于模型预测的组件，包括模型预测
回归	“回归”类提供常用的回归组件，包括 CART 回归树、线性回归、支持向量回归和 K 最近邻回归等
聚类	“聚类”类提供常用的聚类组件，包括层次聚类、DBSCAN 密度聚类和 k-means 等
关联规则	“关联规则”类提供常用的关联规则组件，包括 Apriori 和 FP-Growth 等
文本分析	“文本分析”类提供对文本数据进行清洗、特征提取与分析的常用组件，包括情感分析、文本过滤、TF-IDF、Word2Vec 等
深度学习	“深度学习”类提供常用的深度学习组件，包括循环神经网络、implici ALS 和卷积神经网络
绘图	“绘图”类提供常用的画图组件，可以用于绘制柱形图、折线图、散点图、饼图和词云图等

2. R 语言组件

R 语言组件包含 R 语言脚本、预处理、统计分析、分类、时间序列、聚类、回归和关联分析，共 8 类，R 语言组件的类别介绍如表 9-3 所示。

表 9-3　R 语言组件的类别介绍

类别	介绍
R 语言脚本	“R 语言脚本”类提供一个 R 语言代码编辑框。用户可以在代码编辑框中粘贴已经编写好的代码并直接运行，无须额外配置组件

续表

类别	介绍
预处理	“预处理”类提供对数据进行预处理的组件，包括缺失值处理、异常值处理、表连接、表合并、数据标准化、记录去重、数据离散化、排序、数据拆分、频数统计、新增序列、字符串拆分、字符串拼接、修改列名等
统计分析	“统计分析”类提供对数据整体情况进行统计的常用组件，包括卡方检验、因子分析、主成分分析、相关性分析、正态性检验和全表统计等
分类	“分类”类提供常用的分类组件，包括朴素贝叶斯、CART 分类树、C4.5 分类树、BP 神经网络、KNN、SVM 和逻辑回归等
时间序列	“时间序列”类提供常用的时间序列组件，包括 ARIMA 和指数平滑等
聚类	“聚类”类提供常用的聚类组件，包括 k-means、DBSCAN 密度聚类和系统聚类等
回归	“回归”类提供常用的回归组件，包括 CART 回归树、C4.5 回归树、线性回归、岭回归和 KNN 回归等
关联分析	“关联分析”类提供常用的关联规则组件，包括 Apriori 等

3. Spark 组件

Spark 组件包含预处理、统计分析、分类、聚类、回归、降维、协同过滤和频繁模式挖掘，共 8 类，Spark 组件的类别介绍如表 9-4 所示。

表 9-4 Spark 组件的类别介绍

类别	介绍
预处理	“预处理”类提供对数据进行预处理的组件，包括数据去重、数据过滤、数据映射、数据反映射、数据拆分、数据排序、缺失值处理、数据标准化、衍生变量、表连接、表堆叠和数据离散化等
统计分析	“统计分析”类提供对数据整体情况进行统计的常用组件，包括行列统计、全表统计、相关性分析和重复值缺失值探索
分类	“分类”类提供常用的分类组件，包括逻辑回归、决策树、梯度提升树、朴素贝叶斯、随机森林、线性支持向量机和多层感知分类器等
聚类	“聚类”类提供常用的聚类组件，包括 k-means 聚类、二分 k-means 聚类和混合高斯聚类等
回归	“回归”类提供常用的回归组件，包括线性回归、广义线性回归、决策树回归、梯度提升树回归、随机森林回归和保序回归等
降维	“降维”类提供常用的数据降维组件，包括 PCA 降维等
协同过滤	“协同过滤”类提供常用的智能推荐组件，包括 ALS 组件、ALS 推荐和 ALS 模型预测
频繁模式挖掘	“频繁模式挖掘”类提供常用的频繁项集挖掘组件，包括 FP-Growth 等

9.1.5　个人组件

“个人组件”模块可以满足用户的个性化需求。用户在使用过程中，可根据自己的需求定制组件，方便使用。目前支持通过 Python 和 R 语言进行个人组件的定制，定制个人组件如图 9-6 所示。

图 9-6　定制个人组件

任务 9.2　使用平台实现客户流失预测

【任务描述】

以客户流失预测案例为例，在 TipDM 大数据挖掘建模平台上配置对应工程，展示流程的配置过程。流程的具体配置和参数可通过访问平台进行查看。

【任务分析】

（1）掌握使用平台配置客户流失预测案例的步骤和流程。
（2）在平台上按照步骤实现数据源配置、数据预处理、模型构建。

【任务实现】

9.2.1　使用平台配置客户流失预测案例的步骤和流程

在 TipDM 大数据挖掘建模平台上配置客户流失预测案例的总体流程如图 9-7 所示，主要包括以下 4 个步骤。

（1）数据源配置。在 TipDM 大数据挖掘建模平台配置客户信息表、订单详情表的输入源组件。

（2）数据预处理。探索相关数据后，对数据进行查看重复值、处理异常值、处理缺失值、构建特征等处理。

（3）模型构建与训练。训练决策树模型和支持向量机模型。

（4）模型评价。使用混淆矩阵对训练好的模型进行评价（注：平台已设定在构建与训练模型的同时进行模型评价操作）。

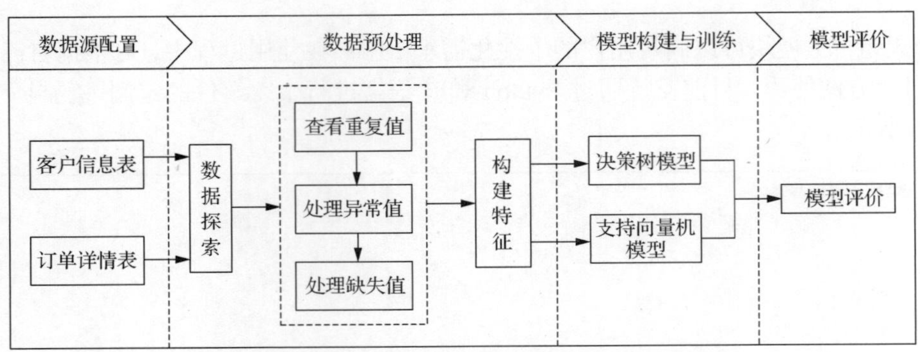

图 9-7　配置客户流失预测案例的总体流程

在平台上配置案例得到的流程如图 9-8 所示。

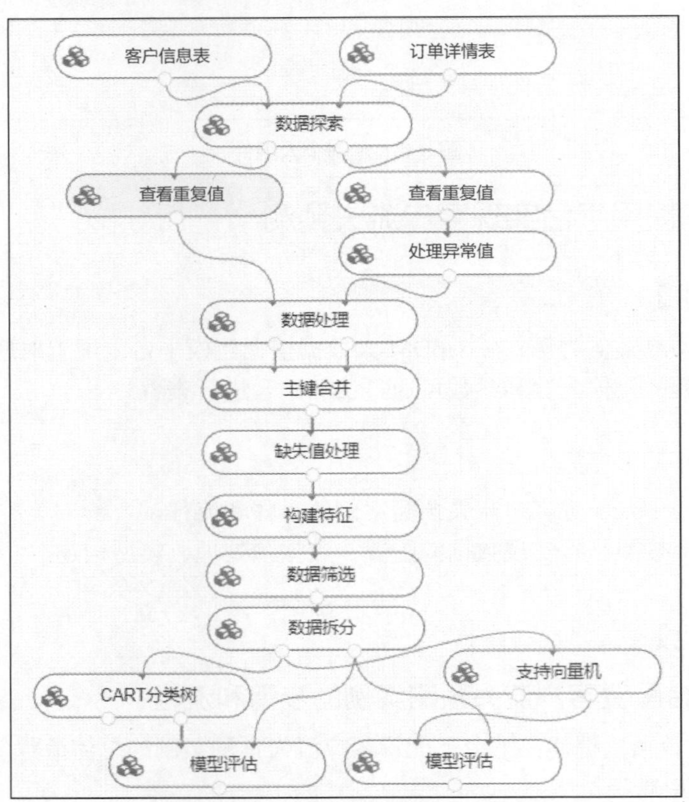

图 9-8　平台中的案例流程

9.2.2　数据源配置

本案例的数据为两份 CSV 文件，一份为客户信息表，一份为订单详情表。使用 TipDM 大数据挖掘建模平台导入数据，具体步骤如下。

（1）新增数据集。单击“数据集”模块，然后单击“新增”按钮，如图 9-9 所示。

TipDM大数据挖掘建模平台
共享库
数据连接
数据集
我的工程
个人组件
计划任务
模型管理
新增
搜索
名称
创建人
访问权限
创建时间
过期时间
数据来源
操作
暂无数据

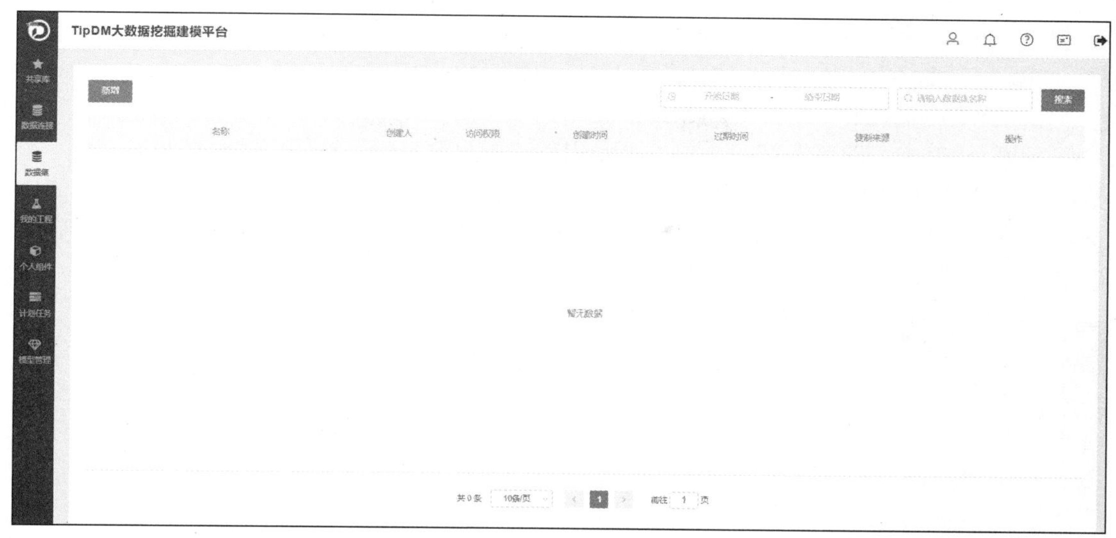

图 9-9　新增数据集

（2）设置新增数据集参数。随意选择一张封面图片，在“名称”文本框中输入“餐饮企业客户流失预测”，在“有效期（天）”下拉列表中选择“永久”，在“描述”文本框中输入对数据集的简短描述，单击“点击上传”超链接，选择需要上传的文件。等待显示“成功”后，单击“确定”按钮即可上传，如图 9-10 所示。

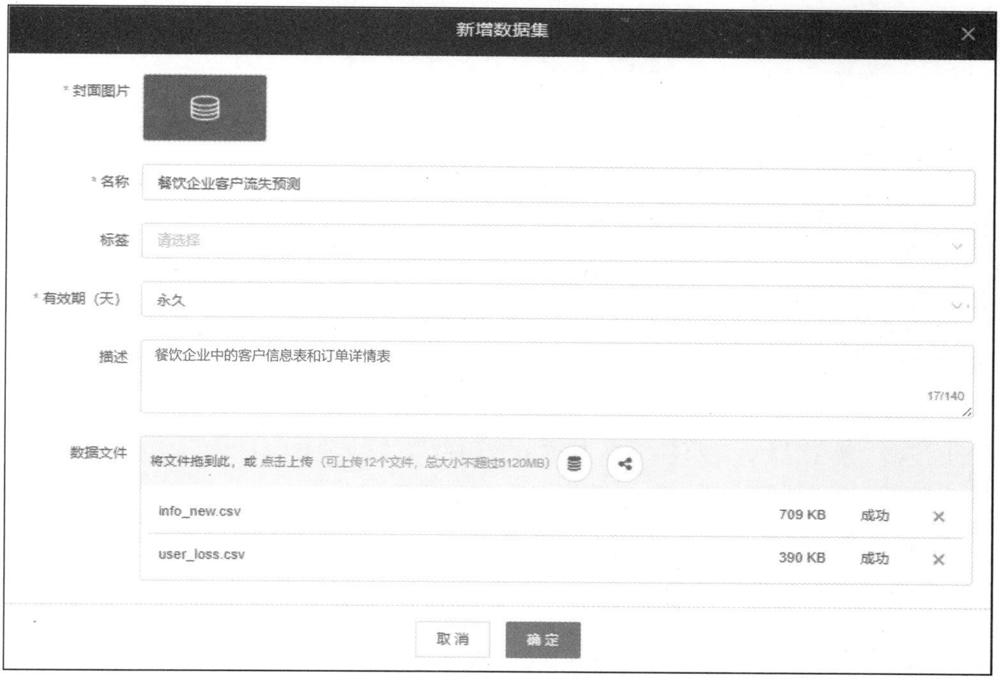

新增数据集
* 封面图片
* 名称
餐饮企业客户流失预测
标签
请选择
* 有效期（天）
永久
描述
餐饮企业中的客户信息表和订单详情表
17/140
数据文件
将文件拖到此，或 点击上传（可上传12个文件，总大小不超过5120MB）
info_new.csv
709 KB
成功
user_loss.csv
390 KB
成功
取消
确定

图 9-10　设置新增数据集参数

数据上传完成后，新建名为“客户流失预测”的空白工程，配置“输入源”组件，具体步骤如下。

（1）拖曳“输入源”组件。在“我的工程”模块的“系统组件”下找到“输入/输出组件”。拖曳“输入/输出组件”中的“输入源”组件至画布中。

（2）配置“输入源”组件。右击画布中的“输入源”组件，选择“重命名”并输入“客户信息表”，单击“确定”按钮。单击画布中的“客户信息表”组件，然后在画布右侧“参数配置”栏中的“数据集”文本框中输入“餐饮企业客户流失预测”，在弹出的下拉列表中选择“餐饮企业客户流失预测”，在“名称”列表中勾选“user_loss.csv”。配置完成，如图 9-11 所示。

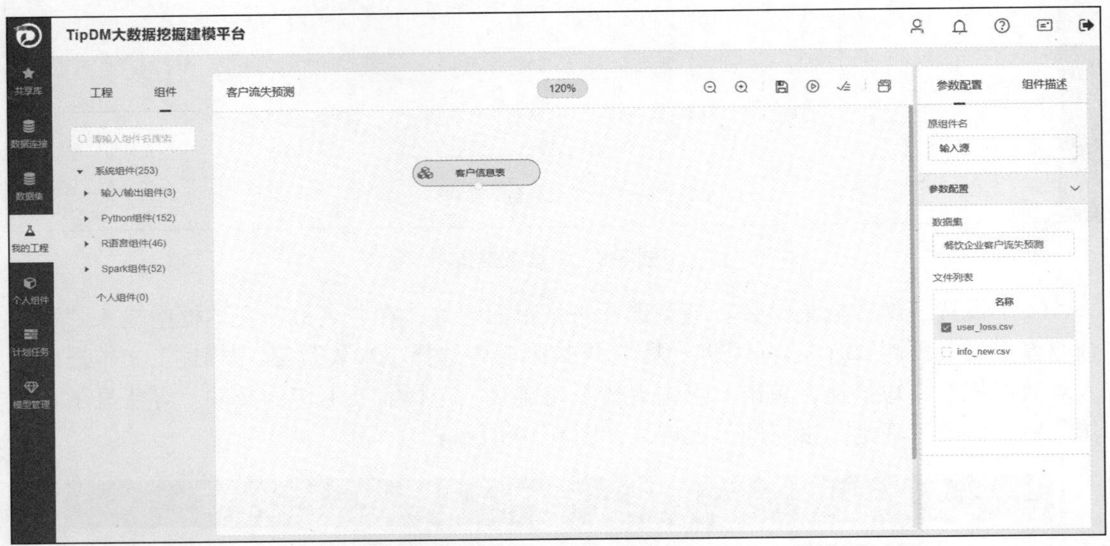

图 9-11　配置“输入源”组件

使用相同的方式配置订单详情表的“输入源”组件。

9.2.3　数据预处理

本案例先对读取的数据进行探索，再对数据进行查看重复值、处理异常值、处理缺失值、构建特征等操作。

1．数据探索

在正式开始数据预处理操作前对数据进行初步的探索，步骤如下。

（1）连接“数据探索”组件。拖曳“个人组件”下的“数据探索”组件至画布中，并与“客户信息表”“订单详情表”组件相连接，如图 9-12 所示。

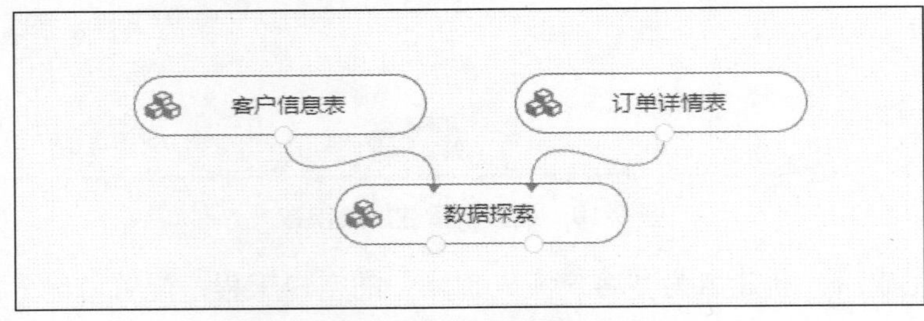

图 9-12　连接“数据探索”组件

（2）运行“数据探索”组件。右击“数据探索”组件，选择“运行该节点”。运行成功后，再次右击“数据探索”组件，选择“查看日志”。查看日志的结果如图 9-13 所示。

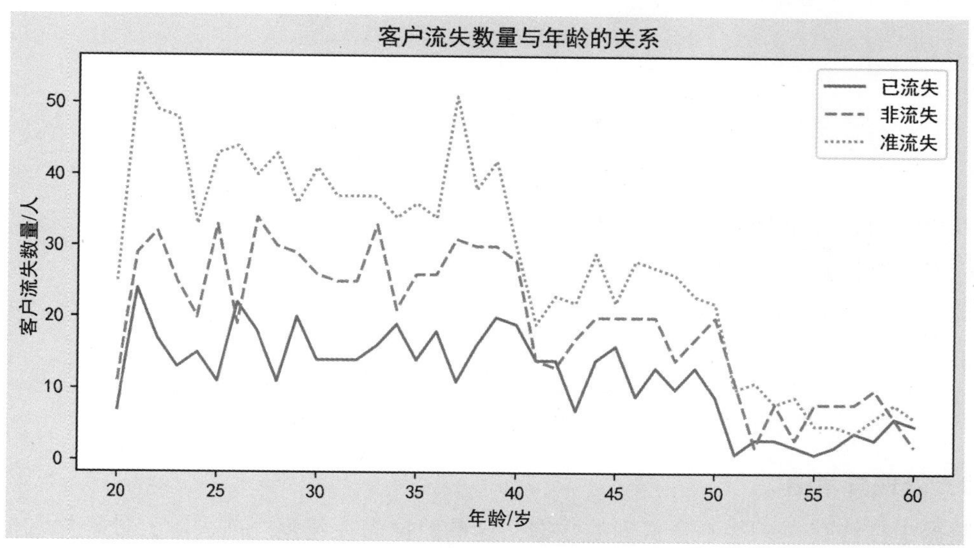

图 9-13　运行“数据探索”组件结果

注：结果未完整显示。

2. 查看重复值

由于重复记录会对模型的精度造成影响，因此需要对数据进行处理重复值操作，查看订单详情表重复值步骤如下。

（1）连接“记录去重”组件。拖曳“Python 组件”下“预处理”类中的“记录去重”组件至画布中，并与“数据探索”组件相连接。重命名“记录去重”组件为“查看重复值”。

（2）配置“查看重复值”组件。在“字段设置”栏中，选择“特征”的全部字段，选择“去重主键”的“name”（由于数据字段较多，且通过滚动条进行选择，所以该字段在图 9-14 中不显示）和“use_start_time”字段，如图 9-14 所示。

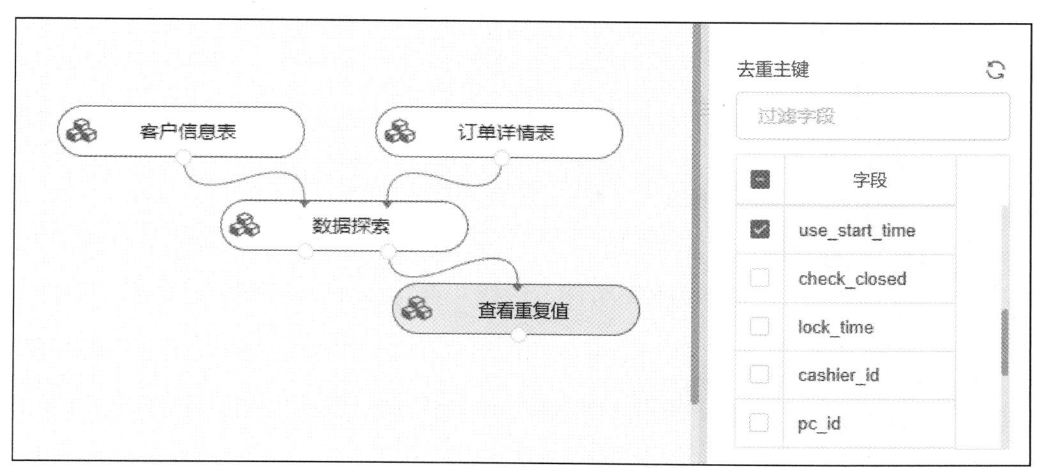

图 9-14　配置“查看重复值”组件

（3）运行“查看重复值”组件。右击“查看重复值”组件，选择“运行该节点”。运行成功后，再次右击“查看重复值”组件，选择“查看日志”。查看日志的结果如图 9-15 所示。

记录去重前数据维度为：（6611,21）
记录去重后数据维度为：（6611,21）

图 9-15　运行“查看重复值”组件结果

以相同的方式配置客户信息表的“查看重复值”组件，选择“去重主键”的“USER_ID”字段。运行成功后，查看日志的结果如图 9-16 所示。

记录去重前数据维度为：（2431,36）
记录去重后数据维度为：（2431,36）

图 9-16　运行客户信息表的“查看重复值”组件结果

3. 处理异常值

数据中往往存在一些不合常理的数据，这些数据需在建模之前去除，处理异常值的步骤如下。

（1）连接“记录去重”组件。拖曳“Python 组件”下“预处理”类中的“记录去重”组件至画布中，并与“查看重复值”组件相连接。重命名“记录去重”组件为“处理异常值”。

（2）配置“处理异常值”组件，如图 9-17 所示。在“字段设置”栏中，选择“特征”的全部字段，选择“去重主键”的“dining_table_id”字段和“use_start_time”字段。

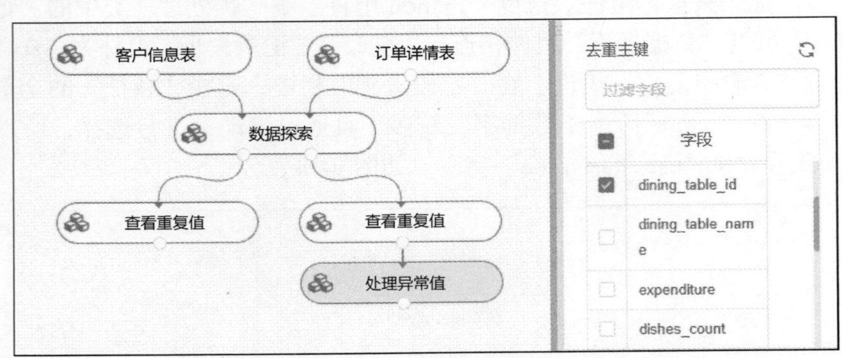

图 9-17　配置“处理异常值”组件

（3）运行“处理异常值”组件。右击“处理异常值”组件，选择“运行该节点”。运行成功后，再次右击“处理异常值”组件，选择“查看日志”。查看日志的结果如图 9-18 所示。

记录去重前数据维度为：（6611,21）
记录去重后数据维度为：（6594,21）

图 9-18　运行“处理异常值”组件结果

4. 数据处理

在数据的处理过程中，仍需要对一些数据进行特别处理，步骤如下。

连接“数据处理”组件。拖曳“个人组件”下的“数据处理”组件至画布中，并与“查看重复值”“处理异常值”组件相连接，如图 9-19 所示。

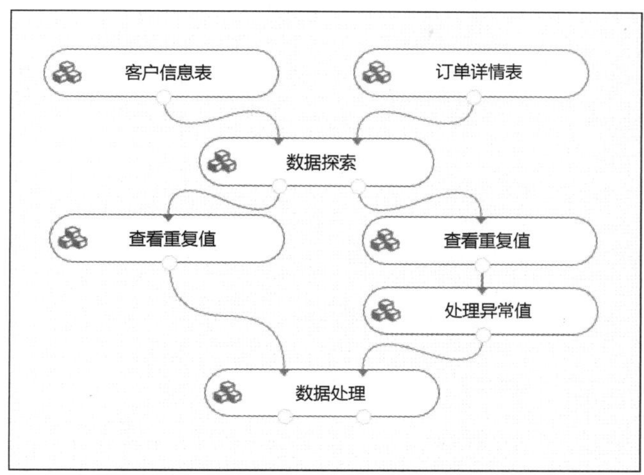

图 9-19　连接“数据处理”组件

5. 处理缺失值

由于建模数据不允许存在缺失值，因此需要对数据进行处理缺失值操作，步骤如下。

（1）连接“主键合并”组件。拖曳“Python 组件”下“预处理”类中的“主键合并”组件至画布中，并与“数据处理”组件相连接。

（2）配置“主键合并”组件。在“字段设置”栏中选择“左表特征”的“USER_ID”“LAST_VISITS”“TYPE”字段，以及“右表特征”的“USER_ID”“number_consumers”“expenditure”。在“参数配置”栏中，选择“连接方式”为“左连接”，选择“left_on”的“USER_ID”字段，如图 9-20 所示，以及“right_on”的“USER_ID”字段。

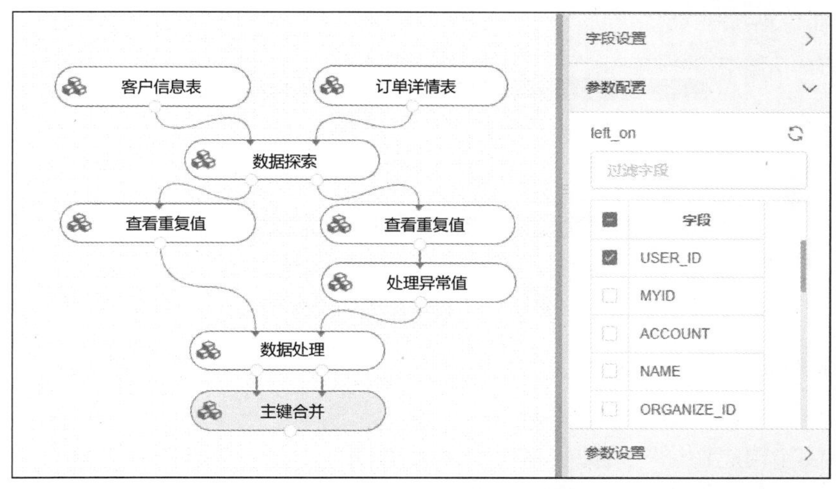

图 9-20　配置“主键合并”组件

（3）运行“主键合并”组件。右击“主键合并”组件，选择“运行该节点”。

（4）连接“缺失值处理”组件。拖曳“Python 组件”下“预处理”类中的“缺失值处理”组件至画布中，并与“主键合并”组件相连接。

（5）配置“缺失值处理”组件。在“字段设置”栏中，选择“特征”的全部字段，如图 9-21 所示。

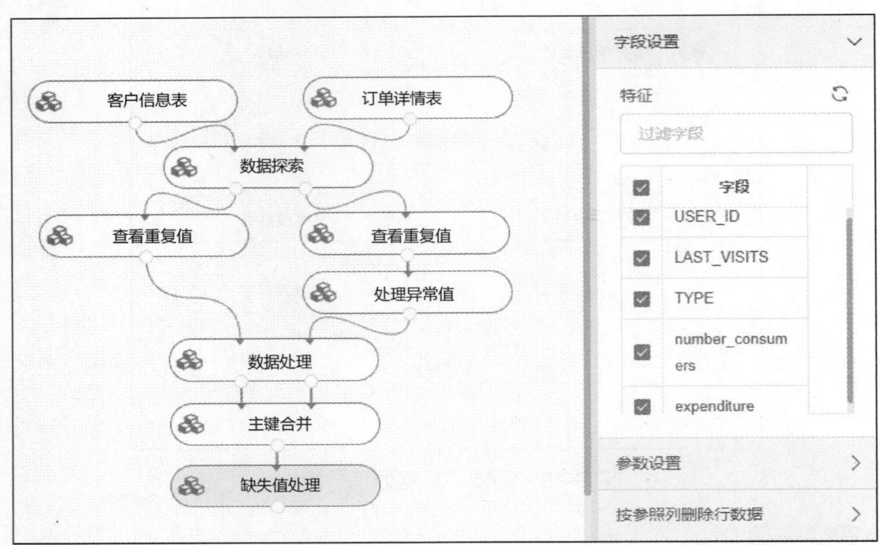

图 9-21　配置“缺失值处理”组件

（6）运行“缺失值处理”组件。右击“缺失值处理”组件，选择“运行该节点”。运行成功后，再次右击“缺失值处理”组件，选择“查看日志”。查看日志的结果如图 9-22 所示。

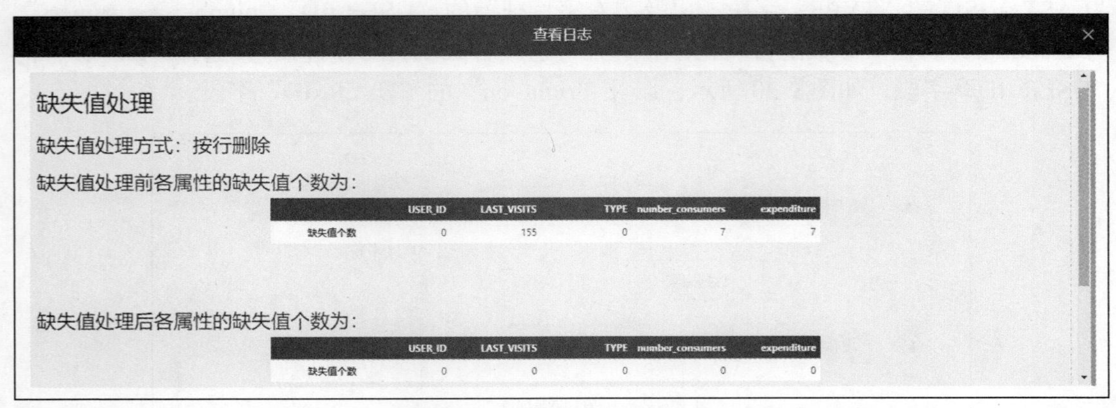
查看日志

缺失值处理

缺失值处理方式：按行删除

缺失值处理前各属性的缺失值个数为：

	USER_ID	LAST_VISITS	TYPE	number_consumers	expenditure
缺失值个数	0	155	0	7	7

缺失值处理后各属性的缺失值个数为：

	USER_ID	LAST_VISITS	TYPE	number_consumers	expenditure
缺失值个数	0	0	0	0	0

图 9-22　查看日志的结果

6．构建特征

构建客户流失特征的具体步骤如下。

（1）连接“构建特征”组件。拖曳“个人组件”下的“构建特征”组件至画布中，并与“缺失值处理”组件相连接，如图 9-23 所示。

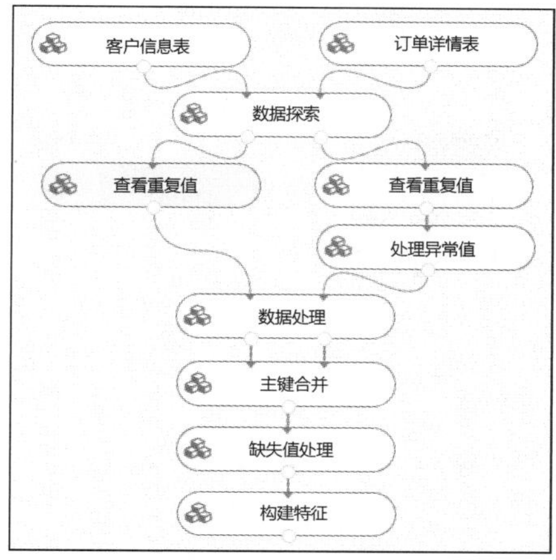

图 9-23　连接"构建特征"组件

（2）运行"构建特征"组件。右击"构建特征"组件，选择"运行该节点"。

9.2.4　构建模型

按照 8∶2 的比例将构建特征得到的数据划分为训练集和测试集。采用自定义的决策树模型和支持向量机模型对客户流失进行预测，并对模型效果进行分析。

构建模型

1. 数据筛选

去除客户状态为已流失的数据，具体步骤如下。

（1）连接"数据筛选"组件。拖曳"Python 组件"下"预处理"类中的"数据筛选"组件至画布中，并与"构建特征"组件相连接。

（2）配置"数据筛选"组件。在"参数设置"栏中，选择"特征"的全部字段。在"筛选条件"区域选择"与""TYPE""不等于""已流失"，如图 9-24 所示。

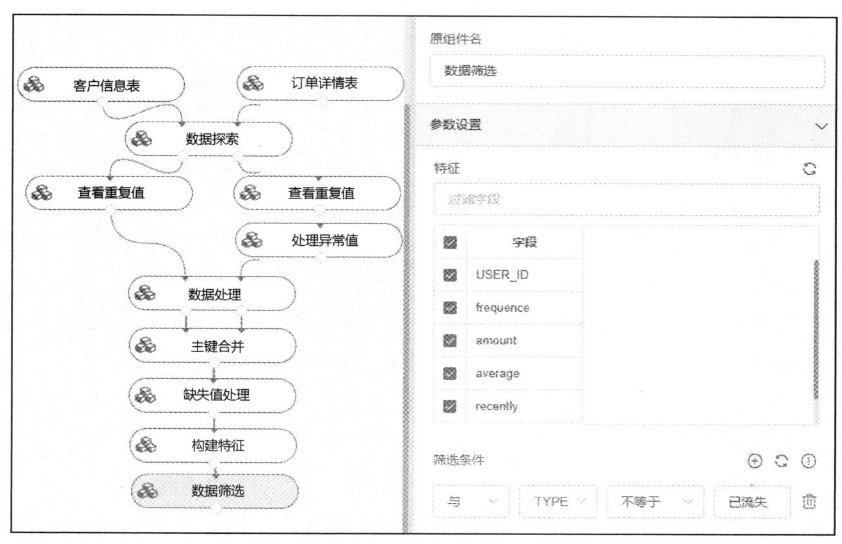

图 9-24　配置"数据筛选"组件

（3）运行“数据筛选”组件。右击“数据筛选”组件，选择“运行该节点”。

2. 数据划分

按照 8 : 2 的比例将构建特征得到的数据划分为训练集和测试集，具体步骤如下。

（1）连接“数据拆分”组件。拖曳“Python 组件”下“预处理”类中的“数据拆分”组件至画布中，并与“数据筛选”组件相连接。

（2）配置“数据拆分”组件。在“字段设置”栏中，选择“特征”的全部字段，在“参数设置”栏中，设置“测试集占比”为 0.2，设置“随机种子”为 12345，如图 9-25 所示。

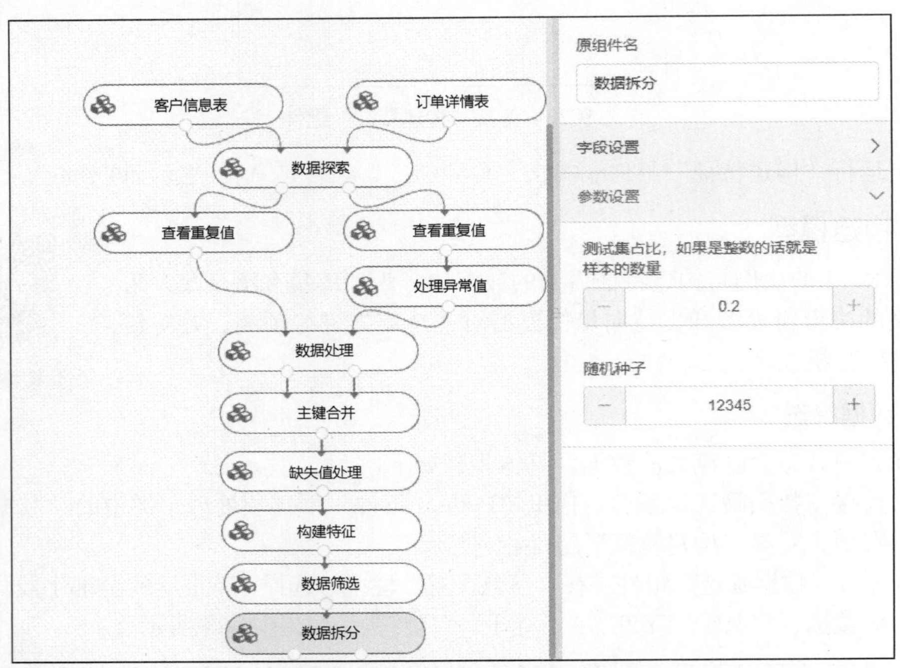

图 9-25　配置“数据拆分”组件

（3）运行“数据拆分”组件。右击“数据拆分”组件，选择“运行该节点”。

3. 构建决策树模型

构建并训练决策树模型，查看模型的分类结果，具体步骤如下。

（1）连接“CART 分类树”组件。拖曳“Python 组件”下“分类”类中的“CART 分类树”组件至画布中，并与“数据拆分”组件相连接。

（2）配置“CART 分类树”组件。在“参数设置”栏中选择“特征”的“frequence”“amount”“average”“recently”字段，设置“标签”为“TYPE”，如图 9-26 所示。

（3）运行“CART 分类树”组件。右击“CART 分类树”组件，选择“运行该节点”。

（4）连接“模型评估”组件。拖曳“Python 组件”下“模型评估”类中的“模型评估”组件至画布中，并分别与“CART 分类树”“数据拆分”组件相连接。

（5）配置“模型评估”组件。在“字段设置”栏中选择“特征”的“frequence”“amount”“average”“recently”字段，设置“标签”为“TYPE”，如图 9-27 所示。

图 9-26　配置“CART 分类树”组件

图 9-27　配置“模型评估”组件

（6）运行“模型评估”组件。右击“模型评估”组件，选择“运行该节点”。运行成功后，再次右击“模型评估”组件，选择“查看日志”。查看日志的结果如图 9-28 所示。

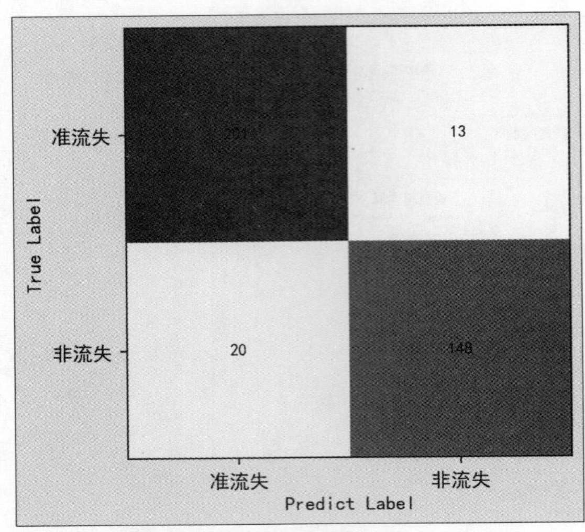

图 9-28　运行“模型评估”组件结果

注：结果未完整显示。由于平台上的算法参数设置与项目 8 中的算法参数设置存在一定的出入，因此平台上得到的模型评价结果可能与项目 8 的模型评价结果存在一定差异。

4．构建支持向量机模型

构建并训练支持向量机模型，查看模型的分类结果，具体步骤如下。

（1）连接“支持向量机”组件。拖曳“Python 组件”下“分类”类中的“支持向量机”组件至画布中，并与“数据拆分”组件相连接。

（2）配置“支持向量机”组件。在“参数设置”栏中选择“特征”的“frequence”“amount”“average”“recently”字段，设置“标签”为“TYPE”，如图 9-29 所示，设置核函数参数为“scale”。

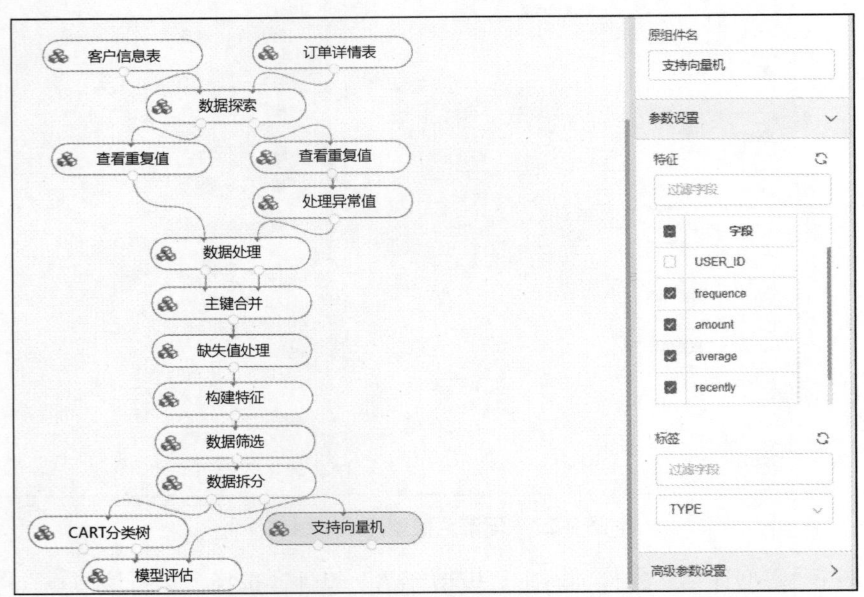

图 9-29　配置“支持向量机”组件

（3）运行“支持向量机”组件。右击“支持向量机”组件，选择“运行该节点”。

（4）连接“模型评估”组件。拖曳“Python 组件”下“模型评估”类中的“模型评估”组件至画布中，并分别与“支持向量机”“数据拆分”组件相连接。

（5）配置“模型评估”组件。在“字段设置”栏中选择“特征”的“frequence”“amount”“average”“recently”字段，设置“标签”为“TYPE”，如图 9-30 所示。

图 9-30　配置“模型评估”组件

（6）运行“模型评估”组件。右击“模型评估”组件，选择“运行该节点”。运行成功后，再次右击“模型评估”组件，选择“查看日志”。查看日志的结果如图 9-31 所示。

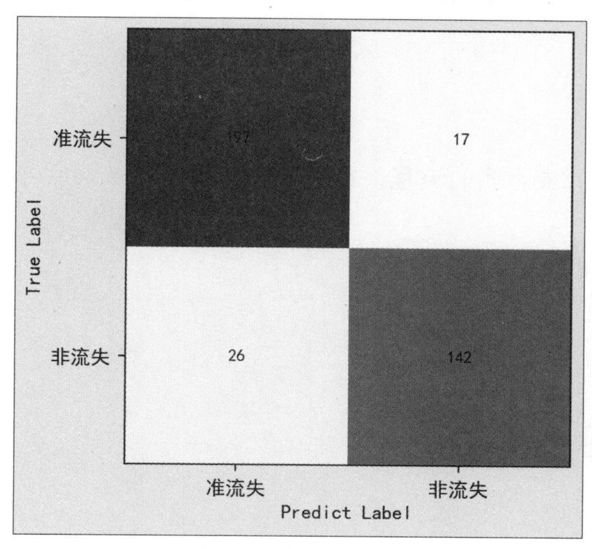

图 9-31　运行“支持向量机”组件结果

注：结果未完整显示。由于平台上的算法参数设置与项目 8 中的算法参数设置存在一定的出入，所以平台上得到的模型评价结果可能与项目 8 的模型评价结果存在一定差异。

项目小结

本项目介绍了如何在 TipDM 大数据挖掘建模平台上配置客户流失预测案例的流程，从获取数据到数据预处理，最后进行数据建模与模型评价，向读者展示了平台的流程化思维，可帮助读者加深对数据分析流程的理解。同时，平台去编程的特点、拖曳式的操作让没有 Python 编程基础的读者能够轻松构建数据分析流程，从而达到数据分析的目的。

项目实训

预测客户服装尺寸

1. 训练要点

（1）熟悉预测客户服装尺寸的流程。

（2）掌握在平台配置客户服装尺寸预测案例的操作方法。

2. 需求说明

TipDM 大数据挖掘建模平台可以轻松实现大部分数据挖掘案例，具有较高的科研价值。读者通过在平台实现项目 8 实训 1 的客户服装尺寸预测案例，可以初步掌握平台的使用方法。

3. 实现思路及步骤

（1）确定在平台实现客户服装尺寸预测的流程。

（2）配置案例的数据源。

（3）使用平台实现对数据集的预处理。

（4）使用平台的“支持向量机”组件实现对客户服装尺寸的预测。

课后习题

操作题

参考正文中客户流失预测的流程，在平台中实现项目 8 课后习题中的二手手机价格预测。